KB238228

별빛에 젖어 길 잃어도
아버지, 어머니 등대 빛에 노를 것습니다.

ART & TECHNOLOGY

REMASTERED

메뉴개발 바이블
미슐랭 3 스타 레스토랑 출신 식품기술사의

맛의 기술

권혁만 지음

제이알매니지먼트

이원일 셰프

10년 넘는 시간 동안 음식이라는 매개체를 통해 장사를 해오고,

20년 가까운 시간 동안 음식에 대해 공부하고 탐구해오며

저 또한 많은 시행착오를 겪었습니다.

외식업이라는 낮은 문턱의 산업에서 예쁜 디자인, 기발한 마케팅 툴,

정교한 빅데이터 등의 기술을 적용해 여러 업장들을 이끌어왔지만

가장 기본이 되는 '대중의 입맛'을 사로잡지 못하고서는

아무리 좋은 기술들을 적용해봤자 외면당하는 아이템으로

전락하는 모습을 수없이 봐왔습니다.

오랜 시간 동안 공부하고 탐구해온 맛내기에 대한 기초적인 고찰과

기술적인 접근법을 꼼꼼하게 펴낸 권혁만 셰프의『맛의 기술』은

사업, 학문, 연구 차원에서 외식업에 접근하는 모든 분들을 위한

길잡이가 될 에센셜 한 책입니다. 읽기 쉽게 풀어놓은 이론 편과

여러 셰프님들의 경험을 바탕으로 풀어낸 실전 편을 동시에 볼 수 있으니

이제는 요리사들이 맛내기 실패로 시행착오를 겪지는 않겠네요.

외식업이라는 바다로 항해하실 분들은

나침반처럼 꼭 곁에 두시기를 바랍니다.

독자 여러분의 사랑(특히 남성 분들의 사랑고백에 시달리고 있습니다)에 힘입어 두 번째 개정판을 출간하게 되어 기쁩니다!

이번 개정판은 분량이 100페이지가량 늘었을 뿐 아니라, 애매모호한 문장들은 최대한 다듬어 실무 활용성을 높였고, 중학생도 이해할 수 있어야 한다는 생각으로 서술을 한층 구체화했습니다.

〈맛의기술〉은 처음에는 요리에 깊이 몰두하는 다이닝 셰프들 사이에서 조용히 읽히던 책이었습니다. 그러나 지금은 식품 대기업의 추천 도서가 되었고, 외식 프랜차이즈 대표들의 서재를 지나 마침내 수많은 소규모 외식업 현장까지 닿아가고 있습니다.

저는 여러 번 껍질을 깨고 자리를 옮겨왔습니다. 인문계 고등학생에서 조리과 대학생으로, 미슐랭 3스타 레스토랑의 셰프로, 식품회사 연구원과 식품기술사로, 다시 강사이자 교수이자 수많은 F&B 기업의 이사·고문이자 동시에 사업가로…

서로 다른 길처럼 보였던 시간들은 결국 하나로 모여, 하이엔드와 대중 요리를 가리지 않고 F&B 어떤 분야에서든 〈맛의기술〉이 유용한 지침이 될 수 있도록 이끌어 주었습니다.

특히 식자재 아카데미에서 김왕민 소장님과 함께 강의를 진행하며, 프랜차이즈 규모부터 단단한 단일 점포까지 외식업계 다양한 대표님들과 나눈 치열한 고민과 토론은 2025년 한 해 동안 제가 얻은 배움의 가장 큰 자양분이었습니다.

저는 배움이 깊어질 때마다 이 책을 평생 다시 고쳐 쓸 것입니다. 〈맛의기술〉은 완성된 기록이 아니라 계속해서 확장될 질문에 가깝습니다. 이 책이 독자 각자의 껍질을 깨고 더 넓은 세계로 뻗어 나가도록 돕는 등대가 되기를 기원합니다.

* 서문 상단과 프로필에 삽입된 7각성 로고는 남다른 생각과 행동을 의미하는 저의 새로운 상징물입니다. 2026년 올해부터 제가 개발한 다양한 제품들에 삽입될 예정이니 곳곳에서 7각성 표식을 찾는 재미를 느껴 보셨으면 좋겠습니다.

2026년 2월 권혁만

요리계의 된다쟁이들을 위하여

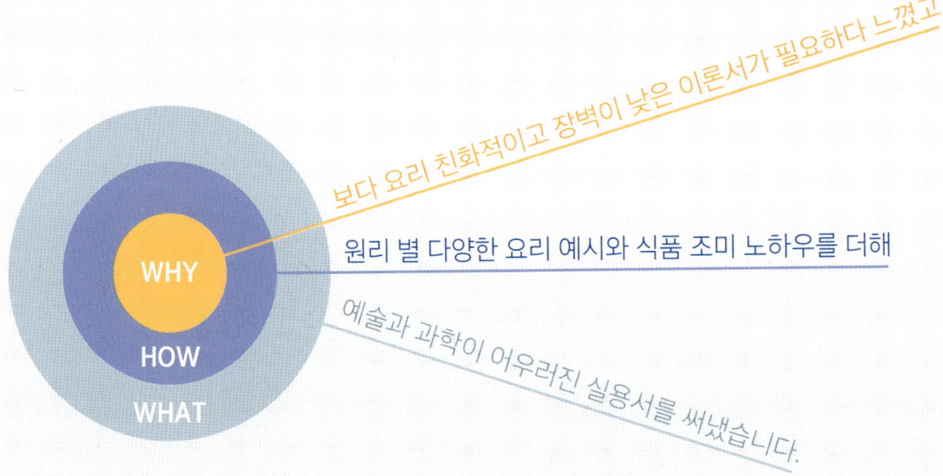

우리는 잘못 말린 빨래나 담배 쩐내가 나는 옷을 페브리즈나 향수로 되살릴 수 없다는 것을 잘 압니다. 그런데 왜 고기의 잡내는 후추로 잡으려 할까요? 냄새를 냄새로 덮는 데엔 한계가 있습니다. 오히려 아무런 향 없는 '맛' 성분이 요리의 향취를 컨트롤합니다. 단맛과 감칠맛이 후추보다 잡내를 더 잘 잡아줍니다.

자연의 과일은 설탕, 과당, 솔비톨같은 단맛 성분과 구연산, 사과산, 주석산 등 신맛 성분, 그리고 과일향 등의 조합물입니다. 그런데 왜 과일주스나 과일 퓨레의 단맛을 낼 때 과당, 솔비톨은 사용하지 않고 그 신맛을 내는 데 사과산같은 유기산은 사용하지 않는 것이며 음료 수십 리터 만드는 데 몇 천원치면 족할 과일 향료 역시 써볼 생각을 않는 건가요? 복합향미가 곧 자연스럽고 고급스런 풍미인데 말입니다.

식품업계에서는 인간이 가장 좋아하는 신맛이자 감칠맛을 증폭시켜 준다는 구연산, 감칠맛을 30배까지 증폭시킬 수 있는 핵산, 떡갈비나 소시지 등 다짐육과 육류 요리를 더 촉촉하고 쫄깃하게 만들어주는 인산염, 정과나 당과가 눅눅해지는 것을 막아주는 트레할로스, 가열 없이 소스를 눅진하게 해주는 증점제, 세상에서 가장 맛있는 조미료라는 HVP, 마이야르 반응을 촉진시켜 불필요한 오버쿡을 방지해주는 자일로오스, 크리미한 식감을 강화해주는 덱스트린 등 다양한 소재를 사용하고 있으며 또 가열 없이 액체를 졸여 향이 풍부한 농축액을 만드는 법, 30도 온도대에서 추출을 행할 수 있는 초임계유체 추출 등 주방에 존재하지 않는 유용한 기술들도 활용하고 있습니다. 이를 아는 이들이 식품회사에 소속되어 제품을 만드니 웬만큼 노하우를 가진 요리사도 기성품의 맛을 따라잡기 힘듭니다. 심지어 마트 매대에 놓여 대중이 접하는 식품들은 향과 맛을 파괴하는 가열 살균이나 대량생산 구조 탓에 연구소에서 개발한 프로토타입에 비해 맛이 현저히 떨어져 있는 것들입니다. 살균에 의한 맛의 저하가 없는 주방에서 식품 원리와 기술을 활용한다면 얼마나 더 훌륭한 요리가 나올 수 있을지 상상하기 힘듭니다. 이를 가능하게 할 식품업계 지식을 미슐랭 레스토랑의 요리 감각과 버무려 『맛의 기술』에 담았습니다.

　훌륭한 지식을 실은 조리 이론서들이 이미 시중에 존재하지만 그 지식이 조금 더 요리 친화적일 수는 없을지 고민했습니다. 실용성이 모호한 지식은 하인으로 부려지는 대신 우리를 지식의 노예로 만들어 '안 된다'는 이야기의 근거로 사용되곤 하기 때문입니다. 저는 과학과 식품 원리에 요리 감각을 접목해 요리사가 활용하기 용이하도록 적당한 깊이의 지식으로 가공했고 무수한 잠재 '된다'의 재료로 재구성했습니다. 요리를 전공하지 않은 고등학생도 이해할 수 있도록 쉽게 풀어내려 노력했습니다. 지식을 마구 부리고 휘둘러 줄 된다쟁이들에게 이 책을 바칩니다.

2023년 7월 권혁만

여러분 덕분에

오종필, 임선준 대표님
제가 감히 책이란 걸 써냅니다.

정상길님
멘탈 붙잡고 집필을 끝마쳤습니다.

최낙언 선생님
지식을 얻어 집필의 방향성을 확고히 하고 명료한 제목을 지었습니다.

재호님, 재윤님
일반인도 이해할 수 있게끔 독자 경험을 크게 개선했습니다.

김왕민 소장님, 박종필 셰프님, 김새결 셰프님, 최민제 셰프님,
이영민 선생님, 장성민 대표님, 양희나 조향사님, 김경수 조향사님,
김승우 셰프님, 최윤호 셰프님, 신성철 대표님, 공건아 대표님
유용하고 생생한 현장 정보를 책에 실었습니다.

박상은 작가님
마음에 쏙 드는 삽화를 삽입했습니다.

이동솔 셰프님
좋은 요리 사진들 잘 활용했습니다.

CONTENT

식품회사 연구원은 어떻게 맛을 볼까

1장   전문가처럼 맛보기

감칠맛, 알려진 것 이상의 쓰임새

2장   감칠맛 활용하기

현대의 먹거리들은 과거에 비해 상향평준화되어 있습니다.
경쟁이 치열해진 시장에서 우위를 점하기 위해서는
문제가 무엇인지 섬세하게 파악할 수 있는
기민한 레이더를 갖출 필요가 있습니다.
그래야 내 요리의 문제를 꿰뚫을 수도,
경쟁업체의 문제를 파악하고 해결하여
새로운 비즈니스 기회를 포착할 수도 있을 것입니다.

전문가처럼 맛보기

"우리는 숱하게 맛을 향으로,
향을 맛으로 착각합니다."

지방 밑이 어둡다 소일까 돼지일까 닭일까?

1 맛과 향 구분하기

　맛을 잘 내기 위해서는 맛을 잘 봐야 하며 맛을 잘 보기 위해서는 우선 맛과 향을 구분할 줄 알아야 합니다. 개발 목적에 맞는 요리를 만들기 위해서는 맛과 향의 서로 다른 화학적 특성을 고려할 필요가 있습니다. 음식의 맛과 향은 서로 영향을 주고받기에 마치 하나인 듯 착각하기 쉽습니다. 하지만 오렌지주스 한 잔을 마시더라도 "오렌지 맛이 난다"고 할 것이 아니라 "단맛, 신맛, 그리고 오렌지 향이 느껴진다"고 하는 것이 정확하고 전문적인 관능 묘사가 됩니다. '맛'에는 5미뿐이며 '오렌지 맛'이라는 건 존재하지 않습니다. 5미 외의 모든 풍미 측면 다양성은 향에서 유래합니다. 맛의 문제를 향으로, 반대로 향의 문제를 맛으로 해결해야 하는 경우도 있으며 맛은 물에, 향은 기름 성분에 잘 녹아 서로 다른 특성을 가졌으면서도 맛있는 요리를 만드는 데 상호 보완적으로 관여하므로 여태껏 우리가 하나의 통합된 '향미'로 인지해온 감각을 맛과 향으로 나누어 느끼는 연습을 해 나가야 합니다. 요리로부터 느껴지는 감각을 편의상 '맛'이라고 퉁쳐 부르기도 하지만 사실 우리가 음식으로부터 느끼는 감각은 시·청각적 자극을 제외하고 맛, 향, 촉감으로 나뉘며, 촉감은 다시 물리적 촉감과 화학적 촉감으로 나뉩니다.

- **5미** 짠맛, 단맛, 감칠맛, 신맛, 쓴맛
- **향미 혹은 풍미(Flavor)** 맛과 향을 묶어 일컫는 말
- **물리적 촉감의 예** 눅진함, 부드러움, 바삭함, 사르르 녹음 등
- **화학적 촉감의 예** 주로 향신료에 의한 삼차신경의 자극. 탄산의 화학적인 시원함, 화자오의 화학적 진동과 맛 강화 현상 등. 요리에 중독성과 입체감을 부여함(5장에서 자세히 다룸)

한국인이 제일 좋아하는 고기 향, '쇠고기 향'

"중식에서 흔히 사용하는 치킨스톡을 쇠고기 다시다
로 대체하면 더 다양하고 생소한 중식 요리들이 한국
인에게 받아들여질 수 있지 않을까?"

흔히 말하는 '쇠고기 맛'이란 것 역시 존재하지 않습니다. 단맛, 감칠맛 등의 맛에
쇠고기 향이 존재할 뿐입니다. 현재까지 공식적으로 인정받은 맛에는 짠맛, 단맛,
감칠맛, 신맛, 쓴맛 이하 5미뿐이며 나머지 감각의 다양성은 향, 촉각(식감, 온도 감각
등) 혹은 시각이나 청각 등 맛 외의 다른 여러 요인으로 인해 나타납니다. 쇠고기, 닭
고기, 돼지고기, 양고기의 맛 차이 역시 향에서 기인합니다. 육류 고유의 향은 지방에
녹아 있기에 기술적으로 각 동물의 살코기에서 지방을 완벽하게 분리한다면 소인지 닭
인지 혹은 돼지인지 구분하기 어렵게 됩니다.

2 맛과 향의 상관관계 이해하기

맛이 없는 향은 말 그대로 '앙꼬없는 찐빵'입니다. 속이 비었습니다. 맛은 향이 느
껴지는 강도와 뉘앙스에 큰 영향을 미칩니다. 맛이 있을 땐 향긋하던 냄새가 맛을 제
거하면 거의 느껴지지 않거나 이취로 느껴지게 됩니다. 단맛은 먹거리의 좋은 향은
증폭시키고 역한 냄새는 억제합니다. 가령 오래 씹어 밋밋해진 껌의 경우 그 향이 빠
진 것이라 생각하기 쉽지만, 사실 향은 그대로 있고 단맛이 빠져 발향이 되지 않는
것입니다. 단팥죽에서 당분을 빼면 푸석한 먼지 냄새가 나고, 달지 않은 과일은 그
향도 약하게 느껴져 맛이 없습니다. 그렇다면 칼로리가 없는 합성감미료의 단맛을 이
용하면 향이 풍부하면서도 '건강한' 요리를 만들어낼 수 있을까요?(별개로 저는 당 함량

을 낮춘 음식이 반드시 건강한 음식이라 생각하지는 않습니다)

일전에 키토제닉 다이어터를 타깃으로 당을 뺀 새콤달콤한 소스를 개발한 적이 있었습니다. 소스에 들어가는 설탕을 칼로리 없는 합성감미료로 대체하자 원래의 소스에서 났던 상큼한 채소와 과일 향이 사라지고 비린내와 매캐한 냄새가 났습니다. 싱그러웠던 허브내음은 쥐어뜯은 잡초 풋내로 변해버렸으며, 입천장까지 풍부하게 퍼져 나왔던 상큼한 향은 목구멍 아래에 걸린 듯 답답하게 느껴졌습니다.

재미있는 사실은, 키토제닉 다이어터들이 많이 쓰지만 칼로리가 조금은 있는 알룰로스를 사용하자 합성감미료만 썼을 때보다는 미묘하게 발향이 더 잘 일어났다는 겁니다. '요리의 맛(풍미)은 칼로리에 비례한다'는 말이 과학적인 관용구임을 확인할 수 있는 일례입니다. 칼로리 없이 단맛만 느끼게 하는 합성감미료가 향을 증폭시키지 못하는 것은 당연한 일입니다. 에너지원이 되지 못하니 다시 찾아 먹을 이유가 없는 것입니다. 인간이 먹는 이유는 인체를 운영하기 위함이고, 인체 운영에 필요한 대량 영양은 '맛(5미)'에 있습니다. 반면 향 자체에는 아무런 영양적 가치가 없어, 맛 없이 향만 있는 음식에는 우리 뇌가 반응하지 않으며 그 풍미를 맛있게 느끼기는 커녕 기억하려고도 하지 않습니다.

칼로리는 인간이 음식을 먹는 가장 중요한 이유이며 향은 생존에 도움이 된 음식을 기억해 뒀다가 다시 찾아 먹을 수 있도록 해줄 나침반입니다. 맛에는 5가지 뿐이며 나머지 요리 풍미의 다양성은 향에서 온다는 점을 상기하면 '향을 증폭시킨다'는 것이 요리에 있어서 얼마나 큰 의미인지 알 수 있습니다.

· **이취** 이상한 냄새, 맥락에 맞지 않거나 불쾌한 냄새를 의미합니다.
· **키토제닉 다이어트** 당 섭취를 줄여 지방을 주 에너지원으로 사용하도록 몸을 적응시키는 다이어트로, 체중관리뿐 아니라 간 건강을 추구하는 다이어트로 알려져 있습니다.

간을 맞춘다는 것: 맛과 향의 상호 관계

Fruity향	사과, 딸기, 바나나, 복숭아, 레몬, 라임 등 주로 음료에 사용되는 과일의 향
Savory향	구운 고기, 간장, 카라멜, 향신채, 훈연 등 요리의 향 · **향신채** 마늘, 양파, 고추 등 음식에 향과 매운맛을 더해주는 채소들

· 짠맛은 풋내와 이취를 억제해주지만 과하면 요리의 상쾌하고 가벼운 향마저 눌러버립니다.
  쓴맛은 적절한 향미와 함께 있으면 풍부한 바디감으로 작용합니다.

향료회사에서 식품향을 개발하여 테스트할 때에는 당산물, 혹은 MSG를 탄 소금물에 향료를 타서 마셔봅니다. 식품향료는 향수의 향장향과는 달리 먹는 것이 목적이므로 목구멍 상부를 통해 비강으로 솟아 나오는 향의 뉘앙스를 섬세하게 감각하며 작업합니다. 향은 종류에 따라 특정 맛과 함께 있을 때 더욱 기민하게 느껴집니다. 제가 식자재아카데미에서 강의를 할 때면 수강생들에게 늘 경험시켜주는 음료 시음 체험이 있습니다. 똑같은 양의 과일 향료를 탄 음료를 두 잔 준비하는데, 한 쪽 컵에만 설탕(인간이 가장 좋아하는 단맛 성분)과 구연산(인간이 가장 좋아하는 신맛 성분)이 들어있습니다. 수강생들은 맛 성분이 없는 컵에서는 과일향을 거의 느끼지 못합니다. 반면 맛 성분이 들어있는 컵에서는 생생한 과일향을 느낍니다. 단맛과 신맛이 과일의 향을 증폭시키고 맛있게 느껴지게끔 해주는 겁니다. 우리 뇌는 먹는다는 행위의 목적 그 자체인 '맛'이 있어야만 향 물질도 향긋하게 느낍니다. 오로지 향 만 갖는 음식은 기억할 필요도 없이 무가치하다 여깁니다. 이를 뒤집어 요리 중심적으로 생각해보면 요리의 어떤 향을 특징적으로 표현하고 싶은지에 따라 요리의 맛밸런스 설계 역시 달라져야 한다는 사실을 알 수 있습니다. 요리의 간을 맞춘다는 것은 소금간을 하는 행위를 넘어 내가 다루고자 하는 식재료의 향이 증폭되거나 더 먹음직스러워질 수 있도록 5미의 맛밸런스를 적절하게 셋팅하는 일입니다.

한 수강생의 호기심에 의해 이 이론을 다른 방향으로 재확인한 일도 있었습니다. 수강생의 궁금증은 반대로 Savory한 쇠고기향료를 탄 물에 Fruity한 재료의 향을 증폭시켜주는 설탕과 구연산을 넣는 경우, 그 향이 맛있게 느껴지거나 증폭되지 않는가 하는 것이었습니다. 예상대로 단맛, 신맛은 쇠고기 향을 증폭시켜주지 못했고 음료 속의 단맛과 신맛, 쇠고기의 향은 모두 엉망으로 따로 노는 듯했습니다. 쇠고기 향과 같이 savory한 향이 맛있게 느껴지는 데에는 짠맛과 감칠맛(경우에 따라서는 일부 단맛, 신맛)이 핵심적인 역할을 합니다.

· **당산물** 설탕과 구연산을 넣어 새콤달콤하게 만든 물

우리는 숱하게 맛을 향으로, 향을 맛으로 착각합니다. 과일 등에 들어 있는 에틸 말톨(Ethyl maltol) 같은 향기물질은 달고나나 카라멜처럼 무겁고 짙은 단향을 내는데, 요리에 들어가면 단맛으로 느껴지기도 합니다(커피에서 느껴지는 단맛도 대부분 향에 의한 것이라 합니다). 한편, 부티르산(Butyric acid)이라는 향기물질은 치즈의 핵심 향기 성분 이면서 토사물의 냄새성분이기도 한데, 그 특유의 시큼한 향은 신맛으로 느껴지기도 합니다. 향을 맛으로 착각하는 겁니다.

맛과 향의 관계에 대한 이해는 요리 과정에서 발생하는 여러 문제들을 해결하는 데 큰 도움이 됩니다. 우리가 맛 때문이라 생각하는 문제가 사실 향 때문일 수 있고, 잡 내 문제의 해결책이 맛일 수도 있기 때문입니다. 가령 고기의 잡내는 후추의 향신향 보다 설탕이나 핵산같은 맛소재가 더 잘 억제해줍니다. 한편 향기물질에 대한 지식 은 요리사로 하여금 전통적인 재료 조합의 당위성에 대한 이해를 할 수 있게 하며, 더 나아가 스스로 식재료와 양념, 향신료 조합을 창조해낼 수 있게 합니다. 양식에서 자주 페어링하는 생강과 오렌지는 리나룰(Linalool) 등의 향기 물질을 공유하기 때문 에 서로 잘 어울리는 것이며, 자연에 존재하는 수많은 과일과 채소, 허브들 또한 서

로 많은 종류의 향기 물질들을 공유합니다. 세상에는 아직 발굴되지 않은 무수한 향
미 조합들이 존재합니다(향기물질에 대해서는 5장에서 자세히 다룹니다).

- **핵산** 감칠맛을 내는 성분들 중 하나로, 유전 정보를 포함하는 생체 고분자 물질입니다(2장에서 자세히
  다룹니다).
- **페어링** 향미가 어울리는 것을 조합하거나 짝짓는다는 뜻 -와인 페어링, 식재료 페어링, 양념 페어링 등

음료와 과일은 차가워야 제맛!

음료수와 과일, 꿀 등에 들어있는 과당은 온도
에 따라 α형과 β형 두 가지 형태로(가역적으로) 자
유로이 모습을 바꾸는데, 차가울 때 β형이 되어
3배 더 달게 느껴집니다. 단맛은 Fruity한 먹거리
(과일, 상큼한 허브)의 발향 강도에 영향을 미치므로

같은 음료나 과일이라도 차가울 때 더 달고 향도 풍부하게 느껴져 그 풍미가 좋아집
니다. 상온에서 후숙하는 망고나 멜론 같은 과일 역시 잠시 냉장고에 두어 차게 먹으
면 그 풍미가 더 강하고 맛있게 느껴집니다.

- **가역적** 변화한 후 원래 형태로 돌아올 수 있음(비가역적이다: 변화한 후 원래의 형태로 돌아올 수 없음)
- **발향 강도** 입에 들어온 먹거리의 향이 확산되며 느껴지는 정도

고기 잡내, 후추보다 설탕이 더 잘 잡는다

과거 육류의 잡내를 억제하기 위해 진행했
던 실험에서 확인한 바에 따르면 후추나 마
늘, 양파 같은 향신채와 숯불 향료 등 그 어
떤 향 소재보다도 가장 효과적으로 육류의 잡
내를 줄여준 것은 설탕이었습니다. 맛과 향의

관계에 대한 지식이 없으면 잡내나 이취를 다른 냄새로 덮으려는 시도밖엔 할 수가 없습니다. 설탕은 고기 풍미를 직접적으로 더 강하게 만들어주지는 않지만 식재료나 양념 전반의 좋은 향을 증폭시키며 나쁜 향은 억제해줍니다. 맛과 향이 서로 어떤 영향을 주고받는지 안다면 훨씬 효과적인 문제 해결이 가능해집니다. 한편 표고버섯에 다량 존재하는 핵산계 감칠맛 성분인 구아닐산(GMP)은 육류의 잡내를 설탕보다도 효과적으로 억제합니다. (핵산계 감칠맛 성분에 대해서는 2장에서 자세히 다룹니다)

트레비는 사실 향긋하다

Fruity한 향의 경우 같은 양이라도 단맛과 함께 있으면 훨씬 강하게 느껴집니다. 편의점이나 마트에서 트레비라는 브랜드의 은은한 레몬향 탄산수 제품을 발견할 수 있습니다. 트레비의 향이 약하게 느껴지는 이유는 제품에 향료가 적게 들었기 때문이 아닙니다. 오히려 일반 음료보다 더 많은 향료를 함유했을 가능성이 있습니다. 트레비에 설탕을 첨가하면 상쾌하고 강한 레몬향이 그득하게 뿜어져 나오는 탄산 레모네이드로 변신합니다. 단맛과 Fruity한 향 간의 상호관계를 확인할 수 있는 간단하고 재미있는 실험입니다.

12brix 트레비 만들기

트레비 88g	+	설탕 12g

brix는 대상 용액 100g에서 설탕 몇 g 만큼의 단맛이 나는지 나타내는 지표입니다.

- Brix는 물컵 속 유리막대보다 설탕물이 든 컵 속 유리막대가 더 많이 휘어 보이는 현상에서 착안해 물에 녹아 있는 물질의 양을 측정하는 방법이자 단위입니다. 과일이나 음료에 있어서는 용액 내 녹아 있는 대량의 물질은 당류이기 때문에 brix를 과일과 음료의 당도를 측정하는 단위로 사용합니다. 설탕은 맛이 좋고 온도에 따른 구조 및 단맛 강도 변화가 없어 표준 감미료로 사용됩니다(이성질체가 없음).
- 과일의 brix는 통상 12~16입니다.

구연산을 넣어 신맛을 추가로 가미해주면 향이 더욱 풍부하게 느껴집니다.

구연산을 넣어 향이 풍부한 트레비 만들기

12brix 트레비 100g	**+**	구연산 0.02g

2% 부족할 때

"제 요리에 깊은 맛이 부족한 것 같아요, 뭔가 부족하게 느껴져요." 유튜브 채널에 종종 달리는 문의 댓글입니다. 많은 사람들이 요리가 주는 만족감의 상당 부분이 감칠맛에서 기인한다고 여깁니다. 하지만 사람들이 경험하는 불만족은 감칠맛이 아니라 마이야르 반응의 결과물로서 발생하는 향기 성분, 쓴맛이 주는 바디감 등 맛이 아닌 다른 감각에 의한 것일 수 있습니다. 특히 향이 부족하거나 발향이 억제되면 요리 풍미가 답답하게 느껴질 때가 많은데, 이런 경우 단맛이나 신맛 재료를 첨가해 요리의 향을 증폭시키는 것만으로 문제가 해결될 수도 있습니다. 반대로 요리의 향이 너무 가벼워 깊고 눅진한 풍미가 부족하다 느껴진다면 요리에 들어가는 재료를 고른 갈색 빛으로 잘 볶아 마이야르 반응 특유의 풍미를 강화해주거나 레시피에 들어가는 설탕의 1/3~1/2 정도를 흑설탕으로 대체해 문제를 해결할 수도 있습니다. 흑설탕은 설탕에 카라멜을 비벼 만드는 것으로, 인간이 본능적으로 좋아하는 특유의 구운 향과 버터향, 꽃향 등 눅진하고 풍부한 향을 냅니다.

· **흑설탕의 고급스러운 대체품 molasses** 몰라세스는 우리 말로 당밀이라고도 하는데, 카라멜의 향긋함, 바디감 및 짙은 색을 요리에 부여하는 데 사용할 수 있는 감미료입니다. 저 역시 소스를 제조함에 있어 복합적이고 깊은 풍미를 부여하기 위해 선인의 '당밀-에스'라는 제품을 애용합니다. 간장 계통의 고기용 소스, 갈비 소스 등에 잘 어울립니다.

바싹구워 조리는 복합조리 닭찜

육류를 갈색으로 노릇하게 구울 때는 버터, 럼, 꽃, 카라멜 향 등 여러 향기 물질들이 발생합니다. 닭조림 등 육류 조림 요리를 할 때 기름을 두른 팬을 센 불에 올려 위와 같이 육류를 볶아준 후 양념을 넣고 조려 완성한 요리는 향미가 깊고 풍부합니다. 반면 처음부터 고기와 양념을 한 데 넣고 요리하면, 고기의 온도가 100여℃ 부근을 벗어나지 못해 고기를 고온으로 가열할 때 발생하는 마이야르 반응의 좋은 향기성분들은 요리에 녹여내기 어렵게 됩니다.

· **마이야르 반응** 반응성이 뛰어난 당류와, 아미노산이 함께 존재할 때 자연 발생하는 반응, 160℃와 190℃ 부근에서 활발히 일어납니다.

설탕을 타 먹는 전라도식 콩국

서울이나 경상도에서는 콩국에 소금 간을 해 짭짤하게 먹지만 전라도에서는 설탕을 타 먹습니다. 설탕을 탄 콩국 풍미는 소금을 탄 콩국 풍미와 어떻게 다를까요?

콩국	풍미 전반이 약하고 밋밋함. 후미에 콩 풋내가 남음. (비릿한 콩내) · **후미** 음식을 삼킨 후 입과 비강에 남는 잔향과 맛
소금 콩국	콩 풋내가 줄어듦. 은은한 감칠맛이 느껴짐, 고소한 유지류 풍미가 강해짐. 일부분 버터처럼 느껴짐.
설탕 콩국	콩 풋내가 줄어듦. 땅콩버터, 아몬드 등 고소한 견과류 풍미가 강해짐. 미숫가루 음료나 율무차처럼 느껴짐.

더 향긋한 바질페스토

"여러 가지 향 증폭장치를 이용해 바질의 향을 강화해봅니다"

잣	아몬드나 땅콩을 이용해 만든 바질 페스토는 향 전반이 답답하게 느껴집니다. 잣은 아몬드나 땅콩 등 다른 견과류에 비해 향조가 가벼워 바질의 발향을 억제하지 않습니다. 향이 지나치게 무겁지 않은 캐슈넛도 잣의 좋은 대용품입니다. 페스토에 쓸 견과류는 갈색 빛이 나지 않도록 살짝만 볶아주는 것이 좋습니다. 갈색화 반응에 따라오는 무거운 향기 성분들은 상쾌하고 섬세한 허브 향을 억제할 수 있습니다. · **갈색화 반응** 마이야르 반응, 카라멜라이제이션 등
설탕	단맛은 과일, 허브 등의 향을 증폭시킵니다. 설탕을 넣지 않은 채 맛을 보고, 설탕을 넣고 다시 맛보며 바질 페스토의 향이 어떻게 변화하는지 확인해보세요
레몬	단맛과 함께 있을 때 신맛 역시 요리의 향을 강하게 만듭니다. 한편, 레몬의 신맛 성분인 구연산은 인간이 가장 좋아하는 산미료라 알려져 있습니다. · **구연산** 구연산은 레몬 뿐 아니라 라임, 귤, 오렌지, 매실 등 다양한 과일의 주된 신맛 성분입니다. 적정 사용량 내에서 식초와 같은 다른 신맛 성분들은 요리의 감칠맛을 떨어트리는 데 반해, 구연산은 요리의 감칠맛을 강화합니다. 요리에 얹어지는 레몬이나 라임 웻지는 단순한 장식품이 아닙니다.

재료

바질 80g, 올리브 오일 80g, 파마산 치즈 50g, 잣 40g, 레몬즙 29g, 다진마늘 12g, 소금 4g, 설탕 3g, 후추 0.4g

조리법

① 설탕을 제외한 모든 재료를 한데 모아 용기에 담고 블렌더를 이용해 갈아줍니다.

· 너무 곱게 갈리지 않도록 주의합니다.

② ①의 맛을 본 후 분량의 설탕을 넣고 다시 맛을 보며 향의 변화를 관찰합니다.

- 완성된 페스토에 2~3mm크기로 잘게 썬 바질 다이스를 첨가해보세요. 바질 조각이 씹히며 비교적 온전하고 상큼한 바질 향을 입 안에 쏟아냅니다.
- 상업용 바질페스토를 만들 때에는 잣은 캐슈넛으로 대체하고 파마산 치즈 대신 '동원 파마산블렌드' 같은 파마산 치즈 조미가루를 이용해줍니다.
- 바질 일부를 데친 시금치로 대체하고, 바질향료를 첨가해 원가를 큰 폭으로 절감할 수 있습니다(식품향료에 대해서는 5장에서 다룹니다).

3 맛과 향 녹이기

맛은 물에 잘 녹고 향은 기름에 잘 녹습니다. 우리가 어떤 물질을 맛으로 느끼려면 그것이 물에 녹아 미뢰에 닿아야 합니다. 말인 즉, 물에 녹지 않는 것은 맛으로 느낄 수 없다는 뜻입니다. 반면 향은 기름에 잘 녹습니다. 향이 주인공인 요리에 있어서는 단맛, 신맛뿐 아니라 유지류를 어떻게 사용하느냐가 요리가 주는 만족감에 큰 영향을 미칩니다. 술은 분자 구조상 물과 친한 부분, 기름과 친한 부분을 모두 가져 물과 기름의 중간적 성질을 띱니다. 술은 맛과 향 모두 잘 녹이는 편이며 휘발성이 강합니다. 하여 우리는 요리의 잡내를 없앨 목적으로 술을 사용하기도 합니다. 재료 위에 뿌려진 알코올은 잡내를 포집하고, 가열하면 냄새를 붙잡고 휘발합니다. 기름이나 술은 향이 좋은 재료를 재우는 데 사용하거나 함께 끓여 향을 묶어두는 데 사용할 수도 있습니다. 다시 한 번 강조하지만 달고 짜고 시고, 쓰고, 감칠맛이 난다는 감각

외의 다른 '풍미'는 전부 향에 의해 나타납니다. 예를 들어 마늘이나 파를 먹을 때 느껴지는 맛은 단맛과 쓴맛 뿐이며(매운맛은 통각이니 제외), 그 외에 우리가 마늘맛, 파맛이라고 생각해왔던 감각은 사실 "향"입니다. 이를 조리 실무 측면에서 바라보면 다음과 같이 사고할 수 있습니다. 마늘이나 파의 '맛'을 이용하려 한다면 이를 육수에 넣고 삶아 단맛과 감칠맛 등을 우려냅니다. 반면 마늘이나 파의 '향'을 이용하려 한다면 이를 기름에 넣고 끓여 마늘과 파의 향기성분을 기름에 우려내고 가두어 줍니다.

· **유지류** 유(액체)+지(고체), 액체와 고체 상태의 식용 기름 전반을 일컫는 말
· 마늘과 파의 향기성분 일부는 물에 녹기도 합니다.
· 육수를 끓인 경우에는 마늘이나 파에서 우러나오는 일부 기름 성분이 육수에 유화되고, 그 기름 성분에
  향이 함께 녹아 있기도 합니다.

맛도끼 줄까 향도끼 줄까?

마늘을 조리하는 경우를 상정해보겠습니다. 마늘을 물에 넣고 삶는 경우 우리는 마늘의 단맛, 감칠맛 성분을 주되게 얻을 수 있습니다. 물은 맛 성분을 잘 녹이기 때문입니다. 이때 물에 녹는 초미량의 향기성분을 제외하고는 대부분의 마늘 향은 수표면을 통해 휘발해버립니다. 마늘 향을 원한다면 물에 넣고 삶는 조리법은 적절하지 않은 겁니다. 반면 마늘을 기름에 넣고 달달 볶아내거나 끓여내는 경우 우리는 마늘 향이 짙게 밴 기름을 얻을 수 있습니다. 기름은 향기 성분을 잘 녹입니다. 이렇게 만든 마늘 기름을 완성된 요리 위에 뿌려주거나 재료를 볶을 때 사용하면 마늘향이 진한 음식을 해낼 수 있습니다.

이렇듯이 우리는 '풍미(flavor)'를 맛(taste)과 향(scent)으로 찢어 인식하고, 물에 잘 녹는 맛, 그리고 기름에 잘 녹는 향 각각의 화학적 특성을 이해한 상태에서 메뉴 설계에 임해야 합니다. 미슐랭 레스토랑에서 채소 육수를 끓이는 방법도 이러한 원리에 근간합니다. 냄비에 다량의 올리브유를 두른 후 채소를 넣고 색이 나지 않게끔 달달 볶아냅니다. 그런 다음 물을 붓고 짧은 시간 끓여낸 후 뚜껑을 덮어 불을 끄고 그

대로 20~30분 간 방치합니다. 먼저 채소에 기름을 두루 발라주는 이유는 채소에서 뿜어져 나올 향기 성분을 기름으로 붙잡아두기 위함입니다. 채소 향을 머금은 기름은 채소 육수를 끓이는 과정에서 상당 부분 육수 내부로 유화되어 들어가며 육수의 향긋함에 기여합니다.

청주 맛 조개, 조개 맛 청주

술을 이용하는 요리 중 가장 직관적이고 흔한 형태가 바로 조개 술찜입니다. 예열한 냄비에 해감한 조개를 넣고 화이트와인이나 청주, 그리고 미림을 둘러 뚜껑을 덮고 쪄내듯 요리합니다. 알코올 성분은 조개의 비린내나 잡내를 붙잡아 함께 휘발해버립니다. 한편 청주에는 호박산이 들어있어 조개 특유의 감칠맛을 강화해줍니다.

• 해산물 감칠맛을 내는 호박산에 나트륨 두 분자가 붙은 호박산이나트륨은 홍합탕 특유의 감칠맛을 냅니다(2장에서 자세히 다룹니다).

인생은 비스크 소스

갑각류는 과일과 마찬가지로 껍질에 향이 풍부하기 때문에 통째로 구운 후 껍질을 벗기면 깊고 진한 풍미를 온전히 살려낼 수 있습니다. 갑각류와 그 껍질을 이용해 만드는 소스나 스프 등을 비스크(bisque)라 하며 레스토랑에서는 흔히 새우나 랍스타의 머리, 껍질 등을 이용해 비스크 소스를 만듭니다. 그 중에서도 새우 머리(내장)를 이용하는 경우가 가장 흔한데, 한국에서도 새우 머리는 흔히 굽거나 튀겨 먹기 때문에 비스크는 호·불호가 덜한 양식 소스류 중 하나입니다. 대학 시절 한 친구가 물에 새우머리를 넣고 끓여 비스크 육수를 만들던 것이 기억에 남습니다. 사실 물을 이용해 비스크를 만드는 것은 좋지 않은 방법입니다. 새우 머리의 좋은 향을 휘발시켜버리고 맛만을 제한적으로 이용하게 되기 때문입니다. 비스크의 매력은 특유의 향에 있으며 향기 성분은 기름이나 술에 잘 녹습니다.

전문적인 레스토랑에서 근무하거나 식사를 하며 접한 비스크 소스들은 사뭇 달랐습니다. 구운새우 머리에 식용유를 부어 끓여낸 것을 으깨듯 짜내어 걸러낸 비스크 오일을 사용하는 곳이 있는가 하면 구운 새우 머리에 크림을 부어 장시간 고아 내어 사용하는 곳도 있었습니다. 어떤 곳은 구운 랍스타 머리에 술을 붓고 끓여 내어 술만으로 만든 비스크 육수를 요리에 이용했습니다. 식용유, 지방이 풍부한 크림, 도수가 높은 술 모두 향을 잘 녹이는 용매들입니다. 재료의 향을 잘 녹이는 매체가 무엇인지에 대한 학생과 전문 셰프들의 이해도 차이가 극명하게 드러난 예라 생각합니다. 식재료의 장점을 이끌어 내고 극대화하려면 맛과 향이 어디에 잘 녹는지, 어떤 조리과정을 통해 어떻게 변화하게 되는지 그 원리를 이해해야 합니다.

향 원리 활용, 제피 간장 소스!

졸인 청주와 미림을 이용하는 간장 소스입니다. 조리법상 간장을 따로 가열하지 않아 간장의 풍부한 향 또한 그대로 살려낼 수 있어 고급스러운 것이 특징입니다.

알코올	향을 잘 녹임
설탕	일부 재료의 향을 증폭시켜 좋게 하고, 잡내는 가려줌
핵산IG	간장의 양조취나 제피의 묵은취 등 부정적인 냄새 억제 및 감칠맛 증폭
제피	한국의 제피와 산초, 그리고 중국 산초는 모두 서로 다릅니다. 마라의 핵심 재료가 되는 중국 산초는 쓰촨 페퍼 내지는 화자오라 불리며 향 특성이 강하지 않은 대신 입 안을 얼얼하게 하는 입촉감을 가졌다는 것이 특징입니다. 한국의 산초와 제피는 중국 산초에 비해 덜 얼얼하고 향긋한 편입니다. 제피에서는 레몬그라스와 흡사한 향이 주되게 느껴집니다.

재료

청주 200g, 미향 72g, 제피 5g, 설탕 16g, 양조간장 58g,

핵산IG 0.3g, 꽃소금 0.3g, 잔탄검 0.4g

- **미향** 미림, 혼미림 등 기타 맛술로 대체 가능
- **잔탄검** 소스에 녹진함, 점성을 부여하기 위해 사용하는 증점제(316p. 잔탄으로 점도내기 참고)

조리법

① 청주와 미향, 제피를 냄비에 넣고 센불에서 가열하여 105g으로 졸여줍니다.

② ①에 설탕, 양조간장, 핵산IG, 꽃소금을 넣고 녹입니다.

③ 체를 이용해 제피를 걸러준 후(버리면 안됩니다!) 소스에 잔탄검을 넣고 핸드블렌더로 약 1~2분 간 갈아 수화시켜 점도를 내어줍니다.

④ 진공포장기에 들어갈 수 있는 큰 볼에 소스를 옮겨 담고, 진공포장기의 진공챔버(99.9%)를 이용해 소스의 기포를 제거해줍니다.

⑤ 기포를 제거한 소스에 걸러 두었던 제피를 넣고 24시간 이상 냉장숙성시킵니다.

- **숙성** 숙성은 선택이 아닌 필수입니다. 숙성 후 풍미가 아예 달라집니다
- 진공포장기가 없다면 기포 제거 과정을 생략하고, 냉장숙성 후 소스 위로 떠오른 기포를 숟가락으로 떠 제거해줍니다.

응용

- 제피 대신 화자오나 후추, 백후추, 오향 등 다른 스파이스도 활용할 수 있습니다.
- 간장을 타마리 간장 등 기타 간장으로 대체하거나 노두유, 굴소스 등과 혼합 사용할 수 있습니다.
- ①까지 조리한 것을 바로 백설(CJ) 불고기 양념과 섞어 간단히 고기 딥핑 소스를 만들 수도 있습니다.

4 풍미 밸런스 이해하기

"뭔가 부족한데…?", "뭔가 심심하다", "뭔가 냄새가 나는 것 같다"… 그 '뭔가'가 정확히 무엇인지는 몰라도 문제가 풍미의 어느 지점에 있는지 짚어낼 수 있다면 논의가 가능해지며 해결책을 강구해 낼 수 있게 됩니다. 실제로 식품회사 연구원들은 '초미가 좀 비는데?', '후미에 잡내가 좀 남아'… 와 같은 식으로 소통합니다.

맛의 감각 시점 인지하기

초미는 음식을 입에 넣은 직후에 느껴지는 맛과 향을 일컫습니다. 중미는 초미 이후 시간이 지나면서 이어서 느껴지는 향미를, 후미는 비교적 뒤에 (음식을 삼킨 후) 남는 잔향과 맛을 의미합니다. 필요에 따라 초미와 후미 개념만 이용할 수도 있습니다. 신맛을 내는 재료로 예를 들자면 식초의 초산 신맛은 초미에, 레몬의 구연산이나 김치, 요구르트의 젖산 신맛은 비교적 후미에 강하게 느껴지는 경향이 있습니다. 이와 같은 이해를 바탕으로 해결하고 싶은 풍미 차원의 문제가 요리의 초미에 있는지, 중미에 있는지, 후미에 있는지 구분할 수 있으며 해결을 위해 어떤 조치를 취해야 할지도 논의하거나 결정할 수 있습니다. 요리의 향이 답답하고 초미가 비어 있다는 인상이 들 때에는 초산이 주 성분인 식초를, 후미에 잡내가 남거나 뒷맛이 심심하다면 레몬이나 라임(구연산 함유) 등을 소량 첨가해주는 식으로 요리의 향미를 개선할 수 있습니다.

· 구연산을 함유한 레몬즙이나 라임즙은 완성 요리에 소량 첨가하면 감칠맛을 강화해줍니다. 고객이 후첨할 수 있게 요리에 곁들여주어도 좋습니다.

초산	식초의 주된 신맛
구연산	레몬 같은 감귤류 과일의 주된 신맛
젖산	김치나 유제품의 주된 신맛

단맛이 요리의 좋은 향은 증폭시키고 부정취는 억제하듯이 신맛 역시 요리의 향에 큰 영향을 미칩니다. 신맛 재료가 가지는 수소 이온은 세상에서 가장 가벼운 물질이기에 요리의 향을 확산(증폭)시키는 특성이 있습니다. 향료 회사에서 과일이나 허브 계통의 식품 향료를 테스트할 때 단순 설탕물이 아닌 설탕과 구연산을 모두 포함한 당산물을 사용하는 이유 역시 발향을 극대화하여 기민한 관능평가를 할 수 있도록 하기 위함입니다. 단맛과 신맛의 조합은 향료회사 연구원들에게는 향을 더 기민하게 느낄 수 있게 해주는 도구이지만 요리의 관점에서는 음식의 향을 증폭시켜주는 훌륭한 무기입니다(5미에 대한 세부적인 탐구는 3장에서 이루어집니다).

향의 무게중심 인지하기

먹거리의 향은 그 무게감에 따라서 비강과 목구멍의 상단, 중단, 하단 이렇게 각각 다른 부위에서 주되게 느껴집니다. 하단부터 상단까지 향이 풍부하게 차올라 요리 향미가 잘 느껴지는 경우 '발향이 잘 된다'고 표현합니다. 비강과 목구멍 상부까지 발랄하게 차오르는 상단 향을 많이 포함한 재료에는 식초, 과일, 허브 등이 있고 이들은 대개 중단을 주로 자극하

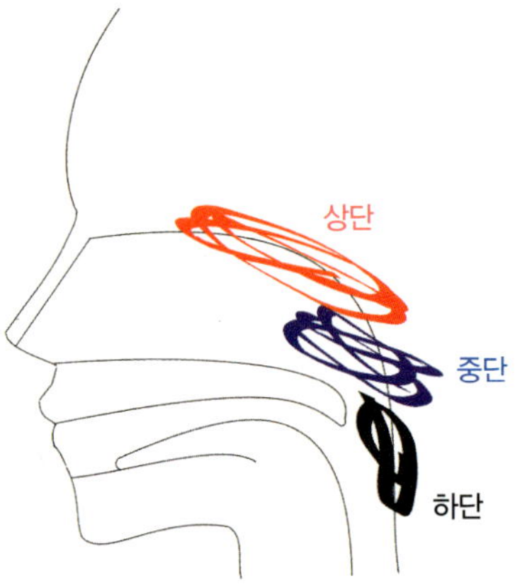

무게감에 따라 향미가 주로 느껴지는 부위

는 적당한 무게감의 우아한 향 물질을 함께 갖습니다. 한편 구운 고기, 바닐라, 카라멜과 같이 목구멍 아래로 깊숙하게 깔려 하단에 머무르는 묵직하고 무거운 향을 주되게 갖는 재료들도 있습니다. 일반적으로 우리가 맛있다 느끼는 요리의 향은 상단부터 하단까지 골고루 퍼지며, 우리는 그 향이 비강을 통해 코를 뚫고 나온다는 느낌을 받기도 합니다. 반대로 요리의 풍미가 답답하거나 어딘가 밋밋하게 느껴지곤 하는 것은 대개 상쾌한 상단 향이 가열에 의해 휘발했거나 무거운 하단 향조에 의해 발향이 억제되어 발생합니다.

· **발향** 요리의 향이 상단부터 하단까지 골고루 풍부하게 퍼짐

조청, 카라멜, 바닐라 등 하단으로 깔리는 무거운 하단 향조를 가진 재료들은 요리에 그 양이 과하면 상단과 중단 향의 발향을 억제하는 경향이 있어 사용량에 주의를 기울여야 합니다. 가령 카라멜을 함유한 흑설탕은 요리에 묵직한 바디감을 부여하는 데에 유용하게 사용되지만 사용량이 과한 경우 요리 전반의 향조를 눌러 발향을 억제하고 요리의 향미를 답답하게 만듭니다. 레시피를 개발할 때에는 중단과 상단의 향들이 억제되지 않는 선에서 상큼한 발향과 바디감 두 마리 토끼 모두를 잡을 수 있는 절묘한 균형을 찾아야 합니다.

· **카라멜** 카라멜은 마이야르 반응의 결과물과 더불어 불향의 일부이자 인간이 본능적으로 좋아하는 향기 성분을 갖습니다. 식품회사에서는 인간 본능적 선호를 자극하거나 색을 짙게 하기 위해 소스에 카라멜을 더해주곤 합니다.

향기의 특성에 대해 정확히 이해하지 못하면 향이 무겁게 눌려 음식의 풍미가 답답해진 경우에도 오로지 음식의 간이나 다른 맛이 부족한 것이라 착각하여 지나치게 짜거나 자극적인 음식을 만들게 되기도 합니다. 이러한 실수는 고추장 요리에서 특히 많이 발생합니다. 바닐라 향의 주성분인 '바닐린'은 무겁고 진한 중-하단 향으로, 요리에 그 양이 많으면 상단과 중단의 향기들을 눌러 발향을 억제하는데 고추장에 첨가되는 곡류 발효물(조청 등)이 더러 바닐린을 함유합니다. 때문에 고추장 요리를 할 때에는 그 사용량에 주의를 기울여야 합니다. 고추장은 터치의 목적으로 소량 사용

하고, 간장, 고춧가루, 설탕, 물엿 혼합물을 베이스 양념으로 사용해야 합니다. 이미 대량으로 제조해놓은 고추장 소스의 발향이 눌려 답답하게(텁텁하게) 느껴지는 경우, 거슬리지 않는 선에서 식초(신맛, 가벼운 맛)를 소량 터치해 발향을 발랄하게 되살려 줄 수 있습니다. 신맛이 지나치게 된 경우 다시 설탕을 넣어 맛밸런스를 조정해줍니다. 조정 후 감칠맛이 저하되었다면 MSG나 핵산IG를 첨가해 후보정해줍니다.

> · **바닐라 향** 멕시코가 원산지인 바닐라 향이 다소 보수적인 입맛을 가진 한국인을 포함해 전 세계인에게 사랑받는 이유는 그 주된 향기 성분인 바닐린이 모유나, 익숙하게 접해온 다양한 식재료에 함유되어 있기 때문입니다. 바닐린은 각종 뿌리채소, 나무 등에 들어있는 리그닌의 분해물이기도 합니다.

향미 통틀어 이해하기

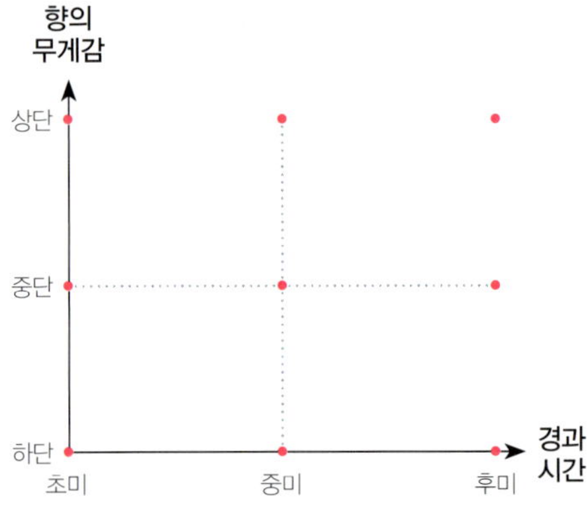

초미, 중미, 후미 개념과 향 무게감 개념을 합쳐 그래프를 그려보면 아홉 가지 지점이 생깁니다. 조금만 훈련이 되면 '후미의 중단 쪽…' 같은 식으로 문제가 있는 지점을 비교적 정확하게 짚어 인지하고 표현할 수 있게 됩니다. 맛이 느껴지는 지점과 향의 무게중심에 주의를 기울여보세요. 인지능력의 기민함은 노력으로 향상시킬 수 있습니다. 섬세하게 맛을 볼 수 있게 되면 새로운 레시피의 설계뿐 아니라 기존 요리를 개선하는 작업에도 큰 도움이 됩니다.

잘나가는 경쟁업체의 요리에 존재하는 문제를 파악해보세요, 문제를 찾아내셨다면 해결책을 고안해보세요! 그 자체로 경쟁력을 갖춘 사업 아이템이 될 겁니다.

"단맛만 조금 줄이면 어때요?"

식품의 개발 과정에서 가장 잦은 이슈거리가 되는 것은 바로 단맛입니다. 단맛이 요리에 미치는 영향력은 매우 강력한 반면 그에 대한 취향은 천차만별이기 때문입니다. 식품회사의 연구원들은 '단맛만 조금 줄여달라'는 요구를 숱하게 받는데 요청 그대로 단맛을 줄이면 많은 문제들이 동시다발적으로 발생하게 됩니다. 줄어든 단맛은 상호작용하고 있던 나머지 맛에 영향을 미쳐 요리의 짠맛, 신맛이 도드라지게 되거나 풍부한 바디감이 쓴맛으로 변모하게 됩니다. 또한 단맛에 의해 증폭되어 있던 좋은 향이 줄어들며 육류의 잡내 등 숨어있던 부정적인 냄새가 드러나게 됩니다.

한번은 개발업무 중 김치돼지볶음 프로토타입의 단맛을 줄여 달라는 피드백을 받은 적이 있습니다. 맛을 보니 요리 전반의 향이 하단으로 깊숙하게 깔려 답답하게 느껴졌고 풍미 또한 후미에서 주되게 느껴져 초미가 비어 있다는 인상을 받았습니다. 단맛이 강한 게 아니라 요리의 발향이 잘 안 되어 단맛이 도드라지게 느껴진 것이라 판단하였고, 배합비에 흑설탕이 다량 포함된 것을 발견했습니다. 앞서 언급했듯이 흑설탕은 적당히 사용하면 요리에 꽃향, 버터향, 럼향 등 풍부하고 묵직한 향을 부여할 수 있지만 향조가 무겁기에 너무 많이 사용하면 요리의 발향을 억제할 수 있습니다. 흑설탕의 대부분을 백설탕으로 대체하였더니 단맛을 줄이지 않았는데도 김치, 양파 등 재료의 향이 터져 나와 요리가 덜 달게 느껴졌습니다.

이후 빈약한 초미를 채우기 위해 맛과 향이 초미에 주되게 느껴지는 식초를 소량 첨가해 주었습니다. 김치의 주된 신맛은 젖산의 신맛으로, 후미에 주되게 느껴지는 경향이 있다는 점을 고려한 처방이었습니다. 식초의 향미는 요리의 초미를 메워주었으며 요리의 향 또한 뚜렷해져 김치돼지볶음 전반의 풍미가 풍부해졌습니다.

- **무거운 하단 향을 주되게 가진 재료의 예** 카라멜, 바닐라빈, 커피, 초콜릿, 조청, 쌀엿, 고추장, 땅콩 등 견과류
- **민감하되 까다롭지 않을 것** 단맛을 싫어한다던지 인간 본능과 먼, 자신만의 취향이 지나치게 확고한 사람은 개발업무에서 배제해야 합니다. 팔리지 않을 것들만 만들어내며 주변 사람을 힘들게 하기 때문입니다.

간단 고추(양념)장

"향 터지는 호·불호 최소화 야매 고추장"

고추장에 대한 호·불호를 가르는 요소로는 특유의 끈적임과 간장취, 메주가루의 메주취, 조청향 등의 곡물 발효취가 있습니다. 끈적임, 메주취, 조청취는 외국인들이 고추장을 낯설어하는 대표적인 이유들이기도 하며 고추장이 들어간 요리의 풍미를 답답하게 만드는 원인이 되기도 합니다. 연두는 콩을 발효해 만드는 것인데 간장취가 강하지 않고 감칠맛이 강해 고추장에 들어가는 메주가루나 간장을 대체하기에 훌륭한 소스입니다. 또한 향미가 무거운 조청 대신 설탕을 사용해 만드는 즉석 고추장은 일반적인 고추장과 달리 향이 초미부터 후미까지 풍부하게 퍼져 요리의 풍미를 답답하게 하지 않습니다. 아래 레시피를 베이스로 삼아 자신만의 향 터지는 고추양념장을 개발해보세요!

재료

고운 고춧가루 20g, 연두 순 42g, 설탕 10g, 물엿 18g, 매실청 10g

조리법

① 모든 재료를 한 데 모아 잘 섞습니다.

② 24시간 이상 냉장고에서 숙성합니다.

- 숙성 후 점도가 생기며 고춧가루 날내가 줄어듭니다. 가열하지 않는 요리에 이 양념장을 사용하고자 하는 경우 고춧가루의 날내를 완전히 날리기 위해 용기에 고추장을 담아 랩을 씌우고 전자레인지를 이용해 30초~1분 간 가열한 후 식혀 쓰세요.

응용

주황색 연두	생강 향이 강해 육류, 해산물 요리에 어울리는 고추장
연두 청양초	맵싸한 청양고추 풍미가 가미되어 맵고 얼큰한 고추장

| 브랜디, 위스키 | 브랜디, 위스키 등을 첨가하여 독특하고 복합적인 향미 부여 |
| 파마산 치즈가루 | 고급스러운 파마산 치즈 풍미 부여 |

비교하며 맛볼 때 입을 헹구어 내는 타이밍

메뉴개발을 하다 보면 경쟁업체의 여러 요리 및 제품을 비교하며 맛봐야 할 때가 있습니다. 통상 미각에 영향을 미치지 않도록 미지근하거나 체온에 가까운 온도의 물을 놓고 입을 헹구어 가며 맛을 보게 되는데 정석대로라면 입에 넣은 음식은 씹은 후 삼키지 않고 뱉어야 합니다. 또한 음식을 맛볼 때마다 입은 헹구어 주어야 합니다. 과학적인 관능평가 방법론이 엄연히 존재하지만 맛을 잘 느끼는 방법에는 개인차가 있으며 자신에게 잘 맞는 편안한 방법을 이용하는 것이 바람직합니다.

경험상 요리의 맛 차이를 식별하는 데에 용이한 방법은 물로 입을 헹구지 않은 채 여러 요리들을 연달아 입에 넣어 맛의 차이를 즉각적으로 확인하는 것입니다. 목구멍 깊숙한 곳에서 느끼는 쾌감이나 맛 또한 무시할 수 없는 요소이기 때문에 음식은 삼키며 끝까지 맛을 봐야 합니다.

시료가 3개라면 A ⇨ B ⇨ C 순으로 연달아 맛보며 차이를 확인한 후 물로 입을 헹구어 주고, 다시 C ⇨ B ⇨ A 등 이전과 다른 순서로 시료를 입에 넣으며 맛의 차이를 재확인하는 방식으로 관능평가를 진행합니다. 쓴맛의 경우 자극이 뒤늦게 발현되는 경우가 더러 있어 특별히 유의해야 합니다. 바리스타들 사이에서는 수많은 커피를 교대로 관능평가하는 과정에서 앞서 맛본 시료의 쓴맛이 다음 시료를 맛볼 때서야 느껴지는 현상이 알려져 있다 합니다.

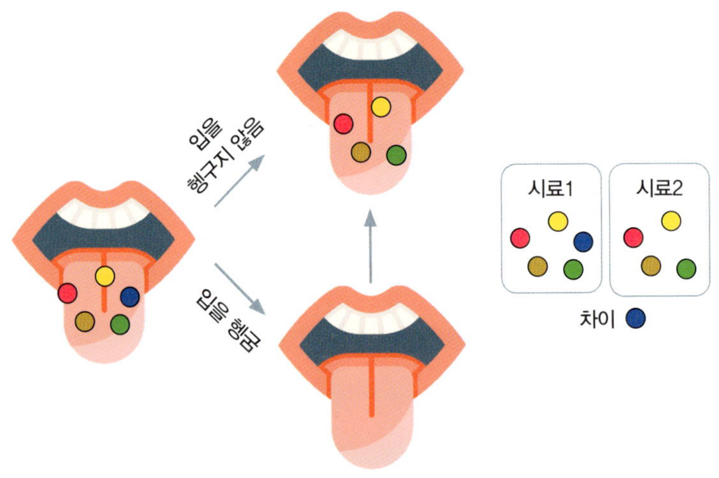

음식의 맛은 보통 첫 입에 강렬하게 느껴지므로 편견에 빠지지 않도록 유의하며 다른 순서로 여러 번 재차 맛을 봐야 합니다. 맛이나 향의 차이가 초미, 중미, 후미 어디에서 느껴지는지, 향의 차이가 나는 지점이 상단인지 중단인지 하단인지 인지한다면 동료와의 커뮤니케이션은 더욱 용이해집니다. 인간은 차이를 식별하는 데에 탁월한 능력을 가졌습니다. 입에 시료를 넣을 때마다 입을 헹구어 버리면 우리는 자연히 시료 간의 차이가 아닌 시료와 물과의 차이에 더 집중하게 됩니다.

· **관능평가** 사람의 감각을 통해 제품(요리, 식품)에 대한 평가를 진행하는 일.

5미를 탐구하기에 앞서서

자극적인 맛이란 무엇인가?

흔히 단짠한 음식, 감칠맛 강한 음식 등 첫 입에 강렬하게 맛있는 음식을 두고 다소 부정적인 어감으로 '자극적인 음식'이라 칭합니다. 과연 자극적인 음식이란 무엇일까요? 자극적이라는 건 그만큼 영양적이라는 뜻입니다. 자극적인 음식은 우리의 뇌가 선호하는 짠맛, 단맛, 감칠맛 등의 영양 성분을 잔뜩 함유하고 있어 보상회로를 자극하고 강렬한 쾌감을 선사합니다. 짠맛, 단맛, 감칠맛 같은 주요 맛 성분이 간이 맞는 선에서 최대한 욱여넣어진 요리는 강력한 중독성을 갖습니다.

만약 만든 요리에 대해 '맛있는데 조금 달다'는 평을 받는다면 그 요리는 많이 팔릴 요리일 가능성이 큽니다. 단맛은 생명 유지에 필수적인 '에너지'에 대한 보상 감각이며, '단 거 싫다'는 거짓말을 하는 사람들조차 사실은 단 음식을 매우매우 좋아합니다.

그럼에도 불구하고 단맛을 조정해 낮추고 싶은 경우 단맛 재료를 감량하는 방식으로 접근해서는 안됩니다. 영양 가치가 떨어지게 되기 때문입니다. 오히려 감칠맛이나 신맛을 추가로 부여하는 방식으로 단맛이 '덜 느껴지게끔' 작업해야 합니다. 이렇게 하면 영양성분은 더 그득 채워주면서도 특정 맛이 튀지 않게 조미할 수 있습니다.

맛을 감각하는 수용체는 혀보다 내장에 최소 10배 이상 더 많습니다. 우리의 내장은 우리가 먹는 음식이 얼마나 영양적인지 철저히 분석합니다. '땡긴다'는 감각은 나름대로 과학적인 감각입니다. 자극적인 음식은 대다수의 대중이 좋아하는 잘 팔리는 요리입니다. 반면 자극적인 음식을 싫어하는 식품회사 연구원이 개발한 식품은 잘 팔리지 않아 금방 단종됩니다.

미슐랭 레스토랑 역시 강렬한 풍미를 추구하는 곳과 그렇지 않은 곳으로 나뉩니다. 다이닝이라고 해서 반드시 순한 풍미만 구현해야 하는 것도 아닙니다. 대중의 인식과는 달리 자극적인 음식은 생명 본질적인 욕구를 강하게 자극하는 영양 가득한 음식일 뿐입니다.

감칠맛은 음식을 당기게 만드는 강력한 요소인데
아직까지도 감칠맛과 MSG에 대한 부정적 인식이 남아있습니다.
불의 시대에 생존하려면 불을 다룰 줄 알아야 합니다.
살아남고 나서야 철학도 떳떳할 수 있습니다.

2장

감칠맛 활용하기

"누구나 아는 유명 이온음료에도 MSG가 들어갑니다."

첫 술에 배 불리기 감칠맛의 저력

1 인간이 감칠맛을 느끼는 이유

향미는 가치있는 영양원을 기억하고 찾아먹기 위한 수단입니다. 뇌는 우리로 하여금 생존에 필요한 에너지원을 달콤하다 느끼게 만들며 단맛이 나는 재료나 요리의 향은 강하게 인지시켜 다시 찾아먹을 수 있게 합니다. 이 때문에 단맛은 요리의 향을 증폭시키고 부정취를 억제하는 겁니다. MSG가 감칠맛을 내, 요리에 중독성을 부여하고 잡내를 억제하며 구수한 Savory향을 증폭시켜주는 이유도 같은 맥락에 있습니다. MSG를 구성하는 글루탐산 역시 우리 몸에 꼭 필요한 것이기 때문입니다.

> **MSG** = **M**ono **S**odium **G**lutamate = 나트륨이 하나 붙은 글루탐산
>
> **글루탐산에 나트륨 붙이는 방법** : 글루탐산(H) + NaOH → 글루탐산나트륨 + H$_2$O

MSG는 글루탐산이라는 아미노산에 나트륨이 붙은 것입니다. 글루탐산 자체에서는 신맛이 더 지배적으로 느껴지는데, 이에 나트륨을 붙이면 물에 더 잘 녹는 구조가 되며 비로소 강한 감칠맛을 냅니다. 우리의 피부, 근육, 손톱, 머리카락 등은 단백질로 구성되어 있는데 단백질은 여러 종류의 아미노산이 길게 연결되어 만들어집니다. 글루탐산은 단백질을 구성하는 20여 종의 아미노산들 중 하나로 어떤 종류의 단백질에서든 가장 큰 비중을 차지합니다. 글루탐산은 장세포와 같은 면역세포의 영양원이며 뇌의 신경 전달에 관여하고 신체 내 암모니아 대사에 사용됩니다. 쓰임이 요긴한 만큼 생명 유지에 필수적임을 의미하며, 우리 뇌는 글루탐산이 들어있는 음식을 맛있게 느끼고 찾아먹도록 우리를 조종합니다.

아미노산의 맛: 감칠맛, 단맛, 쓴맛

통상 글루탐산은 자연에 단독으로 있지 않고 20여 종의 다른 아미노산들과 함께 단백질의 형태로 존재합니다. 단백질은 크기가 커 맛으로 느낄 수 없습니다. 우리가 감각할 수 있는 것은 단백질이 잘게 잘려나온 유리(free) 아미노산들입니다. 어떤 단백질에든 글루탐산의 양이 가장 많아 감지하기 쉽기에 뇌는 글루탐산에 감칠맛이라는 쾌감을 부여해 우리가 생존에 필요한 단백질을 갈구하고 섭취하게 만듭니다. 감칠맛이 요리의 구수한 향을 증폭시켜주고 잡내를 억제해 준다는 말은 요리 중심적인 표현일 뿐 사실은 뇌가 우리로 하여금 단백질의 존재를 예고하는 글루탐산을 섭취하도록 유도하는 것입니다. 20여 종의 아미노산 중 글루탐산과 아스파트산(콩나물국 특유의 시원한 감칠맛 성분. 아스파라긴산이라 불리기도 합니다)만이 감칠맛으로 느껴지는데, 아스파트산은 글루탐산 다음으로 단백질에 그 함량이 많습니다. 그 외 일부 아미노산은 단맛을, 나머지 대부분의 아미노산은 쓴맛이나 신맛을 냅니다. 하지만 단백질에서 글루탐산과 아스파트산의 비중과 영향력이 워낙 크기 때문에 단백질을 통째로 분해해 만든 아미노산액(간장, HVP 등)에서는 강한 감칠맛이 주되게 느껴집니다.

채소 감칠맛 활용하기, 육류 감칠맛 풀어내기

일반적으로 육류는 단백질 대비 1% 정도, 채소는 단백질 대비 10% 정도 맛으로 느낄 수 있는 유리아미노산을 갖습니다. 하지만 육류의 경우 단백질 함량 자체는 채소보다 훨씬 높기 때문에 뭉근하게 오랜 시간 가열하거나 숙성하여 단백질을 유리 아미노산으로 풀어 내면 상대적으로 훨씬 풍부한 감칠맛을 내어놓습니다. 단백질 함량이 풍부한 콩 역시 발효를 거쳐 단백질을 아미노산으로 풀어 내면 감칠맛이 강한 장류가 됩니다. 한편 잘 익은 토마토는 단백질 대비 약 60%의 유리아미노산 함량을 갖기 때문에 채소들 중 가장 감칠맛이 강합니다.

감칠맛 소재 사용 기초

단백질과 아미노산이 자연에 어떤 형태로 존재하는지 이해하면 감칠맛을 요리에 어떻게 활용하는 편이 바람직한지 알 수 있습니다. 가령 인간은 오랜 기간 자연에서 글루탐산의 맛을 다른 19종의 아미노산 맛과 함께 느껴왔기에 요리에서 글루탐산나트륨(MSG)의 맛만이 홀로 강하게 느껴지면 무언가 부자연스러움을 느끼게 됩니다. 인간이 불을 이용해온 데에 150만년 가까이 된 것에 반해, MSG를 단독으로 생산해 글루탐산의 맛만 콕 집어 먹을 수 있게 된 지는 고작 150여년 밖에 안됐습니다. 150만년 넘게 20여종 아미노산의 혼합물에서 느끼던 맛을, 이제와 똑 떼어 단독으로 맛보려니 어색할 수밖에 없는 겁니다. 이것이 단가를 아끼기 위해 적은 식재료를 넣고 미원을 많이 넣은 요리에서 우리가 느끼는 느끼함과 부조화의 정체입니다. '이 정도의 감칠맛이 나기엔 요리의 향이 약한데' 부족한 향에서 오는 허전함은 불편함을 더욱 증폭시킵니다. 그래서 적은 양의 재료를 사용한 요리에는 20가지가 넘는 소재가 혼합된 다시다를 쓰는 편이 낫고, 갖은 재료를 넣어 정성스레 만든 요리에는 오히려 미원이 어울립니다. 고급 레스토랑에서 다양한 재료를 사용해 만든 요리에도 MSG가 어울립니다. MSG는 2% 부족한 만족감을 절묘하게 채워줄 수 있습니다. 의도된 향은 해치지 않으면서 훨씬 강하고 인상적인 요리 풍미를 구현할 수 있습니다. 미원은 고급요리용 조미료이고, 다시다는 대중 요리용 조미료입니다. 대중 식당에서는 다시다와 미원을 혼합해 이용합니다. 미원에는 향이 없지만 사용량이 과하면 홀로 맛이 튀어 요리 풍미가 인위적이게 되고, 다시다에는 그 자체로 복합적이고 자연스런 감칠맛과 향이 담겨 있지만, 그 풍미 자체에 개성과 캐릭터가 있어 마찬가지로 사용량이 과하면 대중이 다시다 풍미의 존재를 인식하게 됩니다. 기본적으로 다시다 같은 복합 감칠풍미 소재와, 미원 같은 단일 감칠맛 소재를 병용해주세요.

· **미원** L-글루탐산나트륨 베이스의 조미료

미원 VS 쇠고기 다시다

쇠고기 다시다는 20여 가지 소재의 조합물입니다. 특히 그 감칠맛과 쇠고기향을 구현하는 데에만 10여 가지의 소재가 사용되었습니다. 많은 수의 재료를 혼합하여 제품을 개발하고 생산하는 데에는 큰 노력과 비용이 필요한데 왜 이렇게 복잡한 구성의 배합이 필요한 걸까요? 복합 풍미가 곧 자연스러운 풍미이기 때문입니다.

'자연'의 식재료들은 무수하게 많은 종류의 맛과 향기 성분들의 집합체입니다. 과일 하나만 해도 과당, 포도당, 설탕, 솔비톨 등 여러 단맛 성분들과 300여 종의 향기 물질로 구성되어 있습니다. 복합미가 곧 고급스럽고 자연스러운 풍미인 겁니다. 하지만 요리를 할 때 모든 맛과 향을 전부 복합적으로 내려 하면 요리의 주제가 불분명해질 수 있습니다. 과일의 특징이 되는 맛이 단맛이듯이 요리의 특징이나 주제에 맞는 향미를 강화하기 위해 선택적으로 재료와 양념을 복합 사용하여 레시피를 구축해야 합니다.

쇠고기 다시다의 경우 제품명에 걸맞도록 쇠고기 풍미와 감칠맛에 무게를 실어 배합 설계를 한 것이 돋보이며 향신향은 '킥'으로 작용합니다. 복합적인 풍미를 가진 다시다를 사용하면 적은 재료, 짧은 조리 시간만으로도 만족할 만한 요리를 해낼 수 있습니다.

미원	감칠맛	L-글루탐산나트륨, 5'리보뉴클레오티드이나트륨(핵산)
쇠고기 다시다	짠맛	정제소금
	감칠맛	농축간장, 아미노산간장, 향미증진제, L-글루탐산나트륨
	쇠고기향 & 감칠맛	한우지방, 우지, 농축미트향, 고기국물맛분말(우유), 사골엑기스분말, 효소분해쇠고기분말, 세이버리스튜
	향신향	양파분, 마늘분, 마늘양파혼합분, 마늘향, 구운양파향, 흑후추, 조미후추분말
	단맛	포도당, 설탕
	신맛	구연산
	입촉감	말토덱스트린

- **말토덱스트린**: 전분을 **가수분해**하여 만듭니다. 전분을 완전히 분해하면 포도당이 되는데 그보다 덜 분해하면 물엿, 물엿보다 덜 분해하면 덱스트린이 됩니다. 일반적으로 분유나 커피믹스 등 가루 제품이 물에 잘 녹게끔 하기 위해 사용하거나 크림을 적게 쓰고도 진한 입촉감을 낼 수 있어 유제품 등에 씁니다. 인터넷을 통해 저렴하게 구매할 수 있는 옥수수 말토덱스트린을 이런 용도로 사용할 수 있습니다.
- 전분의 가수분해에서 가수란 물을 더한다는 뜻입니다(더할 가/加 +물 수/水). 즉, 전분의 가수분해는 전분을 이루는 당과 당 사이의 연결부에 물이 끼어들며 전분이 당으로 분해되어 나오는 것을 의미합니다. 전분은 그 자체가 당 덩어리인데도 크기가 커 단맛을 감각하는 수용체에 들어가지 못해 달게 느껴지지 않습니다.
- 흔히 파인다이닝에서 트러플 파우더, 베이컨 파우더 등 오일을 가두어 사르르 녹는 파우더를 만드는 데에 사용하는 말토덱스트린은 타피오카 전분으로 만든 것으로, 'zorbit'이라 불리우며 가격도 훨씬 비쌉니다. 일반적인 옥수수 말토덱스트린은 입에서 사르르 녹지 않아 타피오카 말토덱스트린처럼 오일류 파우더를 만드는 데에 활용할 수는 없습니다.

2 감칠맛의 요리적 기능

감칠맛은 먹거리를 더욱 맛있게 느끼게 해주며 잡내 등 부정취는 억제해줍니다. 자연에서 감칠맛은 살, 머리카락, 호르몬 등 우리 몸을 구성하는 데에 필요한 귀한 건축자재의 포장지입니다. 감칠맛이 나는 먹거리를 섭취하고 소화시키면 풍부한 영양(대량의 단백질)을 얻을 수 있다는 전통적인 경험치가 인간의 DNA에 각인되어 있습니다. 단백질의 존재 여부와 상관없이 우리 몸은 일단 감칠맛이라는 포장재를 접하면 강력한 선호와 끌림을 느낍니다. 뇌는 감칠맛 너머의 귀한 자원을 탐하여 감칠맛이 있는 먹거리의 향을 향긋하게 느끼도록 우리를 조작하고 단점에는 무뎌지게 합니다. 감칠맛이 있다면 쓴맛조차 풍부한 바디감으로 변모합니다.

음료에 MSG 넣고 대박난 썰

MSG의 효과를 제대로 알면 디저트나 음료에 활용하는 등 필요에 따라 창의적인 활용이 가능해집니다. 누구나 아는 한 유명 이온음료에도 MSG(L-글루탐산나트륨)가 들어갑니다. 일본의 한 제약회사는 의사들이 장시간의 수술 후 빠른 수분 보충을 위해 생리식염수를 마시는 것에서 아이디어를 얻어 식염수를 음료화한 제품을 출시하였습니다. 생리식염수는 체내에서 빠른 속도로 흡수될 수 있도록 체액과 비슷한 이온 농도를 갖는데, 이온의 맛이 본래 대체로 쓰거나 떫기 때문에 이온음료의 맛 또한 쓰고 비려 좋지 않습니다. 제약사는 자신들의 이온음료에 MSG를 첨가하여 부정적인 맛과 이취를 효과적으로 억제했습니다. 우리 몸의 관점에서 MSG는 대량 영양소에 대한 예고이기에 쓴맛 등 좋지 않은 맛과 부정취쯤은 무시할 수 있도록 해 줍니다.

5만 원짜리 와인 만 원에 즐기기

저는 Zinfandel이라는 포도로 빚은 3년 이상 된 캘리포니아산 와인을 좋아합니다(라고 대놓고 써놨지만 4쇄 개정판을 쓰는 지금까지 한 병도 선물받지 못했습니다). 짙은 색과 진한 과실향, 무거운 바디감과 그 묵직함을 받쳐주는 적당한 단맛! 흔히 숙성

이 덜 되어 떫은 입촉감이 강하고 향미가 거친 와인을 가리켜 'young'해서 맛이 좋지 않다고 하는데 미원(MSG)을 이용하면 편의점의 young한 만 원짜리 와인도 먹을 만하게 만들 수 있습니다.

미원(MSG)은 young한 와인의 특징인 떫은 입촉감, 부정취 등을 감소시키고 와인이 가진 좋은 향을 증폭시킵니다. 미원을 타는 것은 값싼 위스키를 좀 더 맛있게 마실 수 있는 방법으로 알려져 있기도 합니다. 특정 맛의 원리를 이해하면 이처럼 다양하고 창의적인 활용이 가능해집니다.

> · 와인의 탄닌은 떫은 입촉감을 내는데 숙성을 거치면서 서로, 혹은 색소인 안토시아닌과 중합하며 그 크기가 커집니다. 그러다가 떫은 맛을 느끼는 우리의 감각 수용체에 닿을 수 없을 정도로 커지게 되면 더 이상 떫게 느껴지지 않습니다. 그 과정에는 산소가 필요하기 때문에 숙성해 마시는 와인에는 산소가 통하는 코르크 마개를 사용합니다.

일상 속 감칠맛 재료

세계의 다양한 민족들은 각 국가에 풍부한 재료를 통해 감칠맛을 접해왔습니다. 넓은 목초지가 있는 국가의 사람들은 육가공품이나 치즈의 형태로, 바다와 인접한 국가는 생선 절임의 형태로, 한반도에서는 콩 단백질을 분해한 간장, 된장 등의 형태로

감칠맛을 즐겼습니다. 콩 중량의 약 40%가 단백질인데, 이는 다른 농작물의 단백질 함량과 비교하면 어마어마한 수치입니다.

- 육류 단백질의 약 11~14%, 콩 단백질의 약 15~20%, 밀 글루텐의 약 30%가 글루탐산입니다.
- 단백질에 글루탐산 다음으로 많이 함유된 아미노산은 아스파트산이며, 아스파트산나트륨은 콩나물국 등의 '시원한 감칠맛'을 냅니다.
- 단백질은 20여종의 아미노산으로 이루어져 있으며, 글루탐산과 아스파트산 이외의 일부 아미노산은 단맛을, 나머지 대부분은 쓴맛과 신맛을 냅니다.

Q 콩에 글루탐산이 많이 들어있다면 찌거나 삶은 콩에서도 감칠맛이 나야하는 것 아닌가요?

A 단백질은 그 크기가 커 우리가 맛으로 느끼지 못합니다. 아미노산 단위, 혹은 아미노산이 2~3개 결합된 펩티드 정도까지 분해가 되어야 우리가 그 맛을 느낄 수 있게 됩니다. 우리는 미생물의 도움을 받아 단백질을 분해하여 원하는 성분을 얻기도 합니다. 이를 발효라 합니다.

3 MSG 이외의 감칠맛 성분들

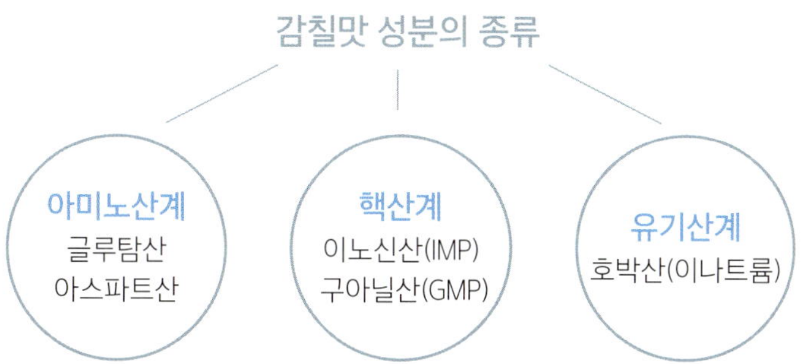

아미노산계 감칠맛

감칠맛을 내는 성분은 아미노산뿐만이 아닙니다. 감칠맛 성분은 크게 아미노산계, 핵산계, 유기산계 이렇게 3가지로 분류할 수 있는데 각각이 가진 맛 방출 패턴은 물론 요리에서 수행하는 역할이 모두 다릅니다. 아미노산계 감칠맛은 단백질이 잘게 잘려 나와 맛으로 느낄 수 있게 된 특정 아미노산(글루탐산, 아스파트산)의 맛입니다. 현대에 들어서는 미생물이 증식을 위해 대량으로 생산하는 아미노산을 빼앗아(?) 정제하는 방식으로 글루탐산을 얻기도 합니다. 이런 형태로 글루탐산을 얻는 과정 또한 발효의 일종이며 미원과 같은 MSG 조미료도 이런 형태의 발효를 거쳐 만들어집니다.

유기물	탄소를 포함한 화합물	유기산	초산(식초), 구연산 등
무기물	탄소를 포함하지 않는 화합물	무기산	염산, 황산 등

· 아미노산별 맛과 기능

식품업계에서는 조미에 있어 목적에 따라 개별 아미노산을 사용하기도 합니다.

글리신 대표적인 단맛 아미노산으로 해산물에 글리신 함량이 높습니다. 따라서 맛 재현을 위해 해산물 계통의 농축액 제조에 0.1~0.5% 가량 첨가합니다.

아스파트산 MSG의 주재료인 글루탐산 외에 감칠맛을 내는 또 하나의 아미노산으로 MSG의 감칠맛을 보완하기 위한 보조 조미료로 쓰입니다. 신맛이 주되며 청량하고 '시원한' 감칠맛을 냅니다. 소스 등에 0.1~0.3% 첨가할 수 있습니다. 글루탐산 역시 신맛을 내는데, 나트륨과 결합 시 MSG의 감칠맛을 내듯이 아스파트산 역시 나트륨과 결합하면 더 뚜렷한 감칠맛을 냅니다(미원의 1/3 정도, 시원한 감칠맛).

다만 아스파트산나트륨은 아직 한국에서 식품첨가물로 등록되어 있지 않아 사용이 불가합니다.

알라닌 소스 제조업체들 사이에서 후미의 미묘한 쓴맛을 마스킹하기 위해 사용합니다. 글리신과 함께 사용하는 것이 일반적이며 핵산IG를 병용해주면 효과는 극대화됩니다.

ex) 소스 중량 대비 알라닌 0.1%+글리신 0.2%+핵산IG 0.1% 첨가

핵산계 감칠맛

핵산계 감칠맛은 RNA성분의 맛이며 자체로도 감칠맛을 내긴 하지만 MSG보다 매력적이진 않고 떫은 뒷맛을 남깁니다. 대신 핵산은 MSG의 감칠맛을 수십 배 증폭시키거나 요리의 잡내와 나쁜 맛을 억제하는 독특한 특성을 가졌습니다. 식품업계에서 사용하는 핵산계 감칠맛 성분은 생선, 고기, 오징어 등에 많이 들어 있는 이노신산(IMP)과 표고버섯에 많이 들어 있는 구아닐산(GMP)으로 대별됩니다. 대형 마트 등에서 '바이오 핵산IG', '5'-리보뉴클레오티드이나트륨 핵산IG'라고 표기된 백색의 핵산 가루를 구입할 수 있는데 'IG'는 IMP(이노신산)와 GMP(구아닐산)의 앞 글자를 따 이 둘을 반씩 혼합해둔 것임을 의미합니다. 2장 내에서 자세히 다루겠지만 핵산IG는 식품업계에서는 흔히 사용되는 원료이나, 아직 외식업계에서는 널리 이용되지 않고 있습니다. 사용에 따른 이점이 매우 크니 반드시 활용하시길 촉구합니다(맛의기술 독자라면 핵산IG 이해 및 수용은 필수입니다).

· RNA DNA가 가지고 있는 유전 정보에 따른 단백질의 합성에 직접적으로 관여하는 물질
· 잠깐! 네이버에 '핵산IG' 검색하셔서 가장 저렴한 제품을 장바구니에 담으셨나요? 반드시 백설(CJ)의 핵산 100% 제품을 구매하세요. 성분표를 보고 핵산 100% 제품이 맞는지 확인하세요. 바이오핵산이라는 제품명을 달고, 미량의 핵산IG를 함유한 MSG계통 조미료들이 많습니다.
ex) 바이오핵산2.5: 핵산IG를 2.5% 혼합해둔 MSG 조미료

유기산계 감칠맛

유기산인 호박산은 나트륨 2개와 결합해 호박산이나트륨이 되는데, 이는 홍합과 조개 특유의 해산물 감칠맛을 냅니다. 호박산 자체도 감칠맛을 내긴 하지만 신맛을 더 강하게 냅니다(호박산은 청주나 애호박에도 들어있어, 청주와 애호박이 조개 요리에 잘 어울

리는 이유가 됩니다). 호박산이나트륨은 MSG나 핵산처럼 백색의 정제된 가루 형태로 구매하여 사용할 수 있습니다. 다양한 해물이 들어가는 해물탕을 끓인다면 해물 다시다를 사용하면 됩니다. 단일 감칠맛 성분인 호박산이나트륨을 쓰는 것 보다, 7종 이상의 해산물 엑기스가 들어있는 해물 다시다를 쓰는 편이 복합적인 감칠맛과 해물 풍미 부여에 유리하기 때문입니다. 다만 파인다이닝, 비스트로, 오마카세 혹은 단일 해물(모시조개국 등)을 사용하는 경우 좋은 재료의 향에 대한 간섭 없이 조개 특유의 감칠맛만 강화하고자 한다면 호박산이나트륨을 사용할 만 합니다. 호박산이나트륨은 적은 양으로도 강한 맛을 내기 때문에 사용량 조절에 유의해야 합니다.

4 감칠맛 증폭 공식

이론상 MSG와 1:1로 조합 시 이노신산(IMP)은 최대 7배, 구아닐산(GMP)은 최대 30배까지 감칠맛이 더욱 잘 느껴지게 합니다. 핵산계 조미료나 원료는 가격이 비싸기 때문에 식품업계에서는 통상 MSG 대비 1/10정도의 양을 사용합니다. MSG에 이노신산, 구아닐산을 10:1로 조합하더라도 각각 5배와 20배의 감칠맛 증폭 효과를 기대할 수 있습니다. 필요에 따라 그보다 2~3배까지 더 많은 양의 핵산 소재를 요리에 사용할 수도 있습니다. 예컨대 소금 100g 기준 MSG 10g, 핵산IG 3g을 첨가해 만든 맛소금을 스테이크용으로 사용하고 있는 셰프 지인도 있습니다. 핵산 중에서도 구아닐산(GMP)은 감칠맛 증폭뿐 아니라 요리의 잡내나 쓴맛, 비린맛 등 부정적인 냄새와 맛을 억제하는 작용이 뛰어납니다. 특히 육류의 잡내를 후추, 소금이나 설탕보다도 훌륭하게 억제하는 등 그 효과성이 매우 우수합니다. 구매한 핵산IG(CJ의 핵산 100% 제품)는 '요리에 한 꼬집 넣어준다'는 생각으로 사용하면 됩니다. 요리 안에 든 MSG의 양을 계산해 핵산IG 첨가량을 정하는 것은 저에게도 어려운 일입니다. 개발한 메뉴(국물요리, 볶음, 소스 등 어떤 요리든)에, 중량 대비 0.05~0.3% 정도 첨가해준다는 생각으로 사용하면 됩니다. 제안하는 양보다 조금 더 넣는다고 해서 요리 풍미가 잘못되거나 틀어지지 않습니다. 잡내가 많이 나는 요리에는 0.5%까지도 첨가해도 좋습니다.

혼합비율	MSG : 이노신산(IMP)	MSG : 구아닐산(GMP)
50 : 50	7배	30배
90 : 10	5배	20배
99 : 1	2배	5배

이러한 감칠맛 증폭 공식을 반드시 조미료 차원에서만 활용할 수 있는 것은 아닙니다. 우리나라에서는 전통적으로 다시마(MSG), 멸치(IMP), 표고버섯(GMP)을 이용해 만든 육수를 요리에 사용해 왔습니다. 우리 선조에게 감칠맛 증폭 공식에 대한 지식은 없었겠지만 위 재료를 조합하여 만든 요리의 맛이 좋다는 것을 경험적으로 인지해 온 겁니다.

설탕보다 강력한 잡내 킬러 구아닐산(GMP)

수육이나 닭 요리 등 고기 요리의 잡내나 누린내를 잡기 위해 흔히 후추 같은 향신료나 향신채를 사용합니다. 하지만 향으로 냄새를 덮는 데에는 한계가 있습니다. 육류의 잡내를 억제하는 효과적인 방법은 짠맛, 단맛 등 '맛'이 향에 미치는 조리과학적 원리를 이용하는 것입니다. 육류의 잡내를 잡는 방법으로 소금이나 설탕보다 효과적인 것은 핵산입니다. 핵산IG를 다양한 요리와 소스, 특히 육류 잡내 발생에 취약한 수비드 조리법에 적용해보는 과정에서 육류 잡내를 억제하는 효과성이 MSG나 설탕,

소금 등 다른 무엇보다도 뛰어나다는 것을 직접 확인했습니다. 고기 요리의 누린내 때문에 고민이 있는 분들이라면 핵산IG를 꼭 활용해 보시기 바랍니다. 핵산IG는 잡내 뿐 아니라 떫거나 아린 입촉감, 쓴맛도 훌륭하게 마스킹합니다.

식재료		MSG	IMP	GMP
육류	고기	*	****	
어류	생선	*	****	
연체류	오징어, 문어	**	*	
	마른 오징어		****	
갑각류	게, 새우	*	**	
	조개	***		
해조류	다시마	****		
	김	***	*	**
채소류	채소	**		
	토마토	****		
진균류	마른 표고	**		****

(식재료별 정미성분 함량비)

- **한식 점포 활용** 수육 삶는 물에 약 0.5%의 핵산IG를 타두세요. 수육의 잡내 발생이 상당 부분 차단됩니다(육류 잡내 컨트롤에 대해서는 6장에서 더 자세히 다룹니다).
- **정육식당 활용** 한 고기 구이 프랜차이즈에서는 고기에 레드와인을 분무해 숙성합니다. 잡내를 감소시키고 색이 빨갛게 보이도록 하기 위함입니다. 레드와인에 맛소금과 핵산IG를 타서 고기에 분무해보세요. 잡내의 근본적 차단, 단백질의 염용 효과(6장에서 다룹니다)를 기대할 수 있습니다.
- **횟집/스시집 활용** 점성어 등 일부 흰살 생선에서 흙내나 비린내가 나고는 합니다. 핵산IG를 물에 옅게 타 생선 위에 발라보세요. 비린내가 근본적으로 차단됩니다.
- **고급 일식집 활용** 물엿과 물을 타 끈적하게 만든 용액에 핵산IG를 첨가해 우니(성게알)에 발라보세요. 중급 우니도 최상급 우니로 변모합니다.
- **마스킹** 좋지 않은 맛이나 향 등의 감각을 줄여주거나 억제해주는 것
- **핵산 조미료를 칭하는 여러 가지 이름** 핵산, RNA핵산, 5'-리보뉴클레오티드이나트륨(99%의 IMP, GMP와 1%이하 기타 핵산 물질의 혼합물), 핵산IG(IMP와 GMP의 혼합물) = 핵산아이지, 바이오핵산 등

재료	MSG 함량
피쉬소스	828~1,383
간장	782~1,264
된장	500~1,000
말린 토마토	648
토마토	200
햄(cured)	337
닭고기	44
쇠고기	33
돼지고기	23
다시마	1,400~3,200
김	1,378
앤쵸비	1,200
문어	146
관자	140
성게알	140
굴	130
새우	40
감자(cooked)	180
생감자	102
아스파라거스	49

(mg/100g)

재료	이노신산 (IMP)함량	구아닐산 (GMP)함량
건표고	·	150
표고	·	16~45
말린 토마토	·	10
닭고기	201	5
돼지고기	200	2
쇠고기	70	4
가쓰오부시	687	·
참치	286	·
고등어	215	·
연어	154	·
새우	92	·
김	9	5

(mg/100g)

5 다양한 감칠맛 소재 익히기

감칠맛 소재 대별

수많은 종류와 브랜드의 감칠맛 소재가 존재합니다. 브랜드별로 풍미는 물론 성상에 따른 미세한 사용법 차이가 있습니다. 요리의 풍미에 큰 영향을 미치지 않으면서 감칠맛을 끌어올려줄 수 있는 소재는 Basic으로 분류하였습니다. 분류 별 소재에 대한 감을 잡고 아직 알지 못하는 더 다양한 감칠맛 소재들에 대해서도 관심을 갖고 활용하시길 바랍니다.

- **Basic** MSG, 감칠맛미원, 왕소장 핵산 8% 조미료, 핵산IG, 호박산이나트륨, 연두 순
- **Yellow** 다시다(쇠고기, 해물), 치킨스톡(분말, 액상), 연두 주황
- **Brown** 해찬들 재래식된장, 샘표 토장, 맥꾸룸맥된장, 황두장, 해선장
- **Dark** 양조간장 501, 타마리, 노추, 굴소스(해천, 일반, 판다, 프리미엄), 춘장
- **Red** 고추장(해찬들 가득찬, 해찬들 우리쌀, 기순도), 라조장(오뚜기, 라오깐마),
  연두 청양초

Basic			
종류/염도	사진	풍미/특징	대표 성분
MSG (33~34%)		• 직관적이고 짭짤한 감칠맛 단일물질로서 가장 맛있는 감칠맛 은은한 단맛, 후미에 남는 약간의 쓴맛 • 향이 없기 때문에 정성들여 만든 요리의 감칠맛만 강화하는 데에 적합 • 와인, 위스키 등에 첨가하여 떫은 입촉감, 쓴맛, 부정취 등 개선 술은 쓴맛 성분을 잘 녹임. 레몬이나 라임을 껍질 째 넣어 만드는 하이볼이나 칵테일에는 미원을 소량 넣어 시트러스 껍질 특유의 쓴맛 컨트롤	글루탐산 (단일 아미노산)

감칠맛 미원 (33~34%)		• 100% MSG에 비해 더 강하고 직관적인 감칠맛 • 글루탐산 97.3%, 핵산IG 2.7%로 구성 • MSG 단독사용 대비 1/3의 양으로도 비슷한 감칠맛을 냄 • 과립 형태로 습기에 강해 사용이 편리 • 요리에 0.3% 투입으로 풍부한 감칠맛 부여	글루탐산 RNA 핵산 (고기, 해산물, 버섯에 함유)
왕소장 핵산8% 조미료 (35~36%)		• 100% MSG에 비해 훨씬 더 강하고 직관적인 감칠맛 • 국내제조 백색 조미료 중 최초로 핵산IG를 8% 함유한 MSG로, 글루탐산 92%, 핵산IG 8%로 구성 • MSG 단독사용 대비 1/6의 양으로도 비슷한 감칠맛을 냄 • 조미료 원가 부담을 대폭 낮춰줌 • 요리에 0.1~0.3% 첨가로 풍부한 감칠맛 부여	글루탐산 RNA 핵산 (고기, 해산물, 버섯에 함유)
핵산IG (66~67%)		• 은은하고 둥근 감칠맛 은은한 단맛, 후미에 남는 떫은 입촉감 • MSG와 함께 사용할 시 감칠맛을 수십 배 증폭시킬 수 있음 완성 요리의 감칠맛이 2% 부족하게 느껴질 때 • 잡내가 많이 나는 요리 전반에 잡내제거 효과 매우 탁월함 • **사용량:** MSG의 10~30%, 완성 요리의 0.05~0.3%	RNA핵산 (고기, 해산물, 버섯에 함유)
호박산 이나트륨 (66~68%)		• 홍합탕, 조개 특유의 해산물 감칠맛 맛 지속도가 매우 길며 역치가 낮아 적은 양으로도 강한 맛을 냄 • 향이 없음. 고급 요리의 해산물 특유 감칠맛만 강화하고 싶을 때 사용 새우 요리, 비스크 소스, 굴, 홍합탕 등 • **사용량:** 완성 요리의 0.01~0.05%	호박산 (유기산)
연두 순 (16~17%)		• 초미부터 후미까지 고루 느껴지는 강한 감칠맛 직관적이고 복합적인 감칠맛, 은은한 향신채 향 • 한식, 양식, 고급 요리 등에 두루 사용 (3S-Sauce, Soup, Seasoning) 완성 요리의 향에 큰 영향을 미치지 않고 감칠맛을 강화할 수 있음 색이 옅고 향이 은은함 • **사용량:** 간장과 비슷한 염도, 참고하여 사용 간장 대비 감칠맛은 강하고 양조취, 부정취는 없는 편	콩발효물 (복합 아미노산), 채소육수 (무, 양파)

<table>
<tr><td colspan="4" align="center">Yellow</td></tr>
<tr><td align="center">종류/염도</td><td align="center">사진</td><td align="center">풍미/특징</td><td align="center">대표 성분</td></tr>
<tr>
<td align="center">쇠고기
다시다
(40%)</td>
<td></td>
<td>• 진하고 짭쪼름한 쇠고기 풍미, 간장 풍미
지속성 있는 육류와 향신채 풍미, 은은한 단맛
• 쇠고기 지방, 마늘, 양파 등 복합 풍미
적은 재료로 복합적 향미와 강한 감칠맛을 갖는
요리를 만들고자 할 때
• 쇠고기 향미는 한국인이 가장 선호하는
고기 풍미</td>
<td align="center">쇠고기
풍미소재,
향신채
풍미소재,
MSG, HVP</td>
</tr>
<tr>
<td align="center">해물
다시다
(44%)</td>
<td></td>
<td>• 진하고 짭쪼름한 해산물 풍미, 간장 풍미
멸치, 새우, 조개 등 지속성이 긴 해산물 풍미
• 7종 이상의 다양한 해산물 엑기스 포함
해물탕과 같이 적은 재료로 뚜렷한 해산물 풍미를
구현하고자 할 때 사용
• 쇠고기다시다와 조합해 복합 풍미 극대화
미역국, 빠에야 등 육류와 해산물 동시에 사용하는
요리에 사용</td>
<td align="center">해산물
풍미소재
(게, 조개,
홍합, 새우,
미더덕, 멸치,
굴, 다시마 등),
향신채
풍미소재,
MSG, HVP</td>
</tr>
<tr>
<td align="center">이금기
치킨파우더
분말
(39%)</td>
<td></td>
<td>• 초미부터 후미까지 고루 잘 느껴지는
닭고기 풍미, 적당한 감칠맛
닭가슴살 풍미, 백후추 특유의 스파이시함
• 중화 요리, 파스타, 감바스 등 동·양식 요리에
두루 사용, 감칠맛 부여
• 9%에 달하는 닭고기 함유, 푹 끓이거나
고온 가열하는 요리에 사용 적합
향 측면의 강점이 있는 제품은 아니기 때문에
고온 또는 장시간 가열이 필요한 요리에
사용할 수 있음</td>
<td align="center">건조 닭고기,
닭기름,
백후추,
MSG,
효모추출물
(감칠맛)</td>
</tr>
<tr>
<td align="center">매기치킨
플레이버
스톡분말
(19.4~
19.5%)</td>
<td></td>
<td>• 중·후미로 끌리는 진한 닭고기 풍미,
단짠한 맛밸런스, 강한 감칠맛
풍미 전반에 고소한 향미가 돎. 후미에 주되게
느껴지는 닭고기 풍미
• 중화 요리, 파스타, 감바스 등 동·서양식 요리에
두루 사용, 감칠맛 부여
• 향료를 이용해 플레이버를 가향한 제품이므로
가열을 최소화하고 완성 직전의 요리에 후첨하는
방식으로 이용(향은 열에 약함)
이금기 치킨파우더와 혼용(이금기 전첨+매기 후첨)
매기 제품의 치킨 풍미가 이금기 치킨파우더보다
진하고 친숙함</td>
<td align="center">향료(닭고기,
구운 닭고기),
MSG, 핵산,
간장</td>
</tr>
</table>

제품		특징	원료
이금기 농축 치킨스톡 액상 (37~38%)		• 균형잡힌 닭고기 풍미, 스파이시한 백후추 풍미, 강한 감칠맛 백후추와 닭 풍미가 어우러져 초미부터 후미까지 고루 잘 느껴짐 • 중화요리, 파스타, 감바스 등 동·서양식 요리에 두루 사용, 감칠맛 부여 • 이금기 치킨파우더보다 풍부하고 강한 닭 풍미와 향신향을 냄 • 요리에 이국적인 풍미, 변주를 주고자 할 때 사용	닭고기추출물, 닭기름, MSG, 효모추출물 (감칠맛), 백후추
크노르 치킨부용 (37~38%)		• 손쉽게 닭육수를 만들 수 있는 제품 (물 대비 2~3% 혼합) • 원료 함량이 높고 지방이 함유되어 풍미가 진함 • 향신료 풍미가 세지 않아 한식에 적용하기 용이함 ex) 국밥 국물 조미 시 다시다, 미원과 함께 혼합 사용하는 등	닭고기추출물 9% 닭고기지방 4% MSG, RNA 핵산
대상 (청정원) 치킨스톡 액상 (16%)		• 중·후미로 끌리는 닭고기 풍미, 향신채 풍미, 강한 감칠맛 이금기 액상 치킨스톡에 비해 향조 가벼움 • 중화요리, 파스타, 감바스 등 동·서양식 요리에 두루 사용, 감칠맛 부여 • 이금기액상스톡에 비해 빛깔이 밝고 향 특성이 약하고 은은함 광범위한 요리에 활용 가능, 적은 호불호 • **사용량:** 간장과 염도가 비슷하므로 참고하여 적용	닭육수 농축액, 닭기름, 채소육수, MSG, 효모 추출물 (감칠맛)
연두 주황 (16~17%)		• 초미부터 후미까지 고루 느껴지는 생강, 양파 풍미, 강한 감칠맛 직관적이고 복합적인 감칠맛, 은은한 향신채 향 • 생강향이 특징적이므로 잡내 나는 육류 요리나 생선 요리에 잘 어울림 • 한식, 양식, 고급 요리 등에 두루 사용 (3S-Sauce, Soup, Seasoning) • **사용량:** 간장과 염도가 비슷하므로 참고하여 적용	콩 발효물 (복합 아미노산), 채소육수 (생강, 양파)

· HVP 식물성 단백질을 가수분해하여 얻는 20여 종 아미노산의 풍부한 맛 스펙트럼을 가진 감칠맛 소재. 혹자는 HVP를 가리켜 세상에서 가장 맛있는 조미료라 칭함

<table>
<thead>
<tr><th colspan="4" align="center">Brown</th></tr>
<tr><th>종류/염도</th><th>사진</th><th>풍미/특징</th><th>대표 성분</th></tr>
</thead>
<tbody>
<tr>
<td>해찬들
재래식된장
(9.7~
11.7%)</td>
<td></td>
<td>• 고소한 찐콩향, 은은한 치즈 풍미,
은은한 감칠맛과 단맛
된장 발효 풍미가 강하지 않아 호·불호 적음
• 초미부터 후미까지 은은한 감칠맛,
고소한 찐콩향
크림소스, 땅콩버터 페어링
• 딥핑소스, 무침요리, 샐러드드레싱 등
비가열 요리에 사용 가능
• **Cheesy한 풍미:** 크림 등 양식 요리에 감칠맛,
바디감부여</td>
<td>된장,
메주분말,
MSG</td>
</tr>
<tr>
<td>샘표토장
(12%)</td>
<td></td>
<td>• 다채로운 발효 풍미, 진한 된장 풍미,
강한 감칠맛, 은은하게 매콤함
초미~중미에 주되게 느껴지는 감칠맛
• 깔끔함: 빠르게 끊어지는 맛 지속도, 깔끔한 뒷맛
• 찌개, 국, 볶음요리에 적합
된장의 특징이 뚜렷하고 감칠맛이 강함</td>
<td>된장,
멸치분말,
야채 양념
베이스,
고춧가루</td>
</tr>
<tr>
<td>맥꾸룸
맥된장
(13%)</td>
<td></td>
<td>• 집된장: 후미에 강하게 느껴지는 메주취,
강한 짠맛, 약한 감칠맛
고소한 초미로 시작해 후미로 갈수록 강한 된장취,
메주취가 느껴짐
• 전통 집된장의 풍미가 고스란히 느껴짐
높은 연령대 한국인의 향수를 자극하는 된장
• 메주와 소금으로만 만든 된장: 단순한 풍미</td>
<td>된장</td>
</tr>
<tr>
<td>이금기
황두장
(10%)</td>
<td></td>
<td>• 은은한 춘장향, 찐콩향, 감칠맛과 어우러지는
강한 단맛
한국인 입맛에 낯설지 않은 짭조름한 짜장 풍미
• 짜장 풍미 볶음소스
　- 닭고기, 쇠고기, 채소에 잘 어울림
• 비가열 곁들임 소스, 딥핑소스
육류 딥핑소스 제조에 활용, 팔보채, 계란찜</td>
<td>대두,
MSG,
설탕</td>
</tr>
<tr>
<td>이금기
해선장
(6.6%)</td>
<td></td>
<td>• 고소한 참깨·고구마·찐콩 풍미, 강한 감칠맛과
단맛, 균형잡힌 맛밸런스
마늘, 절임고추, 귤피 향과 적절한 신맛이 어우러짐
• 비가열 곁들임 소스, 딥핑소스
월남쌈(스프링롤), 포크번(고기찐빵), 육류, 쌀국수,
볶음 우동, 오리고기
• 구이/볶음소스
돼지, 닭, 쇠고기에 두루 잘어울림</td>
<td>발효대두
페이스트,
참깨페이스트,
고구마, 귤피,
절인 고추,
설탕</td>
</tr>
</tbody>
</table>

Dark			
종류/염도	사진	풍미/특징	대표 성분
양조간장 501 (15.5~ 16.5%)		• 고소한 찐콩향, 은은한 양조취, 카라멜 풍미 초미부터 후미까지 고르게 느껴지는 감칠맛과 은은한 단맛, 바디감 • 볶음, 조림, 비빔, 찜요리, 딥핑소스 등 육류 및 해산물 요리 전반 적은 재료로 요리에 복합적 풍미와 감칠맛을 주나 특유의 카라멜 풍미는 나물, 국물요리에는 맞지 않음	양조간장, 기타과당
맑은 조선간장 (23~25%)		• 은은한 찐콩향, 쿰쿰함이 적고 깔끔한 풍미, 강한 짠맛 달지 않고 깔끔한 향, 감칠맛과 짠맛 지속성은 긴 편 • 나물무침, 국물 요리에 사용 특히 무국, 미역국 등 깔끔한 국요리에 필수	조선간장 (메주)
타마리간장 (18%)		• 은은한 간장 양조취, 묵직한 바디감, 카라멜 풍미, 강한 감칠맛 점성이 있고 색이 짙음, 묵직하면서도 후미는 깔끔함, 달지 않음 • 조림, 볶음 등 가열 요리 묵직한 풍미와 짙은 색, 강한 감칠맛이 잘 어울리는 요리 • 회, 두부, 전 등 딥핑간장 점성이 강해 발림성이 좋음 감칠맛 강하고 묵직한 바디감 있으나 후미는 깔끔하여 주재료 풍미와 어우러짐 • 데리야끼 등 소스제조	간장, 포도당
이금기 노추 (15%)		• 고소한 찐콩향, 짙은 카라멜 풍미, 강한 단맛, 끈적한 점성 요리에 먹음직스런 짙은 색 부여, 소스에 점성과 카라멜향 부여 • 감칠맛 있는 카라멜 시럽 대체품(색택, 향미) • 찜, 조림요리, 동파육, 족발, 수육, 볶음밥 등 요리의 색을 먹음직스럽게 착색할 때 사용 짜지 않고 단맛은 강하며 색이 짙음 • 술이나 허브가 주가 되는 등 향이 섬세한 요리에는 사용 지양 카라멜은 향조가 무거워 요리 본연의 향을 무겁게 눌러 억제함	간장, MSG, 카라멜색소, 설탕

해천 시그니처 굴소스 (12~13%)		• 강한 카라멜 풍미, 은은한 굴 풍미, 바디감 　저렴하고 카라멜 풍미 강한 굴소스, 　후미에 남는 쓴맛 • 중화요리, 볶음요리, 볶음밥 등 • 볶은 풍미, 카라멜 풍미, 묵직한 바디감 부여 • 굴의 비린 향미를 좋아하지 않는 경우에 사용	굴추출물19% (고형분30%), MSG, 핵산IG, 효모 추출물, 설탕
이금기 판다굴소스 (11.6%)		• 초미부터 후미까지 고루 느껴지는 굴 풍미, 　은은한 카라멜 풍미 　해천 굴소스에 비해 훨씬 강하고 뚜렷한 굴 풍미, 　비교적 깔끔한 후미 • 중화요리, 볶음요리, 볶음밥, 볶음우동 • 국물요리, 파스타, 딥핑소스등 　쓴맛이나 탄맛, 카라멜 향 등 다른 구성물 대비 　굴의 풍미와 감칠맛이 잘 느껴짐	굴추출물80% (고형분44%), MSG, 카라멜색소, 설탕
이금기 프리미엄 굴소스 (9%)		• 초미부터 후미까지 강하고 진하게 느껴지는 　굴 풍미 　풍미 전반 강하게 느껴지는 굴 향미, 해산물 향, 　감칠맛 • 중화요리, 볶음요리, 볶음밥, 볶음우동 • 국물요리, 파스타, 딥핑소스 등 　- 굴의 풍미나 감칠맛을 부여하고자 할 때 　　판다 굴소스보다 또렷한 굴 풍미를 냄	굴추출물95% (고형분48%), MSG, 카라멜색소, 설탕
이금기 원스텝 춘장 (9.7%)		• 찐콩향, 짙은 카라멜 풍미, 강한 점성, 　끈적한 노추(짜장 베이스) 　요리에 먹음직스런 진한 색과 점성 부여 • 감칠맛 있는 카라멜 시럽 대체품 　짜장요리 외에도 노추와 같은 목적으로 요리에 이용 • 두부조림 등 수분감 많은 요리, 짜장밥, 짜장면 등 • 닭볶음, 갈비찜 등 육류 조림 및 찜요리	발효대두 페이스트, 굴소스, MSG, 참깨페이스트, 카라멜색소, 설탕

종류/염도	사진	풍미/특징	대표 성분
해찬들 가득찬 고추장 (6~8%)		• 고추양념장과 향신채 향, 짭쪼름함 곡물 향이나 발효 향 등은 전무하고 풍미 전반은 단순한 고추 양념 • 저렴한 업소용 고추장, 추가 조미하여 사용	고추양념 (고춧가루, 소금, 양파, 마늘), MSG, 물엿, 밀, 쌀
해찬들 우리쌀 태양초 고추장 (6.7~7.2%)		• 고소한 곡물 향, 찐콩향, 달콤함 직관적인 감칠맛, 대중적인 풍미 • 곡물, 콩, 고추양념의 풍미가 적절히 어우러져 밸런스 좋은 고추장	고추양념 (고춧가루, 소금, 양파, 마늘), 물엿, 대두, 밀, 쌀, 찹쌀
기순도 전통고추장 (7~8%)		• 무게감 있는 메주취와 은은한 꽃향기, 짭쪼름함 중미부터 후미까지 비중있게 느껴지는 발효취, 매니아층이 뚜렷한 고추장 • 메주취와 조청취가 주되게 느껴지는 상큼한 고추장 지나치게 달지 않고 향조가 가벼워 재료 본연의 향을 억누르지 않는 고추장	고춧가루, 메줏가루, 엿기름, 간장,대두
오뚜기 산초라조장 (2%)		• 초미부터 후미까지 잘 느껴지는 고추, 산초 풍미와 강한 감칠맛 기름이 많은 타입의 라조장으로 묵은 내가 나지 않아 호·불호가 적고 대중적 • 중화요리, 볶음요리, 볶음밥, 볶음면 등에 사용 • 채소, 해산물, 돼지고기, 쇠고기에 잘 어울림 가지, 양파, 돼지고기 민찌 등 • 중화풍 채소무침(샐러드) 소스	중국산초, MSG, 설탕, 고추씨가루, 고추씨, 고추기름
라오깐마 라조장 (2~3%)		• 후미에 주되게 느껴지는 풍미, 진한 건고추향, 은은한 감칠맛, 짭쪼름함 기름이 적고 꾸덕한 타입, 건어물 뉘앙스의 고유한 취가 남, 통으로 들어있는 땅콩 • 중화요리, 볶음요리, 볶음밥, 볶음면 등에 사용 • 채소, 해산물, 돼지고기, 쇠고기에 잘 어울림 가지, 양파, 돼지고기 민찌 등	중국산초, MSG, 설탕, 고추씨, 고춧가루, 고추씨기름

| 연두
청양초
(16~17%) |  | • 갓 썰은 청양고추향, 강한 감칠맛
초미부터 후미까지 두루 느껴지는 신선하고 매콤한
청양고추 향미
• 찌개, 된장국 등 국물요리에 후첨
갓 썬듯한 청양고추의 칼칼한 향, 강한 감칠맛
• 매운맛 요리에 후첨(초미의 향미가 풍부함)
고추장요리 등 향미가 후미로 답답하게 끌어지는
요리에 조합
• 오일베이스 및 크림베이스 소스에 입체감 부여
감칠맛 있는 케이엔 페퍼처럼 활용 | 콩발효물
(복합 아미노산),
청양고추
농축액,
야채육수
(청양, 양파,
생강) |

연두 참기름장

연두와 참기름을 혼합해 세상에서 제일 맛있는 고기용 참기름장을 만들 수 있습니다. 주황색 연두에는 생강이 함유되어 고기에 잘 어울립니다. 단맛이 잘 어울리는 돼지고기용 참기름장에는 설탕, 흑설탕 등을 소량 첨가해주어도 좋습니다.

염도 계산의 예

(참고) 염도가 같아도 감칠맛이 강해지면 짠맛 증가, 쓴맛 대폭 감소, 단맛 감소, 신맛 미세 감소의 결과를 초래하므로 결국 전반적인 맛밸런스 재조정은 필요합니다.

① 염도 95%인 꽃소금 1g을 염도 16% 간장으로 대체하기

    – 꽃소금 1g은 간장 몇g만큼의 짠맛을 낼까?

염도 95%인 꽃소금 1g에 들어있는 순수한 소금(NaCl)의 양	$1g \times \dfrac{95}{100} = 0.95g$
0.95g의 순수한 소금을 포함한 염도 16% 간장의 양	$0.95g \div \dfrac{16}{100} = 약 5.9g$

② 완성 요리 200g에 들어 있는 염도 16% 양조간장501 10g을 염도 24% 맑은조선 간장으로 대체하기

    – 완성 요리의 염도 변화 없이 레시피의 감칠맛 소재를 다른 감칠맛 소재로 바꾸고 싶을 때

$$\text{염도 16\%인 양조간장501 10g에 들어있는 순수한 소금(NaCl)의 양} \qquad 10g \times \frac{16}{100} = 1.6g$$

$$\text{1.6g의 순수한 소금을 포함한 요리(200g)의 염도} \qquad 1.6g \times \frac{100}{200} = 0.8\%$$

양조간장 대신 첨가해야 할 맑은조선간장의 무게

$$\text{양조간장501의 소금을 제외한 요리무게} \times \frac{\text{요리의 염도}}{(\text{맑은조선간장염도} - \text{요리의 염도})}$$

$$198.4g \times \frac{0.8}{24-0.8} = 6.8g$$

③ 염도가 1%인 간단 육수를 만들고 싶을 때

  – 염도 16.5%인 연두30g을 이용해 염도 1%인 간단 육수를 만들고 싶다면 몇g
  의 물과 섞어야 할까?

$$\text{염도 16.5\%인 연두 30g에 들어있는 순수한 소금(NaCl)의 양} \qquad 30g \times \frac{16.5}{100} = 4.95g$$

$$\text{4.95g의 순수한 소금을 포함한 염도 1\% 육수의 양} \qquad 4.95g \div \frac{1}{100} = 495g$$

$$\text{495g의 육수에서 연두 30g의 무게 빼기} \qquad 495g - 30g = 465g$$

· 눈물, 콧물 등 사람 체액의 염도 약 0.9%
· 인간이 맛있게 느끼는 최소한의 국물 염도 0.9%
· 바닷물의 염도 약 3%

풍미의 층(레이어) 쌓아 올리기

주제 강화: 복합적이고 고급스러운 향미

뚜렷한 주제 내에서 풍미의 층을 겹겹이 쌓으면 고급스럽고 가득 찬 요리 풍미를 구현할 수 있습니다. 한 유명 중식 셰프님은 요리를 할 때 두 브랜드의 춘장을 섞어 사용합니다. 미묘하게 각기 다른 장점을 가진 두 양념을 섞어 풍미 측면의 공백을 메우고 복합 향미를 구현하는 것입니다. 마찬가지로 닭과 채소를 넣고 정성 들여 끓인 닭 육수에 치킨스톡(소재)을 더해 감칠맛과 고기풍미를 강화할 수도 있습니다. 이때 치킨스톡 자체도 풍미 중첩의 대상이 됩니다. 건조 닭고기 함량이 높은 이금기 치킨 파우더는 요리 초반에 넣어 뭉근히 끓이기 좋고, 향료가 들어 있는 매기 치킨스톡은 요리가 끝나기 직전에 첨가하면 좋습니다(원물만 맛볼 땐 매기 치킨스톡의 닭고기 향이 더 뚜렷하고 직관적입니다). 카라멜 풍미가 강한 해천 굴소스와 굴 풍미가 강한 이금기 굴소스를 혼합해 묵직한 해산물 풍미를 표현할 수도 있습니다.

· 복합 풍미가 곧 자연스러운 풍미이고, 자연스러운 풍미가 맛있는 풍미입니다. 우리가 사용하는 자연의 식재료는 본래 수 십, 수 백가지 화학물질들의 조합물입니다.
· 요리의 주제가 되는 풍미를 선별적으로 복합화합니다. 단맛이 주제가 되는 불고기는 설탕 뿐 아니라 물엿, 배 퓨레 등으로 단맛을 복합화해줍니다. 5미를 모두 복합화 한다고 해서 그 효과성이 극명하게 드러나지는 않습니다.
· 액젓 불고기는 본래 단맛이 주제가 되는 불고기의, 감칠맛을 복합화해 풍미를 차별화한 사례입니다(육류 감칠맛+해산물 감칠맛).

주제 확장: 결이 서로 다른 재료와 소재의 혼합

흔히 상식적으로 육 풍미가 강한 소재는 고기 요리에, 해산물 풍미가 강한 소재는 해산물 요리에 조합하면 좋을 것처럼 생각하기 쉽지만 반드시 그러한 것은 아닙니다. 고기 요리에 해산물 풍미를 가진 소재를, 해산물 요리에 고기 풍미를 가진 소재를 사용하면 완성 요리의 풍미는 훨씬 풍부해질 수 있습니다. '육해공'이라는 이름을 붙여 닭고기, 돼지고기와 해산물을 함께 넣고 끓여 낸 요리를 내어놓는 맛집들도 존재합니다. 어울리지 않을 것 같은 요리에도 편견 없이 다양한 양념과 소재를 첨가해보며 요리 경험을 확장할 필요가 있습니다. 가령 고기 요리에는 쇠고기다시다5:해물다시다1의 혼합물을, 해물 요리에 사용하는 다시다는 해물다시다5:쇠고기다시다1의 혼합물을 사용해줍니다. 돼지국밥에 새우젓을 더해먹거나 불고기에 액젓을 더해 액젓 불고기를 하는 경우 처럼 감칠맛과 육·해 풍미 레이어가 쌓여 요리 향미가 더욱 깊어집니다. 고기 계통 원료에는 글루탐산 외에도 이노신산과 같이 감칠맛을 증폭시켜주는 핵산계 감칠맛 성분이 풍부하며, 해산물 계통 원료에는 글루탐산 외에 좋은 단맛을 내는 글리신, 알라닌 같은 아미노산의 함량이 풍부합니다. 핵산 성분은 아미노산계 감칠맛의 증폭 효과를 일으키며, 해산물에 풍부한 글리신, 알라닌 같은 단맛 아미노산은 짠맛과 감칠맛을 보완하며 둥근 맛밸런스를 만들어줍니다. 이 외에도 고기의 진한 황 계통 향, 해산물의 바다 향의 조합이 훌륭한 복합 풍미를 구성합니다.

복합 감칠맛 중화풍 채소볶음 소스

재료

산초 라조장(오뚜기) 60g, 굴소스(해천) 45g, 황두장(이금기) 44g, XO소스(이금기) 24g

황설탕 32g, 미향(오뚜기)20g, 셰리와인 비네거 14.5g, 마유 10g, 땅콩분태 8g,

백후추 4g

다진마늘 15g, 다진생강 4g

꽃소금 0.6g, 핵산IG(CJ) 2g

조리법

① 볼에 모든 재료를 계량해 넣고 잘 혼합해 줍니다.

'시원한 감칠맛'이란 뭘까?

시원한 감칠맛은 아스파트산(아스파라긴산)이라는 아미노산의 맛입니다. 콩나물에도 아스파트산이 풍부하게 함유되어 있으며 콩나물국은 시원한 감칠맛을 내는 대표적인 음식입니다. 실제로 아지노모토사의 조미용 아스파트산을 국물요리에 타 먹어 보면 '시원한 감칠맛'이 느껴집니다. 물론 글루탐산과 마찬가지로 아스파트산에도 나트륨이 붙어야 더 뚜렷한 감칠맛으로 느껴집니다. L-아스파트산나트륨은 L-글루탐산나트륨 만큼 강한 감칠맛을 내지는 않지만 후미가 청량하여 일본에서는 식품첨가물로서 조미에 이용되고 있습니다(한국에서는 식품첨가물 미등록).

공학적으로 '시원한 감칠맛'은 아스파트산에서 유래하는 것이나, 대중이 느끼는 시원한 감칠맛은 다른 감각을 일컫는 것일 수도 있습니다. 바로 물리적인 시원함입니다. 실제로 채소나 과일, 해조류 등에 함유되어 있는 당알코올(당에 알코올기가 붙어있는 단맛 성분)은 녹으며 열을 빼앗아 입 안을 물리적으로 시원하게 만든다는 특징을 갖습니다. 특히 솔비톨(용해열 −26.5℃)과 에리스리톨(용해열 −42.9℃)은 강한 청량감(시원한 감각)을 냅니다. 해물 다시다를 이용해 만든 국물에(흔히 해산물을 넣어 끓인 국물요리가 시원하다는 표현의 대상이 되기에) 에리스리톨을 섞어 넣고 맛을 보면 '시원한 감칠맛'처럼 느껴지는 감각을 일부를 경험할 수 있습니다(이와는 별개로 에리스리톨이 들어간 국물에서는 비린내나 잡내 감각이 줄어드는 경향이 있다는 점이 흥미롭습니다).

솔비톨과 에리스리톨 같은 당알코올은 콜리플라워, 버섯, 아스파라거스, 당근, 완두콩, 콩나물, 대파 등 흔히 식용하는 많은 채소와, 과일이나 청주와 같이 요리에 사용하는 여러 양념 재료에도 함유되어 있습니다. 해조류에도 흔히 당알코올이 함유되어 있다고 하며, MSG라고 잘못 알려져 있는 다시마 표면의 하얀 가루 역시 만니톨이라는 당알코올 성분으로 다시마 중량의 약 20%를 차지합니다. 다시마를 잔뜩 넣어 끓인 육수는 일부 '시원한 감칠맛'을 가진 육수라 할 수 있습니다.

> · 감칠맛 있는 국물 100g을 기준으로 솔비톨이나 에리스리톨 0.3~0.5g을 첨가해 '시원한 감칠맛'을 구현할 수 있습니다. 당알코올 첨가 시 감칠맛이 다소 약화되는 경향이 있어 핵산IG와 당알코올을 병용하면 좋습니다.

직접 만든 육수의 가치

감칠맛 소재를 사용하는 대신 식재료를 넣고 직접 육수를 내는 데에 대한 명확한 가치는 바로 '농축이 가능하다'는 점에 있습니다. 치킨스톡이나 다시다 등 감칠맛 소재를 이용해 만든 즉석 육수는 가열 농축하면 짠맛이 강해지기 때문에 정해진 간기 내에서 요리에 부여할 수 있는 감칠맛이 한정됩니다. 반면 동·식물성 재료를 오랜 시간 우려 만든 육수는 소재로 낼 수 없는 특수한 맛과 향 성분들을 갖게 될 뿐 아니라 간기가 강하지 않기 때문에 가열농축시키는 방식으로 요리에 사용해 혀가 아릴 정도의 강하고 인상적인 감칠맛을 구현할 수 있습니다. 어떤 미슐랭 레스토랑은 포타주를 만들 때 양배추, 양파, 베이컨, 버터 등을(색이 나지 않게) 뭉근하게 볶은 것 1kg에 동량(1kg)의 육수를 넣고 무게 총합이 다시 1kg이 되도록 육수를 재료에 모두 졸여 넣고 통째로 갈아 만듭니다. 이렇게 만든 포타주에서는 어떤 대중 식당에서도 맛볼 수 없는 깊은 풍미와 강한 감칠맛을 느낄 수 있습니다.

· **포타주** 고기와 야채 등을 넣고 진하게 끓여낸 수프

육수를 극단적으로 졸여 만드는 소스도 존재합니다. 육수에 노릇하게 볶은 고기, 허브, 샬롯 등을 넣고 ¼내지는 그 이상으로 졸인 것을 '쥬(jus)'라고 하는데 쥬의 풍미는 더할 나위 없이 진하고 감칠맛도 강합니다. 쥬에 특징적인 향신료나 재료를 조합하고 소금 간을 하면 가지각색의 다양한 소스를 만들 수 있습니다. 이때 소금 대신 감칠맛 소재로 간을 하면 혀가 아릴 정도로 강렬하고 중독성 있는 소스가 되기도 합니다. 어떤 레스토랑에서는 쥬에 육개장의 특징이 되는 채소, 나물과 고추기름을 넣어 육개장 소스를 만들어 요리에 곁들이기도 하고, 태운 양파와 메이플 시럽을 조합해 베이컨에 잘 어울리는 메이플어니언 소스를 만들기도 합니다. 쥬를 완성된 스테이크에 발라 육풍미와 감칠맛을 강화하고 표면이 마르지 않게 할 수도 있습니다.

직접 끓여 낸 육수가 갖는 특별한 점은 한 가지 더 있습니다. 콜라겐에서 풀려나온 젤라틴이 육수의 입촉감을 진하게 만든다는 점인데 특히 콜라겐 함량이 풍부한 송아지(veal)뼈나 닭발을 넣고 우려낸 육수는 특유의 눅진한 식감을 갖게 되어 이러한

육수로 만든 쥬(jus)는 굳으면 젤리가 됩니다. 한국의 설렁탕 맛집들에서도 이런 눅진한 식감을 경험할 수 있습니다. 감칠맛 소재를 이용해 만든 간단 육수나 일반적인 국물 요리에도 판젤라틴을 더해 주면 오래 고아낸 듯 눅진한 식감을 구현할 수 있습니다. 돼지국밥이나 설렁탕같은 대중적인 국물 요리에도 시도해볼 만한 방법입니다.

· **콜라겐 함량이 풍부한 송아지뼈** 어린 동물의 뼈나 고기는 콜라겐 함량이 더 높고 육향은 연합니다.
· 가열 온도가 높고 시간이 길어질수록 젤라틴은 다시금 작게 분해되어 점성을 잃습니다.
· 업소에서 국밥 등 대중 국물요리를 할 때에는 눅진한 입촉감을 위해 손질한 우족을 서비스 시간 내내 육수가 끓는 팟에 담가두기도 합니다.

육수 끓이기

전처리: 데치거나 굽거나

소나 돼지는 한 번 데쳐 육수를 탁하게 하는 단백질, 찌꺼기 등을 걸러낸 후 사용합니다. 200℃가 넘는 오븐에 갈색이 나도록 노릇하게 구운 것을 사용해 완성 육수의 묵직한 풍미를 강화할 수도 있습니다. 구운 뼈나 고기를 이용해 만드는 육수는 향미가 진한 요리나 소스를 만들 때 유용합니다. 요리 주제나 취향에 따라 선택하면 됩니다.

가열은 찬물에서부터

뜨거운 물에 재료를 넣고 팔팔 끓이면 응고된 불순물이 잘게 부서져 퍼지게 되어 육수가 탁해집니다. 찬물에서부터 천천히 떠오르는 찌꺼기는 걸러내기 쉽습니다. 육수가 끓기 시작하면 즉시 불을 낮추어 줍니다. 육수를 우려내는 나머지 시간 동안은 육수의 표면이 들썩여서는 안 됩니다.

85℃: 뭉근하게 8시간 이상

미슐랭 레스토랑에서 근무했을 적 육수를 끓게 만들어 크게 혼이 났던 기억이 있습니다. 재료를 우려내는 육수의 표면은 항상 잔잔해야 했습니다. 육수를 내는 과정에서 여러 가지 감칠맛 성분이 가장 많이 형성되는 최적의 온도가 85℃이기 때문입니다. 이 단계에서는 분자 크기가 커 감칠맛으로 느낄 수 없던 단백질이 분해되며 감칠맛으로 감각할 수 있는 펩티드나 아미노산이 됩니다. 단백질이 풀려나오며 생성되는 20여 종의 아미노산은 각기 단맛, 감칠맛, 쓴맛 등을 내며 육수의 맛을 다채롭게 합니다.

> · **펩티드** 아미노산이 여러 개 연결된 것, 흔히 아미노산 2~3개가 연결된 특정 펩티드와, 그보다 작은 아미노산들만 우리가 맛으로 느낄 수 있다고 알려져 있습니다.

그리고 에너지 저장체인 ATP와 유전물질인 RNA로부터 핵산계 감칠맛 성분이 생성되고, 다양한 향기 성분도 생겨납니다. 고기를 굽는 조건에 비하면 그 속도는 느리지만 재료에서 우러나온 아미노산과 당이 결합하며 마이야르 반응이 일어나 특유의 먹음직스러운 향 성분들이 형성됩니다. 물이 펄펄 끓는 온도에 비하면 85℃ 전후에서의 뭉근한 가열은 이미 형성된 향기로운 냄새 분자의 보존에도 유리합니다.

> · **마이야르 반응** 당과 아미노산이 반응하여 일어나는 갈색화 반응. 마이야르 반응의 결과로 멜라노이딘이라는 갈색 색소와 갖가지 향긋한 향기 성분들이 생성됩니다. 고기를 갈색 빛으로 노릇하게 구울 때와 간장의 숙성 과정 등에서 발생합니다.

황을 함유한 양파, 대파, 마늘 같은 채소는 당을 내어놓으며 마이야르 반응에 기여하기도 하지만 육수가 뭉근하게 끓는 과정(85℃)에서 MMP라는 강한 고기 향을 생성하기 때문에 육수에는 이들 채소를 충분히 활용해야 합니다. 다만 MMP는 잘게 썰린 상태에서 잘 생성되므로 MMP 생성을 극대화하기 위해서는 육수에 사용할 양파, 파, 마늘은 잘게 다져 사용하는 편이 도움이 됩니다.

> · **MMP** 3-멀캅토-2메틸펜탄-1올(3-Mercapto-2-methyl-1-pentanol), 황을 함유한 화합물로 육향을 냄

많은 레스토랑에서 8~12시간을 소요해 육수를 냅니다. 20시간에 달하는 오랜 기간 동안 육수를 우려내는 레스토랑도 있는데 그 정도의 긴 가열 시간이 필요한 것인지는 의문이 듭니다. 아미노산은 안정한 분자이긴 하지만 마이야르 반응과 열 등에 의해 서서히 양이 줄어들며, 향 물질 역시 가열에 의해 조금씩 휘발합니다. 단백질에서 아미노산을 풀어낼 수 있으면서도 풀어진 아미노산은 가능한 보존할 수 있는 최적의 가열 시간을 찾을 필요가 있습니다. 제대로 끓여 낸 육수에 비할 수는 없겠지만

다지거나 갈아준 닭고기와 향신채를 넣고 1시간 동안 끓인 육수에 판젤라틴을 넣어 눅진한 점도를 부여해 속성으로 육수를 만들 수도 있습니다.

- **향미 성분 형성과 보존**에 유리한 온도: 85℃
- **감칠맛 성분이 형성**될 수 있는 가열 시간: 최소 60분
- **MMP가 생성**될 수 있는 시간: 뭉근하게 6~8시간
- **콜라겐이 젤라틴으로** 풀려나올 수 있는 시간: 최소 6시간

농축: 처음 첨가한 물 무게의 25~50%까지

치킨스톡(닭육수)과 같이 일반적인 육수는 처음 첨가한 물이 50~70% 정도로 졸아들 때까지 우려 줍니다. 빌(veal)스톡과 같이 특수한 육수는 뼈를 걸러낸 후 토마토 페이스트 등을 첨가해 처음 첨가한 물 무게의 25%까지 졸여주기도 합니다(주로 스테이크에 발라줄 쥬(jus)나 고급 소스 제조에 이용). 졸일 때도 마찬가지로 뭉근한 온도에서 가열해야 완성된 육수의 풍미가 더 좋습니다.

이색적인 육수 개발

마른 오징어로 만든 육수를 요리에 이용하는 셰프를 본 적이 있습니다. 그 육수를 이용해 만든 요리의 풍미는 말할 것도 없이 진하고 구수했습니다. 다만 마른 오징어는 가격이 너무 비싸니 가문어를 사용해볼 수도 있습니다. 가문어는 가짜 문어라 하여 흔히 칠레산 대왕오징어를 가리키는데, 마른 오징어 대비 2~3배 저렴한데다 훈연 처리가 되어있어 가쓰오부시처럼 독특한 풍미를 가진 육수 재료로 활용할 수 있습니다. 새로운 육수는 새로운 메뉴의 베이스가 될 수 있습니다.

육수가 막연하게 느껴진다면: 추출의 기본 공식

원료의 풍미를 녹여낸 육수나 엑기스를 만들고 싶은데 몇 배의 물을 넣고 얼마나 끓여내야 할지 막연하게 느껴질 수 있습니다. 식품업계에서는 원료에서 향미나 기능

성 성분 등 목적하는 물질을 추출하기 위해 아래의 기본 공식을 이용합니다.

| 원료 | + | 원료 무게 10배의 물(용매) | → | 100℃에서 1시간 가열 |

위의 공정을 한 번 거치면 원료가 가진 성분의 약 80%가 물로 용출됩니다. 원료가 물에 녹는 성분 100g을 함유하고 있다고 가정할 때 이론적으로는 위 과정을 한 번 거치면 80g의 성분을 물로 녹여낼 수 있고, 2회 거치면 약 96g가량의 성분을, 3회를 거치면 약 99.2g의 성분을 용출시킬 수 있습니다. 다만 추출 과정을 3회까지 반복하는 일은 값비싼 원료를 다룰 때를 제외하면 흔하지 않습니다. 식품업계에서는 이례적으로 원료 단가가 높은 홍삼 엑기스와 같은 제품을 생산할 때 3회의 추출을 실시합니다. 요리에 있어서는 육수나 엑기스를 만드는 데 위 공식을 1회 적용한다는 생각으로 작업하면 될 것입니다. 국 요리를 하는 경우에는 미리 끓여 둔 것을 상온에 두어 숙성하는 과정에서 국물의 맛이 점점 좋아질 수 있다는 점과, 재료 자체에 남아있는 향미나 식감 역시 중요하다는 점도 고려합니다. 재료의 풍미 성분이 반드시 국물로 모두 빠져나오지 않아도 괜찮습니다. 국이나 찌개는 건더기를 함께 먹는 요리이기 때문입니다. 또한 채소의 식감이 너무 물러지지 않도록 첨가 시점과 요리 시간을 조절합니다.

· 필요와 취향에 따라 육류와 물의 양을 조절합니다. 한우 국밥과 같이 살코기로 맛을 내는 식당에서는 고기와 물의 비율을 1:2~3으로 설정하기도 합니다. 대신 끓이는 과정에서 증발하는 물은 도로 채워줍니다(육수 표면의 높이를 자로 재어두고 표면 높이를 유지합니다).

다시마 육수, 그냥 팔팔 끓이기

육수를 낼 때 흔히 다시마는 찬 물에서부터 넣어준 후 물이 끓기 시작하면 빼내야 한다 알려져 있습니다. 팔팔 끓이면 탄닌 등의 용출에 의해 다시마에서 떫은 입촉감이나 쓴맛이 우러나올 수 있기 때문입니다. 하지만 수 차례 실험해본 결과 20~30분 이내의 시간 정도 동안이라면 팔팔 끓여낸 다시마 육수가, 물이 끓자마자 다시마를 건져 내버린 육수보다 훨씬 풍미가 깊고 좋았습니다. 높은 품질의 다시마 육수를 내길 원한다면 60℃의 온도에서 3시간 동안 수비드 조리법을 이용해 다시마 육수를 내어줍니다. 다시마는 물 중량의 1~2% 가량 준비하고, 육수를 내기 전 가볍게 흐르는 물에 헹구어 줍니다.

치킨 스톡 레시피

재료

물 80L, 노계 10마리(15kg)

당근 큰 것 10개(3kg), 양파 9개(2,2kg), 타임 9g, 이태리 파슬리(줄기) 9g, 통후추 30알

필요에 따라 양을 조절하여 사용

· 나이가 많은 동물의 고기가 강한 육향을 갖습니다. 육향이 강한 치킨스톡을 원하는 경우 노계를 이용합니다.

조리법

① 세척한 닭과 물을 냄비에 넣고 찬물에서부터 열을 올려 끓으면 곧바로 약불로 불을 줄인 후 육수의 표면이 보글보글 끓지 않도록 뭉근하게(이상적인 온도: 85℃) 8시간동안 가열해 줍니다. (시머링: simmering)

육수 위로 떠오르는 찌꺼기는 국자를 이용해 떠냅니다. (스키밍: skimming)

② ①에 2~3cm 크기로 썬 당근, 양파와 타임, 이태리 파슬리, 후추를 넣고 2시간동안 더 시머링해 줍니다.

③ 육수의 맛을 보고 만족스러우면 불을 끄고 걸러 얼음물을 이용해 칠링해 줍니다. 완성 육수의 무게는 처음 투입한 물 80L의 50~70%가 되도록 합니다. 육수의 용도와 필요성에 따라 적절한 무게가 될 때까지 뭉근하게 가열해 졸여줍니다.

치킨 부용 레시피

재료

노계 1마리 1kg(닭가슴살 제거 후 무게), 양파 200g, 당근 100g, 셀러리 50g

물 3L

- **부용** 고기나 채소를 끓여 만든 국물 요리. 콘소메 레시피와 연계됩니다.
- **노계** 고기의 육향과 감칠맛 성분의 함량은 동물의 나이에 비례합니다. 노계는 육질은 질기지만 육향이 강하고 풍미 전반이 풍부합니다.

조리법

① 닭가슴살을 제거한 닭은 통으로 하루 동안 물에 담가 냉장보관합니다.

② 닭을 담가 두었던 물 채로 한 번 끓여 피와 불순물을 제거하고 닭은 건져 둡니다.

③ ②에서 건진 닭과 물 3L, 2~3cm로 큼직하게 썬 양파, 당근, 셀러리를 냄비에 넣고 끓여 줍니다.

④ 끓으면 불을 줄이고 약불에서 부용 표면이 끓지 않도록 4~5시간 동안 시머링해 줍니다.

⑤ ④의 부용이 약 1L로 졸아들면 맛을 보고 향미가 만족스러우면 걸러줍니다. 닭고기의 육향과 상태에 따라 조절합니다.

⑥ ⑤의 부용을 차게 식혀 위에 뜨는 기름은 걷어 내어 모아둡니다. 다른 요리에 사용할 수 있습니다.

치킨 콘소메 레시피

- **콘소메** 누린내와 비린내, 불순물 등을 제거하기 위해 거품을 낸 계란 흰자를 얹어 오랜 시간 고아 내는 맑은 수프

치킨 부용(이전 레시피) 100%, 토마토 페이스트 0.5%

양파 4%, 우엉 2%, 당근 2%, 샐러리 1%, 진화햄(혹은 이베리코 햄) 0.5%, 생강 0.2%

닭가슴살 20%

계란 흰자 6%

① 부용에 토마토 페이스트를 섞은 후 70℃ 언저리까지 가열해 둡니다.

② 채소와 햄은 푸드 프로세서(다지기에 최적화된 블렌더)에 넣고 2mm 정도 크기가 되도록 다져 볼에 옮겨 둡니다.

③ ②의 푸드 프로세서에 닭가슴살을 넣고 다져 채소가 든 볼로 옮겨 줍니다.

④ ③의 볼에 휘핑하여 거품을 낸 계란 흰자를 넣고 ①의 부용 10~20% 정도를 조금씩 나누어 가며 부어 흰자의 거품이 꺼지지 않도록 살살 혼합해 줍니다.

⑤ ④를 ①의 냄비에 붓고 3시간 동안 시머링해 줍니다. 냄비 위로 뜬 흰자 중앙부에 국자를 이용해 조심히 구멍을 내어 부용이 끓지 않도록 살펴줍니다.

⑥ 투입했던 부용이 약 1/3로 졸아들면 맛을 보고 향미가 만족스러우면 가열을 중단합니다.

⑦ 콘소메를 걸러 받을 용기에 물에 적신 거즈를 얹어 명주실 등으로 단단히 고정한 후 그 위로 ⑥의 내용물을 조심히 부어줍니다. 맑은 콘소메가 용기 안에 모이는 동안 거즈 위의 건더기를 젓거나 짜지 않도록 주의합니다.

⑧ ⑦의 콘소메에 무게 대비 5~6%의 연두 순을 더해 간을 해 줍니다.

⑨ 이렇게 만든 콘소메는 송이버섯, 능이버섯 등 다른 주재료 요리, 생선 요리 등에 곁들입니다. 부용을 만들 때 걷어 두었던 닭기름을 뿌려 내어도 좋습니다.

베지 스톡 레시피

재료

양파 900g, 샐러리 250g, 생표고 200g, 당근 100g, 깐 마늘 30g, 오일 25g, 타임 3g, 이태리 파슬리 3g

물 2L

조리법

① 양파는 1~1.5cm 두께로 두껍게 채썰고, 당근은 세로로 반 갈라 샐러리와 함께 3cm 길이로 숭덩숭덩 썰어 줍니다. 표고는 대가 달린 채로 먼지를 털어 4등분해 주고 마늘은 반 갈라줍니다.

② 오일을 두른 냄비를 불에 올려 채소를 넣고 색이 나지 않게 1~2분 간 덖어 줍니다. (기름으로 코팅)

③ ②에 물 2L를 넣고, 물이 끓으면 불을 줄여 끓지 않게 하며 약불에서 15분 간 시머링해 줍니다.

④ 시간이 다 되었으면 불을 끄고 뚜껑을 덮어 30분 간 그대로 상온에 둡니다.

⑤ 체를 이용해 육수를 걸러내고 진공백이나 지퍼백에 담아 칠링하여 보관합니다. 냉동해 두었다가 사용할 수도 있습니다.

한국 식자재연구소 **김왕민 소장님**

2,500억에 인수된 식자재왕을 기획·개발한 주인공으로
한국 식자재연구소에서 외식업체 대상 강의활동,
조미소재·기술식자재 개발 등을 겸하고 있습니다.

다이닝이나 비스트로에서는 상기 정보를 바탕으로 풍미가 삼삼한 육수를 내어 추가 조미를 해 쓰거나 졸여 소스를 만드는 등 다른 요리의 기본 재료로 활용합니다. 이와 달리 대중 식당에서는 직접 먹는 요리로서 더 진한 국물을 냅니다. 이번에는 국밥집 등 대중 식당에서 국물을 내는 방법에 대해 알아보겠습니다. 대중 식당에서 국물 요리를 내는 방식에는 두 가지가 있습니다. 첫째는 원물을 물에 넣고 푹 삶는 방식으로, 국물 요리 전문점에서 주로 사용하는 방식입니다.

직접 끓이는 국물

구분	축종	대표 원료	원물	물	비율	평균 시간
정육	소	양지/사태	10kg	20kg	1:2 or 1:3	1.5H
		머리	10kg	20kg	1:2 or 1:3	2.5~3H
	돼지	전지/후지	10kg	20kg	1:2 or 1:3	1.5H
		머리	10kg	20kg	1:2 or 1:3	2~2.5H
뼈	소	사골(1차)	40kg	120kg	1:2 or 1:3	6~8H
		사골(2차)	40kg	120kg	1:2 or 1:3	6~8H
		사골(3차)	40kg	120kg	1:2 or 1:3	4~6H
		잡뼈(1차)	40kg	120kg	1:2 or 1:3	5~7H
		잡뼈(2차)	40kg	120kg	1:2 or 1:3	5~7H
		우족	10kg	20kg	1:2 or 1:3	분해될 때까지
	돼지	사골(1차)	40kg	120kg	1:2 or 1:3	5~7H
		사골(2차)	40kg	120kg	1:2 or 1:3	5~7H

- 미리 물 무게의 0.2~0.5%의 소금을 투입해 육수를 내면 고기에 기본 간이 배어 들며, 단백질의 염용이 일어나 고기의 식감과 보수성이 좋아집니다.
- 원가 관리를 위해 원료 대비 물 비율을 4배 이상으로 설정하는 경우 사골 계통의 추출액이나 농축액을 추가 투입해 입촉감(brix)을 보완해야 합니다.
- 콜라겐 함량이 높은 원료(우족, 사골 등)를 푹 고을수록 국물의 질감은 진해지고 완성도도 좋아집니다.
- 소 사골은 원물에 새 물을 넣어 가며 8시간 이상 3번 끓인 후 1, 2, 3차의 국물을 한데 섞어 만듭니다.

· 가열 과정에서 콜라겐이 젤라틴으로 분해되어야 비로소 국물이 끈적해지는데, 소의 조직에서 콜라겐을 물에 용출해 내는 데에만 최소 8시간 이상의 가열 시간이, 콜라겐을 젤라틴으로 분해하는 데에는 최소 6시간 이상의 시간이 필요합니다. 통상 2, 3차 국물을 낼 때서야 국물의 색과 질감이 뽀얗게 나오기 시작합니다.

- 소 잡뼈나 돈사골은 새 물을 넣어 가며 2차까지 가열하며, 소 사골과 마찬가지로 1차, 2차의 육수를 섞어 사용합니다.

- 소머리는 거세 암소 4시간, 황소/거세 3시간, 젖소 5시간을 기준으로, 젓가락으로 찔러 상태를 확인하며 조리 시간을 결정합니다.

위의 방식으로 원물을 삶아낸 물에 조미료 등을 이용해 추가 조미합니다. 추가 조미에 가장 많이 사용하는 조미료는 쇠고기 다시다(혹은 감치미)와 미원, 핵산IG(그 존재를 아는 사람이라면)의 조합이며, 전문적으로는 치킨스톡이나 양지 농축액 등을 이용해 추가 조미하기도 합니다. 실무적으로는 이렇게 만든 육수를 내내 가열하면서 사용합니다(주문이 들어오면 조미료를 담아 둔 뚝배기에 육수를 부어 내는 방식이 가장 일반적입니다).

대중 식당에서 국물 요리를 하는 두 번째 방법은 '오토 조리'라 불리는 방식입니다. 큰 맥락에서 보면 공장에서 육수를 농축해 만든 농축액을 구비해, 맹물에 희석해 육수를 만드는 방식입니다. 직접 끓이는 경우와 마찬가지로 조미료를 이용해 추가 조미하여 국물 요리를 완성합니다. 직접 육수를 내기에 주방 공간이 협소하거나 다양한 메뉴를 내는 식당에서 국물 요리를 메뉴에 추가하고 싶은 경우 활용하기 좋습니다. 풍미나 질감의 완성도는 직접 끓인 국물이 더 좋은 경우가 일반적입니다.

오토 국물

TYPE	항목	직접 조리 대비 완성도	원가율	시간	난이도 (1~5)
TYPE 1 반오토형	건더기 고기는 직접 삶고 육수 추출액+농축액 혼합 사용	90%	± 32%	± 3H	3
TYPE 2 반오토형	건더기 고기는 직접 삶고 육수 농축액 사용	80%	± 30%	± 3H	2
TYPE 3 오토형	삶아 들어오는 고기(기성품)와 육수 농축액 사용	70%	± 40%	± 1H	1

• **추출액**은 말 그대로 원물에서 플레이버를 추출해 낸 상태의 액체, 농축액은 추출액을 농축해 유통 및 보관 편의성을 높인 것을 의미합니다. 아무래도 비교적 짧은 가열 공정을 거쳐 육향을 더 많이 보존하고 있는 것은 추출액입니다. 추출액과 농축액을 섞는 것은 간장으로 치면 진간장 제조와 일맥상통합니다. 진간장은 금방 제조할 수 있고 감칠맛이 강한 대신 향은 약한 산분해간장과 제조 시간이 오래 걸리지만 향이 좋은 양조간장의 혼합물입니다. 이를 오토 육수에 빗대어 본다면 향이 좋은 추출액과 감칠맛이 진한 농축액을 섞어 육수 풍미의 완성도를 높이는 것이라 볼 수 있습니다.

국물용 식자재

종류/염도	사진	풍미/특징	대표 성분
신창식 한우 우골농축액 (무염)		• 국물요리에 뽀얀 색감과 질감을 부여하는 데 사용 • 34.5Brix의 무염 한우우골 농축액(냉동) • 농축액 제품 중 가장 자연스러운 육수 풍미를 냄 • 설렁탕에 사용시 10배수, 기타 탕류에 사용시 20~25배수로 희석해 사용 • 사골 계통 농축액은 장시간 가열 시 맑아져 뽀얗고 먹음직스런 색감이 사라지므로 주의 필요 유화가 깨져서 발생하는 문제, 유화제와 국밥국물(5장) 참고	한우사골15%, 잡뼈34%
새한 사골농축액 (12%)		• 58Brix의 가염 사골농축액(실온보관) • 가염 농축액 제품중 가장 보편적으로 알려진 제품 • 사골과 우골을 고-브릭스로 농축 • 자연스런 사골 풍미를 구현한 제품으로, 요리에 폭넓게 사용할 수 있음 • 사골 계통 농축액은 장시간 가열 시 맑아져 뽀얗고 먹음직스런 색감이 사라지므로 주의 필요 유화가 깨져서 발생하는 문제, 유화제와 국밥국물(5장) 참고	한우사골15%, 잡뼈34%
한국 식자재 연구소 무염 양지추출액 (무염)		• 10Brix의 무염 양지추출액(냉동보관) • 소 양지와 정육을 가열 추출하여 급속냉동 한 제품 • 농축하지 않은 추출액으로, 생생한 풍미의 소고기 육수를 간편하게 구현하는 데 도움이 됨 • 갈비탕, 곰탕, 소고기전골, 평양냉면 등의 육수에 원가절감 목적으로 혼합사용	양지추출액 정제수

새한
고운양지
육수
(농축액)
(12%)
		• 49Brix의 가염 양지농축액(실온보관)
		• 가염 양지농축액 제품 중 가장 보편적으로
		  알려진 제품
		• 양지 농축물에 간장, 설탕, 다시마, MSG,
		  핵산IG 등을 추가 조미한 제품으로
		  액상 쇠고기 다시다처럼 사용
		  일반적으로 액상 제품이 분말 제품보다는
		  더 생생한 향을 갖고 있음
		• 자연스런 양지고기 풍미를 구현한 제품으로
		  다양한 요리에 폭넓게 활용 가능
			양지페이스트,
			비프육수
			엑기스,
			소고기엑기스
			분말, 진간장,
			다시마,
			무 농축액,
			MSG, 핵산IG,
			호박산이나트륨

새한
맑고 진한
멸치육수
(농축액)
(12%)
		• 45Brix의 가염 멸치농축액(실온보관)
		• 가염 멸치농축액 제품 중 가장 보편적으로
		  알려진 제품
		• 멸치와 함께 굴, 다시마, 무와 볶은 야채,
		  양파농축액, MSG, 호박산이나트륨이 함유되어 한
		  식 육수용으로 폭넓게 활용
		• 자연스런 멸치육수 풍미를 구현하고 있어
		  다양한 요리에 베이스로 폭넓게 활용
			멸치엑기스,
			멸치추출액,
			멸치분말, 굴,
			다시마무
			농축액,
			볶은야채분말,
			양파농축액,
			MSG,
			호박산이나트륨

한국
식자재
연구소
두태양념
다대기
(무염)
		• 타 기름보다 특별히 더 고소한 소 두태(콩팥)기름
		  에 고춧가루, 향신채소를 더해 제조한 다대기
		• 기존 업장의 다대기에 후첨하여 사용
		• 소금이나 조미료가 들어가지 않은 순수 타입
		  다대기로, 다양한 요리에 활용 가능
		• 육개장/해장국/내장탕/고기전골/순대국 등
		  고소하면서 칼칼해야 하는 요리에 필수 첨가
		• 1인분 기준 6~12g 투입되도록 사용
		• 묵직하게 깊은 풍미를 원할 땐 30분~1시간 전
		  투입해 요리에 유화시킴
		• 경쾌하게 칼칼한 풍미를 원할 땐 1~2분 전에
		  투입 후 서비스
			두태기름,
			고춧가루,
			마늘, 생강,
			양파, 대파,
			참기름

성공한 브랜드들은 좁게 한정된 길에 머물지 않고
대비와 대조를 즐기며 아이디어를 맛깔스럽게 버무려
언뜻 봐서는 어울리지 않아도
조합하면 독특하고 개성 있는 정체성을 빚는다. 99

〈미치게 만드는 브랜드〉, 에밀리 헤이워드

기억에 남는 브랜드에는 의외성이 있다고 합니다.
'카리스마 있고 유머러스한', '소심하고 대담한'과 같이
의외의 면모를 가진 사람은 더욱 매력적입니다.
마찬가지로 단맛, 신맛 등에 의한 맛의 변주가
감칠맛을 더욱 빛나게 합니다.

3장

5미는 어떻게 요리의 맛을 좋게 하는가

감칠맛 뒷받침하기

"자연스러움과 부자연스러움은
요리의 선호도에 지대한 영향을 미칩니다."

사공이 많아야 감칠맛 배가 나아간다

1 감칠맛과 4미

감칠맛은 단맛과 신맛, 쓴맛을 감소시킵니다. 반면 요리에 사용하는 수준의 감칠맛은 짠맛을 더 강하게 느끼도록 합니다. 미원이 맛있는 저염식을 하는 데 도움이 된다는 이야기는 이미 유명합니다. 감칠맛이 4미에 미치는 영향에 대한 이해를 바탕으로 감칠맛을 이용해 실수로 너무 달거나 시게 만든 요리를 손볼 수도 있고 쓴맛이 강한 재료를 깊은 바디감과 풍미를 가진 요리로 둔갑시킬 수도 있습니다.

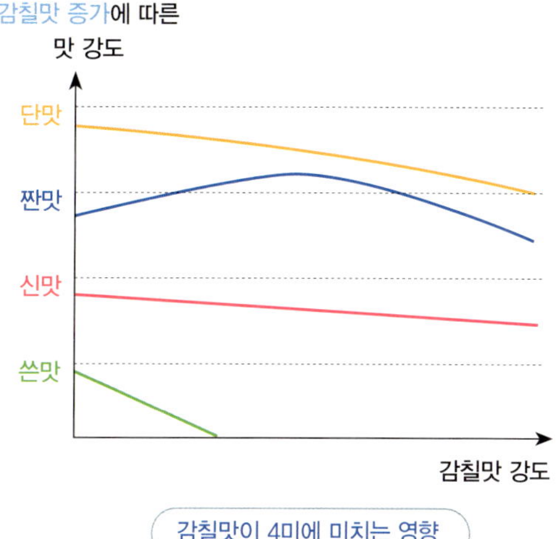

감칠맛이 4미에 미치는 영향

2 향미 증폭 장치 단맛: 후추를 능가하는 잡내 킬러

식자재 아카데미에서 '맛'에 대한 강의를 시작하기에 앞서 원우님들께 꼭 체험시켜드리는 재미있는 실험이 있습니다. 바로 똑같은 종류와 양의 과일향료가 들어있는 음료 두 가지를 시음하는 것입니다. 이 때 두 음료 중 하나에는 설탕을 넣고, 다른 하나에는 설탕을 넣지 않습니다. 두 컵에는 같은 양의 향료가 들어있지만 마셔보면 풍미는 완전히 다르게 느껴집니다. 설탕이 들어있지 않은 음료에서는 과일 씻은 물(?) 같은 옅은 풋내가 나고, 설탕이 들어있는 음료에서는 생경하고 상큼한 과일향이 느껴집니다. 어떻게 이런 일이 일어날 수 있는 걸까요? 우리는 에너지원을 단맛으로 느낍니다. 뇌과학의 관점에서 보면 단맛이 있는 먹거리는 귀한 에너지원이기 때문에 우리 뇌는 그 향을 강하게 느끼고 기억하려 합니다. 반면 향이 아무리 많이 있어도 단맛이든 감칠맛이든 맛과 함께 존재하지 않는다면 먹음직스럽게 느껴지지 않습니다. 아니, 아예 존재하지 않는 것 처럼 느껴지지 않기도 합니다. 단백질이나 지방도 분해하면 칼로리가 될 수 있으나 우리 몸은 당류만을 에너지원으로 사용하려는 경향이 있습니다. 과거부터 인류에게 단맛이 나는 먹거리의 향을 기억하는 것은 생존에 직결되는 중요한 일이었습니다. 달콤한 요리엔 어지간한 이취는 있는 줄도 모르고 먹었습니다. 요리의 관점에서 단맛은 재료나 요리의 향은 증폭시키고 잡내나 안 좋은 맛은 마스킹합니다. 풍미의 다양성은 5미를 제외하면 모두 향에서 기인하는 것이기 때문에 향을 증폭시킨다는 것이 요리에 있어서 얼마나 큰 의미인지 인지할 필요가 있습니다.

현대에 들어 설탕이 독극물이라도 되는 듯 호도하는 언론 기사가 늘었지만 설탕의 유일한 문제는 그 맛과 가치에 비해 값이 너무 저렴하다는 것뿐입니다. 과도한 당분 섭취가 완만한 성인병을 일으킬 수도 있지만 반대로 당이 부족한 경우 우리는 쇼크사의 위험에 처하게 됩니다. 어떤 먹거리를 놓고 그것이 정성적으로 유익하다, 유해하다 못박아서는 안 됩니다. 자극적인 소문에 조종당하는 사람들이 설탕을 멀리할 때 활용가치가 높고 가격은 저렴한 설탕을 적절하게 사용하는 업체들은 맛의 경쟁 우위를 점할 수 있습니다.

· 한 된장찌개 맛집의 비결은 설탕 반 스푼입니다!
· **정성적** 특정 물질의 성질이나 특성 자체를 확정 지어서
· **정량적** 특정 물질의 성질이나 특성을 양이나 정도에 따라

한편 단맛 소재가 향을 증폭시키는 힘은 칼로리에 비례하는데, 칼로리가 적은 감미료나 제로 칼로리 합성감미료도 목적에 따라서는 이용가치가 있습니다. 가령 에리스리톨 같은 당알코올의 경우 청량감이 강하여 시원하다는 인상을 입 안에 남기므로 냉면 등 차가운 국물 요리에 응용할 만하며, 사카린나트륨은 뒷맛이 깔끔한데다 미생

물이 분해하지 못하기에 익는 과정에서 당이 분해되고 맛 밸런스가 깨지게 되는 김치에 사용하면 좋습니다.

• 사카린나트륨의 개량품이 뉴슈가라는 이름으로 사용되고 있습니다.

제로칼로리 또는 저칼로리 대체 감미료

추천순	명칭	칼로리	특징	사용기준	ADI
1	라칸토 (제품명)	0	• 설탕과 같은 수준의 단맛 대체감미료 중 가장 설탕과 흡사함 나한과(몽크프룻)의 단맛 성분	-	-
2	알룰로스	g당 0~0.3kcal	• 설탕의 70% 단맛 물엿, 올리고당과 비슷한 지속성 있는 단맛 미국 FDA 인증 GRAS 감미료	-	-
3	사카린 나트륨	0	• 설탕의 200~300배 단맛 특유의 청량한 단맛이 김치 등 절임 채소 요리에 잘 어울림, 김치에 필수 **뉴슈가**: 일반 소비자가 사용하기 쉽게끔 포도당과 사카린나트륨을 99:1 비율로 혼합한 제품(설탕의 2~3배 단맛)	0.16g/kg 이하	0~5mg /kg
4	에리스리톨	g당 0.24kcal	• 설탕의 70~80% 단맛 흡열 작용이 매우 강하여 청량하게(시원하게) 느껴짐 냉면, 냉채 등 시원한 요리에 설탕과 함께 사용 추천	-	-
5	효소처리 스테비아 스테비올 배당체	0	• 설탕의 100~250배의 단맛 국화과 식물에서 추출한 성분, 이미지가 좋은 천연 감미료	-	0~4mg /kg
6	아세설팜 칼륨	0	• 설탕의 200배 단맛 고농도에서는 불쾌한 뒷맛이 남음 • 감미질이 좋고 음료, 막걸리 등에 어울림	1.0g/kg 이하	0~15mg /kg

7	수크랄로스	0	• 설탕의 약 600배 단맛 설탕(수크로스)을 이용해 제조하므로 단맛 특성이 설탕과 비슷하다고 알려져 있음	설탕대체 목적 12g/kg 이하	0~15mg /kg

- 설탕을 대체하기 위한 목적보다는 설탕과 함께 사용하면 요리의 풍미를 어떻게 개선할 수 있을지에 집중하길 권합니다.
- 합성감미료의 단맛은 강도뿐 아니라 패턴, 뉘앙스, 청량함 등이 서로 모두 다릅니다.

(사용 기준 출처: 식품공전)

단맛도 단맛 나름

단맛 재료는 저마다 다른 맛 방출 패턴을 갖습니다. 인간이 가장 좋아하는 감미료인 설탕의 단맛은 초미부터 후미까지 풍부하게 느껴집니다. 반면 과당의 단맛은 청량하고 뾰족하며 초미에 강하게 느껴집니다. 설탕과 흡사한 단맛을 내는 유명한 제로 칼로리 감미료 제품인 '라칸토'의 원료 몽크프룻은 설탕과 비슷한 단맛 방출 패턴을 갖지만 설탕에 비해 후미에서부터 느껴지기 시작하며 단맛 지속성이 긴 편입니다.

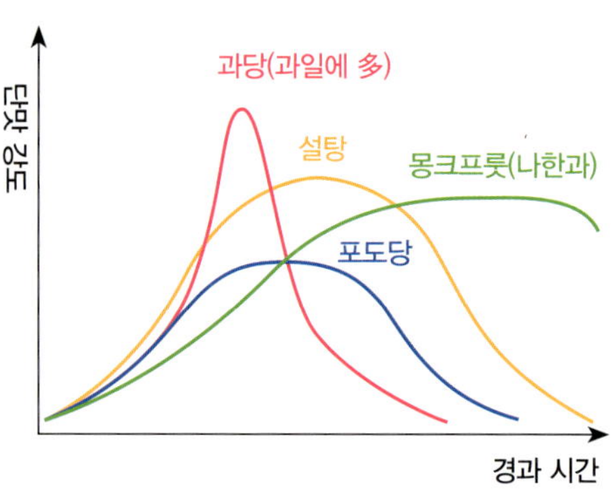

그래프가 완만해 보인다고 해서 포도당이 주는 만족감이 떨어지는 것은 아닙니다. 포도당(분말)은 맛이 좋고 청량하게 느껴집니다. 식품회사 연구원 중에는 고과당이 가장 맛있는 당, 음식을 당기게 만드는 당이라 이야기하는 사람도 있습니다. 고과당은 옥수수 전분으로 만든 일종의 시럽으로 통상 과당 50%가량, 나머지 물, 올리고당, 포도당 등으로 이루어져 있습니다. 고과당(액상과당)은 포도당을 과당으로 변환해주는 효소를 포도당에 작용시켜 얻는데, 반응의 결과물에는 과당이 50~55% 생겨납니다. 이 당류 혼합물에서 과당을 분리·정제하는 데에 큰 비용이 들기 때문에 이 혼합액에 액상과당이라 이름붙여 그대로 쓰는 것입니다. 신체 내에서 과당은 포도당보다 빠르게 분해되는 데다 포도당이나 설탕과는 달리 포만감을 주지 않아 과당이 든 음식은 자꾸 먹고 싶게 됩니다.

FRADA: 고급스러운 단맛

'자연스러움'은 요리 기호도에 지대한 영향을 미칩니다. 설탕을 수저로 떠먹으며 자연스럽다 말하는 사람은 아무도 없을 겁니다. 반대로 과일을 먹으며 단맛이 인위적이라 이야기하는 사람 역시 없을 것입니다. 과일의 달콤함은 자연스러운 단맛의 대명사이며 설탕, 포도당, 과당, 솔비톨 등 다양한 성분들이 조화를 이룬 결과물입니다. 요리를 할 때 자연스러운 단맛을 내고 싶다면 설탕만 단독으로 사용할 것이 아니라 설탕, 꿀, 물엿, 메이플시럽 등 다양한 단맛 재료를 적절히 혼합하여 과일의 단맛을 구현한다는 생각으로 접근해야 합니다. 과일 자체를 요리에 활용하는 것도 좋은 방법입니다. 특히 불고기, 갈비찜 등 단맛이 있는 고기 요리에는 과일을 갈아 넣으면 풍미가 훨씬 좋아집니다. 다채로운 단맛뿐 아니라 과일에 든 당알코올이나 각종 신맛 성분, 향기 물질들 역시 요리 향미를 좋게 하는 데 역할을 합니다.

백설탕 VS 황설탕 VS 흑설탕

감미료	정보	풍미 특성 / 활용
백설탕	• 사탕수수나 사탕무를 정제하여 얻은 설탕 채소는 체내에서 설탕의 형태로 당분을 이동시켜 포도당의 형태로 저장 사탕수수는 당분을 설탕의 형태로 저장하므로 정제하여 설탕을 얻을 수 있음	• 청량하고 바디감 있는 단맛, 인간이 가장 좋아하는 단맛 • 요리의 향미나 색을 해치지 않고 단맛만 부여하고 싶을 때 활용 • 재료 향 강화(특히 과일)
황설탕	• 정제 과정에서 열에 의해 옅은 갈색빛을 띠게된 설탕 카라멜라이제이션 발생	• 바닐라, 버터같은 풍미가 은은하게 느껴짐 • 백설탕보다 **흡습성 강함** • 백설탕보다 약한 **단맛** • 향미가 가볍고 밋밋한 요리에 깊은 풍미를 부여해주고 싶을 때, 베이킹 등
흑설탕	• 설탕에 카라멜을 비벼 만든 설탕 카라멜시럽을 구하기 어려운 일반 소비자가 요리에 묵직한 풍미와 짙은 색을 부여하기 위해 대용하기 용이	• 카라멜향, 럼향, 꽃향, 스카치향, 버터향 • 백설탕이나 황설탕보다 단맛이 약하고, 카라멜 단 향이 묵직하며 바디감(쓴맛)이 있음 • 설탕 중 가장 강한 흡습성을 가짐 • 흡습성 강한 흑설탕을 이용해 육류를 마리네이드하면 요리 과정에서 고기가 수분을 잃어 퍽퍽해지는 것을 막는 데 도움이 됨 • 향미가 가볍고 밋밋한 요리에 깊은 풍미 부여

- 쌀밥과 설탕은 혈당을 올리는 속도가 비슷합니다.
- **흡습성** 수분을 흡수하는 성질, 특히 흑설탕은 흡습성이 강해 밀봉해두지 않으면 딱딱하게 굳게 됩니다.
- **각 설탕의 단맛** 카라멜라이제이션은 당이 산화하는 반응이기 때문에 설탕이 부분적으로 카라멜라이즈 되어 색이 짙어질수록 단맛은 약해집니다. 카라멜 특유의 향기 성분이나 짙은 색 때문에 황설탕이나 흑설탕이 백설탕보다 더 달다고 착각할 수 있습니다.
- 저는 외식메뉴를 개발할 때나 식품을 개발할 때나 소스나 요리에 깊은 풍미, 바디감, 색조를 부여하기 위해 흑설탕 대신 molasses를 애용합니다(선인의 당밀에스 제품).

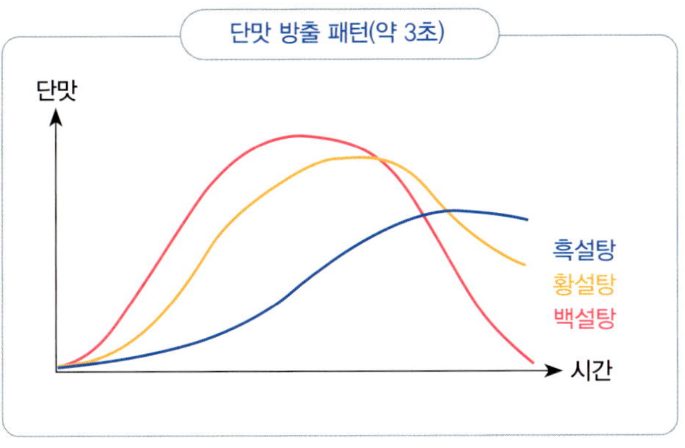

향기로운 감미료

꿀 VS 매실청 VS 메이플시럽 VS 배 퓨레

감미료	정보	풍미 특성 / 활용
꿀	• 벌이 먹이로 모아둔 꿀을 채취한 것 양봉(養蜂)은 토종벌의 꿀을 따는 한봉(韓蜂)과 서양 벌의 꿀을 따는 양봉(洋蜂)으로 나뉨 토종벌은 1년에 딱 한번 꿀을 따기 때문에 한봉 꿀은 희소하여 고급으로 침 서양벌은 계절을 따라 이동하기 때문에 1년에 대여섯 번 꿀을 만듦 1년 기준 양봉업자의 꿀 생산량이 한봉업자 꿀 생산량의 10~15배 수준	• 어떤 꽃에서 딴 꿀인지에 따라 꿀의 향이 달라짐 오렌지꽃꿀, 아카시아꿀, 야생화꿀 등 • 인삼을 담가 숙성시킨 오렌지꽃꿀을 버터에 곁들여 식전빵에 함께 내어주는 레스토랑도 존재함 • 꿀의 단맛은 포도당과 과당, 미량 설탕의 단맛 • 향이 중요한 소재. 가열을 최소화하기 위해 요리 마무리 단계에 첨가해야 함
매실청	• 손질한 매실을 설탕에 재운 것 혹은 감미료로 조미한 매실 과즙 시중의 매실청에는 수제 매실청에 사용되는 감미료 외에도 매실 향료 등이 첨가되기도 함	• 인간이 가장 좋아하는 신맛 성분이라는 구연산을 가진 양념 • 매실 과실향을 이용해 요리의 향을 다채롭게 할 수 있음 불고기, 갈비찜 등 육류요리에서 특히 큰 효과를 냄 • 단맛, 신맛이 있어 설탕과 식초를 대용할 수 있음

메이플
시럽
	• 설탕단풍나무의 수액을 채취해
	졸여 만든 것
	설탕 약 60%, 과당과 포도당 약 1%로
	구성됨
		• 잣과 같은 견과류향, 카라멜향이 남
		• 특유의 달콤한 향 때문에 실제 시럽이 가진
		  단맛 구성 대비 더 달게 느껴짐
		• 서양에서는 아침식사의 팬케익에 곁들이거나
		  졸여서 캔디로 만들어 먹는 등 대중화되어 있음
		• 메이플어니언 소스, 메이플갈릭 소스 등
		  세이보리한 딥핑 소스를 만드는 데에
		  활용할 수 있음

배퓨레
(과일퓨레)
	• 배를 통째로 갈아 얼린 것
	뉴뜨레 배퓨레-배100% 등
	요리에 과일을 사용하는 데에는
	큰 이점이 있음
	배는 향 특성이 강하지 않아
	여러 요리에 두루 사용할 수 있음
		과일에 대해서
		• 주로 과당, 포도당, 설탕, 기타 솔비톨 등 다채로
		  운 단맛 물질로 구성된 고퀄리티
		  감미료
		• 주석산, 구연산, 사과산 등 여러 신맛
		  물질을 함유한 고퀄리티 산미료
		• 발효식품 제외 단일 식재료 중 가장
		  복합적인 향구성을 가짐
		• 다채로운 단맛, 신맛, 향 성분을 가져
		  요리 활용성 매우 높음
		• 특히 불고기같은 여러 육류요리, 찜요리(스튜),
		  김치(특히 물김치)에는 필수.
		  첨가유무가 요리 풍미에 큰 영향을 미침

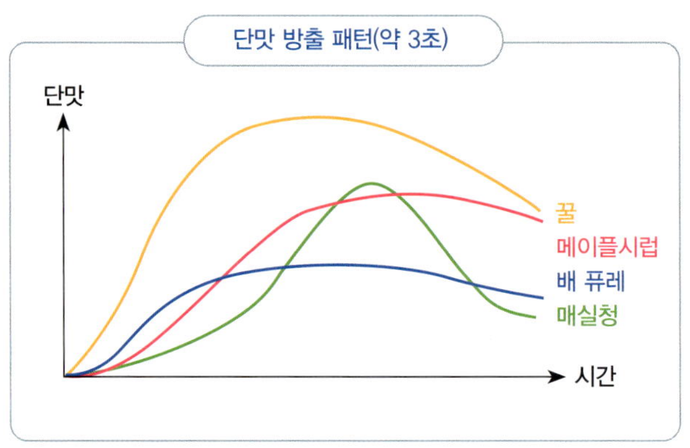

감미료	정보	풍미 특성 / 활용
물엿	• 전분을 "분해"하여 만든 것 중량 대비 칼로리: 백설탕의 약 75% 전분은 포도당이 길게 연결되어 만들어짐 포도당과 맥아당, 덱스트린으로 구성됨	• 완만하며 후미로 길게 끌어지는 단맛 • 설탕이나 다른 감미료와 함께 사용 시 복합적인 단맛 구현 가능 • 점성, 점착성이 강함 보쌈김치용 무 절일 때 최고 표면이 매끄러운 채소 무침 양념 등에 필수 • 흡습성과 보습성이 강함 요리의 표면이 마르지 않게 함 • 빛을 굴절시켜 요리의 색을 진하게 함 물엿을 많이 넣은 고추장은 고춧가루 함량이 적어도 색이 진함
요리당	• 설탕의 재료가 되는 원당을 이용해 만든 것 중량 대비 칼로리: 백설탕의 약 30% (CJ제일제당 백설 요리당 기준) 원당에 올리고당을 섞어 만듦	• 설탕과 비슷하거나 조금 더 강한 수준의 단맛 • 옅은 카라멜, 조청향이 남 • 갈색을 띠며 점성, 점착성이 물엿보다 강함 • 간장조림 등 색이 짙은 조림 요리에 사용 시 단맛과 윤기 부여 가능 무 등 뿌리채소(더덕, 우엉 등)와 잘 어울림 무나물, 무국에 소량 첨가 시 요리 향미 증폭
올리고당	• 당 3~10개로 구성된 식이섬유의 일종 흡수율이 낮아 저칼로리 감미료로 알려져 있음 장 속의 유산균이 올리고당을 이용할 수 있어 장 건강에 좋다 알려져 있음(프리바이오틱스)	• 단맛 수준은 설탕과 비슷하거나 조금 덜하며 뒷맛이 텁텁함 • 물엿보다 점성이 덜하고 묽음 • 올리고당은 원칙적으로 가열을 최소화해야 하는데, 가열에 의해 분해되기 때문. 분해 시 구성 당류가 풀려나오는 것이므로 단맛이 약해지진 않지만 저칼로리 감미료라는 의의를 상실함 • 프럭토 올리고당은 가열에 불안정하여 볶음 요리에서 양이 절반 정도로 줄어듦 • 이소말토 올리고당은 가열에 안정한 편
조청	• 곡물을 엿기름, 효소 등으로 당화시켜 졸인 것 맥아당, 포도당, 덱스트린, 단백질 등 함유 당화한 것을 졸이지 않으면 식혜, 수분을 약 20% 함유할 때까지 졸이면 조청, 수분 약 10% 함유할 때까지 졸이면 엿이 됨	• 후미로 끌리는 단맛 • 식혜향, 곡물향, 카라멜향, 옅은 바닐라향 • 향조가 무겁고 특색있기 때문에 고유의 향이 중요한 요리에는 사용을 피해야 함 • 향미가 단순한 요리에 복합 풍미를 부여하기 위해 사용할 수 있음 • 바닐라와 잘 어울림 • 물엿보다 점성이 강하고 끈적임

· **당화** 아밀라아제 계열 효소(가위)를 이용해 전분을 당으로 끊어 내는 공정

· 연유의 경우 후미까지 길게 남는 매운맛을 억제하는 경향이 있어 매운맛에 약한 외국인을 타깃으로 고추장 요리나 기타 매운 요리를 개발하는 경우 유용하게 활용할 수 있습니다.

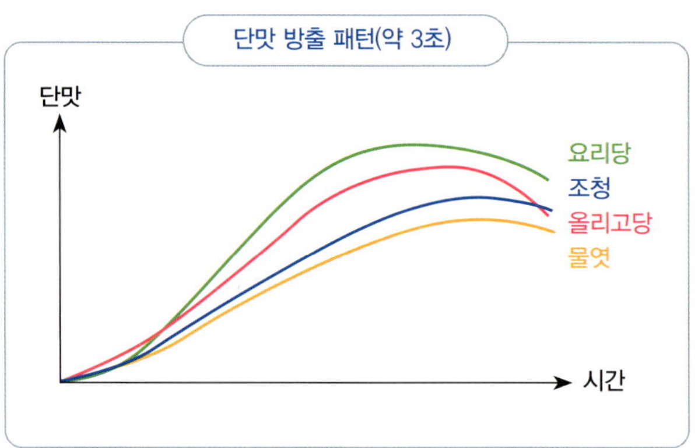

국물요리의 킥, 물엿과 포도당

· 국밥류, 전골류, 찌개 등 어떤 국물요리에든 물엿을 소량(0.5~1.5%) 첨가해주면 맛밸런스가 가득차 먹어도 먹어도 또 먹고싶은 중독성 있는 국물 풍미를 구현할 수 있습니다. 이는 채소를 넣고 끓일수록 풍미가 깊어지는 샤브샤브 국물의 맛밸런스를 조미를 통해 구현해주기 위함입니다(채소의 단맛: 주로 포도당 계통, 물엿의 단맛: 주로 포도당 계통). 다만 제안드린 사용량을 넘지 않도록 절대 유의해야 하며, 물엿 첨가시 감칠맛이 감소하기 때문에 MSG나 핵산IG를 첨가해 다시 감칠맛은 보완해주어야 합니다 (물엿 및 MSG+핵산IG 조합 필수적으로 함께 조미).

· 모밀면, 함흥냉면, 평양냉면, 콩국수 등 차가운 국물요리에는 정제포도당(분말)을 조금 타줍니다. 포도당 분말에는 청량감이 있어 시원한 국물요리에 잘어울립니다. 원래 단맛이 있는 국물에는 물엿 최대 사용량인 1%보다 많은 양을 사용해도 괜찮습니다. 다만 물엿의 경우와 마찬가지로 단맛 상승에 따라 저하된 감칠맛은 MSG나 핵산IG 등을 이용해 보강해줍니다.

돼지고기에 단맛이 어울리는 이유

홍콩의 미슐랭 3스타 레스토랑에서 근무했을 적 셰프님이 팝업 행사를 위해 개발하신 돼지고기 메뉴를 정말 맛있게 먹었던 기억이 있습니다. 오랜 시간 레스팅을 반복하며 숯불에 구운 돼지고기에 직접 만든 캐러멜(설탕과 물을 섞어 가열하다가 온도가 160℃를 넘어 갈색으로 색이 변하기 시작하면 타기 전에 크림을 부어 섞어 만듭니다), 간장, 트러플을 이용해 만든 소스를 곁들인 요리였습니다. 이렇듯 대중요리만이 아니라 다이닝에서도 쇠고기보다는 돼지고기 요리에 단맛이나 달콤한 향을 가진 양념(술 등)을 비교적 많이 활용하곤 합니다. 쇠고기에 비해 돼지고기는 단맛이 더욱 잘 어울리는 육류입니다. 그 이유는 아래와 같습니다.

첫째, 쇠고기에 비해 돼지고기를 가열할 때 발생하는 향 성분들이 더 달고 아로마틱하며 고소합니다. 그래서 돼지고기에는 단맛이 잘 어울릴 뿐 아니라 달콤한 향을 내는 양념(꿀, 캐러멜, 술, 청 등)과도 잘 어울립니다. 돼지고기는 쇠고기에 비해 높은 함량의 불포화지방산을 함유하는데, 육류 내 불포화지방산은 가열 시 아로마틱하고 고소한 향기 성분들을 발생시킵니다.

둘째, 돼지고기 육향은 단맛 재료들의 풍미와 충돌할 여지가 적습니다. 쇠고기에 비해 돼지고기에는 적색육 특유의 비린맛이나 이취가 적기 때문입니다. 쇠고기는 돼지고기에 비해 많은 양의 미오글로빈을 함유하고 있는데, 미오글로빈은 철분 특유의 금속성 풍미(비림)를 냅니다. 쇠고기가 돼지고기보다 육색이 붉고 짙으며 붉은색이 진할수록 미오글로빈 함량이 높은 것이라 볼 수 있습니다.

> • 미오글로빈은 흔히 고기의 '핏물'로 오인되는 붉은색 단백질입니다. 주로 동물의 근육에 존재하며 혈액의 헤모글로빈으로부터 근육으로 산소를 전달하는 역할을 합니다. 미오글로빈이나 헤모글로빈이 산소를 붙잡는 기작은 함유된 철 원자에 의한 것으로, 육류를 보관하는 과정에서 계속해서 산소를 끌어당겨 불포화지방산 산패(잡내, 이취, 산패취를 냄), 육단백질의 부패(대부분의 병원성 미생물은 산소가 있어야 자랄 수 있는 호기성)를 야기합니다.

셋째, 조리 과정에서 돼지고기에는 쇠고기에 비해 양념이 잘 스며듭니다. 콜라겐 함량이 비교적 낮은 돼지고기는 쇠고기에 비해 조리 과정에서의 연화 속도가 빠르며 양념이 침투하는 속도도 빠릅니다. 또한 돼지고기의 지방은 쇠고기에 비해 육질 전반에 미세하고 균일하게 퍼져 있기 때문에 지방과 살코기 사이 양념이 스밀 수 있는 공간 표면적이 훨씬 크며, 향기가 녹아들 수 있는 지방구의 표면적도 훨씬 큽니다. 마지막으로 단백질의 조성 차이로 돼지고기의 변성 속도가 쇠고기의 변성 속도보다 훨씬 빠르다는 점도 주목할 만합니다. 단백질은 변성될 때 내부에 미세 공간이 생겨 양념을 잘 받아들일 수 있는 형태로 변화하는데, 그 속도가 돼지고기에서 훨씬 빠른 겁니다.

돼지고기에 단맛이 잘 어울리는 이유로 문화적 요인도 크게 작용합니다. 한식만이 아니라 인접국의 중식, 일식, 지리적으로 먼 서양권에서도 전통적으로 돼지고기에 단맛 재료들(곡류당, 과일, 술 등)을 사용해 왔습니다. 돼지고기는 보관 과정에서 잡내 발생이 훨씬 심하고 빠르기 때문에 냉장 설비가 없었던 과거에는 자연히 단맛을 이용해 잡내를 억제하는 조리법이 많이 적용된 것이 아닌가 추측합니다. 돼지고기에는 쇠고기에 비해 불포화지방산의 함량이 높은데, 불포화지방산은 포화지방산에 비해 불안정하며 쉽게 산패됩니다.

산패 억제하기

1) 산패는 한 번 일어나기 시작하면 기하급수적으로 더 빠르게 일어나므로 외식업만이 아니라 식품 제조업 전반에서도 주목하는 문제입니다(지방의 자동 산화).

2) 산패는 산소가 있어야 발생하는 열화 현상이므로 진공 포장하여 산소를 차단해 주면 방지에 도움이 됩니다.

3) 먹거리에 있어 반응 속도는 온도가 10도 상승할 때마다 2~3배씩 제곱으로 빨라지므로(식품의 Q_{10}값=2~3), 산패 속도를 늦추고 싶다면 조리한 돼지고기의 온도를 최대한 빠르게 낮추어 저온 보관합니다.

4) 조리액의 당도(단맛은 육류 잡내 감각을 억제함)를 올리고 핵산IG(구아닐산은 잡내나 비린내, 쓴맛 감각 억제 효과가 뛰어남)를 가미하여 돼지고기 잡내 문제를 상당 부분 해결할 수 있습니다.

5) 외식업계에서 '핏물'이라 불리는 미오글로빈(적색 색소)은 그 존재 자체가 산소를 끌

어당기므로 핏물을 잘 빼 주는 것도 돼지고기 잡내 문제 해결에 도움이 됩니다. 잡내 문제가 발생하기 쉬운 족발 전문점에서는 제혈기를 이용해 족발과 뼈 사이의 핏물까지 깨끗하게 제거합니다.

6) 식품 제조업계에서는 각종 산화 방지제 및 상승제(산화 방지제의 효과성 지원) 첨가 및 철저한 진공 포장, 산소 흡수제 등을 이용해 육가공 제품의 산패를 방지하고 있습니다.

돼지고기 잡내 억제 방안

앞서 언급한 대로 산패하기 쉬운 불포화지방산 함량이 풍부한 돼지고기에서는 조리 후 보관 중 변질되어 누린내나 비린내 등이 발생하기 쉽습니다. 저는 적당한 돼지 냄새는 으레 돼지고기 풍미로 생각하고 즐기지만, 많은 사람들이 돼지고기 냄새에 거부감을 갖습니다.

1) 온도 관리

이취를 발생시키는 효소 작용, 미생물에 의한 부패 등 식품을 변질시키는 많은 현상들이 온도가 높을 때 "훨씬" 빠르게 발생합니다. 때문에 조리가 끝난 요리는 부패 방지, 향의 보존을 위해 빠르게 식혀 주거나 냉장 보관하는 것이 중요합니다. 파인다이닝에서는 끓인 육수나 조리가 끝난 육류는 냄비 째로, 혹은 진공 포장 비닐에 담아 얼음통에 담가 빠르게 식혀 주며, 대한항공 같은 단체 급식 현장에서는 '블라스트 칠러' 같은 급속 냉각기를 이용해 조리가 끝난 음식을 빠르게 식힌 후 냉장 보관합니다. 족발집에서처럼 조리한 육류를 온장고에 보관했다가 하루만 쓰는 경우에는 아래의 다른 방법들을 최대한 이용해 잡내를 억제합니다.

· 향의 휘발(혹은 발향)은 온도가 높을 때 빨라짐. 육수를 계속 끓이며 서비스하는 국밥집에서 국물 풍미가 저녁에 밍밍해지는 것도 육향의 휘발 때문. 저녁에는 국물에 조미료, 향료, 농축액 등을 추가 투입할 필요가 있으며, 지속적으로 끓이며 서비스하는 국물 요리의 육향을 최대한 보존하기 위해서는 돈지와 우지를 추가해서라도 국물의 향을 붙잡는 매체인 기름 함량을 높여 주어야 함.

2) 산소 유인 요소 제거(핏물 제거)

미오글로빈은 혈관 속 헤모글로빈으로부터 산소를 빼앗아 근육에 공급하는 역할을 합니다. 미오글로빈은 산소를 끌어당기는 성질이 강해 지방 산패를 촉진하며, 산소가 있어야 잘 자라는 병원성 미생물의 생육을 유발하기도 합니다. 따라서 잡내가 문제가 되는 고기는 흐르는 물에 담가 핏물을 잘 제거해 줄 필요가 있습니다. 고기의 육즙에는 미오글로빈만이 아니라 이취나 누린내를 내는 데 관여하는 효소 등의 성분이 포함되어 있습니다.

3) 산소 차단

조리 전이든 조리가 끝난 후든 고기는 진공 포장하여 보관해야 합니다. 위생비닐에 담아 보관하는 것으로는 부족합니다. 위생비닐에는 우리 눈에 보이지 않는 미세한 구멍이 뚫려 있습니다. 산소는 효소의 작용, 병원성 미생물 생육, 불포화지방산의 산패 모두에 관여하므로 차단해 주어야 잡내 발생을 방지할 수 있습니다.

4) 감각 억제/감각 마스킹

잡내가 발생하더라도 그에 대한 감각을 억제해 잡내가 나지 않는 듯이 만들 수 있습니다. 고기를 조리하는 육수, 소스 등에 핵산IG(고기를 삶는 물이라면 0.5% 이상, 바로 먹는 소스나 육수라면 0.1% 이상)와 설탕(단맛이 거슬리지 않는 선에서 최대)을 첨가해 고기에 핵산IG와 설탕이 스미게 하면 우리의 뇌가 이를 '신체 유지에 중요한 영양'으로 느끼게 되고, 우리로 하여금 잡내를 느끼지 못하게 해 줍니다. 이를 '감각 억제'라 합니다.

한편 후추나 마늘, 파, 생강 등 강한 향과 화학적 촉감을 갖는 향신료, 향신채를 첨가해 냄새 감각을 교란시켜 잡내를 일부분 가릴 수도 있습니다. 이를 마스킹이라 합니다.

본질적으로는 마스킹에 비해 감각 억제 방법을 사용하는 편이 훨씬 효과적이며, 두 방법을 조합해 사용하면 더욱 효과적으로 잡내를 차단·억제할 수 있습니다.

5) 발생 저감

고기를 삶는 물이나 찜, 조림, 불고기처럼 바로 먹는 요리의 소스에 알코올을 첨가해 냄새 발생을 여러 방면으로 저감시킬 수 있습니다.

- 2장에서 밝힌 대로 알코올은 물도, 기름도 잘 녹입니다. 요리에 들어간 알코올은 요리 표면에 뭉쳐 떠다니는 냄새 성분을 물에 고르게 퍼지게 하여 요리에서 느껴지는 잡내의 강도를 전반적으로 줄여 줍니다(알코올을 고기나 생선에 뿌려 건식 가열조리하는 경우: 알코올은 냄새 성분을 잘 녹일 뿐더러 78℃의 낮은 온도에서 휘발하므로 알코올을 뿌려 굽는 요리에 있어서도 뛰어난 잡내 제거 기능을 합니다).
- 알코올은 단백질을 변성시켜 악취를 내는 효소 작용을 억제합니다. 다양한 동·식물성 원료에서 변질을 일으키는 '효소'는 일종의 단백질입니다.
- 알코올은 이미 생겨난 일부 잡내 성분(특정 알데히드류)과 결합해 냄새가 약해지도록 완화합니다.

· 고기 삶는 물 1kg 대비 도수 20% 소주 50ml 가량을 첨가해줍니다.
· 볶는 요리, 굽는 요리에 쓸 고기에는 미림을 사용합니다.

돼지고기 단맛 페어링 이유 요약

[공학적 요인]

62%에 달하는 돼지고기의 높은 불포화지방산 함량(MUFA 50% + PUFA 12%)

· **쇠고기의 불포화지방산 함량** 43~52%

쇠고기에 비해 낮은 돼지고기의 미오글로빈 함량

쇠고기에 비해 낮은 콜라겐 함량, 미세하고 균등한 지방 분포, 빠른 단백질 변성 속도

[문화적 요인]

국내·외로 오래전부터 돼지고기 요리에 설탕, 과일, 술, 곡류당 등을 사용해 왔음

3 최고존엄 짠맛: 어떤 맛이든 더 '짜'릿하게

나트륨은 뇌의 신경 전달에 필수적이며 대장에서 수분의 재흡수에 관여합니다. 당과 마찬가지로 소금(NaCl) 역시 생존에 필수적입니다. 나트륨 섭취량이 꾸준히 과하면 만성적인 질환이 생길 수도 있겠지만 부족하다면 우리는 쇼크사할 위험에 처하게 됩니다. 게다가 우리 몸에 나트륨이 없으면 수분이 재흡수 되지 않는 탓에 매일 10L에 달하는 물을 마셔야 합니다. 수 년 동안 나트륨 저감화 정책이 펼쳐지며 나트륨 또한 독극물 취급을 받고 있습니다. 더불어 현대에는 체내 나트륨을 배출시켜준다는 칼륨이 든 음식이 추앙받기도 합니다. 소금이 귀했던 과거에는 인간이나 초식동물을 쇼크사의 위험에 빠뜨리는 독극물이었을 칼륨이 현대에 들어 보약으로 떠받들어지는 세태가 참 아이러니합니다. 소금은 몸에 필요한 십수가지 미네랄들 중 유일하게 굳이 짠맛으로 느끼는 물질입니다. 맛으로 감각하며 갈망하는 이유는 그만큼 신체 운영과 생존에 간절히 필요하기 때문입니다. 더불어 나트륨은 오랜 기간 인류가 처한 자연 환경에서 가장 구하기 어려운 미네랄(무기질)이었습니다. 다른 미네랄들은 식물 세포 내에 함유되어 있어 손쉽게 취할 수 있었습니다. 소금 또한 설탕이나 MSG처럼 좋은 맛은 더 좋게 하고 나쁜 맛은 억제하는 효과가 탁월합니다. 적절한 비율 내에서 4미 중 유일하게 감칠맛을 증폭시키며 단맛은 더욱 달게 느끼도록 해 주고, 자극적인 신맛은 덜하도록, 쓴맛은 바디감으로 느껴지게 해 줍니다.

다양한 소금

종류/염도	사진	정보	특징
정제염 99.5% 이상		• 칼슘과 마그네슘, 기타 불순물을 제거하여 순도를 높인 소금 순도 높은 염화나트륨	• 단순하고 강한 짠맛 • 바디감이나 풍미의 다채로움은 떨어짐 • 속된 말로 '맛없는 소금'이지만 염도가 일정해 요리 품질 유지에 유리함
천일염 84~86%		• 바닷물을 자연 건조하여 만드는 소금 미네랄 多, 불순물 多 염도나 품질이 일정하지 않음	• 통상 입자가 두꺼움 • 다채로운 풍미, 풍부한 바디감 • 김치에 주로 사용됨(아삭한 식감) (5장에서 자세히 다룹니다)
꽃소금 (재제염) 94~96%		• 천일염을 물에 녹이고 끓여 불순물을 제거한 소금 다시 만들었다 하여 '재'제염이라 함	• 입자가 고와 사용하기 용이함 • 약간의 미네랄을 포함함 (제품별 상이) • 정제염 보다는 바디감이 있고 천일염 보다는 다채롭지 못한 풍미
맛소금 93~94%		• 정제염에 MSG 등 조미료를 섞어 만든 시즈닝 소금 스테이크, 기타 육류, 계란 등 찍어 먹는 용도로 적합	• 입자가 고와 사용하기 용이함 • 감칠맛과 단맛이 도는 짠맛 • 초미부터 후미까지 강하게 지속성 있는 맛
핑크솔트 97% 이상		• 바다에 잠겨 있던 히말라야 지대 땅속 깊은 곳에서 채취하는 소금 철, 칼슘, 칼륨 등 미네랄이 풍부하여 붉은 빛을 띔	• 염도 대비 덜 짜게 느껴짐 • 바디감이 풍부함, 다채로운 풍미 • 후미에 은은한 단 맛이 돎
블랙솔트 (암염) 96% 이상		• 암석에서 채취, 황화철을 함유하여 색이 검은 소금 삶은 계란 향이 특징 뒷맛에 버터, 유제품 향이 남음	• 염도 대비 덜 짜게 느껴짐 • 바디감이 풍부함, 다채로운 풍미

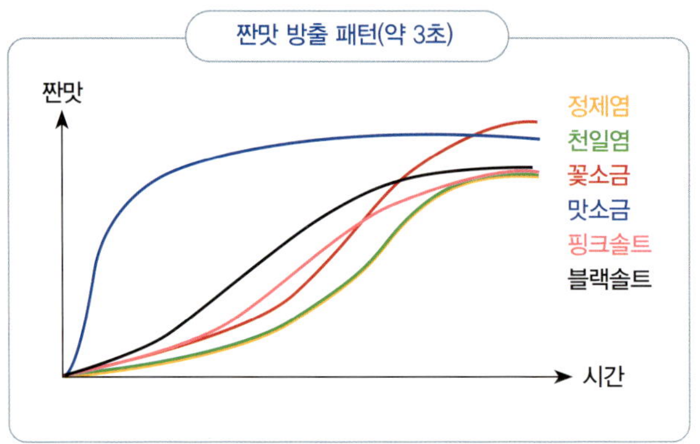

미슐랭 레스토랑이 사랑하는 유명 소금 브랜드(다이닝에서 사용하는 소금)

종류	사진	정보	특징
코셔 솔트 (다이아몬드 크리스탈)		• 첨가물, 요오드 없는 정제 소금 독특한 입자구조를 가져 동일 '부피' 대비 일반적인 소금보다 53% 덜 짜며 고기에 잘 붙어 육류 구이용 소금으로 적합함	• 짠맛이 매우 천천히 느껴져 덜 짜게 느껴지고, 감칠맛이 있는 듯 느껴짐 • 손가락 힘으로도 쉽게 으깨어지므로 다양한 형태로 사용, 적용 가능 • 미네랄 함량 없고 깔끔한 풍미
말돈 솔트		• 영국의 유명한 바다 소금 불순물을 걸러낸 후 끓이고 식히기를 반복하여 다이아몬드 형태로 만들어 내는 소금	• 사각 다이아 형태의 독특한 입자구조를 가져 식감이 독특함 • 짠맛이 은은하며 바디감이 풍부함 • 뒷맛에 단맛이 돎
게랑드 플뢰르 드 셀		• 프랑스의 고급 천일염 강한 햇볕을 쬔 바닷물이 순간적으로 소금 결정을 이루며 떠오르는 것을 수작업으로 건져낸 것	• 짠맛이 은은하며 깔끔함 • 적당한 바디감 • 피니쉬 용도로 많이 이용 하는 고급 소금

· **코셔 솔트** 유대인이 종교적 이유로 동물의 피를 제거하기 위해 고기를 절일 때 사용한 소금입니다.
할랄(Halal)이 이슬람교도를 위한 인증이듯이 코셔(Kosher)가 붙은 음식은 대개 유대교 율법에 맞춰
생산한 것임을 의미하지만 '코셔 솔트'의 '코셔'는 유대교의 현행 율법과 무관합니다.

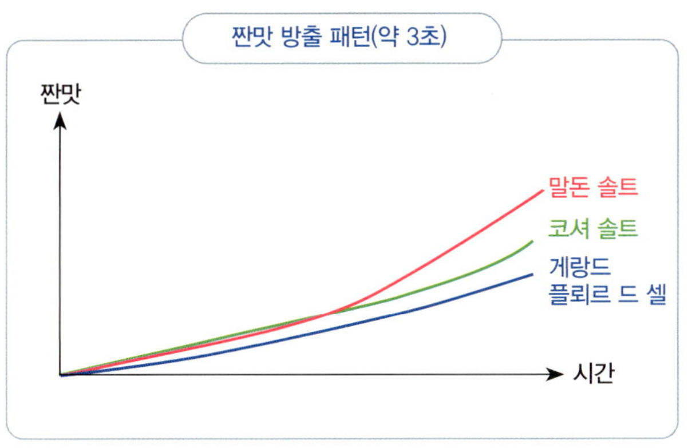

4 향 돋보기 신맛: 요리의 향을 뚜렷하게

인간이 신맛을 감각하게 된 이유가 상한 음식을 피하기 위해서라는 이야기도 있지만 요리에서 신맛은 그보다 훨씬 큰 의미를 갖습니다. 신맛은 산이 물에 녹아 내어놓는 수소 이온(H^+)의 맛이며 수소 이온을 잘 관리하는 일은 생명 유지에 필수적입니다. 미토콘드리아 조직 내·외의 수소 이온 농도 차이가 에너지원인 ATP를 합성해내는 작동 기작이기 때문입니다. 수소 이온이 미토콘드리아 내·외부로 끊임없이 드나들며 에너지 합성 엔진을 작동시키는데, 수소 이온이 존재하지 않거나 미토콘드리아 내·외부로 이동할 수 없는 상태가 되면 생물체는 에너지를 얻을 수 없게 됩니다. 김치, 치즈, 요구르트 등 새콤한 음식들이 좀처럼 잘 상하지 않는 이유도 이와 관련이 있습니다. 미생물 미토콘드리아 외부의 수소 이온 농도가 높아 수소 이온의 이동이 제한되니 엔진 작동이 중단되어 에너지를 얻지 못한 미생물들의 생육이 억제되는 것입니다.

요리 기술 측면에서 주목할 만한 수소 이온만의 특별한 점은 따로 있습니다. 바로 수소 이온이 세상에서 가장 단순하고 가벼운 원소라는 것입니다.(가볍기에 미토콘드리아 내·외부로의 이동 효율성이 좋아 ATP 엔진의 작동에 사용되는 것인지도 모르겠습니다.) 분자량이 1에 불과한 수소 이온은 요리에 섞여 들어가 음식 전반의 향 무게감을 가볍게 만들며 요리의 향기를 또렷하게 만듭니다. 향이 느껴진다는 것은 분자량 15~300사이의 가벼운 물질들이 공중에 날아다니다(휘발성) 그 일부가 우리 코에 들어와 감각됨을 의미합니다. 대부분의 고체 등 무거운 물질은 공중으로 떠올라 우리 코에 들어올 수 없으니 향을 내지 못합니다.

한편 신맛은 침을 고이게 하여 우리가 맛을 잘 느낄 수 있게 해 주기도 합니다. 맛 성분은 물에 녹아 미뢰에 닿아야만 비로소 감각할 수 있습니다. 침이 고여야 맛도 잘 느껴지고, 입맛이 돋워지며 음식도 삼킬 수 있게 됩니다.

· **분자량** 분자의 질량, 특정 분자 1몰의 g수
· 산은 기본적으로 맛 성분이지만 식초(초산)처럼 분자 크기가 작은 것은 휘발성이 있어 향으로도 작용합니다.

인간이 가장 좋아하는 신맛

인간이 가장 선호하는 신맛 성분은 구연산입니다. 구연산은 감귤류, 레몬 특유의 신맛 성분으로 식품업계에서 가장 많이 사용하는 신맛 소재입니다. 구연산의 신맛은 찌르는 듯 강한 초산(식초)의 신맛과 달리 그 맛이 비교적 둥글고 완만합니다.(물론 정제된 구연산 가루만 찍어 먹으면 매우 자극적인 듯 느껴집니다.) 구연산은 우리 몸의 에너지가 되는 ATP를 생산하는 과정인 TCA싸이클의 한 구성물이기도 합니다. 한국인은 신맛에 예민한 편이며 요리에 신맛을 부여하더라도 식초로 맛을 내지 구연산을 함유한 재료는 잘 활용하지 않는 경향이 있습니다. 하지만 세계적으로 요리가 유명한 국가들은 레몬이나 라임 등 구연산이 든 재료를 적극적으로 활용하고 있습니다. 미슐랭 더 플레이트 태국음식 레스토랑 쿤쏨차이

의 김남성 셰프님에 따르면 특히 태국 요리에서는 드러나게 쓰느냐, 드러나지 않게 쓰느냐의 차이일 뿐 거의 대부분의 음식에 라임을 사용한다고 합니다. 요리에 곁들여 먹는 태국의 테이블 소스인 '남찜'에도 라임즙이 첨가되어 요리의 향을 발랄하게 해 주고 입맛을 돋우며 식사가 끝날 때까지 질리지 않고 요리를 즐길 수 있게 해줍니다. 식초의 신맛은 감칠맛을 약화시키는 반면 미량의 구연산은 요리의 감칠맛을 더 강하게 느끼게 해 줍니다. 한국의 대표적인 신맛 식품인 김치의 소비량이 점점 줄어들고 있는 현대에 '섭취 총량 법칙'의 작용으로 구연산이 그 빈자리를 채워 나가게 될 지도 모르겠습니다.

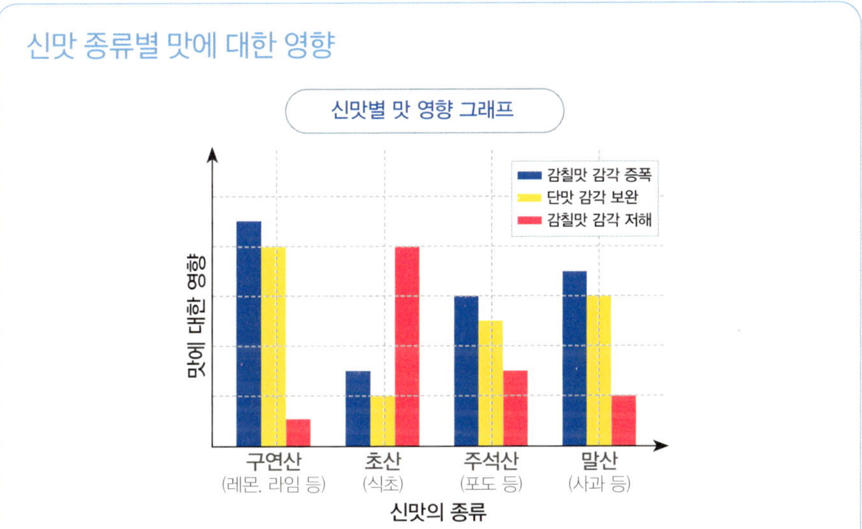

식초의 초산 신맛은 요리나 소스의 감칠맛을 떨어트린다는 특징이 있습니다. 강력한 휘발성 탓에 그 향이 감칠맛의 인지를 방해하기 때문입니다. 더불어 미뢰에 닿을 때 pH를 변화시키는 속도도 초산이 압도적으로 빠릅니다. 이것이 감칠맛 수용체의 반응을 저해합니다. 반면 구연산은 적정 첨가량(완성 요리 pH 5~6 범위) 내에서 감칠맛을 증폭시킵니다. 사과에 주로 들어있는 말산, 포도에 주로 들어있는 주석산 역시 식초의 초산에 비하면 적정 사용량 내에서 감칠맛을 상당 부분 증폭시켜줍니다.

매실청은 감미료가 아니다

매실청의 재평가가 시급합니다. 한국인에게 친숙한 양념으로서는 거의 유일하게 매실청이 구연산에서 기인한 신맛을 갖습니다. 유자청 또한 구연산 신맛을 가지긴 하나 특유의 향 때문에 용도가 한정적인 데다가 주로 감미료로 사용됩니다. 매실청 또한 단맛을 다채롭게 해 주기 위한 감미료로 활용될 뿐 그 신맛에 주목하는 사람은 많지 않습니다. 매실청은 신맛을 다채롭게 할 목적으로 새콤한 요리에 활용하기 좋습니다. 식초와 함께 사용해도 좋고 젖산 위주의 신맛이 나는 김치찌개나 김치볶음밥에 소량 첨가해도 좋습니다. 다채로운 향미 레이어는 요리의 맛을 자연스럽고 고급스럽게 만들어 줍니다. 꼭 새콤한 요리가 아니더라도 어떤 요리에든 요리의 향을 발랄하게 해주면서도 감칠맛은 강화하기 위해 느껴질 듯 말 듯한 소량씩 사용하는 것도 좋겠습니다. 매실청의 특별한 신맛에 주목해보세요. 식품회사에서는 매실청(구연산 위주 신맛)과 매실식초(초산 위주 신맛)를 혼합한 새로운 형태의 산미료를 출시한다면 한국 식문화 발전에 도움이 될 것입니다.

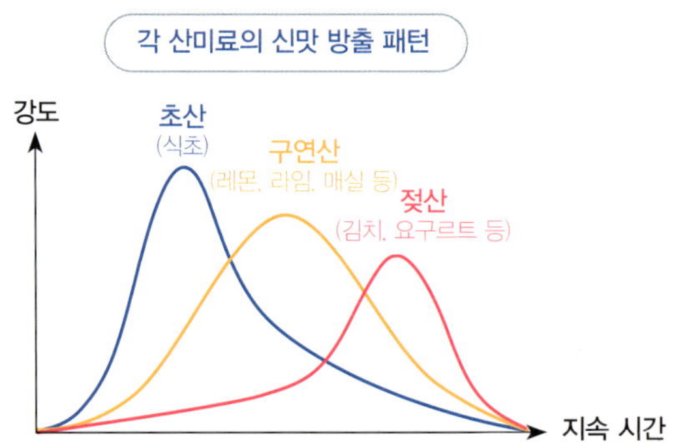

맛 강화: 소금 + 설탕 + 식초

소스를 맛있게 만들었는데 막상 요리에 사용하거나 재료를 찍어 먹어보면 기대에 미치지 못하는 일이 더러 있습니다. 이는 소스의 맛 밸런스나 향 구성은 좋으나 맛 전반이 약해 맛 강화가 필요한 경우입니다. 소스만 찍어 먹기엔 간이 딱 맞는데 요리에 쓰기엔 싱거운 상태인 겁니다. 이런 경우 소금, 설탕, 식초를 이용해 소스의 풍미 전반을 강화해야 합니다. 소금을 더해주면 소스의 감칠맛과 맛 강도 전반이 강화되는 대신 짠맛이 소스의 상쾌한 상단 향을 억제하고 맛 밸런스를 깨트리게 됩니다(MSG를 소량 함께 사용해도 좋습니다). 여기에 설탕을 더해 주면 소스의 향이 증폭되며 맛 밸런스도 다시 살아나게 됩니다. 이어서 몇 방울의 식초 터치로 소스의 향미 전반을 또렷하게 바로잡아줍니다. 식초 대신 구연산을 사용해도 좋습니다.

새콤한 건 마지막에!

미리 만들어 둔 양념장을 주재료와 섞어 익혀내는 것이 일반적인 요리의 과정이지만 특색 있는 향을 가진 식초는 양념장에 섞어 두지 않고 요리가 완성되어갈 즘 후첨하고는 합니다(화이트와인 식초, 진강향초). 가열에 의해 산뿐 아니라 식초의 좋은 향이 휘발하기 때문입니다.

산을 마지막에 첨가해야 하는 이유는 이 뿐 만이 아닙니다. 식초나 레몬즙 등에 의해 새콤해진 용액에는 설탕이나 소금 등 다른 양념이 잘 녹아들지 못한다는 점도 고려해야 합니다. 우리가 요리에 사용하는 식재료나 원료는 대부분 산성을 띠는데 산성 물질은 알칼리성 용액에 잘 녹습니다. 따라서 양념장이나 소스를 만들 때에는 다른 원료를 먼저 섞어 녹인 후 새콤한 원료는 마지막에 첨가해 주어야 합니다. 녹지 못한 원료는 바닥면에 가라앉아 양념의 맛을 불완전하게 하고, 불량한 양념으로 만든 요리의 풍미는 시시각각 변하게 될 수 있어 유의해야 합니다. 무침 요리라면 녹지 않은 설탕 때문에 요리가 짜고 시게 느껴지거나 설탕 입자가 씹혀 요리의 질이 떨어지는 수도 있습니다. 실제로 미슐랭 레스토랑을 운영하는 한 대표님이 펄펄 끓는 소스에 MSG가 녹지 않고 떠다니는 영상을 저에게 보내며 고민을 토로한 바 있었습니다. 저는 영상만 보고서 '이거 새콤한 건가 보네요' 하였고, 대표님은 어떻게 알았냐며 놀라워 했습니다. 톤 단위의 생산을 하는 소스 공장에서 산에 의해 다른 재료끼리 섞이지 않는 문제가 발생하면 막심한 손해가 발생합니다. 때문에 식품 제조공장에서는 진작에 산의 첨가 순서를 신경써왔습니다.

'산성'이란 물에 녹아 플러스(+) 전하를 띠는 수소이온(H^+)을 내어놓는 성질을 뜻하며, '신맛'은 결국 수소이온(H^+)의 맛입니다. 물에 녹아 수소이온을 떨어트린 몸체는 마이너스(−) 전하를 띠게 되어 자석의 N극과 N극처럼 전기적으로 서로를 밀어냅니다. 이러한 전기적인 반발력 덕분에 물질은 물에 '퍼져' 녹을 수 있게 됩니다. 잔에 담긴 물에 소금을 뿌려 굳이 저어주지 않아도 물 전체로 소금이 퍼져 녹는 이유가 바로 이러한 전기적인 힘 덕분입니다. 그런데 산을 먼저 첨가해, 이미 물에 수소이온(H^+)이 다량 존재한다면(이미 새콤한 물이나 소스에 다른 원료를 또 녹이려고 한다면) 원료에 붙어있는 수소이온이 물로 잘 떨어져 나오지 못하게 되며, 원료의 마이너스(−) 극 반발력이 중화되어 물에 고루 퍼져 녹지 못하고 가라앉게 됩니다.

위 원리는 유의해야 할 까다로운 조건일 뿐 아니라 요리의 식감을 좋게 만드는 데 활용할 수 있는 무기가 되기도 합니다. 면 요리를 할 때 식초나 레몬즙 등을 이용해 국물을 새콤하게 만들어주면 전분질 성분이 물에 잘 녹지 못하게 되어 면의 식감이 쫄깃하고 치밀해집니다. 면이 퉁퉁 불어버리는 것도 결국 면 성분이 물에 녹기 때문입니다. 라면을 끓일 때에도 식초를 반 스푼 더해주면 면이 잘 불지 않고 쫄깃함이 비교적 오래 유지됩니다. 이러한 효과는 특정한 방식으로 잡채를 만들 때에도 유용합

니다. 면에 간이 잘 베어 들도록 하기 위해 건조 당면을 간장 설탕 양념에 넣고 삶듯
이 불려 잡채를 만들기도 하는데 이 과정에서도 식초를 소량 더해주면 당면이 과하게
불거나 식감이 미끌거리게 되는 것을 막을 수 있습니다(실제로 테스트를 진행해 뚜렷한 효
과성을 확인한 사례입니다).

5 필요악(惡) 쓴맛: 풍부한 바디감의 기원

쓴맛은 독(毒)과 약(藥)을 대표하는 맛입니다. 인간에게 해를 끼치거나 거부감을
주기도 하고, 다른 맛과 잘 조화되면 풍부한 바디감이 되기도 합니다. 바디감이 주는
묵직함이 흔히 요리사들이 내고 싶어하는 '깊은 맛'의 일부일 수도 있습니다. 쓴맛은
그 대부분이 식물에서 유래합니다. 과거로부터 땅에 고정되어 도망칠 수 없었던 식물
이 포식자로부터 스스로를 지키기 위해서는 쓴맛을 내는 독을 갖는 것이 최선의 전략
이었던 겁니다. 식물독에는 인간에게 해를 끼치는 것도 있고 오히려 항균성, 항암성
등의 효능을 가진 것들도 있습니다. 인간
에게 이로울 수 있는 식물 성분을 우리는
파이토케미컬이라 부르기도 합니다. 인체
에 이로운 식물독이 존재하는 이유는 그들
이 진화 과정에서 인간을 포식자로 분류하
지 않았거나 그저 독의 힘이 충분하지 않
아서일뿐, 식물이 본래 인간을 이롭게 하
기 위해 태어났거나 존재하는 것은 절대로
아닙니다.

· **쓴맛의 바디감 예시** 커피, 카라멜과 더덕, 도라지 등 쓴맛 나는 채소의 풍부함과 묵직함

먹히기 위해 존재하는 것은 오로지 과일뿐

과일은 비교적 진화한 고등식물에게서 관찰되는 기관으로 과일이 열리는 식물들은 동물을 통해 멀리 이동하여 번식할 수 있습니다. 이들은 제자리에 씨앗을 떨어트리는 식물들과는 달리 동족과 생존 경쟁을 하지 않아도 됩니다. 과일은 먹히기 위해 탄생한 기관입니다. 과일은 동물을 유인할 수 있어야 하니 그 껍질에 향기 성분이 풍부하며, 동물이 향을 따라 찾아올 수 있도록 밑동에서 강한 향을 뿜어 냅니다. 셰프들역시 멜론 같은 후숙과일이 익었는지 확인할 때 밑동의 냄새를 맡곤 합니다. 콤포트(compote)나 잼같은 과일요리를 할 때에도 껍질을 함께 이용해야 풍부한 과일향을 제대로 활용할 수 있습니다.

씨앗(속씨)은 씹지 마세요. 많은 과일의 씨앗들이 부숴지며 청산가리와 같은 독을 생성하도록 설계되어 있습니다. 덜 익은 과일의 맛이 떫거나 신 이유도 아직 제 기능을 하지 못하는 씨앗이 먹히지 않게 하기 위해서입니다. 반면 먹히기 위해 태어난 채소는 아무것도 없습니다. 포식자에게 자신의 몸통과 뿌리를 통째로 내어주는 것은 생존과 번식에 전혀 유리하지 않습니다.

생채소가 건강에 도움이 된다는 만연한 인식과는 달리 채소를 자주 생식하는 경우 해독을 담당하는 간에 무리가 되어 간암이나 간경화를 유발하는 등 건강을 해칠 수 있으니 주의해야 합니다. 가열 조리를 통해 채소의 자연독을 어느 정도 무력화시킬 수 있습니다.

· **콤포트(compote)** 와인, 설탕 등에 졸인 후 식혀 차게 먹는 과일 디저트

지방 맛은 존재하는가

제가 운영하는 셰프 카카오톡 오픈채팅방에서 '지방 맛은 존재하는가'를 주제로 열띤 토론이 오간 바 있습니다. 세계적으로 또 공학적으로 맛에는 5미밖에 없다는 것이 정설이나, 이전에 존재를 인정받지 못했던 감칠맛이 기존의 맛 정설인 4미에 추가되어 최종 5미로 확장되었듯이 제 6의 맛도 언제든지 새로이 발견될 여지가 있습니다. 과학과 진리의 차이는 '반증 가능성이 있는가'입니다. 과학은 진실에 가까운 가설의 집합으로, 추후 거짓으로 밝혀지거나 더 발전할 가능성이 없다면 애초에 과학이라 할 수 없습니다. 당시까지도 5미 이론을 정설로 생각했던 오픈채팅방 멤버들은 '식용유를 입에 머금고 우물거리다 보면 분명 단맛이 느껴진다'는 한 셰프님의 주장에 지방 맛을 느껴보기 위해 저마다 집에서 식용유 한 스푼을 입에 털어 넣고 오물거리는 해프닝을 벌였습니다. 토론이 한창인 당시 저는 집에 식용유는 없고 마유(화자오 기름)만 있던 차라, 마유를 통해서라도 지방맛을 느껴 보자는 생각에 온 입안을 벌벌 떨며 한참동안 마유를 오물거렸던 기억이 있습니다. 그리고 '지방에서도 맛을 느낄 수 있다'는 결론에 이르렀습니다.

지방에서 유래하는 맛을 느끼는 감각을 '올레오구스투스(Oleogustus)'라 하는데, 대

표적으로 CD36 및 GPR120이라는 수용체가 지방 유래 성분의 맛을 느끼는 데 관여합니다. 보다 정확히 짚자면 우리가 지방의 맛을 느낄 수 없다는 것은 여전히 사실이며, 지방이 침 속의 리파아제에 의해 분해되어 생성된 일부 지방산(지방은 지방산과 글리세롤의 결합물)이 CD36 및 GPR120을 자극하는 것입니다. 지방이 아니라 '지방산의 맛'을 느끼는 겁니다. 이들 수용체는 지방산으로부터 은은한 단맛과 감칠맛을 감지합니다. '지방에서 맛을 느낄 수 있다'는 말은 사실이나, '지방에도 맛이 있다'는 말은 거짓입니다. '우리가 지방을 입에 넣고 오래 오물거리다 보면(침샘 속 리파아제는 활성이 약합니다) 분해되어 나온 일부 지방산으로부터 은은한 단맛과 감칠맛을 느낄 수 있다'는 것이 식용유 먹방 해프닝의 결론이 되었습니다.

결과적으로 지방이나 지방산이나 제 6의 맛 성분으로 지정되지는 않았고, 앞으로도 지정될 가능성은 미미합니다. 지방산의 맛은 감칠맛이나 단맛이라는 개념으로 설명이 가능하기에 제 6의 맛으로 지정되기에는 여러가지 한계를 갖습니다. 하지만 지방을 요리에 욱여넣는 연습은 반드시 필요합니다. 지방은 요리의 식감, 향에 긍정적인 영향을 미치며, 고칼로리 에너지원으로서 생명의 본질적인 욕구를 자극하는 중독성 있는 재료이기 때문입니다. 식품업계에서는 칼로리 밀도 4.5 부근의 음식(치킨, 튀김, 피자 등)에 먹어도 먹어도 또 먹고 싶은 중독성이 있다고 이야기하기도 합니다. 마라탕과 같이 갑자기 떠올라 유행하는 음식들에도 다량의 지방이 함유되어 있습니다.

6 고쿠미: 제 6의 맛

고쿠미는 감칠맛에 이어 제 6의 맛으로 제시된 개념입니다. 어떤 맛이든지 기본맛으로 인정받으려면 해당 맛을 대표하는 물질이 발견되어야 합니다.(향이나 입촉감이 아니라 물에 녹아 미뢰에 닿으며 느껴지는 '맛'이어야 합니다.) 혹자는 고쿠미를 가리켜 오래 끓인 스튜의 맛, 잘 숙성된 치즈의 눅진한 맛, 가리비의 깊은 맛이라 표현합니다. 이미 고쿠미에 대한 연구도 상당 수준 이루어져 일본의 아지노모토사(시가총액 20조원의 일본 식품기업)에서는 당사 홈페이지를 통해 특정한 디펩티드가 고쿠미를 내는 것으로 추정한다고 명시하고 있습니다. 새로운 맛을 발견하고 증명해내는 일의 가치에 주목할 필요가 있다고 봅니다.

이전까지 서양인들이 그 존재를 몰랐던 감칠맛도 일본이 MSG를 발견하고 연구 결과를 발표하며 그 개념이 '우마미'라는 일본어를 통해 전 세계에 알려지게 되었습니다. 서양인들에겐 감칠맛을 뜻하는 단어가 없기 때문에 실제 해외의 레스토랑들에서도 감칠맛을 일컫는 말로 우마미라는 일본어를 사용하며 소통하고 있습니다. 한편 전라도에서는 깊은 맛을 가리켜 '게미'라는 단어를 사용한다고 하는데, 그것이 고쿠미와 같은 감각을 지칭하는 말이 아닐까 하는 추측도 합니다. 미래에 제 7의 맛, 제 8의 맛이 한국어로 불리는 기분 좋은 상상을 해봅니다.

· **디펩티드(di-peptide)** 아미노산 2개가 펩티드 결합을 한 것. 크기가 큰 단백질은 우리가 맛으로 느낄 수 없고, 단백질이 디펩티드나 아미노산으로 잘게 쪼개어져야 비로소 맛으로 느낄 수 있게 됩니다.

개발한 요리나 소스의 맛이 어딘가 부족하게 느껴질 때 원인별 해결책

- 느낌에 따라 조치하고 원인이 무엇이었는지 학습합니다.

① **간기 부족** 맛강화를 해본다(짠맛 강화-단맛 강화-신맛 소량 터치 단계적 적용).

② **감칠맛 부족** 감칠맛을 증폭시켜 본다(핵산IG 첨가, MSG 증량).

③ **바디감 부족** 레시피 내 설탕의 1/5 정도를 흑설탕이나 molasses(당밀)로 대체해본다. 양념육인 경우 요리에 사용되는 육류나 채소를 먼저 따로 볶아 진한 갈색을 내어준 뒤(마이야르 반응) 양념을 넣고 조리한다.

④ **발향 억제** 구연산 계통 산미료를 터치해본다(매실청, 레몬즙 등)

⑤ **단조로운 향 구성** 술이나 향신료, 향신채를 소량 터치해본다(과학적인 향신료 페어링 방법론은 5장에서 배웁니다).

> 전적인 모방은 실패에 이르는 길이고
> 지나친 창의성은 퇴짜를 맞는다면,
> 해결책은 그 양극단을 모두 피하는 것이다.
> 즉 익숙한 것에 참신한 요소를 살짝 가미해
> 변화를 주는 것이다.

〈역설계〉, 론 프리드먼

전에 없던 독창적인 메뉴를 개발하고 싶으신가요?
성공한 요리를 분석하고 각 요소를 자신만의 방식으로 재조합하며
'최적의 새로움'을 추구해보세요.

4장

맛있는 요리를 넘어 놀라운 요리가 되려면

감칠맛 상대성이론: 요리 차별화 전략

"혹자는 모던 한식을 가리켜
처음 먹어 보는 것 같은데 맛있는 요리라 합니다."

해몽보다 꿈 접시 위의 영감

1 감칠맛 상대성 이론: 놀라운 요리와 의외성

감칠맛은 주의를 기울여 설계해야만 하는 중요한 요소이지만, 그 중요성은 비즈니스 형태에 따라 상대적일 수 있습니다. 식품 제조업에서는 제품의 감칠맛을 극대화해야 합니다. 우리가 식품을 이용해 식사를 할 때에는 국, 반찬, 소스 등 자연스레 여러 회사의 제품들을 한 식탁에 올리게 됩니다. 각 회사의 식품들은 노골적인 맛 비교를 당하게 되며 타사 제품보다 감칠맛이 떨어지는 제품은 싱겁게 느껴지거나 향 전반이 밋밋하게 느껴질 수 있습니다. 때문에 식품에는 합리적인 원가 내에서 최대치의 감칠맛을 담는 것이 유리합니다.

반면 외식을 할 때 우리는 앉은 자리에서 배불리 한 끼를 먹습니다. 소비자가 한 식당의 요리를 다른 식당의 음식과 한 자리에 놓고 직접적인 맛 비교를 하는 일은 거의 없습니다. 고객은 어떤 식당 요리의 감칠맛이 특별히 더 강한 지 알아채지 못합니다. 기억에 더 많이 남는 것은 그 식당이 다른 식당과 '어떻게 달랐는지', 즉 어떤 의외성을 가졌는지입니다. 식당을 방문하는 고객은 집밥에서는 느낄 수 없는 차별점을 기대합니다. 저 역시 미슐랭 레스토랑에서 근무하던 중 의외성의 힘에 대해 직접 실감한 적이 있습니다. 다소 실망스러웠던 한 신메뉴의 맛을 본 직후 끼니를 때우러 인근의 다른 식당에 갔는데 그곳의 음식이 모두 싱겁고 맛이 없게 느껴졌습니다. 신메뉴에 다른 식당 요리의 맛을 덮어버릴 정도의 강한 감칠맛이 담겨 있었음에도 의외성이 부족해 실망스러웠던 겁니다.

다른 음식과 비교해 보지 않는 이상 요리의 감칠맛이 얼마나 강한지는 알아채기 힘듭니다. 더 강하고 즉각적인 만족감은 감칠맛보다는 의외성에서 옵니다. 모던 한식 레스토랑들은 의외성을 아주 노련하게 사용합니다. 그들의 요리는 한국인에게 있어 김치찌개처럼 너무 익숙하지도 않고 지구 반대편의 요리처럼 너무 낯설지도 않아 입맛에 찰떡같이 맞으면서도 적절히 새로워 큰 만족감을 줍니다. 혹자는 모던 한식을 먹고 '처음 먹어 보는 것 같은데 맛있는 요리'라 표현합니다. 익숙함과의 균형을 고려해 절묘한 의외성을 설계할 줄 아는 노련한 셰프만이 들을 수 있는 찬사입니다.

· **대표적인 모던 한식 미슐랭 레스토랑** 권숙수, 정식당, 밍글스, 주옥

2 음~! '맛있다'는 것

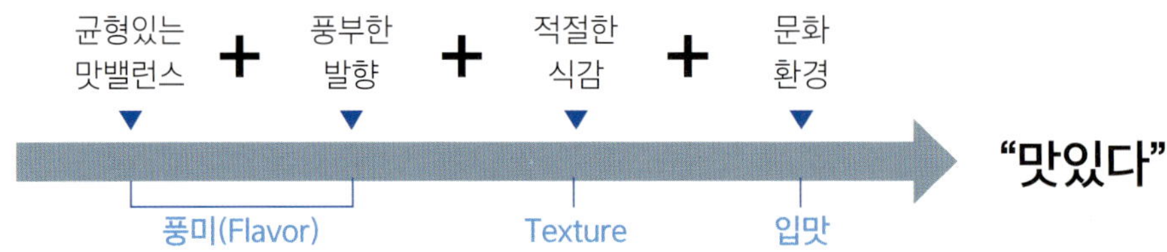

　　친숙한 문화, 편안한 환경 아래에서 먹는 맛, 향, 식감이 적절하고 조화로운 요리가 '맛있는 요리'입니다. 맛 밸런스나 발향의 완성도를 무시할 수 있는 강력한 요소가 바로 문화와 환경, 즉 익숙함입니다. 익숙함은 새로운 메뉴를 개발할 때 최우선적으로 고려해야 할 초월적인 출발선입니다. 음식은 입으로 들어가는 것이기 때문에 생소하면 걱정이 앞섭니다. 걱정하며 먹는 음식이 맛있게 느껴질 수는 없습니다. 익숙함은 맛있다는 반응을 이끌어 내기 위한 최소한의 필요조건입니다. 자연독에 피해를 입는 일이 잦았던 과거로부터 익숙한 음식이 주는 편안한 감정은 인간의 DNA에 매우 특별한 것으로 각인되어 있습니다. 익숙한 음식은 놀랍진 않아도 편안하고 맛있습니다. 의외성을 효과적으로 선보이려면 익숙함부터 치밀하게 구축해야 합니다.

· **입맛의 형성** 어려서부터 많이 먹던 음식이 입맛을 형성합니다. 대중에게는 전혀 설득력이 없는 음식 조합이 누군가에게는 어려서부터 접해온 맛있는 것일 수 있습니다. 메뉴를 개발할 때 입맛은 최우선적으로 고려되어야 합니다. 입맛이 곧 익숙함이며, 차별성은 익숙함을 충족시킨 후에야 설득력을 갖기 때문입니다.

3 오~! '진짜 맛있다'는 것

익숙함의 힘에 기대어 오래된 맛집을 유지할 수는 있어도 익숙함만으로 신생 맛집을 탄생시키기는 쉽지 않습니다. 만족감을 주는 친숙한 음식이라도 매일 먹으면 질리게 마련입니다. 재방문하고 싶은 신생 맛집들을 살펴보면 익숙함에 의외성을 결합해 적절히 색다른 경험을 제공하는 곳들이 많습니다. 새로운 식재료나 조리법 뿐 아니라 인테리어 요소, 서비스가 의외성이 될 수도 있습니다. 의외성은 곧 새로움을 의미하고, 새로운 경험에는 '스릴'이라는 강력한 심리적 보상이 따릅니다. 먹고 살 음식이나 터전이 늘어나는 것은 자원이 한정되지 않는다는 것을 의미하며 이는 종의 생존과 번영을 유리하게 합니다. 그리고 과거 생존에 도움이 되었던 경험은 우리의 DNA 속에 쾌감으로 각인되어 있습니다. 익숙하면서도 색다른 요리가 비로소 '진짜 맛있다', '놀랍다'와 같은 반응을 이끌어 냅니다.

맛보다도 중요한 부수적 요소들

요리에 부여할 수 있는 의외성은 미각, 후각에 그치지 않습니다. 자료 별로 수치는 상이하지만 통상 인간이 뇌에 전달받는 정보의 비율은 시각 87%, 청각 7%, 촉각 3%, 후각 2%, 미각 1%입니다. 인테리어나 음악, 분위기, 플레이팅, 지글지글하는 소리, 윤기나 외관 등 맛이나 식감 외적인 요소들의 중요성에 대해 인지할 필요가 있습니다. 요리의 맛이 아무리 좋아도 바 너머로 보이는 오픈주방의 곰팡이나 테이블의 먼지, 홀 직원의 불친절함 등 요리 외적인 경험들이 고객의 즐거움을 저해할 수 있습니다. 이러한 디테일을 까다로운 관리 요소로 생각하는 대신 차별화 전략을 발휘할 수 있는 기회로 바라보면 다양한 환경적 의외성을 발굴할 수 있습니다.

어둠 속의 관능 평가

　'시각 자극의 비중이 87%' 말도 안 되는 이야기일까요? 저 스스로도 믿기 힘든 경험을 한 기억이 있습니다. 과거 한 시각 장애인 체험에서 눈을 가린 채로 두 가지 음료수의 맛을 구분해 본 일이 있었는데 맛과 관련된 업을 가진 제가 무려 복숭아 음료와 망고 음료를 구분할 수 없었던 겁니다. 저뿐 아니라 한 명을 제외한 열댓 명의 참여자들이 정답을 맞추지 못했습니다. 체험 관계자에 따르면 많은 시각 장애인들이 음료의 맛을 구분하는 데에 큰 어려움을 겪는다고 합니다. 맛을 감각하는 데에 있어서 시각적인 이미지가 가진 힘이 얼마나 큰지 여실히 실감할 수 있는 경험이었습니다. 한편 부산에는 파전의 매출이 유독 높은 한 한정식 식당이 있는데 이 식당의 의외성은 파전 자체에 있지 않습니다. 대신 손님을 자극하는 것은 달구어진 팬 위에서 지글지글하는 소리와 함께 파전 위로 끓어오르는 기름에서 오는 시·청각적 만족감입니다. 여러분의 요리는 고객에게 어떻게 보이고 들리며, 어떤 냄새를 풍겨야 할까요?

워렌 버핏이 사랑하는 그 기업도 피할 수 없었던 시각의 힘

　오늘날 연 매출 40조 규모의 한 대기업도 시각적 메리트를 잃으며 큰 위험에 처한 바 있습니다. 바로 코카콜라의 사례입니다. 1975년 펩시는 당사 콜라와 코카콜라를 놓고 행인들을 상대로 블라인드 테스트를 진행하는 마케팅 활동을 한 바 있습니다.

뜻밖에 펩시콜라가 지속적으로 선호도 조사에서 승리를 거둬들였고, 코카콜라는 큰 위협을 느껴 새로운 콜라인 '뉴코크'를 개발, 출시하기에 이릅니다. 결과적으로 좋아했던 코카콜라의 맛이 변해버렸다는 사실에 질색한 사람들이 원조 코카콜라를 되찾기 위한 캠페인을 벌이게 되면서 코카콜라가 재차 콜라 1위 자리를 굳게 다질 수 있었지만, 펩시의 블라인드 테스트 캠페인은

코카콜라에게 악몽으로 남았습니다. 시각적 이미지의 힘이 맛보다 중요할 수 있다는 점을 상기하는 좋은 사례입니다.

분실하신 신발, 책임지고 보상할 테니 편하게 벗어 두세요

'신발 분실 시 책임지지 않습니다'. 동네 식당의 신발장에서 심심찮게 발견되는 안내입니다. 이런 안내를 보면 손님들은 그 매정함이 괘씸하여 서비스와 맛에 엄격한 잣대를 들이댈 마음의 준비를 하게 됩니다. 사실 식당에서 손님들의 신발이 분실될 가능성은 애초에 크지 않은데다 분실 시에는 법적으로 식당 주인이 책임지게 되어 있습니다. 신발 분실을 책임지지 않는다는 안내는 새 한 마리를 내던지

고 돌멩이 두 개를 줍는, '일조이석(一鳥二石)'이나 다름없는 인사말입니다. 손님의 마음을 걸어 잠그고 분실된 신발도 보상해 주어야 하기 때문입니다. '분실하신 신발 전적으로 책임지겠습니다, 편안한 식사 되세요!'라 붙여 보는 것은 어떤가요? 식당 출입문은 단순한 물리적 출입구가 아닙니다. 마음의 문이자 식(食) 경험의 시작입니다.

> **상법 제 152조**(공중접객업자의 책임)
>
> ① 공중접객업자는 자기 또는 그 사용인이 고객으로부터 임치 받은 물건의 보관에 관하여 주의를 게을리하지 아니하였음을 증명하지 아니하면 그 물건의 멸실 또는 훼손으로 인한 손해를 배상할 책임이 있다.
> ② 공중접객업자는 고객으로부터 임치 받지 아니한 경우에도 그 시설 내에 휴대한 물건이 자기 또는 그 사용인의 과실로 훼손되었을 때에는 그 손해를 배상할 책임이 있다.
> ③ 고객의 휴대물에 대하여 책임이 없음을 알린 경우에도 공중접객업자는 제1항과 제2항의 책임을 면하지 못한다.
>
> (출처: 법령조문 glaw.scourt.go.kr)

　　가격 대비 뛰어난 기능을 제공한다는 '가성비'를 초월한 개념인 '가심비'를 추구하는 사람들이 늘고 있습니다. 가격 대비 심리적인 만족을 추구하는 겁니다. 같은 가격이라면 성능이나 옵션이 훨씬 뛰어난 현대차 대신 벤츠나 BMW를 구매하려는 사람들의 심리와 비슷합니다. 외식업에서의 가성비는 주로 가격 대비 음식의 양을 일컫는 말인데 가성비로 승부를 보는 데엔 원가 측면의 한계가 있습니다. 박리다매는 롱런하기 어렵고 경제 위기에 취약한 비즈니스 형태입니다. 펩시 대신 코카콜라를, 삼성 대신 애플을 선택하는 대중의 특수한 심리를 관찰해 요리의 양이나 맛만큼이나 브랜딩이 얼마나 중요한지 깨달아야 합니다. 가심비를 추구하는 고객은 가성비를 추구하는 고객보다 까다로운 편이지만 한 번 만족한 브랜드에 대해 높은 충성도를 보이니 노력을 쏟을 가치가 있습니다.

4 아… 과유불급(過猶不及)

　　먹거리는 새롭기만 하면 맛있게 느끼기 힘듭니다. 익숙하기만 한 요리는 지루하지만 그렇다고 새로움이 남발되어도 불안하고 피곤해 좋지 않습니다. 지구 반대편에서 전 국민이 좋아하는 음식이라도 있는 그대로 한국에 들어오면 인기를 끌기 힘듭니다. 새로움은 익숙함이 기반이 될 때 비로소 힘을 발휘합니다. 흥행하는 새로운 음식에는 분명히 우리가 알아채지 못하는 익숙함이 포함되어 있습니다.

5 [예~!] 가장 아름다운 의외성

간혹 낯선 타국의 요리가 상당 부분 원형 그대로 한국에 들어와 인기를 끌기도 합니다. 맛 밸런스나 풍미 측면에서 우리가 알아채지 못하는 익숙함을 가진 겁니다. 새로운 식문화가 다른 문화권에 비교적 온전히 전해지는 경우를 저는 가장 아름다운 의외성으로 꼽습니다. 타 문화권에 스며든 식문화는 시간이 흐름에 따라 요리의 다양화와 발전을 촉진합니다. 세계적인 요리로 손꼽히는 태국 요리 역시 중국, 인도, 라오스, 베트남 등 인근 국가의 식문화를 수용했습니다. 한국의 요리 중에도 분명 몽골이나 중국 식문화의 영향을 받은 것들이 있습니다. 남북 분단 이래 육지를 통한 인접국가와의 자연스런 이주와 교류가 끊어지며 많은 한국인들이 보수적인 입맛을 갖게 된 듯하여 안타깝습니다. 근래에 들어서는 타국의 음식을 그리워하는 유학파, 그리고 미디어 등에 의해 식문화의 다양화와 교류가 활발해지고 있습니다. 세계 각국의 사람들과 교류하고 타국 요리에 관심을 가져 보세요! 어떤 외국의 요리들이 원형 그대로 한국에서 인기를 끌 비즈니스 아이템이 될지 모릅니다.

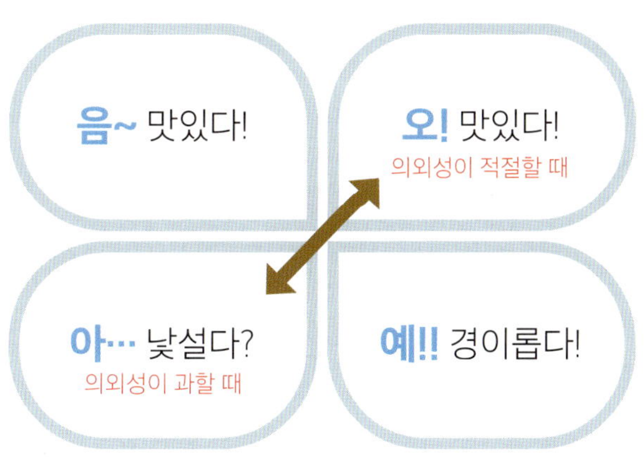

새로운 먹거리의 탄생 경로

발명 — 이미 존재하고 있는 요소들을 조합하거나 변형하여 새로운 요리를 개발함
예시: 청주+단맛, MSG → 요리술(미림)

발견 — 이미 존재하고 있었지만 아직 알려져 있지 않았던 것을 우연히 개발함
예시: 최초의 미원(MSG), 최초의 굴소스 등

자극전파 — 다른 문화권의 요리 요소에서 아이디어를 얻어 반 발자국 새로운 요리를 개발함
예시: 퓨전 한식(정식당, 밍글스, 주옥, benu 등)

전파 — 한 문화권의 식문화가 타 사회에 전해지고 통합되어 정착함
예시: 마라탕(비교적 원형 그대로 들어옴)

접변 — 상이한 두 문화권의 구성원들이 직접 접촉, 장기간에 걸쳐 양 쪽 식문화에 변동이 일어남
예시: 화교의 짜장면(짜장면은 중화풍 한식임)

"의외성, 어디로…?"

요리 재료 + 요리 방법 + 소스 + 식문화 + α

'요리' 해체도

6 Kick이 있는 요리: 의외성 부여 사례

의외의 풍미

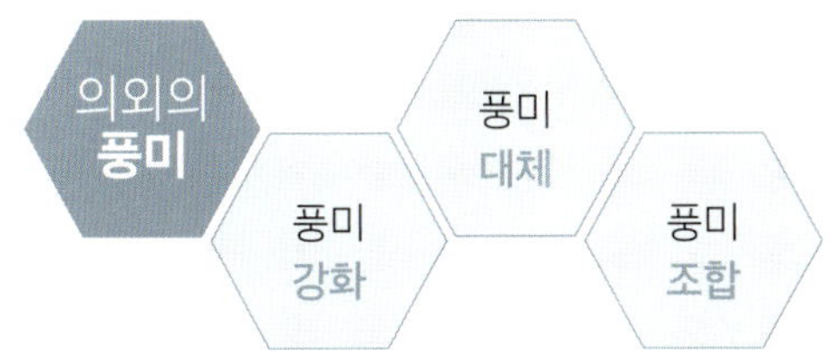

풍미 강화

기존 요리를 구성별로 해체하여 특정 맛이나 향을 선택적으로 강화합니다.

· **요소** 식재료, 조리법, 소스, 식문화(환경) 외 기타

카니미소를 이용한 게 내장 요리

카니미소는 일본어로 게의 내장을 뜻하는데, 조미된 형태의 카니미소가 저렴하게 제품화되어 있어 구매 및 사용이 편리합니다. 직접 게 내장을 긁어내는 대신 카니미소를 이용하면 간단하고 저렴하게 게 내장 요리를 개발하고 제공할 수 있습니다. 다른 해산물 요리나 육류 요리에 가미하여 기존 요리 풍미를 강화하는 데에 사용할 수도 있습니다.

밥 비빔용 카니미소 퓌레 레시피

재료

카니미소 80g, 참기름 30g, 연두(주황) 20g, 흑초 5g, 통깨 4g, 설탕 25g, 핵산IG 0.5g,

김밥용 김 2장

· 카니미소의 짠맛이나 단맛이 제품 별로 상이할 수 있으므로 제품 맛 강도에 따라 레시피를 조정합니다.
· 흑초는 다른 식초로 대체 가능합니다.

조리법

① 김밥용 김은 토치나 가스레인지를 이용해 타지 않게 구워 줍니다.

② 모든 재료를 블렌더에 넣고 곱게 갈아줍니다.

응용

• 비빔밥, 비빔국수, 파스타, 생선구이, 조개찜 소스 등에 활용합니다.

• 버터와 다진 양파를 넣고 고슬하게 지은 보리알밥을 사용해도 좋습니다.

통 멸치가루 된장찌개

한 셰프님께서 직원식으로 만들어 주셨던 된장찌개를 무척 맛있게 먹었던 기억이 있습니다. 감칠맛이 유난히 강하고 깊었는데 된장찌개를 구성하는 요소들 중 멸치의 풍미를 강화한 것이었습니다. 보통 멸치는 머리와 내장을 제거하고 육수를 낸 후 제거하는 것이 일반적인데, 셰프님은 멸치 20~30여 마리를 통째로 믹서에 넣어 곱게 갈고 볶은 후 약 10인분치의 된장찌개를 끓이는 데에 전량 사용하였습니다. 익숙한 음식의 특정 구성을 강화하는 것만으로도 요리가 특별해질 수 있습니다.

다시마 소스 레시피

"대중의 인식에 편승하기: 다시마=감칠맛"

요리에 감칠맛을 부여하기 위해 사용하는 부재료 정도로 인식되는 다시마의 특성을 강화하여 소스를 만들 수 있습니다. 대중들은 '다시마' 하면 감칠맛을 떠올리므로 좋은 반응이 보장됩니다.

재료

다시마 200g, 물 100g, 미향 100g, 연두 순 60g, 양조간장 20g, 백설탕 20g, 청주 60g
완성 소스 대비: 핵산IG 0.8%, 잔탄검 0.3~0.4%

조리법

① 다시마는 흐르는 물에 한 번 헹구어 낸 후 찬물에 담가 냉장고에서 12시간 동안 불려 줍니다.

② 불린 다시마는 건져 물기를 털고 키친타올로 깨끗하게 닦아 줍니다.

③ 물, 미향, 연두 순, 양조간장, 백설탕, 청주를 혼합해 다시마와 함께 진공백에 넣어 진공 포장해 줍니다.

　· 진공백이 없으면 지퍼백에 넣어 준비합니다.

④ ③의 혼합물을 90℃ 수비드 탱크에서 3시간 동안 조리해 줍니다.

　· 수비드 기기가 없다면 한소끔 끓여 약불에 올린 냄비물에서 중탕해 줍니다.

⑤ 조리가 끝났으면 얼음물에 담가 칠링해 줍니다. 다시마는 건져 따로 보관합니다.

⑥ 소스 무게 0.3~0.4% 중량의 잔탄검과, 소스 무게 0.8%의 핵산IG를 넣고 블렌더를 이용해 1분 30초~2분 간 잘 갈아줍니다.

⑦ 진공 포장기를 이용해 거품을 제거해 줍니다.

　· 316p. 잔탄검 사용법 참고

- 해산물 요리, 채소 요리에 사용하거나 식초로 신맛을 가미해 주 요리에 곁들임 소스로 활용합니다.

- 소스를 만들고 난 후 나온 다시마는 식감이 쫄깃하고 고슬하여 요리에 활용하기 좋습니다. 얇게 썰어 소스에 첨가해 주거나 면 요리 등 다른 메인 요리에 곁들여 식감 측면의 재미를 부여합니다.

- 같은 레시피에 다시마 대신 토치로 지진 김을 대입하면 김 소스를 만들 수 있습니다. 소스를 만들고 남은 김 퓌레는 다른 요리에 활용할 수 있습니다. 김 소스나 퓌레를 밥 비빔용으로 사용하고자 한다면 미향과 설탕 함량을 낮추어 단맛을 줄여야 합니다.

비스크 소스(구운 새우 머리 풍미)

새우 머리는 맥주 안주로, 혹은 캠핑하며 구워 먹는 데에서 그치지 않고 소스를 만드는 데에 활용할 수 있습니다. 새우 머리를 기름 두른 팬에서 센 불로 볶은 후(혹은 기름을 발라 200여℃ 오븐에서 10분 정도 구워 줌) 식용유나 크림 등을 부어 으깨어 가며 최대 30분 가량 끓여 새우 머리 풍미를 녹여 낸 후 체에 걸러 베이스를 만듭니다. 이 베이스에 소금, 앤쵸비, 피쉬 소스, 향신채 등 다른 양념을 가미해 다양한 소스를 만들 수 있습니다. 구운 새우 머리 풍미는 한국인에게 낯설지 않기 때문에 비스크는 호·불호가 적은 좋은 의외성이 됩니다(5장에서 비스크 소스 원가를 수십 배 절감할 수 있는 기술에 대해 다룹니다).

Reduced 사케 & 혼미림(졸인 요리술)

일식에서는 흔히 사케나 혼미림을 졸여 소스에 깊은 풍미를 부여하는 데 활용하기도 합니다. 사케와 혼미림을 1대1로 섞어 반으로 졸인 후 간장, 설탕 등의 양념으로 조미하여 사용합니다.

사케와 미림을 졸여 리덕션을 만들 때 제피나 산초, 화자오, 오향, 통후추 등 스파이스류를 함께 넣고 끓여 향을 입힌 소스 베이스를 만들 수도 있습니다. 스파이스를 담근 채로 만든 리덕션을, 기성품 데리야끼 소스와 섞어 냉장고에 넣고 12시간 이상 숙성시켜보세요. 특제 소스가 됩니다.

두부: 난생 처음 접하는 고소함

어떤 레스토랑은 맛있는 두부의 핵심 요소가 고소함이라 판단했습니다. 이 레스토랑에서는 두부의 고소한 풍미를 극대화하기 위해 두유에 된장, 설탕 등으로 간을 하고 젤리처럼 굳혀 두유 두부를 만들어 냈습니다. 여러 종류의 증점제를 조합 사용해, 입촉감은 두부와 매우 흡사합니다. 하지만 두유두부가 녹으며 뿜어내는 깊고 진한 풍미는 너무도 특별하여 두부를 아는 누구라도 감동하게 됩니다. 의외성을 부여하면 두부조차 '생전 처음 먹어 보는 맛있는 요리'가 됩니다.

풍미 대체

기존 요리를 구성별로 해체하여 특정 풍미를 다른 요소로 대체합니다.

국물 요리와 유자즙

신맛의 의외성을 이용해 히트를 친 라멘집이 있습니다. 이 가게에서는 냉면집에서 식초를 비치해 두듯이 라멘에 곁들일 유자즙을 비치해 둡니다. 식초는 초산의 신맛을, 유자즙은 구연산의 신맛을 내는데 구연산은 인간이 가장 선호하는 신맛 성분입니다.

게다가 구연산은 식초와 달리 적정 사용량 내에서 감칠맛을 증폭시키기도 합니다. 냉면집, 모밀면집, 우동집 등 국물 요리 가게에서 식초 대신 구연산이 든 유자즙이나 레몬즙, 라임즙 등을 비치하여 차별화를 꾀할 수 있습니다. 한국의 양념 중 드물게 구연산 신맛을 가진 매실청을 레몬즙, 라임즙 등과 조합해 사용해도 좋습니다.

치폴레(치포틀레): 매콤한 불맛 엑기스

치폴레는 할라피뇨 고추를 훈연한 것입니다. 치폴레의 훈연 향과 진한 붉은색은 식욕을 돋웁니다. 흡사 매운맛 치토스처럼 느껴지기도 합니다.

치폴레 통조림을 활용해 다양한 소스를 만들 수 있습니다. 제육볶음 등 고추장 요리의 매콤한 풍미를 다채롭게 하거나 요리에 불맛을 부여하는 등 다양한 목적에 따라 활용할 수 있습니다.

치폴레 로메스코 소스 레시피

재료

마요네즈 410g, 적색 파프리카 1개, 그라나 파다노(파마산) 치즈 150g, 아몬드 150g, 토마토 150g, 치폴레 통조림(건더기만 건져서) 120g, 올리브 오일 45g, 케이준 스파이스 10g, 케이엔 페퍼 10g, 파프리카시즈닝 5g, 꽃소금 3g

조리법

① 파프리카는 토치를 이용해 껍질을 까맣게 태운 후 찬물에 담가 껍질을 제거해 줍니다. 씨와 꼭지를 제거해 준비합니다.

② 아몬드는 팬에 갈색 빛이 돌도록 구워 줍니다.

③ 토마토는 데쳐 껍질을 제거해 줍니다.

· 방울토마토를 사용해도 괜찮습니다. 그러나 껍질을 제거해 주지 않으면 완성 소스의 식감이 좋지 않습니다.

④ 블렌더에 준비된 모든 재료를 넣고 곱게 갈아줍니다.

청양고추보다 매운 고춧가루: 케이엔 페퍼(Cayenne pepper)

느끼하고 기름진 요리에 잘 어울리는 케이엔 페퍼는 청양고추보다 3~5배 매운 케이엔 고추를 건조하여 파우더로 만든 것입니다. 워낙 적은 양만으로도 강한 매운맛을 내기 때문에 요리의 외관에는 큰 영향을 미치지 않으면서 오묘한 중독성을 부여할 수 있습니다. 캡사이신 대신 사용하면 좋습니다. 미슐랭 레스토랑에서 활용되기도 하지만 짜파게티, 달

큰한 조림 요리, 크림소스, 마요네즈 소스 등 요리 마니아들 사이에서는 대중 요리에도 두루 사용되고 있습니다. 케이엔 페퍼보다 더 매운 고춧가루를 찾는다면 캐롤라이나 리퍼를 사용해볼 수도 있습니다. 불닭볶음면의 성행 이후 식품제조업계에서도 다양한 매운맛 제품 개발 시도가 있어왔는데, 캡사이신만으로 강한 매운맛을 구현하려 하면 캡사이신의 쓴맛이 튀게 됩니다. 반면 캐롤라이나 리퍼나 케이엔페퍼 같은 고춧가루를 이용해 강한 매운맛을 구현하면 위와 같은 문제를 피할 수 있습니다.

심리적 저항감 없는 에스카르고

에스카르고는 버터, 마늘, 허브 등을 채워 구워 내는 프랑스의 달팽이 요리입니다. 과거 한국의 한 레스토랑에서 에스카르고를 재해석한 요리를 맛있게 먹은 기억이 있습니다. 셰프님은 달팽이 대신 골뱅이에 버터, 마늘, 허브를 채우고 오븐에 구워 50년 된 씨간장을 몇 방울 뿌려 내었습니다. 외국 유명 요리의 낯선 재료를 한국의 익숙한 재료로 대체하자 지나치게 의외였던 요리에 익숙함이 더해져 놀라운 요리로 변모한 겁니다.

> #### 풍미가 진한 간장
>
> 타마리 간장은 본래 된장을 만드는 과정에서 새어 나온 짙고 검은 간장을 의미합니다. 그 풍미가 깊고 좋지만 된장에서 얻을 수 있는 양은 많지 않아 이후 타마리만을 생산하기 위한 공정이 개발되었습니다. 타마리 간장을 이용해 만든 간장 소스는 미묘하게 그 풍미가 깊고 진해 타마리 간장만을 고집해 사용하는 레스토랑도 있습니다.

다양한 국가의 조미 간장

자신만의 조미 간장을 개발해 요리에 사용할 수도 있습니다. 일식 레스토랑들에서는 노하우를 담아 조미한 간장을 타래소스라 칭하며 소스의 베이스로 활용합니다. 중식에서는 같은 개념의 간장 소스 베이스를 다크소스라 칭하며, 한식에서는 맛간장이라 칭합니다. 간장에 각종 향신료나 양파, 마늘, 설탕, 레몬, 요리술 등을 첨가해 한 소끔 끓여 낸 후 식혀 냉장 보관하여 사용합니다. 비빔용으로 사용하거나 계란찜 같은 요리에 곁들이는 등 활용성이 높습니다. 일본의 쯔유 역시 가쓰오부시, 미림, 간장을 혼합해 만든 맛간장의 일종이며, 국내 기업들도 저마다 특색을 담은 맛간장을 개발해 생산하고 있습니다.

> · 대한민국 고등어 맛집 '산으로간고등어'의 인기 비결은 직접 공수하는 대형 고등어, 스테이크를 굽는 듯 레스팅을 곁들이는 구이 기술 외에도 간장 소스에 있습니다. 산간고(산으로간고등어)의 테이블에 비치된 간장소스는 다른 고등어 업체들의 간장과는 달리 단맛이 강한 조미 맛간장입니다. 산간고의 간장은 일반적인 회간장보다도 훨씬 단맛이 강해 고등어의 짠기와 잘 어우러집니다.

풍미도 꽃말도 로맨틱한 열매

아직 알려지지 않은 새로운 식재료를 탐구하여 기존 재료를 대용하는 것 역시 훌륭한 의외성이 됩니다. 대중이 잘 모르는 재료를 능숙하게 요리하여 내어놓는 가게에서는 깊이와 성의가 느껴집니다. 제가 야마모모를 처음 접한 것은 홍콩의 한 미슐랭 레스토랑에서였습니  다. 식사가 끝날 무렵 야마모모가 콤포트로 제공되어 나왔는데 생전 처음 보는 과일이 너무 맛이 좋고 식감이 독특해 깊은 인상을 받았습니다. 이후 야마모모가 제주도에서도 나는 '소귀나무 열매'임을 알게 되었습니다. 영어로는 Yumberry라 불리우며, 꽃말은 '그대만을 사랑하오'라 합니다. 해당화 열매, 아그배, 정금, 팥배, 까마중, 노박 열매, 다래, 으름 등 소귀나무 열매 외에도 한국에는 요리에 활용할 수 있는 많은 야생 열매들이 존재합니다. 다양한 열매들을 콤포트로 만들어 과육과 국물을 조리에 활용해보세요.

자두 콤포트 조리법

재료

자두 500g, 물 400g, 설탕 150g, 레드와인 100g, 깻잎(시소) 5g, 자두 껍질 절반 정도

조리법

① 자두는 반으로 갈라 씨앗 및 껍질을 제거해 줍니다.

② 껍질을 제거하기 전에 먼저 칼집을 넣은 후 손으로 잡고 비틀면 쉽게 반으로 갈라 집니다.

③ 냄비에 물과 설탕, 레드와인을 넣고 저은 후 깻잎, 자두, 자두 껍질(키친타올에 감싸 줌)을 담고 불에 올려 한소끔 끓여 줍니다.

④ 보글보글 끓어오르면 바로 불에서 내려 랩으로 감싸 상온에서 6시간 이상 숙성시켜 줍니다.

⑤ 숙성이 끝나면 자두 껍질은 제거하고 자두 과육은 별도의 용기에 담아 냉장 보관합니다(수 주간 식용 가능)

응용

- **복숭아 콤포트** 복숭아 500g, 물 400g, 화이트와인 20g, 설탕 30~32g(자두와 마찬가지로 껍질 이용)
- **야마모모 콤포트** 야마모모 500g, 물 500g, 설탕 135g
- **파인애플 콤포트** 파인애플 500g, 물 400g, 페르노 50g, 화이트와인 50g, 설탕 115~125g, 오향(통 오향, 조리 후에도 제거하지 않음) 8g

풍미 조합

기존 요리 풍미의 특정 요소와 다른 요소를 조합합니다.

향신오일 향 증폭 Kick

파기름, 마늘기름, 고추기름 등 향신 오일을 만들어 요리에 사용하는 것이 유행이
된 지 오래입니다. 파, 양파, 마늘 같은 황 계열 채소를 활용해 만든 향미유에는 간
장을 조합해 주면 오일의 향이 먹음직스럽게 진해집니다. 만들어 둔 향미유가 식으면
간장을 소량 첨가해 줍니다. 잘 저어 사용합니다.

총각무 피클·열무 피클: 다양한 피클

미슐랭 레스토랑에서는 생강, 양파, 무 등 다양한 채소를 이용해 만든 피클을 요
리에 적극 활용합니다. 흔히 김치로 먹는 열무와 총각무를 이용해 만든 피클을 아주
맛있게 먹은 기억이 있습니다. 김치도 익숙하고 피클도 익숙한데 둘의 조합이 의외성
이 된 겁니다. 한국에서 물김치로 먹는 채소들에 피클 조리법을 조합해 보세요! 재미
있는 사이드 디쉬는 식탁 전체를 특별하게 만들기도 합니다.

- 피클용 식초로는 환만식초를 추천합니다.
- **이색 식초** 화이트와인 식초, 레드와인 식초, 셰리와인 식초, 흑초, 막걸리 식초, 진강향초(중국 식초) 등
- **기본 피클 공식 식초 1 : 설탕 1 : 물 2** 한 소끔 끓여 채소에 붓고 그대로 상온에서 식힌 후 냉장 보관합
  니다. 이 비율은 얇게 썬 양파 채나 생강 편 피클을 담글 때 적절합니다. 재료의 두께, 향, 단맛 수준 등
  에 따라 물의 비율을 1~1.5로 조정합니다.

와인과 간장: 동·서양 풍미의 조합

동양과 서양의 재료 간에는 뜻밖에 조합이 좋은 것들이 많습니다. 간장과 와인의
조합 역시 그중 하나입니다. 간장과 와인을 조합해 간단하게 특색 있는 소스를 만들
수 있습니다. 양조간장, 레드 와인, 황설탕을 1:1:1의 비율로 조합하여 끓여 내면 됩
니다. 끓이기 전에 소스의 무게를 재어 두었다가 증발한 수분은 물을 넣어 보충해 줍

니다. 점도는 잔탄검이나 전분을 이용해 부여합니다. 취향에 따라 와인과 설탕의 양은 조절해 주되 충분히 끓여서 와인의 향과 알코올을 어느 정도 휘발시켜 주는 것이 중요합니다. 팔각, 산초, 제피, 생강 등이 이 소스와 잘 어울리며 소스는 베이컨, 삼겹살 등 기름진 돼지고기에 잘 어울립니다. 와인 대신 복분자주를 사용할 수도 있습니다.

따뜻한 동치미와 가쓰오부시

새콤한 냉면육수를 따뜻하게 데우면 어떻게 될까요? 동치미 육수를 데워 가쓰오부시를 넣고 향을 내어 만든 국물 요리를 맛있게 먹은 기억이 있습니다. 새콤달콤한 동치미 국물과 가쓰오부시의 향이 상상 이상으로 잘 어우러집니다. 고슬한 보리밥을 말고 구운 생선, 채소와 곱게 갈아준 김가루를 얹어 온반 메뉴를 개발해도 좋습니다. 동치미 육수(냉면 육수)는 직접 만들어도 좋지만 마트 매대의 기성품을 구매하여 사용해도 괜찮습니다.

성게알버터, 소기름버터, 허브버터

버터에 가지각색의 향을 가진 동물 지방, 허브 등을 조합해 요리에 사용하는 것 역시 훌륭한 의외성이 됩니다. 상온에 꺼내 두어 부드러워진 버터에 다른 재료를 넣고 으깨듯 비벼 잘 섞어 줍니다. 혹은 가열해 녹인 버터를 재료와 함께 갈아줍니다. 연두 등 감칠맛이 있는 양념

을 첨가해 가염 조미버터를 만들어도 좋습니다. 조미
버터는 요리에 사용하거나 빵에 곁들여 주어도 좋고
냉동 보관한 것을 그레이터로 갈아 요리 위에 뿌려 주
어도 좋습니다. 유명한 파인 다이닝이 빵에 곁들이는
버터에서 아이디어를 얻어 보세요. 뛰어난 레스토랑
은 버터에도 독특한 의외성을 담아 냅니다.

> · **조미버터 활용** 녹여서 양념과 함께 갈아준 버터는 얼음물에 받친
> 볼에서 저으며 식혀 줍니다(저어 주지 않으면 수분층과 기름층이
> 분리된 채로 굳습니다). 분리되지 않을 정도로 식은 조미버터는
> 랩으로 감싸 소시지나 햄처럼 모양을 잡고 냉동고에서 얼려줍니
> 다. 조미버터는 냉동 보관하며 그레이터를 이용해 요리 위에 갈아 뿌려 줍니다. 버터에 담긴 스토리를
> 설명하며 손님이 앉은 테이블에서 직접 갈아 요리에 뿌려 주는 퍼포먼스를 마련해도 좋습니다.

무화과 잼과 뜻밖의 꿀조합

무화과 잼에 치즈와 버터를 곁들여 빵과 함께 먹는 일이 독일
에서는 흔하다고 합니다. 어느 날 아침 간식으로 독일 브랜드의
한 무화과 잼을 접하게 되었는데 처음 먹어 보는 듯 맛이 좋아
인상적이었습니다. 독특하게도 잼에서 알싸한 맛이 나 성분표를
보니 무화과에 겨자 오일을 페어링한 제품이었습니다. 이 잼은
그라나 파다노 같은 경성 치즈, 버터와 잘 어울립니다. 간장, 우스터 등을 곁들여 베
이컨 등 육류 요리에 페어링하거나 삼겹살 요리용 소스로 개발해 봐도 좋겠습니다.

> · 초록 무화과는 일반 무화과보다 속이 가득 차 있으며 훨씬 달콤합니다.
> · 한국에서는 해남농부의 하바구무화과가 초록 무화과로서 유명합니다.

생선 알 마리네이드

연어알이나 날치알 등 생선의 알을 요리에 사용하는 가게가 많습니다. 날치알의 경우 흔히 조미되어 유통되지만 연어알처럼 큼직한 알을 직접 공수해 사용하는 경우에는 마리네이드에 담가 조미하여 서비스하는 것이 좋습니다. 조미된 날치알을 사용하는 경우에도 마리네이드를 소스처럼 곁들여 풍미를 강화할 수 있습니다. 연어알같은 두꺼운 알은 마리네이드에 담가 20~30분 이상 숙성했다가 사용하면 됩니다. 마리네이드에 담가 둔 연어알은 약 3시간이 지난 시점부터는 삼투압에 의해 쪼글해져 탱글한 식감을 잃으므로 마리네이드 연어알은 그때그때 필요에 따라 만들어 사용합니다.

생선 알 마리네이드

재료

양조간장 50g, 미향 85g, 흑초 35g, 참기름 10g, 디종 머스터드 25g, 황설탕 25g

조리법

① 모든 재료를 블렌더에 넣고 곱게 갈아줍니다.

응용

생선 알 마리네이드 외에 회무침, 회 찍어먹는 회간장 등에 활용할 수 있습니다.

진짜 햄

한국에서는 많은 사람들이 '햄' 하면 육류를 갈아 조미해 만든 저렴한 가공육 제품을 떠올리지만 본디 갈지 않고 통째로 소금 간을 해 수 개월간 숙성한 반 건조 육류를 가리켜 햄이라 합니다. 육향이 짙고 감칠맛이 강해 고급스러운 맛소금이나 고급 조미료, 피니쉬 솔트의 개념으로 요리에 활용할 수 있습니다. 와인에 곁들이는 이베리코 햄 중에서도 가장 저렴한 초리조 등이 샐러드 드레싱이나 한입거리 요리 등 한국의 레스토랑에서도 두루 사용되고 있습니다. 진화햄은 중국 저장성 진화시에서 생산되는 중국의 햄으로, 불도장같은 중국 요리에 사용됩니다. 진화햄은 이베리코 햄에 뒤지지 않는 풍미를 가졌는데도 가격은 훨씬 저렴합니다.

다양한 젓갈

젓갈 역시 여러 음식에 두루 의외성으로 활용하기 좋은 요소입니다. 들기름과 참기름을 곁들인 오징어젓, 명란젓 등은 대중 음식에 흔히 조합됩니다. 젓갈은 한식뿐 아니라 중식, 일식, 양식 등 다양한 국가의 요리와 소스에 이베리코나 진화햄처럼 고급 맛소금 개념으로 사용할 수 있습니다. 과거부터 미슐랭 레스토랑에서는 고노와다를 섞은 뵈르블랑 소스를 생선 요리에 곁들이는가 하면 붕장어 요리에 멍게젓을 조합해 주고, 갈치속젓을 이용한 한입거리 쌈밥 어뮤즈 부쉬를 내어 주는 등 가지각색의 젓갈 페어링을 시도해 왔습니다.

- **고노와다** 해삼 내장 젓갈
- **뵈르블랑** 샬롯, 화이트 와인, 식초 등을 섞어 유화시켜 낸 버터 소스(에멀전)
- **어뮤즈 부쉬(amuse buche)** 식사 이전(에피타이저 이전)에 손님에게 내어 주는 간단한 한입거리 요리
- **생소한 젓갈** 갈치속젓, 멍게젓, 어리굴젓, 창란젓, 해삼내장젓, 밴댕이젓, 황석어젓, 바지락젓 등
- **서양의 멸치 젓갈** 앤쵸비는 올리브유와 소금에 절인 멸치 젓갈로 비리지 않습니다. 버터나 치즈와 함께 빵에 곁들이곤 합니다.

크림프레(Crème Fraiche): 사워크림보다 고소하고 풍부한 소스 베이스

크림프레는 생크림을 젖산 발효한 것으로 사워크림보다 고소하며 풍미와 점도가 강합니다. 크림프레에 소금과 올리브유를 쳐 빵이나 채소 스틱, 감자튀김 등에 곁들일 수도 있습니다. 점도가 강하기 때문에 다른 양념이나 향신료를 조합해 딥핑 소스를 만드는 데에도 유용합니다. 막걸리와 조합하면 꽃빵이나 식전빵에 어울리는 막걸리 소스가 되고 허브와 혼합하면 허브 소스가 되는 등 쓰임이 요긴합니다.

레시피

크림프레(Crème fraiche)

"눅진, 고소, 새콤한 크림 소스 베이스"

크림프레는 한국의 마트에서 구입할 수 없기 때문에 직접 만들어 사용해야 합니다. 크림프레에는 짭쪼름한 양념이나 소금이 잘 어울립니다. 설탕은 잘 어울리지 않으니 조합을 추천하지 않습니다. 향 증폭을 위해 극소량 첨가해 주는 것은 괜찮습니다.

재료

프레지덩(President) 생크림 1kg, 그릭 요거트(플레인) 50g

지퍼백, 수비드 기계

조리법

① 지퍼백에 생크림과 분량의 요거트를 넣고 잘 혼합해 줍니다.

② ①의 생크림을 43℃의 수비드 탱크에 넣고 약 12~14시간 동안 조리해 줍니다. 원하는 정도의 신맛과 질감이 나오면 얼음물에 담가 식혀 준 후 냉장 보관하여 사용

합니다.

- 식고 나면 신맛이 약하게 느껴지니 충분한 신맛이 생길 때까지 조리해 줍니다. 신맛이 강해질수록 질감
  이 눅진해집니다.
- 유제품의 젖산균이 잘 자라는 온도는 41~45℃입니다. (김치 젖산균이 잘 자라는 온도: 21~25℃)
- 수비드 탱크가 없다면 식탁 위에 둔 채로 여름 기준 2~3일, 겨울 기준 1주일 간 발효시킵니다. 원하는
  신맛과 질감이 생기면 냉장 보관합니다.

- 우유, 크림 향료를 이용하여 밀키한 풍미를 강화해봅시다(5장 향료 편 참고).
- 트러플 오일 페어링, 막걸리 페어링, 허브 페어링, 시즈닝 페어링(라면스프, 파프리
  카 파우더, 프렌치 어니언 인스턴트 스프 등) 등으로 활용합니다.

의외성 소개의 치트키: 마요네즈/아이올리

- **아이올리 예시** 파프리카 아이올리, 김치 아이올리(새콤하게 익은 김치국물 혼합), 굴소스 아이올리 등

식품업계에서는 새로운 풍미, 의외성을 대중에게 소개할 때 성공률을 높여 주는 궁극의 매개체로 마요네즈를 꼽습니다. 칼로리 밀도가 높고 '짭쪼름'한 대비자극을 갖춘 소스이기 때문입니다. 아이올리는 올리브유와 마늘을 주재료로 한 일종의 가향 마요네즈로, 스파이스나 양념을 섞어 만든 마요네즈를 가리키는 단어입니다. 아이올리 소스는 계란, 식초, 식용유를 이용해 처음부터 만들어도 좋지만 시판 마요네즈에 스파이스나 양념류를 혼합해 간단하게 만들어도 좋습니다. 마요네즈에는 장아찌 소스, 신김치 국물 등 어떤 양념도 웬만큼 잘 섞여 들어갑니다. 다만 마요네즈에 가루를 섞을 땐 주의를 기울여야 합니다. 다량의 가루는 물을 빨아들여 마요네즈의 분리를 일으킬 수 있습니다.

간단 굴소스 아이올리

마요네즈 100g, 팬더 굴소스 20g, 볶음용다진마늘 15g(식용유 3g), 다진마늘 15g, 화이트 와인 식초 6g, 설탕 15g, 후추 0.3g

① 식용유(3g)를 두른 작은 팬에 볶음용 마늘을 갈색으로 볶아 줍니다. 볶은 마늘은 접시에 담아 식혀 둡니다.

② 모든 재료를 한 데 모아 저어서 잘 혼합해줍니다(블렌더를 사용하지 않습니다).

의외의 식감

익숙한 재료나 요리에 의외의 식감을 부여합니다. 인간이 본능적으로 좋아하는 다양한 식감이 존재합니다.

바삭함

바삭함은 인간이 본능적으로 선호하는 식감입니다. 바삭한 식감은 요리에서 훌륭한 의외성이자 큰 재미가 됩니다. 과거부터 바삭한 식감은 풍부한 영양의 예고였습니다. 바삭한 크러스트는 속에 든 촉촉한 영양에 대한 기대를 불러 일으킵니다.

겉바속촉: 최고의 생선 굽기 기술

세계 랭킹 20위권에 오른 바 있는 일본의 미슐랭 3스타 레스토랑 출신 셰프님이 생선을 굽는 방식을 재미있게 지켜본 기억이 있습니다. 굽는 방식의 차이가 훌륭한 의외성을 만들어 냈습니다. 이 방법을 이용해 구운 생선은 껍질은 노릇하고 바삭하며 살은 매우 촉촉합니다. 생 고등어처럼 흔한 생선에도 적용할 수 있는 방법입니다.

① 생선에 미량의 소금을 쳐 하룻밤 숙성시킵니다. (생략 가능한 공정입니다.)

· 생선에 간이 배어들어 생선 풍미가 짙어지고 수분이 빠져나와 껍질이 바삭해지기 좋은 여건이 형성됩니다. 또한 어육 단백질의 salting-in이 일어나 육질은 촉촉하고 쫄깃해집니다.

· salting-in 단백질의 염용 효과. 단백질과 염이 만나 그 자체로 고삼투압 구조가 되어 가열 과정에서도 수분을 꽉 끌어안으려는 특성을 보입니다(구이용 생선이나 육류 기준 0.3~0.5% 염도 조건, 생선 2시간, 육류 6~12시간 숙성 필요).

② 키친타올을 이용해 생선의 수분을 잘 닦아냅니다.

③ 프라이팬에 기름을 넉넉히 부어 예열해 줍니다.

· 생선살의 절반이 잠길 수 있는 양 고등어 기준, 약 0.5~1cm 높이

④ 예열한 팬에 껍질이 아래로 향하도록 생선을 올리고 껍질의 모양이 굳을 때까지 뒤집개를 이용해 살포시 눌러 줍니다. 껍질이 굳으면 더 이상 누르지 않아도 됩니다.

⑤ 위 상태로 생선을 90% 이상 익혀 줍니다. 생선 살 면적이 가장자리로부터 70~80%

이상 익어 올라오는 것이 눈에 보일 때까지 껍질 쪽 면만 튀기듯 구워 줍니다.

⑥ 뒤집개로 살짝 들추어 생선 껍질이 노릇하고 바삭하게 튀겨졌는지 확인합니다. 껍질의 모양이 망가지지 않게 주의합니다.

⑦ 생선을 뒤집어 살 부분은 2~3초간만 빠르게 익힌 후 키친타올에 얹어 기름을 빼고 서비스합니다. 부족한 간은 소금으로 더해 주거나 소스를 곁들입니다.

고추 장아찌 튀김

한 미슐랭 레스토랑에서는 큼직하게 다진 고추 장아찌를 전분에 굴려 튀겨 바삭하게 만든 것을 요리에 얹어 내곤 했습니다. 특유의 풍미와 감칠맛을 가진 고추 장아찌 튀김은 흔히 사용되는 칩이나 크럼블에 비해 깊이 있는 의외성이 됩니다.

바삭한 김 부각

부각은 김, 다시마 등 해조류나 깻잎, 채소 등에 찹쌀풀을 발라 말린 후 튀겨 바삭하게 만든 음식을 의미합니다. 찹쌀풀을 바르지 않은 것은 튀각이라 합니다.

2010년대 초반에 등장한 퓨전 한식 레스토랑을 중심으로 여러 레스토랑들에서 김 부각을 이용해 요리에 바삭한 식감을 부여하고 있습니다. 김 자체는 한국인에게 익숙한 재료이지만 바삭한 부각의 형태로 주식에 곁들이는 일은 흔하지 않아 김 부각의 활용은 좋은 의외성이 될 수 있습니다.

튀김인 듯 튀김 아닌 튀김 같은 랍스터 요리

다이닝에서는 그저 직관적으로 맛있는 요리보다 셰프의 창의성(의외성)이 돋보이는 요리를 먹을 때 즐거움이 극대화됩니다. '튀기지 않은 랍스터 튀김'이 그 훌륭한 예입니다. '튀기기'는 재료의 겉면은 바삭하게 건조시키고 속은 촉촉하게 쪄 내는 일종의 복합 조리법입니다. 뭐니뭐니 해도 튀김 요리의 가장 큰 매력은 바삭함에 있는데 어떤 재료들은 튀겨지는 과정에서 수분을 내어 놓아 튀김옷을 눅눅하게 만듭니다. 더불어 재료의 향미 성분이 기름으로 녹아 나와 주재료의 풍미가 밋밋해지기도 합니다. 해외의 한 미슐랭 레스토랑에서는 촉촉하게 찐 랍스터에 진득한 아이올리 소스를 바른 후 따로 튀겨 두었던 튀김옷을 발라 냅니다. 쪄 낸 랍스터는 고유의 맛과 향을 그대로 간직하고 있으며 튀김옷은 더할 나위 없이 바삭하니 풍미적인 낭비가 최소화됩니다. 다이닝에서 내어놓는 톡톡 튀는 아이디어들은 대중요리에도 충분히 적용할 수 있습니다.

소프트셸 크랩

소프트셸 크랩은 갓 탈피한 머드크랩을 냉동시켜 껍질째 부드럽게 먹을 수 있도록 유통하는 게입니다. 전분이나 튀김옷을 발라 바삭하게 튀겨 푸팟퐁 커리 등 여러 요리에 곁들입니다.

튀겨 만드는 정과

정과 조리법은 크게 2종류로 대별됩니다. 하나는 꾸덕하게 당 조림을 하는 것이고 다른 하나는 당 조림한 것을 튀겨 바삭하게 만든 것입니다. 흔히 호두정과는 후자의 방법을 이용해 바삭하게 만들어 먹습니다. 이를 양파, 파 등 향신채나 우엉 같은 뿌리채소에 적용해 만든 정과는 메인 요리에 바삭한 식감과 깊은 풍미를 부여하는 데 활용할 수 있습니다. 정과의 단점은 흡습성이 강해 상온에서 금방 눅눅

해진다는 것인데, 식품 소재를 적용하면 상온에 방치해도 쉽게 눅눅해지지 않게 만들

수 있습니다.

코리식 양파정과

재료

양파 100g, 정수물 140g, 설탕 60g, 트레할로스 10g, 꽃소금 4g

식용유(튀김용)

· **트레할로스** 포도당 두 분자가 결합한 형태의 이당류로 새우나 게 같은 갑각류와 버섯의 단맛 성분이기
도 합니다. 보습성이 뛰어난 동시에 흡습을 막는 방습성 역시 뛰어나 당과(설탕과자) 제품 등에 첨가됩
니다. 트레할로스는 온라인 쇼핑몰을 통해 쉽게 구할 수 있습니다. 트레할로스는 요리의 떫은 입촉감이
나 텁텁함을 마스킹하는 데에도 탁월한 효과를 발휘합니다.

조리법

① 양파는 4mm 정도 크기로 굵게 다져 줍니다.

② 진공백에 정수물, 설탕, 트레할로스, 꽃소금을 넣고 잘 저어 섞어 줍니다.

　· 진공백이 없으면 지퍼백을 사용해도 괜찮습니다.

③ ②에 양파를 넣고 밀봉한 후 흔들어 잘 혼합해 줍니다.

④ ③을 끓는 물에 넣어 1시간 동안 중탕 조리해 줍니다.

⑤ 체를 이용해 양파를 거른 뒤 키친타올에 받쳐 수분을 제거해 줍니다.

　· 액체는 버리지 않고 요리에 감미료로 활용해도 좋습니다.

⑥ 튀김용 식용유가 담긴 냄비를 불에 올립니다. 기름이 차가울 때부터 양파를 넣어
줍니다. 기름을 담을 용기와 체를 준비합니다.

　· 튀겨지는 속도가 일정하지 않고 타기 쉬운 마늘 슬라이스 등 얇고 작은 채소 칩이나 크럼블을 튀길
　　때에는 재료를 차가운 기름에서부터 넣어 서서히 가열하며 튀겨 줍니다.

⑦ 양파의 수분이 거의 증발하여 기포가 발생하지 않고 색이 나기 시작하면 주의를

기울입니다. 짙은 베이지색이 돌고 젓가락으로 쳤을 때 겉면이 꾸덕한 느낌이 들면 체를 받친 용기에 기름과 양파를 통째로 부어 걸러 줍니다.

· 이 공정에는 숙련이 필요합니다.

⑧ ⑦에서 걸러 준 양파는 기름을 털어낸 후 키친타올에 얹고 펼쳐 식혀 사용합니다.

· 완전히 식어야 바삭해집니다.

응용

- 얇게 썬 우엉, 연근, 마늘 편, 감자 등을 같은 레시피에 대입할 수 있습니다.
- 덮밥, 한입거리 타파스, 샐러드 등의 요리에 곁들입니다.

요리용 실타래: 카다이프

카다이프는 가늘게 뽑은 밀가루 반죽에 견과류 등을 넣어 뭉친 중동의 디저트 요리입니다. 숏폼 플랫폼에서 큰 유행이 되었던 두바이초콜릿의 속재료 중 하나이기도 합니다. 요식업계에서는 카다이프 반죽을 새우 등의 재료에 감아 튀겨내는 등 기존의 요리에 바삭한 식감을 부여하는 데에 사용하곤 합니다. 카다이프 반죽만을 따로 튀겨 잘게 부순 다음 시즈닝으로 간을 해 요리에 곁들일 수도 있습니다.

푀유 드 브릭(Feuille de brick)

푀유 드 브릭은 얇고 넓은 패이스트리 반죽을 의미합니다. 주재료를 감싸 굽거나 튀기는 등 여러 방식을 통해 요리에 의외성을 부여하는 데에 사용합니다. 냉동 유통되는 반죽들 중 가장 얇은 축에 속하기 때문에 튀겨 사용하면 요리에 부드럽게 바스

라지는 재미있는 식감을 부여할 수 있습니다. 워낙 얇기 때문에 계란물을 발라 2장씩

겹쳐 사용하기도 합니다. 2장씩 겹친 것을 타르트 몰드에 맞춰 넣으면 타파스용 타르트 셸을 만들 수도 있습니다. 홍콩의 한 레스토랑에서는 이 반죽을 2장씩 겹쳐 삼각형으로 자른 후 죽순 요리에 붙이고 튀겨내어 잎이 달린 죽순을 표현해냈습니다.

바닥만 지지는 만두 요리

한 미슐랭 레스토랑에서는 크리스프 코트(Crisp coat)라는 분자 요리 재료를 섞은 옥수수 전분 반죽을 완성된 만두의 바닥면에 발라 바닥만 바삭하게 튀겨내는 요리를 선보인 바 있습니다. 크리스프 코트는 변성 전분의 일종으로 튀김 요리가 오랜 시간 단단하고 바삭한 형태를 유지하도록 해 주는 분자 요리 재료입니다. 한국에서도 팬에 나란히 올려 구운 군만두들 사이로 전분물을 부어 바닥면을 바삭하게 만들어 먹는 요리 형태가 유행하기도 했습니다.

바삭한 튀김을 위한 전분과 물전분

튀김옷의 감자전분

중식 셰프는 감자전분을 애용합니다. 감자전분은 투명하고 광택이 좋아 소스의 점성을 내는 데 활용하기 좋을 뿐 아니라 '단단'하면서 '쫄깃'한 특성 덕에 튀김 반죽용 전분으로도 손색이 없습니다. 감자전분의 단단한 특성은 바삭한 튀김요리를 하는 데 도움이 되며, 쫄깃한 특성은 튀김옷을 끈적하게 해 고기에 잘 달라붙게 합니다. 덕분에 감자전분을 이용해 만든 튀김옷은 고기에 잘 들러붙어 튀김 조리 과정에서 벗겨지지 않으며 완성한 요리의 바삭함도 극대화합니다.

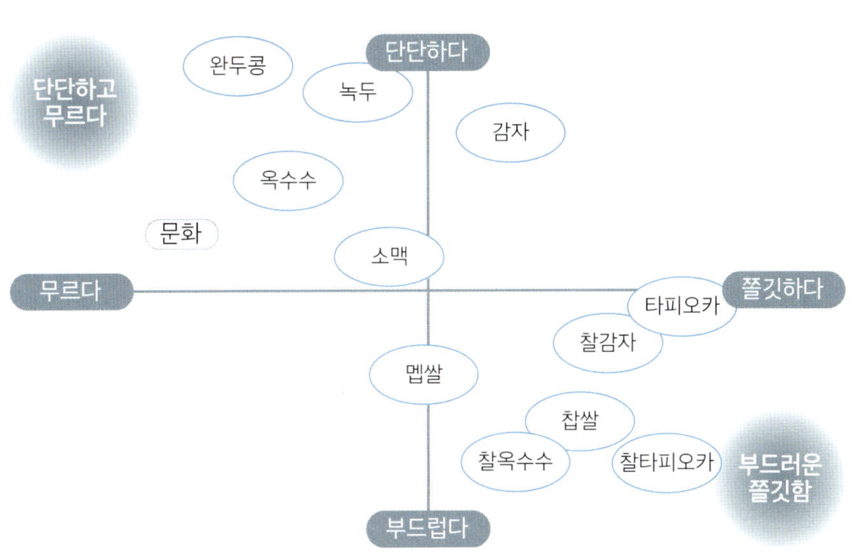

튀김옷의 옥수수 전분

옥수수전분은 감자전분에 비해 부드럽고 무르기 때문에 살이 약해 잘 바스러지는 생선, 새우, 채소 튀김 등에 얇은 튀김옷을 입힐 때 활용하면 좋습니다(이러한 재료들에는 밀가루를 이용해 만드는 덴푸라 반죽도 적합합니다). 더불어 옥수수전분은 제조 공정 특성상 감자전분에 비해 불순물이 적기 때문에 물전분을 만들 필요가 없는 전분이기도 합니다.

물전분을 만드는 이유

'물전분'은 전분에 물을 부어 개어 준 뒤 가라앉은 순수 전분과 물의 혼합액을 의미합니다. 주로 감자전분을 이용한 튀김요리 시 물전분을 이용하는 경우가 많습니다. 물전분을 이용하는 이유는 공정 차원에서는 튀김 반죽의 점도를 일정하게 관리하기 위함이며, 공학적으로는 튀김 요리의 바삭함을 오래 유지하기 위해서입니다. 감자전분은 제조 공정 특성상 많은 불순물을 함유하고 있으며, 불순물에는 수분을 끌어당겨 튀김옷을 눅눅하게 할 수 있는 수용성 당류 및 덱스트린류가 포함되어 있습니다. 수용성 당류나 덱스트린류는 물에 잘 녹기 때문에 감자전분에 물을 부어 개어 두면 전분에 섞여 있던 당류나 덱스트린류가 전분으로부터 분리되어 물에 녹아 나옵니다. 이렇게 순도를 높인 감자전분은 튀김요리를 하기에 적합한 상태가 됩니다(중식 업장에서는 전분에 물을 부어 몇 시간 동안 숙성시킵니다).

물전분 제조가 번거롭다면

습관적으로 물전분을 사용하는 경우가 많지만, 지점을 늘리며 요리를 사업적으로 구상하는 사업가들은 물전분을 이용하는 튀김 공정에 부담을 갖습니다. 전분의 순도가 완전히 높아지기까지 수 시간이 걸리고, 작업자에 따라 달라지는 튀김의 품질이 문제가 되기 때문입니다. 물전분을 만드는 방법 외에 튀김옷을 바삭하게 만들고, 그 바삭함이 오래 가도록 할 수 있는 방법들을 소개합니다.

① **밀가루 반죽에는 전분 최소 30% 혼합** 반죽옷의 글루텐(튀김 요리의 바삭함을 저해함) 함량을 낮춰 줍니다. 글루텐은 튀김의 바삭함을 저해합니다. 글루텐은 반죽을 강하게 저어 주거나 반죽의 온도가 높을수록 잘 형성되므로 튀김용 밀가루 반죽은 '대충' 저어 만들어 주고(하얀 가루가 둥둥 떠다니는 상태도 괜찮습니다), 차갑게 유지합니다. 하이엔드 레스토랑들에서는 튀김옷에 얼음을 넣어 주기도 합니다.

② **탄산수/맥주/사이다 이용** 튀김 반죽 사이에 기포 공간이 생겨 습기 배출이 용이해지고 완성된 튀김의 바삭함이 증대되며 오래 유지됩니다(모 미슐랭 레스토랑에서 이런 방식을 이용합니다).

③ **알코올(소주) 첨가** 알코올은 78℃에서 휘발합니다(물의 휘발점보다 훨씬 낮은 온도). 반죽옷 사이에 낀 알코올은 빠르게 휘발하며 반죽옷에 미세한 공간을 만들고 습기가 배출되기 용이한 구조를 만듭니다. 더불어 알코올은 글루텐의 구성분인 글리아딘과 결합해 글루텐 형성을 방해합니다.

· 밀가루의 글루텐은 글리아딘(점성있는 단백질)과 글루테닌(탄성있는 단백질)으로 구성되는데, 가루 상태일 땐 각각 존재하며, 아무리 치대어도 글루텐이 되지 않습니다. 글루텐의 형성에는 물이 필요하며 충분한 탄성의 글루텐 구조가 형성되려면 추가로 치대기 작업이 필요합니다.

④ **베이킹파우더 0.2~0.5% 첨가** 베이킹파우더(베이킹 소다가 아님에 주의!!)는 물과 만나면 기포를 생성해 즉석해서 튀김 반죽 내에 공간을 만들어 냅니다. 기포 공간은 튀김을 바삭하게 하는 데 큰 도움이 됩니다.

⑤ **쌀가루, 찹쌀가루 첨가(밀가루 대비 5~10%)** 쌀가루는 전분 입자가 커 튀김의 습기 배출을 용이하게 하고 바삭함의 지속성을 늘려 줍니다.

⑥ **시판 튀김가루 이용** 시판 튀김가루는 전분과 베이킹파우더 등을 함유해 튀김옷을 바삭하게 해 주는 성분을 이미 함유하고 있습니다.

⑦ **충분한 예열** 튀김이 기름을 흡수해 눅눅해지지 않게, 또 튀김옷에서 습기가 순식간에 배출되어 나올 수 있도록 튀김요리는 충분한 양의, 충분히 예열된 기름에 조리합

니다(170~180℃). 현장에서는 적외선 레이저 온도계를 이용해 튀김 기름의 온도를 측
정합니다.

⑧ **기름 충분히 털기** 완성된 튀김은 체에 받쳐 기름을 충분히 털어 내며 습기도 함께 충
분히 제거하면 바삭함이 훨씬 오래 유지됩니다.

⑨ **기름 완전 배출** 완성된 튀김은 기름이 고여 반죽옷에 스미지 않게끔 랙에 받쳐둡니다.

⑩ **2차 튀김** 대부분의 치킨집에서 그러하듯이 2차 튀김을 하여 서비스 직전에 바삭함
을 더 살려 줍니다.

사르르 녹음

인간은 바삭함만큼이나 사르르 녹는 식감을 본능적으로 선호합니다. 입 속에서 잘
녹는 영양은 소화와 흡수도 잘 됩니다.

육수 젤리: 샤오롱바오

샤오롱바오는 만두피를 찢으면 다량의 국물이 새어 나오는 독특한 딤섬으로 젤라
틴을 이용해 만든 육수 젤리를 만두 속재료에 섞어 빚습니다. 샤오롱바오를 쪄내면
속에 든 육수 젤리가 녹아 만두피 안에 고이니 마치 국물을 넣고 빚은 만두처럼 보입
니다. 과거 한 미슐랭 레스토랑에서 근무하던 중 호기심에 익히지 않은 샤오롱바오
만두소를 맛본 적이 있는데 생전 처음 먹어 보는 맛있는 육회처럼 느껴졌습니다. 다
진 고기 사이에서 탱글하게 씹힌 육수 젤리가 사르르 녹으며 엄청난 감칠맛과 깊은
풍미를 내어놓았는데, 한 입에 들어온 음식이 삼키는 순간까지 그렇게나 다양하고 입
체적인 재미와 만족감을 느끼게 해 준다는 사실이 다분히 인상적이었습니다. 한국에
는 육회를 내어 주는 수많은 식당들이 존재하는데 특제 육수로 만든 젤리를 육회에
섞어 넣는 것이 특별한 의외성이 될 수 있습니다. 정갈하게 각을 잡아 잘라 육회 접
시 한 켠에 곁들여 내어 주어도 좋습니다. 오향장육을 제대로 하는 식당에서는 고기
를 조리할 때 나온 국물을 졸여 젤리를 만들어 요리에 곁들여 주기도 합니다.

· 해산물 육수를 사용해 보세요. 육회의 풍미가 훨씬 깊어질 겁니다. 흔히 고기 요리에 고기 육수, 해산물 요리에 해산물 육수를 사용해야 한다는 편견이 있지만, 풍미는 다채로울수록 고급스럽다는 점을 잊어서는 안됩니다.

소 간 풍미의 재발견: 우(牛)아그라

한창 한식을 재해석하는 일에 빠져 지내던 시절 곱창집에서 호기심에 소 생간을 불판에 구워 먹다가 우연히 그 풍미가 푸아그라와 비슷하다는 것을 발견했습니다. 소 간은 한우의 것이라 해도 1kg 기준 싸구려 푸아그라 캔에 비해 약 30배 저렴하며 한우 국거리보다도 약 10배 값싸니 요리로 개발해 볼 가치가 큽니다. 다만 푸아그라와 달리 소 간 자체에는 지방기가 없어 고소함이 부족하기 때문에 버터와 우지를 첨가해 실험을 했습니다. 결과적으로 푸아그라와 흡사한 풍미를 내는 조미버터를 개발해낼 수 있었고 牛아그라라 이름 붙였습니다. 牛아그라는 냉동 보관했다가 통째로 얇게 썰어 빵에 곁들여도 좋고 그레이터를 이용해 튀김이나 완성 요리에 흩뿌려 주어도 좋습니다.

· **푸아그라(Foie gras)** 거위에게 대량의 사료를 급여해 비대하게 만든 지방간입니다. 주로 파인 다이닝에서 구워서, 혹은 퓌레나 소스로 만들어 제공합니다. 고소하고 깊은 육풍미가 일품인 세계 3대 진미 중 하나입니다.

· 『맛의기술』 출간 이후 많은 셰프님들께서 하기 우아그라 베이스를 이용해 조미버터, 소스, 마카롱 필링 등 자신만의 레시피를 개발하고 인증하였습니다.

레시피

牛아그라 베이스

재료

핏물 뺀 소 간 20%, 프레지뎅 버터 61.6%, 크림치즈 5%, 오뚜기 미향 4%, 브라운슈가 4%, 연두(주황색 병) 5%, 핵산IG 0.4%

조리법

① 써모믹서에 모든 재료를 넣고 1~2의 분쇄 강도에서 80℃로 온도를 올려 줍니다.

② 믹서의 온도가 80℃에 도달하면 분쇄 강도 6에서 5분 동안 조리해 줍니다.

- **써모믹서** 가열과 분쇄를 동시에 할 수 있는 믹서 기기
- 써모믹서가 없는 경우 소간을 1cm 두께의 큐브로 썰어 팬에 노릇하게 구워주고 버터를 넣어 녹인 후 블렌더로 옮겨 다른 재료들과 함께 곱게 갈아줍니다.

③ ②의 믹스쳐를 체에 거른 후 볼에 옮겨 담고 얼음물에 볼을 받쳐 저어 주며 식힙니다. 미지근하게 식어 더 이상 분리가 일어나지 않으면 비닐랩으로 감싸거나 용기에 옮겨 담아 냉동 보관합니다.

- 곱게 갈아 체에 걸러 주지 않으면 덩어리진 소 간 조직이 씹힐 때 잡내가 느껴질 수 있습니다.

④ 필요할 때마다 냉동실에서 꺼내어 치즈 그레이터를 이용해 갈아 요리에 뿌려 줍니다.

(응용)

- 미향이나 꼬냑, 허브, 통후추 등으로 추가 조미하거나 핵산IG를 첨가하면 잡내를 억제할 수 있습니다.
- 버터와 우지를 혼합 사용할 수도 있습니다.

오일을 파우더로 만드는 기술: 타피오카 말토덱스트린(N-Zorbit)

오일은 향을 잘 녹입니다. 향긋한 오일에 식감의 재미를 더해 주면 뛰어난 의외성이 될 수 있습니다. 오일을(더불어 향기를) 포집하면서도 물에는 잘 녹는 특성을 가진 타피오카 말토덱스트린을 이용하면 입 안에서 사르르 녹는 오일 파우더를 만들 수 있습니다. 만드는 방법도 매우 간단합니다. 블렌더에 타피오카 말토덱스트린을 넣고 갈면서 소금간을 해 준 후 가루화하고 싶은 오일을 천천히 첨가하면 됩니다. 가루가 뭉치기 시작하면 오일 첨가를 중단합니다. 다양한 오일로 만든 파우더에 스파이스나 양념 등을 첨가해 파생 시즈닝들을 만들 수도 있으므로 창의성을 발휘해 다양하게 활용할 수 있습니다. 한번 만들어 둔 파우더는 지퍼백에 밀봉하고 냉동 보관하면 수 개월이고 사용이 가능하므로 재고 관리가 용이합니다.

- 사르르 녹는 오일 파우더를 만들기 위해서는 N-Zorbit 등급의 타피오카 말토덱스트린을 이용해야 합니다. 일반적인 옥수수 전분 말토덱스트린은 입안에서 N-Zorbit만큼 부드럽게 녹지 않습니다.
- 나선 구조를 갖는 아밀로오스 같은 전분 내부는 기름과 친한 성질을 가져 지방을 포집하는 능력이 있고, 지방에 잘 녹는 향 역시 자연히 포집합니다. 포도당을 고리형 구조로 합성해 만드는 싸이클로덱스트린과 아라비아검 역시 이러한 특성을 갖습니다.

베이컨 파우더

타피오카 말토덱스트린(N-zorbit) 75g,

베이컨 기름 40~50g, 꽃소금 2.5g

① 베이컨(훈제)은 통째로 작은 냄비에 넣고 구워 기름을 빼냅니다. 기름은 미지근하

게 식혀 줍니다.

- 뚜껑을 덮어 약불에서 조리해 주면 기름이 더 잘 새어 나옵니다.

② 말토덱스트린과 꽃소금을 블렌더에 넣고 갈아줍니다.

③ ②의 블렌더를 약하게 작동시킨 채로 베이컨 기름을 조금씩 넣어 가며 가루와 기름을 혼합합니다. 가루가 뭉치기 시작하며 기름을 더 이상 품지 못하면 기름 투입을 중단합니다.

- 설탕과 구연산을 가미하면 오일 파우더의 향이 증폭됩니다.
- 다양한 오일에 적용해봅니다.

  ex) 트러플 오일, 로즈마리 오일, 참기름, 들기름, 코코넛 오일, 고추기름, 마유, 버터 등

얼려서 갈아 낸 소스

그라니따 조리법을 반드시 디저트에만 사용할 필요는 없습니다. 소스 역시 얼려 두었다가 갈아서 차가운 요리에 곁들여 재미 요소를 강화할 수 있습니다. 물회, 카르파쵸, 세비체, 시메사바 등 다양한 요리에 적용해 볼 수 있습니다.

- **카르파쵸** 익히지 않은 쇠고기에 우스터 소스, 마요네즈, 레몬즙 등 소스를 뿌려 먹는 이탈리아 요리
- **세비체** 익히지 않은 생선살을 레몬즙, 향신채 등에 절여 먹는 페루의 요리
- **시메사바** 익히지 않은 생선살(주로 등 푸른 생선)을 소금과 식초에 절여 만드는 일본의 요리

기존 요리의 해체와 식감 대체: 난생 처음 먹어 본 인절미

한 미슐랭 레스토랑에서 쁘띠푸르로 작은 인절미를 내어 준 것을 무척 맛있게 먹고 깊은 감명을 받은 기억이 있습니다. '파인 다이닝 쁘띠푸르가 겨우 인절미라니…' 실

망하던 찰나 쫄깃할 것이라 예상했던 인절미는 탱글하게 혓바닥 위에서 튕기더니 사르르 녹아버렸고, 입 안을 채운 고소한 콩가루 향과 씁쓸한 쑥 향이 여운을 남겼습니다. 알고 보니 떡이 아니라 쑥가루를 넣어 만든 마쉬멜로에 양념 콩가루를 발라서 만든 것이었습니다. 인절미의 구성을 해체해 쫄깃한 떡 부분을 마쉬멜로우로 대체하여 누구에게나 익숙한 음식을 새롭게 재해석한 겁니다.

· **쁘띠푸르** 흔히 파인 다이닝에서 식사가 끝난 후 커피나 차에 곁들여 내어놓는 주전부리

사이펀(휘핑기) 활용하기: 에스푸마

한 미슐랭 레스토랑에서 굉장히 직관적이고 맛있는 전채 요리를 먹었던 기억이 있습니다. 초당옥수수를 이용해 만든 에스푸마에 닭새우와 비스크 육수 젤리를 곁들인 메뉴였는데, 폭신한 에스푸마와 비스크 젤리의 깊은 풍미가 특히 잘 어울리는 요리였습니다. 위에서 바라보면 아래에 깔린 닭새우가 비스크 젤리 너머로 비쳐 보였는데 마치 아이언맨 가슴팍의 아크 리액터처럼 보이기도 해 재미있는 외관을 가진 요리였습니다.

에스푸마는 가스(foam)가 충전되어 폭신한 식감이 극대화된 소스를 일컫는 말입니다. 사이펀(siphon)이라는 기구를 이용해 만드는데, 우리나라에서는 사이펀을 휘핑기라 부르기도 합니다. 사이펀에 눅진한 크림소스나 과일 소스 같은 것을 넣고 질소나 이산화탄소를 충전한 후 일정 시간 숙성해 가스를 고루 퍼트려 사용합니다. 생크림으로 즉석에서 크림을 만들거나 독특한 식감의 소스를 만들 때 주로 사용하며 베이스가 안정적으로 거품을 품고 있을 수 있게 젤라틴이나 잔탄을 넣어 눅진한 점성을 부여해 주는 것이 일반적입니다. 가

스가 섞이면 소스의 풍미는 다소 옅어지기 때문에 사이펀에 충전할 베이스의 간은 간간하게 해야 합니다. 현재 한국에서는 질소 오용에 대한 우려 탓에 소형 질소 카트리지가 유통되지 않고 있습니다. 충전형 대형 질소 가스통을 대신 이용할 수 있습니다(이산화탄소 가스 이용 시 톡 쏘는 청량감과 시큼한 맛이 생길 수 있습니다). 사이펀 역시 얼마든지 창의적인 응용이 가능한 장비입니다. 사이펀을 이용해 튀김 반죽을 만들면 바삭하게 씹히다가 금세 사르르 녹는 특색 있는 튀김옷을 만들 수도 있습니다. 미슐랭 레스토랑에서 이 기술을 사용해 튀김을 만들기도 하며 셰프스텝스에서도 자세한 방법을 소개하고 있으니 참고하시길 바랍니다.

사이펀 튀김 – Chefsteps

초당옥수수 에스푸마

재료

초당옥수수, 버터 1%

우유 85%, 헤비크림 15%, 꽃소금 1.4%, 판젤라틴 3.4%

조리법

① 초당옥수수 무게의 1%만큼의 버터를 초당옥수수에 발라 랩으로 감싼 후 20~25분 간 쪄냅니다. 젤라틴은 얼음물에 담가 불려 둡니다.

② 칼을 이용해 ①의 초당옥수수 알맹이를 썰어 심지를 분리하고 무게를 잽니다.

③ 분량의 우유를 70~80℃ 언저리가 되도록 끓지 않게 데운 뒤 젤라틴과 꽃소금을 넣어 녹인 후 옥수수와 함께 곱게 갈아 체에 거르고 얼음물에 받쳐 식혀줍니다.

· 고성능 블렌더를 이용해 매우 곱게 갈아줍니다. 사이펀의 배출구가 작기 때문에 입자가 남아 있으면 에스푸마 분출이 원활하지 않습니다. 곱게 잘 갈수록 풍미가 더 진해지며 식감이 좋아집니다.

④ 거품기(whisk)를 이용해 ③의 혼합물을 빠르게 저으며 헤비크림을 넣어 섞어 줍니다.

⑤ ④의 베이스를 ISI 사이펀에 넣고 용기를 뒤집은 상태에서 가스를 충전해 줍니다.

⑥ 서비스하기 전 에스푸마가 잘 분출되는지 반드시 확인합니다. 가스가 베이스에 스며들 시간이 필요하기 때문에 반드시 필요량 대비 여유분을 준비해 둡니다.

· 서비스 후 폐기할 소스는 반드시 싱크대에 대고 방아쇠를 당겨 가스와 함께 제거해 줍니다. 가스가 충전된 채로 용기를 열면 절대 안 됩니다! 가스 충전 후에는 용기를 여러 번 흔들어 가스와 내용물이 잘 섞이도록 합니다. 냉장보관 중 내용물이 굳어 에스푸마 분출이 잘 되지 않는다면 체온을 이용해 데우며 흔들어 사용합니다.

(응용)

• 보다 강한 감칠맛을 원하는 경우에는 레시피 분량의 꽃소금 1.4%를 연두 순 7.8%로 대체합니다.

(레시피)

대추 에스푸마 베이스 레시피

(재료)

판젤라틴 8g

우유 260g, 프레지덩 생크림(휘핑크림) 48g, 프레지덩 버터 10g, 백설탕 10g

연두 순(초록색) 30g, 대추 농축액(ES 식품원료) 90g

① 얼음물에 판젤라틴을 계량해 넣고 불립니다. 젤라틴이 말랑해지면 키친타올에 얹어 손으로 꼭 짜 물기를 제거합니다.

  · 손의 온기에 젤라틴이 녹지 않게 합니다. 불린 젤라틴을 덜 건져내는 실수를 하지 않도록 합니다. 반드시 얼음물을 사용해 불립니다.

② 우유와 크림, 버터, 백설탕을 작은 냄비에 넣고 데웁니다(50~60℃: 수증기가 나기 시작하는 온도). 데운 혼합물에 1)에서 불려 둔 젤라틴을 넣고 녹입니다.

③ ②에 분량의 연두 순과 대추농축액을 섞어 넣은 후 얼음물에 받쳐 식혀줍니다.

탱글함/쫄깃함

해파리 튀김

서양권에서는 해파리나 해조류를 식재료로 인식하지 않습니다. 해조류를 구분하는 다양한 단어도 존재하지 않아 김이든 미역이든 'Sea weed(해초)'라 뭉뚱그려 부릅니다. 그런 서양권에서 한 미슐랭 레스토랑이 해파리를 불려 전분을 바르고 새우에 감아 해파리말이 새우튀김을 만들어 냈습니다. 해파리의 독특한 식감에 주목한 겁니다. 익숙한 비주류 식재료를 새로운 관점에서 재해석한 사례입니다.

쫄깃한 계란 지단

계란 지단은 한식에서 흔히 사용하는 고명입니다. 많은 조리학도들이 계란 지단을 부치는 연습을 하며 고통받습니다. 특히 흰자 지단은 툭하면 찢어져 조리기능사 자격증 시험에서 많은 탈락자를 만들기도 합니다. 계란물에 옥수수 전분 등 전분을 타 지단을 쉽게 부쳐낼 수 있습니다. 뿐만 아니라 계란 지단에 쫄깃한 식감이 생겨 겉치레가 아닌 그 자체로 즐길 수 있는 고명이 됩니다.

갈아 만든 떡갈비

한식을 배운 이래로 떡갈비를 만들며 수도 없이 들었던 이야기가 '고기를 너무 잘게 다지지 마라, 씹는 맛이 없어져 좋지 않다'입니다. 귀에 딱지가 앉도록 하지 말라고 하니 괜히 열이 뻗쳐 한번은 떡갈비 재료에 크림과 버터를 넣고 곱게 갈아 오븐 팬에 쏟아 넣고 구워 버렸습니다. 대신 인산염을 넣어 쫄깃한 식감을 부여해줬습니다. 그렇게 만든 떡갈비는 탱글하게 씹히면서도 입 안에서 사르르 녹아 고급스럽게 느껴졌습니다. 가끔은 금기에 반기를 들어볼 필요도 있습니다. 반항심은 창의성을 길러줍니다.

- **인산염** 햄 같은 육가공품에 흔히 첨가되는 식품 첨가물로, 육류의 보수력(수분을 간직하려는 힘)과 결착력(육 단백질이 서로 결합하는 힘)을 높여 다짐육 요리를 쫄깃하고 촉촉하게 만들어 줍니다.
- **인산염 실전** 'ES식품원료' 사이트에서 '폴리인산나트륨'을 구입해 사용하시면 됩니다. 반죽에 0.3~0.5% 첨가해 고루 혼합해 최소 4시간 이상 숙성해줍니다. 투입량이 적어 고르게 섞이지 않을 것을 방지하기 위해 반죽에 넣을 설탕, 물 같은 다른 양념과 먼저 혼합해줍니다. 폴리인산나트륨은 쫄깃하고 탱글한 식감이 살아있는 다짐육 요리를 하는 데 유용합니다.
- ※ 인산염은 단백질의 염용(salting-in), 이온강도 증가 등을 일으켜 고기나 생선살을 쫄깃하게 만들고 보수력을 좋게 합니다. 면류를 쫄깃하게 해주는 글루텐 역시 단백질이며, 일부 면류에는 쫄깃한 식감을 보강하기 위해 인산염을 첨가하기도 합니다. 면류에 인산염을 사용하고 싶다면 '피로인산나트륨'을 면 무게 대비 0.2~0.3% 첨가해줍니다.
- **약포** 약포는 다진 고기로 만드는 육포입니다. 육포에 식감 측면의 의외성이 부여된 것입니다.

제주 미친부엌 **공건아 대표님**

한국의 면과 국수

국수(麵, 국수)는 곡물을 가루내어 물과 함께 반죽한 뒤 이를 가늘고 길게 만들어 삶아 먹는 음식을 뜻합니다. 국수는 예로부터 장수, 번영, 인연 등의 의미를 내포하는 대표적인 한국 음식입니다.

12세기 초 송나라 사신 서긍(徐兢)이 『선화봉사고려도경(宣和奉使高麗圖經)』에서 '고려 음식 가운데 국수가 으뜸'이라 기록한 것을 바탕으로 한반도에서 국수를 먹어 온 역사가 길다는 것을 알 수 있습니다. 다만 한반도에서 밀 재배를 흔히 하지 않았기에 밀 국수는 조선시대까지도 귀한 음식이었으며 자연히 혼례 음식, 잔치 음식으로 존재했습니다.

19세기까지 기후와 농업 환경 탓에 한국의 전통 국수는 메밀이나 녹말을 주재료로 한 것(냉면, 막국수, 메밀국수 등)이 일반적이었습니다. 조선 후기에 접어들면서는 콩국수, 비빔국수와 같이 여름 면 요리가 문헌에 등장하기 시작했으며 이 시기의 국수는 간장, 식초, 기름을 이용해 조미했습니다.

20세기 초부터는 밀국수 건면이 유통되고, 한국전쟁 이후 미국 원조를 통해 밀가루가 대량 보급되는 등 한국에서 국수가 일상적인 음식으로 변화하기 시작합니다. 이 시기부터 칼국수, 잔치국수, 냉면이 대중 음식으로 자리잡게 됩니다.

면의 제조 과정

① **분쇄** 밀, 메밀, 쌀과 같은 곡물을 분쇄해 분말화합니다. 이 때 만들어지는 가루가 완성되는 면의 특징까지 좌지우지합니다. 밀가루는 반죽 과정에서 글루텐을 형성해 면에 탄력을 부여하며, 메밀가루는 조직이 부서지기 쉬운 대신 매력적이고 강한 향을 냅니다. 면의 제조는 가루 선택과 조합에서 시작됩니다.

(분말 배합 tips)

우동면 쫄깃한 식감을 위해 7%가량의 타피오카 전분 첨가.
일본 소바(보편적) 메밀 100% or 80% 메밀, 20% 밀가루(중력분) 혼합.

② **가수** 가루에 물을 더하는 과정은 면이 형체를 갖추기 시작하는 첫 단계입니다. 물은 가루를 탄탄하게 결합시키는 역할을 합니다. 이 때 투입되는 물의 양과 온도, 그리고 소금 투입량이 면의 식감에 직접적인 영향을 줍니다.

면 종류별 가수/반죽의 적정 온도

면 종류	물 온도	목표 반죽 온도
순 메밀면	12~14℃	16~18℃
혼합 메밀	13~15℃	18℃ 전후
우동면	15~16℃	20℃ 이하

③ **반죽** 면 반죽은 손으로 치대어 하거나 기계를 이용해 해줄 수 있습니다. 이 과정에서 글루텐이 생성되며 탄력 있는 구조가 만들어집니다. 반죽 시간은 충분해야 힘 있는 면을 얻을 수 있지만, 과도하면 식감이 지나치게 질긴 면이 만들어질 수 있습니

다. 반대로 반죽 시간이 부족하면 쉽게 끊어지며 쫄깃하지 못한 면이 됩니다. 좋은 반죽을 얻기 위해 시간과 치대는 힘에 있어서 세밀한 조작이 요구됩니다.

반죽 tips

대표적인 반죽기 브랜드 훈우와 삼우, 야마토(저는 야마토를 사용합니다).

라멘면의 반죽 시간 저가수, 중가수, 고가수 면마다 다르게 설정.

약 1분 가량 가루끼리 먼저 고르게 섞어 주는 작업을 진행한 후,

가수율별로 아래 공정 진행.

- **저가수** 본 반죽 15분 후 복합 2~3회
- **중가수** 본 반죽 10분 후 복합 3~4회
- **고가수** 본 반죽 5분 후 복합 4~5회
- **복합** 반죽을 접어 치대는 작업
- 가수량에 대해서는 뒤에서 자세히 다룹니다.

글루텐의 사다리 구조가 잘 형성되게끔 하는 효과적인 방법은 일정한 압력을 반죽 전반에 고르게 가하는 것입니다. 같은 면 반죽도 밟아서 반죽할 때와 손 반죽을 할 때 서로 다른 식감을 냅니다. 저는 밟아 반죽한 면의 품질이 더 좋다고 생각합니다. 밟아 반죽하는 경우에는 두꺼운 김장 비닐에 반죽을 넣고 잘 밀봉하여 위생적으로 작업합니다.

④ **숙성** 완성된 반죽은 바로 쓰지 않고 일정 시간 숙성을 거칩니다. 숙성은 반죽 내부의 수분이 고르게 퍼지게 하며, 반죽 과정에서 생긴 글루텐의 긴장을 완화시켜 모양을 내거나 썰기 좋게끔 면의 형태를 정렬시킵니다. 숙성 역시 면의 완성도를 높여 주는 중요한 조리 단계입니다.

숙성 tips

시간 18℃에서 하루 정도 숙성. 숙성고가 있다면 숙성고를 이용하고, 숙성고가 없다면 12℃~20℃ 범위의 선선한 실온에서 보관(면 요리 전문 업장에서 보통 하루 정도 숙성합니다).

포장 진공 포장 추천(기포 제거, 신속한 반죽 안정). 진공 포장기가 없다면 지퍼팩에 밀봉

보관.

⑤ **성형** 숙성이 끝난 반죽은 성형을 통해 면의 형태로 거듭납니다. 반죽을 밀어 접어 써는 방식, 칼을 이용해 절단하는 방식, 압출기를 이용해 짜내는 방식, 손으로 늘려 만드는 수타 방식 등 다양한 방법이 사용됩니다. 이 단계에서 면의 굵기나 조직감이 세부적으로 결정되며, 이는 조리된 면의 식감이나 국물 흡수력에 영향을 줍니다.

> **수타면 vs 압출면**
>
> **수타면의 특징**
> **구조** 접고 늘리는 과정의 반복으로 층상(laminar) 정렬됨.
> 　　　미세 기포층을 갖고 내부 밀도가 불균일함.
> **식감** 첫 입은 부드럽고 이내 층이 갈라지듯 씹히며 탄력이 뒤늦게 받쳐 줌.
>
> **압출면의 특징**
> **구조** 노즐을 통해 고압 분출되어 내부 기포층이 거의 없으며 밀도가 높고 균일함.
> **식감** 첫 입에 확실한 탄성과 저작 저항감이 있으며 이내 일관되게 단단한 식감,
> 　　　끝까지 형태를 유지하다 천천히 퍼짐.

⑥ **가열** 삶는 과정에서 면은 반죽 상태를 벗어나 하나의 음식으로 완성됩니다. 삶는 시간과 온도는 면의 최종적인 식감을 결정짓습니다.

가수율에 대한 이해

재료의 급보다 올바른 반죽 설계가 맛있는 면을 만드는 데 더 큰 영향을 미치기도 합니다. 그중에서도 가수율은 가장 결정적으로 면의 퀄리티를 좌우하는 핵심 요소입니다. 같은 재료, 같은 시간, 같은 설비를 사용하더라도 가수율 하나 달라지는 것만으로 전혀 다른 면이 만들어집니다.

· **가수율** 가루 대비 물의 첨가 비율을 의미합니다. 다음과 같은 계산식을 사용합니다.

가수율(%) = 물의 중량 ÷ 가루 중량 × 100

예를 들어 가루 1,000g에 물 450g을 사용하면 가수율은 45%가 됩니다. 가수율에 따라 반죽의 탄력과 수분감이 달라집니다.

① 저가수율 면(가수율 30~38%)

저가수율 면은 탄력이 강하고 조직 밀도가 높아 삶은 뒤에도 형태가 쉽게 무너지지 않습니다. 국물 속에서 불지 않고 장시간 식감을 유지하며, 풍미가 진하고 강한 육수에서도 분명한 존재감을 드러냅니다. 이 유형의 면은 라멘이나 점도가 강한 국물 요리에 잘 어울립니다. 다만 단단하고 성형 난이도가 높아 숙련이 필요합니다. 더불어 숙성을 제대로 하지 않을 경우 면 내부에 거친 식감이 남게 되어 거슬릴 수 있으니 유의합니다.

② 중가수율 면(가수율 40~48%)

중가수율 면은 개성은 좀 부족한 대신 적당히 탄력 있는 부드러운 식감을 갖추어 다양한 국물과 소스에 무난하게 잘 어울립니다. 가루와 물의 비율이 가장 균형 잡혀 있는 영역으로, 품질(식감 등) 안정성이 뛰어나며 작업성도 좋습니다. 반죽 성형이 용이하며, 조리 결과물의 편차도 적습니다. 칼국수, 잔치국수, 평양냉면과 같은 국물 중심의 면 요리에 널리 활용됩니다.

③ 고가수율 면(가수율 50% 이상)

고가수율 면은 물의 첨가량이 높은 반죽으로, 부드러운 식감이 특징적입니다. 조리 과정에서 형태 유지력이 떨어져 조리 난이도가 높습니다. 이 유형의 면은 촉촉하고 수분감이 높아 입안에서 부드럽게 풀리므로 향 전달력과 소스 흡착력이 뛰어납니다. 파스타나 우동과 같이 소스나 국물의 풍미를 함께 전달하는 요리에 적합합니다.

가수율별 면 특징과 어울리는 요리

면 종류	물 온도	목표 반죽 온도
순 메밀면	12~14℃	16~18℃
혼합 메밀	13~15℃	18℃ 전후
우동면	15~16℃	20℃ 이하

면에 대한 선호도

고가수 면에 대한 선호 고가수 면은 부드럽고 수분감이 있으며 국물과도 잘 어우러짐. 면과 국물 맛에 모두 신경 쓰는 입장에서 필자는 고가수 면을 선호함. 대중적인 면 요리인 우동, 칼국수 등이 모두 고가수 면에 해당함.

20·30 선호 면 중가수 중화면 및 라멘 면처럼 탄력 있는 면을 선호하는 경향 있음.

40·50 선호 면 칼국수, 우동과 같은 고가수 면을 선호하는 경향 있음.

우동면

재료

가루 총 3,750g: 중력분 2,500g, 강력분 900g, 타피오카 전분 350g

14% 염도의 소금물 49%(1,837.5g: 정제염 257.25g, 물 1,580.25g)

식초 1%(37.5g)

조리법

① 약 1분 동안 가루끼리 잘 혼합해 줍니다.

② 반죽기에 ①의 가루 및 소금물, 식초를 넣고 5분 동안 1차 반죽을 합니다.

③ 반죽기에서 꺼낸 반죽을 두꺼운 김장 비닐에 담아 1차 숙성*을 거칩니다.

- **1차 숙성** 숙성고에서 28℃ 2시간 or 31℃ 1시간 숙성. 숙성고 대신 공기밥을 보관하는 온장고 이용 가능.
- **28℃ 2시간 숙성한 면** 탄성 있고 복원력 강함, 차분하고 단단한 식감. 두꺼운 면이나 얇은 면 모두에 잘 어울리는 숙성법.
- **31℃ 1시간 숙성한 면** 첫 입에 탄성이 있고 금방 부드러워짐. 삶을 때 비교적 잘 붙며 얇은 면에 잘 어울리는 숙성법.

④ ③의 고온 숙성한 반죽을 밟거나(고르게 압력을 가함) 손으로 치대어* 줍니다.

- **치대기** 5kg 기준 20분, 10kg 기준 30분 이상.

⑤ ④의 반죽을 2차 숙성*합니다.

- **2차 숙성** 18℃의 숙성고에서 24시간 숙성.

조리Tips

- 상기 반죽은 전분 양을 100g으로 줄여(가수량은 가루 양의 49%로 유지), 칼국수 면으로도 사용 가능합니다. 우동 면으로 쓰건 칼국수 면으로 쓰건 더 부드럽고 둥근 인상의 식감을 구현하고 싶다면 1% 식초 대신 1%의 식용유를 대입합니다.

중화면

재료

강력분 1,500g, 중력분 1,350g, 전립분 150g, 면파워 90g

소금 100g, 물 1,350g

· **전립분** 배유, 씨눈 등을 포함해 밀을 통째로 간 밀가루
· **면파워** 글루텐과 베이킹파우더 등을 함유한 면 기능 강화제로, 면의 식감을 쫄깃하게 하고 잘 붙지 않
  게 해 줌.

조리법

① 약 1분 동안 가루끼리 잘 혼합해 줍니다.

② ①의 가루에 소금과 물을 넣고 반죽합니다.

③ 상온에서 2시간 휴지·숙성 후 사용합니다.

눅진함

눅진한 식감과 점성은 소스 풍미의 방출 패턴에 큰 영향을 미칩니다. 윤기와 신전성을 부여하는 등 소스를 먹음직스럽게 하거나 뾰족한 풍미를 둥글게 만들어 주기도 합니다. 뿐만 아니라 소스가 재료에 잘 묻게 하고 입에 오래 머물게 하여 만족감을 강화합니다. 눅진함이 없던 자리에 눅진함을 채워 주는 것만으로 기분 좋은 의외성을 만들어낼 수 있습니다.

잔탄과 Ultra-Tex 8: 명이 장아찌 소스

한 미슐랭 레스토랑에서는 명이 장아찌의 국물에 점성을 부여하여 소스로 사용합니다. 한국의 장아찌나 반찬 국물에는 감칠맛과 특유의 독특한 향미가 있어 약간의 단맛과 점성만 부여해 주면 그 자체로 특제 소스가 될 수 있습니다. 잔탄검이나 타마

린드검 같은 검류를 이용하면 가열 없이 소스의 향미를 그대로 유지하면서 잘 저어주거나 브렌더를 이용해 갈아주는 것 만으로 소스에 눅진한 점성을 부여할 수 있습니다.

· 식품업계에서는 소스에 점성을 부여하는 증점제를 가리켜 '호료'라 칭합니다. 호료에 대해서는 5장에서 자세히 다룹니다.

아작함

피클: 식물효소여 일어나라!!

어떤 미슐랭 레스토랑에서는 무 피클을 만들 때 세로로 반 가른 무를 소금물에 담가 절인 후 진공 포장하여 55℃의 수비드 탱크에서 1시간 동안 조리한 후 사용합니다. 조리한 무는 끓이지 않은 피클 주스에 담가 최소 2일간 숙성시킨 후 사용합니다. 이렇게 만든 무 피클은 일반적인 피클보다 더 아작하며 향긋합니다. 식물에는 50~70℃ 범위에서 작동하는 효소(PME, Pectin Methylesterase)가 있는데, 이 효소의 작용이 식물 조직을 단단하게 만들어 줍니다. 식물의 세포벽 조직인 펙틴은 칼슘과 결합하면 더욱 단단해지는데(실제로 대기업 김치에는 칼슘 제재가 첨가되기도 하며, 멸치액젓보다 뼈를 함께 갈아 만든 육젓을 이용해 담근 김치가 더 아작한 식감을 갖습니다), PME 효소는 펙틴에 작용해 칼슘에 더욱 잘 붙을 수 있는 형태로 바꾸어 주며, 칼슘과 잘 결합할 수 있게 형태가 변화한 펙틴(저메틸 펙틴)은 채소 내에 자연적으로 존재하는 칼슘과 결합해 채소 조직을 더욱 단단하게 만들어줍니다. 일본에서 유행했던 50℃ 채소 세척법 역시 이 원리를 이용한 것입니다. 고온에 닿은 채소는 물러진다는 흔한 인식과는 달리 50℃의 뜨거운 물로 세척한 깻잎, 상추 등 채소의 조직은 짱짱하게 살아납니다. 피클을 만들 때 뜨거운 피클 주스를 채소에 부어 주는 큰 이유들 중 하나도 순간적으로 채소에 닿은 피클 주스가 60~70℃ 정도로 식으며 식물 효소를 작동시켜 피클이 아작해지기 때문입니다. 다만 수비드 조리를 이용해 만든 피클이 상대적으로 더욱 단단한 식감을 갖는데, 이는 식물 효소 PME가 작동하는 정확한 온도대를 충분한 시간 동안 유지해줄 수 있기 때문입니다. 뿐만 아니라 피클주스를 채소에 부어줄 때에는 채소 표면의 칼슘 이온이 일정량 씻겨 나가게 되는 반면 수비드 조리하는 경우 칼슘 이온이 펙틴질과 안정적으로 밀착해 결합을 형성합니다. 같은 맥락에서 피클주스에 소량의 염화칼슘 등 칼슘제를 타주는 것도 피클이 단단한 식감을 오래도록 유지하는 데 도움이 됩니다. 피클주스의 칼슘 농도를 높여주어 피클의 보관 중 칼슘 이온이 펙틴에서 뜯어져 나와 피클주스로 용출되는 것을 막는 겁니다.

· 피클 주스를 끓일 필요가 없다면 식초의 좋은 향기 성분들을 그대로 살려 피클에 입힐 수 있습니다. 이 방식으로 만드는 피클에는 각종 과일 식초 등 향긋한 식초를 이용하는 것이 유의미합니다.

더 아작한 오이 뱃두리

뱃두리는 절인 채소, 흔히는 오이의 물기를 짜낸 후 볶아 식혀 오독한 식감을 낸 찬류입니다. 어떤 레스토랑에서는 오이 뱃두리를 만들 때 절여 물기를 짜내고 볶은 오이를 팬에 얇게 펼쳐 약 30분 간 냉동고에서 얼려 줍니다. 얼렸다 녹인 오이 뱃두리는 더욱 아작한 식감을 갖게 됩니다.

사테(SATE) **최윤호 셰프님**

sate_hbc

다인종·다문화 퀴진의 자유분방한 교류가 이루어지는 호주에서 경력을 쌓았습니다. 동남아, 중국 등 아시안 퀴진에서 영감을 받아 개발한 메뉴를 이태원의 와인바 사테(SATE)에서 선보이고 있습니다.

메뉴 개발 시 영감을 얻는 방법

여행을 다니며 새로운 메뉴에 대한 영감을 얻는 편입니다. 구태여 찾은 로컬 식당에서 아침이나 점심 식사를 하며 생소한 음식들을 시켜 먹고 기억에 남는 점이나 새로운 점은 무조건 기록해 둡니다. 저녁에는 파인다이닝이나 캐쥬얼 다이닝에 방문하는데, 해당 국가만의 식재료를 많이 사용하는 곳을 고릅니다.

최근에는 베트남에 많이 방문하고 있는데 Ciel dining이라는 베트남식 파인 다이닝에서 근래 가장 맛있는 식사를 했습니다. 익숙한 요리나 재료로 조합을 새롭게 구현하는 그 방식이 인상깊었습니다. 예를 들어 마파두부와 밥이라는 특별할 것 없는 조합에 블루치즈를 곁들인 메뉴가 있었는데, 블루치즈의 진한 풍미가 마파두부와 조화롭게 어우러져 신기했습니다. 물론 로컬 시장과 식당에서는 처음 보는 새로운 재료나 요리 역시 많이 접할 수 있었습니다.

여행에서 돌아온 이후에는 잔뜩 충전한 영감들을 모아 테스트를 진행합니다. 새로운 재료들을 한국 대중도 받아들일 수 있게 익숙한 맛에 조합해 넣는 작업을 하며, 곧바로 메뉴에 반영해 보기도 합니다.

메뉴를 차별화하는 방법

저는 남들이 많이 사용하지 않는 재료를 찾아내려 노력하는 편이고, 그 재료를 대중에게 선보이고 싶다는 강한 열망을 갖고 있습니다. 그래서 메뉴를 차별화하려 노력한다기보다는 제 열망을 실현하는 과정에서 메뉴가 차별화되고는 합니다. 다만 한국에서 너무 생소한 재료에는 적절한 익숙함을 조합해 대중이 즐길 수 있게 합니다. 그렇게 새로운 재료나 음식에 대한 사람들의 거부감이 조금씩 걷어졌으면 합니다. 최근에는 메기 메뉴를 구상했는데, 국내 다이닝이나 비스트로에서는 거의 사용하지 않는 재료인 것 같아 선택한 재료였습니다. 메기는 동남아시아 국가들에서는 워낙 많이 먹는 재료이기에 아시안 퀴진을 선보이는 사테에 잘 어울리는 식재료이기도 했습니다. 메기는 민물 생선이다보니 강한 흙내를 품고 있어서 냄새를 잡는 데 신경을 써야 했지만 식감이 워낙 좋은 생선이라 만족스러운 메뉴를 구상할 수 있었습니다. 막상 손님들도 거부감 없이 많이 주문해 주셔서 보람찬 작업이었습니다. 이렇듯 남들이 잘 쓰지 않는 재료를 선택해 맛있게 조리하면 그 자체로 메뉴가 차별화됩니다.

남들이 쓰지 않는 재료를 선보이는 것을 좋아하듯이 플레이버 역시 남들이 구현하지 않는 방향으로 구사하는 것을 즐깁니다. 모던 아시안 퀴진이라는 주제에서 벗어나지 않는 선에서 여러 국가의 플레이버를 한 디쉬 위에 올려 믹스 매치하려 노력합니다. 여러 나라 음식들의 좋은 특징들을 조합해 나가다 보면 굉장히 매력적인 결과물이 나오고는 합니다. 저는 다양한 재료를 확보한 후 어울리는 조합을 찾을 때까지 수없이 시도하는 편입니다. 남다른 요리를 선보여야 한다는 강박이 있는 것 같아요.

요리학도들에게 한 마디

여러 분야의 음식을 접하고 경험치를 늘려 나가면 좋겠습니다. 한 가지 퀴진만 깊게 공부하기도 힘들고 어렵지만, 새롭고 톡톡 튀는 메뉴를 개발하기 위해서는 결국 다양한 경험을 하는 것이 제일 중요하다고 생각합니다. 익숙하지 않은 재료나 향신료라도 거부하지 말고 받아들이고 깊게 느껴 보세요, 좋은 맛 밸런스나 익숙한 요리와 만났을 때 생소한 플레이버도 좋은 방향으로 발현되고는 합니다!

Q. 사테에서 먹은 타마린드 데리야끼 소스가 너무너무 인상깊었는데, 개발 배경을 소개해 주실 수 있나요? 향기 분석 사이트에서 타마린드를 검색해 보니 잘 어울리는 조합으로 간장이 나오더라구요! 어떻게 두 재료가 잘 어울릴 줄 아셨을까요!

동남아에서 타마린드와 간장의 조합은 여행 중 흔히 발견할 수 있는 조합입니다. 그래서 어렵게 머리를 싸매고 개발한 소스는 아니었던 것으로 기억해요! 타마린드가 무거운 산미를 가진 재료라 기름진 메인 디쉬에 곁들이기 굉장히 좋은 아이템입니다.

Q. 기억에 남는 셰프님의 메뉴를 2~3가지 소개해 주시면 감사하겠습니다!

먼저 오이 메뉴가 기억에 남습니다. 절인 오이에 마늘 요거트 소스, 민트 샐러리 파우더를 곁들인 메뉴인데, 막상 받아 들면 오이가 이렇게 맛있다니! 하며 정신없이 먹어 치우게 되는 요리예요! 오이는 생강 식초에 피클링해 준비하고, 툼(Toum)이라는 레바논 마늘 소스와 요거트로 만든 소스를 곁들입니다. 그 위에 민트와 샐러리 잎을 말려 섞은 파우더를 뿌려 마무리합니다. 오이의 산미, 생강 향기, 알싸한 마늘 요거트 소스 풍미가 한 번 말려 얌전해진 민트, 샐러리 향과 너무 잘 어우러집니다. 차지키(그리스식 요거트 소스)를 사테만의 모던 아시안 스타일로 풀어낸 요리입니다.

두 번째로, '두리안 아이스크림과 오렌지 파인애플 그라니타'라는 메뉴가 기억에

남습니다. 동남아 과일들 중 개인적으로 두리안을 너무 좋아해서 대중에게도 꼭 맛있게 소개하고 싶어 기획한 메뉴입니다. 두리안을 화이트 초콜릿과 조합해 아이스크림을 만드는데, 두리안이 워낙 지방이 풍부한 과일이라 두리안 아이스크림의 식감도 부드럽게 잘 나옵니다. 두리안 특유의 트로피컬한 풍미와 잘 어우러지게끔 파인애플과 오렌지로 만든 그라니타를 곁들여 줍니다. 두리안 아이스크림에는 무화과 잎으로 만든 오일도 같이 곁들여 줍니다. 무화과 잎 오일은 코코넛과 비슷한 향을 냅니다.

Q. 사테에 방문할 때마다 이런 천재적인 풍미 조합은 대체 어떻게 떠올리는 걸까 궁금했는데 말씀을 듣고 보니 여행에서 얻은 영감을 적극적으로 활용하시며 경험치를 쌓으신 것이 아닌가 하는 생각이 듭니다!

공감합니다. 특히 남들이 흔히 가지 않는 곳에서 좋은 식경험을 한다면 더 좋겠죠! 대중요리를 하시는 분들이라면 일본이나 중국 같은 인접국의 생소한 요리를 재해석하는 방향도 좋은 접근법이라 생각합니다.

의외의 환경

홀 직원이 지어 주는 잠깐의 미소와 안내해 주며 건네는 말한 마디, 여름엔 시원하고 겨울엔 따뜻한 물수건부터 그릇 하나조차 신경 썼다 싶은 섬세함 등 환경 역시 맛있는 식(食)경험의 일부입니다. 혹자는 검게 그을린 멜라민 접시와 호일을 깐 불판을 내어 주는 식당에서는 맛있는 음식을 기대하지 않는다고 이야기하기도 합니다. 더불어 '분위기 맛집'이라는 단어가 생겨날 정도로 인테리어와 익스테리어, 콘셉트 등 음식의 맛보다 식당 환경에 더 큰 주의를 기울여 인기를 끄는 식당들이 생겨나고 있습니다.

서비스에 대해서

지인을 데려가면 항상 다시 방문하고 싶다는 이야기를 듣는 한 고깃집이 있습니다. 음식 구성이나 맛이 특별히 뛰어난 것 같지는 않은데 이 식당에서 식사를 하고 나면 항상 기분이 좋습니다. 이유를 궁금해하며 재방문한 어느 날 제 눈에 양은 냄비가 들어왔습니다. 이 가게에서는 고기를 초벌로 구워 내어 주는데 그 사이 기다리는 손님에게 손잡이 없는 양은 냄비에 끓인 라면을 줍니다. 그리고 직원은 자리를 뜨지 않고 잠시 뒤에서 기다립니다. 손님은 앞그릇에 면을 건진 후 국물을 따르려 합니다. 하지만 불판에 얹힌 냄비인 데다 손잡이가 없기에 선뜻 집어 들기 쉽지 않습니다. 이 때 직원이 잽싸게 다가와 장갑 낀 손으로 뜨거운 양은 냄비를 번쩍 들어 면이 담긴 손님의 앞그릇에 국물을 따라줍니다. 체증이 쑥 내려갑니다. 의도적으로 설계한 불편함일지는 몰라도 친절한 서비스는 확실히 부각됩니다. 이 가게는 식사 시간 내내 살뜰히 신경쓰고 있다는 메시지를 손님들에게 적극적으로 전합니다. '쨍그랑!' 실수로 떨어트린 숟가락이나 젓가락을 주워 들고 고개를 들면 새 수저를 들고 온 직원이 눈 앞에 있는가 하면 반찬이 떨어져 가면 '더 갖다 드릴까요?' 하고 묻고는 알아서 채워 줍니다. 계산을 하며 불편한 점은 없었는지 묻는 사장님의 미소 띤 얼굴은 특별한 덤입니다.

조명에 대해서

빛은 공간을 한층 더 풍부하게 만들며 사람의 감성을 자극합니다. 호텔은 화려한 조명으로 시선을 사로잡고 미술관은 작품을 부각시킬 수 있는 조명을 기획합니다. 레스토랑에서도 필요와 용도에 따라 적정 양의 빛이 적소에 비춰지도록 조명에 신경을 써야 합니다.

밝고 강한 조명은 일에 집중할 수 있게 해 줄지는 몰라도 공간에 들어서는 사람을 산만하게 합니다. 밝고 하얀 조명은 작업실이나 사무실에 어울립니다. 사무실처럼 환하게 밝혀 둔 조명은 시골 할아버지 할머니의 정겨운 맛집에서나 용인할 수 있습니다. 푸른빛이 도는 차가운 온도의 등(5,000~6,000K)은 사람의 심신을 불안하게 합니다. 자율신경계를 둔화시켜 배고픔을 잊게 하고 소화도 부진하게 만듭니다. 반대로 따뜻한 온도의 주황색 빛(3,000~3,500K)은 사람을 편안하게 하며 공복감을 일으키고 소화를 돕습니다. 대형 마트나 백화점에서 불만을 접수하는 데스크에도 3,000K 인근의 색온도를 갖는 조명을 사용합니다.

식욕을 자극해야 하는 레스토랑에서는 주황색과 붉은색을 띠는 조명을 사용하는 편이 유리합니다. 자연광과 비슷한 조명 아래에서 음식은 맛있어 보입니다. 사람과 음식이 가장 아름다워 보이는 색온도는 해가 뜬 후 1~2시간이 지난 시점의 빛 온도(3,500K)입니다. 많은 푸드 크리에이터들이 음식 사진을 찍기 위해 자연광을 찾는 이유도 같은 맥락 안에 있습니다. 푸른 계열의 빛을 잘 내는 LED의 경우 내구성이 좋아

경제적이지만 붉은 빛을 잘 재현하는 제품은 흔하지 않습니다. 조명 유지비를 아끼면 서도 레스토랑 공간이 적절한 색온도를 갖게 하고 싶다면 붉은 빛의 재현율을 뜻하는 R9(R9 Color Rendering Value)값이 높은 LED 제품을 찾아야 합니다. R9값이 낮은 조명 아래에서는 사람의 얼굴이 창백해 보이고 음식은 메말라 보입니다. R9값은 대부분의 제품에 표기되어 있지 않으므로 표기가 있다면 제품 품질에 자신이 있는 제조사라 간주하고 문의해 봐도 좋습니다. 조명과 함께 인테리어의 마감재에 도 신경을 써야 합니다. 천장이 빛을 강하게 반사 하는 밝고 매끄러운 재질이라면 마감재를 바꾸거나 비교적 은은한 조명을 사용해야 하고, 천장의 마감 재가 어둡다면 조명을 많이 배치하는 등 공간이 균 형 잡혀 보일 수 있게 마감재와 조명을 함께 컨트롤 해야 합니다.

· **너무 밝지 않은 조명** 다운라이트, 간접조명, 코브조명, 반매립형 등
· 조명의 온도와 밝기는 별개의 개념

　　식사를 하면서는 많은 대화가 오갑니다. 펜던트 조명을 테이블마다 배치해 손님들 이 서로의 대화와 식사 시간에 집중할 수 있게 해야 합니다. 테이블 외의 복도나 다 른 공간의 조명을 상대적으로 어둡게 설정하는 것은 기본입니다. 뇌에 전달되는 정 보의 87%를 시각이 차지한다는 사실을 잊어서는 안 됩니다. 펜던트 조명 역시 자연

광에 가까운 색온도를 가져야 하며 건축학에서는 음식이 맛있어 보이려면 펜던트 조명과 테이블 사이의 거리가 75~90cm 정도 되어야 한다고 이야기합니다. 테이블 위로 떨어지는 펜던트 조명은 자연히 45° 각도로 앉은 사람을 비추는데, 이는 얼굴이 예뻐 보이는 조명 각이기도 합니다. 셀카를 찍고 싶은 마음이 드는 레스토랑은 매출이 20% 오른다는 말이 있는 만큼 사진을 찍어 자랑하고 싶은 공간을 조성한다는 생각으로 조명을 배치해야 합니다. 신경 쓴 조명은 음식을 맛있게 느끼게 하고 예쁜 사진이 나오게 합니다. 조명에 심혈을 기울이면 SNS를 통한 입소문도 기대할 수 있습니다. 펜던트 조명을 설치하기 부담스럽다면 노란 빛을 띠는 충전형 테이블 스탠드를 사용할 수도 있습니다.

손님의 등 너머에 강한 조명이 위치하지 않도록 조심합니다. 얼굴과 음식에 그림자가 져 사진을 찍기 곤란합니다. 정수리를 직각으로 내리쬐는 조명 역시 손님의 얼굴에 그늘을 만드니 피해야 합니다.

다양한 조명을 체험해 보고 싶다면 조명 쇼룸과 전시장 방문을 추천합니다. 논현동과 을지로에는 수많은 조명 전시장들이 자리잡고 있습니다.

향기로운 환경

커피 볶는 향이 뿜어져 나오는 카페는 좋은 인상을 줍니다. 볶은 커피향 디퓨저를 입구에 비치하는 카페도 있습니다. 한편 불을 이용하는 식당들 역시 향을 이용해 손님에게 좋은 경험을 선사합니다. 한 고깃집에서는 손님 상에 코코넛 껍질을 넣은 연탄불을 내어와 입맛을 돋웁니다. 향긋한 연기 앞에서 손님들은 고기를 기다리며 침을 흘리게 됩니다. 양파 껍질, 훈연용 우드칩 등 다양한 재료를 활용할 수 있습니다.

동원 더반찬 상품개발팀 **최민제 셰프님**

"우리의 생활이 오늘보다 내일 더 맛있어졌으면 합니다."

· **더반찬:** 온라인 반찬 쇼핑몰 브랜드로, 동원이 300억원에 인수한 인천의 한 반찬가게가 그 시초입니다.

원재료 먹어 보기

식재료 자체가 어떤 고유의 맛과 향을 가지고 있는지 잘 이해하고 요리하는 것이 중요하다고 생각합니다. 한국에서는 요리를 할 때 일단 파, 마늘부터 다져 놓고 보는 습관이 있어 안타깝습니다. 사용하려는 식재료가 향으로 먹는 것인지 식감으로 먹는 것인지를 먼저 고려해야 합니다. 참나물, 냉이, 머위나물 같은 봄나물 등 향이 좋은 재료에는 파, 마늘을 넣지 않아야 맛이 좋습니다. 재료 자체에 대해 관심을 갖고 기존의 관습에 의구심을 품을 필요가 있습니다. 왜 냉이로는 된장국만 끓여야 할까요? 경험적으로는 냉이는 맑은 국으로 먹는 편이 훨씬 맛이 좋습니다.

신선한 채소 사용

채소는 아무리 밀봉을 잘 해도 냉장에서 3일이 지나면 풍미가 떨어지는 것이 확연하게 느껴집니다. 5일이 넘어가면 모양만 남아 있지 맛과 향은 사라져 버렸다는 인상마저 듭니다. 채소는 필요할 때마다 제때 발주하여 신선한 것을 사용해야 합니다.

채소: 신선하게 다루기

필요한 채소는 그날그날 썰어 써야 합니다. 칼이 닿은 채소에서는 효소 작용으로 인해 쉰내 등 잡내가 발생하게 됩니다. 썰어 둔 무에서는 시큼한 냄새가 나고 칼이 많이 닿은 다진 양파에서는 쓴맛이 나기도 합니다. 아무리 좋은 레시피라도 상태가 나빠진 채소로 요리하면 맛이 좋기 힘듭니다. 그나마 다진 마늘은 올리브 오일이나 참기름 등 기름에 재워 며칠 동안 사용할 수 있습니다.

수용: 조미료

조리학도이자 조리고등학교 교사로서 오랜 시간 엄마의 손맛을 표방하며 제 요리에서 조미료를 배제하려 노력한 시기도 있었습니다. 건강에 해가 될 이유가 전혀 없음을 알면서도 왠지 모를 거부감을 가졌습니다. 하지만 조미료도 막상 잘 쓰려 하면 식재료나 조리법과 마찬가지로 공부가 필요한 영역이더라구요. 한 유명 셰프님 왈 요리 실력의 차이는 조미료를 얼마나 수용적인 자세로 받아들이고 어떻게 잘 사용할지를 고민함에서 나타난다 하였습니다. 반찬 개발 과정에서 여러 테스트 메뉴를 놓고 시식을 해 보면 가장 빠르게 줄어드는 요리는 어김없이 조미료를 잘 쓴 셰프의 것입니다. 쇼핑몰에서 오래 살아남는 반찬 역시 조미료가 잘 스며든 메뉴입니다. 흔히 맛있는 요리를 가리켜 '조미료를 때려 넣었다'는 표현을 쓰는데, 사실 조미료의 사용량이 아니라 '맥락에 맞게 잘 썼느냐'가 반찬 요리의 흥망을 결정짓습니다. 재료의 향이 살아야 하는 요리에는 미원을 쓰고 향이 약하거나 반대로 너무 강한 경우에는 복합적인 풍미가 나는 다시다를 쓰는 식입니다. 조미료의 사용도 요리 기술의 일부로 인정하고 수련의 범위를 확장해야 합니다.

제철 아닌 채소의 소생

더반찬에서 무나물은 항상 매출 상위권을 차지합니다. 가을, 겨울무는 단순하게 조리해도 맛이 좋지만 제철이 아닌 여름에는 무의 단맛과 향이 약해 복합조리가 필요합니다. 잘게 채썬 무를 소금, 설탕, 미원을 탄 물에 데쳐 사용하면 무의 시기적인 약점을 보완할 수 있습니다. 시금치(7~10월)나 배추(겨울)나물 역시 같은 방식으로 제철이 아닐 때에도 맛있게 조리할 수 있습니다. 제철이 아닌 무나 채소로 무생채 등 생채류를 할 때엔 고춧가루로 색을 들일 때 소금과 미원을 함께 넣어 줍니다.

칼이 닿으면 안 되는 채소

경험상 잎채소는 칼이 많이 닿지 않아야 맛이 좋습니다. 수관과 체관을 칼로 끊어내면 채소 고유의 맛과 향이 빠져나와 접시 바닥에 깔립니다. 잎채소는 손으로 뜯거나 찢어 쓰면 맛 빠짐이 덜합니다. 영양분이 들어 있는 통로나 방이 절단되지 않고 꺾여 떨어져 나가기 때문이 아닌가 추측합니다.

- **수관과 체관** 식물 조직 내에서 수관은 물이, 체관은 영양분이 이동하는 통로입니다.
- **잎채소 종류** 시금치, 배추, 봄동, 냉이, 얼갈이

조리 순서 역시 레시피

데쳐 먹는 시금치 같은 나물의 경우 썰어 데친 것과 데친 후 썰어낸 것 사이의 향미 차이가 제법 큽니다. 통째로 데친 후 먹기 좋게 써는 것을 추천드립니다. 썰어 데치면 절단면을 통해 채소의 맛이 빠져나갑니다. 영양분이 빠져나갈 여지가 큰 데치기 조리법을 꼭 고집할 필요도 없습니다. 서양에서 버터를 넣고 볶아 먹듯이 버터 풍미가 나는 카놀라유를 둘러 연두, 참기름을 넣고 살살 볶은 시금치 요리가 시금치 무침보다 더 맛이 좋습니다.

데찌기 조리법: 국물이 죽이는 콩나물 무침

콩나물이나 숙주는 많은 양의 물에 넣고 삶으면 고유의 향미가 상당 부분 물로 빠져나가게 됩니다. 냄비에 얇게 물을 받고 콩나물을 넣은 후 뚜껑을 덮어 증기를 이용해 찌듯이 익히면 진한 콩나물과 숙주의 풍미를 즐길 수 있습니다. 바닥에 남은 물은 한 방울도 버리지 않고 무침 양념에 전부 사용합니다(그럴 수 있을 정도로 적은 물을 사용해야 합니다). 이렇게 요리한 콩나물 무침은 식사가 끝나면 국물도 남지 않습니다.

· 물에 소금을 타 주는 것은 기본입니다!

물 많은 가지나물은 이렇게!

좀 익는다 싶으면 물이 흥건해지니 가지는 맛있게 요리하기도 간을 맞추기도 쉽지 않은 재료입니다. 가지를 막대로 썰어 소금에 살짝 절여 꼭 짜 수분을 제거한 후 볶아 보세요! 침출수가 덜하여 양념하기도 쉽고 간 맞추기도 쉽습니다. 절이는 대신 쪄서 요리하는 방법도 있습니다.

물 많은 채소로 바삭한 전 부치기

무, 배추, 애호박 등 채소로 전을 부칠 때에는 채소를 절이거나 찐 후 수분을 짜내어 사용하면 부침가루도 잘 묻고 간도 잘 베며 속까지 바삭하게 익은 채소전을 부칠 수 있습니다.

마른 해조류 맛있게 불리기

마른 해조류를 불릴 땐 꼭 소금을 넣어 줍니다. 바다에서 난 재료이니 이미 짠맛이 강할 것이라 생각해서 그런지 많은 사람들이 맹물을 이용해 해조류를 불립니다. 특히 미역은 한 번 찐 다음 건조하여 유통되기 때문에 이미 고유의 풍미가 저하된 상태입니다. 소금 대신 조선간장을 탄 간장물에 미역을 불리면 완성한 요리의 맛이 더욱 좋아집니다.

해초 요리 치트키

톳, 다시마, 미역 등 해초 무침에는 무조건 생강즙을 넣는 편입니다. 생강은 해조류 특유의 비릿한 향을 잡으면서도 해조류와의 향 페어링도 매우 좋습니다. 초밥을 먹을 때 생강 초절임을 곁들인다는 점을 떠올려 보면 납득이 가는 익숙한 조합이기도 합니다. 해조류나 해산물에 곁들일 초고추장에 생강즙을 넣어 주는 것도 꿀팁입니다.

오이엔 후추후추

경험적으로 알게 된 것인데 오이무침이나 오이볶음에는 후추 풍미가 정말 잘 어울립니다. 후추는 오이의 물비린내를 억제하고 풍미를 묵직하게 합니다. 향의 조화도 훌륭합니다.

베스트 "꼬들" 절이기

보쌈김치 등 생채용으로 무를 절일 땐 물엿을 사용하면 좋습니다. 물엿은 설탕이나 소금보다 무의 수분을 훨씬 잘 뽑아내어 무를 꼬들하게 만듭니다. 무에서 나온 단 물을 요리에 사용해도 좋습니다. 부산의 3대 떡볶이 가게들 중 한 곳에서는 물엿으로 밤새 절인 무의 국물을 이용해 떡볶이 소스를 만듭니다. 절여 둔 무는 떡볶이 국물에 무쳐 함께 내놓습니다.

· 물엿은 점착성과 흡습성이 강합니다.

채소에 질척대기

아삭이 고추, 풋고추처럼 표면이 매끌매끌한 채소에는 양념이 좀처럼 묻지 않습니다. 이런 채소류를 조리할 땐 물엿을 사용하는 것이 포인트입니다. 양념을 끈적하게 만들어 채소에 잘 묻어 있게 해 줍니다.

> " 아삭이 고추 양념 : 쌈장+물엿+참기름 끝! "

시의적절: 고추장 VS 고춧가루

고추장은 향이 무거워 재료 고유의 향을 덮거나 요리 풍미를 답답하게 만들곤 하기 때문에 필요한 곳에 필요한 만큼 적절하게 사용할 줄 알아야 합니다.

찌개류 칼칼한 국물 요리가 먹고 싶을 때 고춧가루가 아닌 고추장을 사용하는 사람들이 많습니다. 하지만 '고추장' 찌개를 끓이더라도 고추장은 조금만 넣고 고춧가루와 간장, 소금으로 기본 맛을 잡아야 합니다. 고추장을 많이 넣고 끓인 찌개는 텁텁하고 풍미가 답답합니다.

제육볶음, 닭볶음탕 고추장을 많이 넣은 제육볶음은 고기가 채 익기 전에 양념이 타버립니다. 풍미 역시 답답해집니다. 육류 요리처럼 이미 재료의 향미가 무거운 요리에는 고추장을 많은 양 사용할 필요가 없습니다. 간장으로 감칠맛을 부여하고 고춧가루를 많이 넣어 깔끔하게 칼칼한 풍미를 내도록 합니다.

오이무침 등 수분 많은 채소 식초, 고춧가루, 간장에 고추장을 함께 넣어 주면 훨씬 맛이 좋습니다. 수분이 많아 양념이 쉽게 떨어져 나오는 채소에는 고추장과 물엿이 유용합니다.

고추장 + 토마토 페어링 토마토는 고추장 특유의 텁텁함을 줄여 줍니다. 풍미 조합도 좋습니다. 토마토가 잘 어울리는 다른 음식으로는 김치찌개, 된장찌개, 떡볶이, 카레, 콩국수, 미숫가루, 팥죽 등이 있습니다.

> **말린 토마토** 콩국수, 팥죽, 떡볶이 등에 말린 토마토를 넣어 보세요. 별미가 됩니다! 말린 토마토는 온라인 쇼핑몰에서 쉽게 구할 수 있습니다.

떡볶이 철학: 불량한 것이 매력

손님 맞이 요리로 제가 빠트리지 않는 것이 떡볶이입니다. 개인적으로 떡볶이는 '건강한 척'하면 망하는 메뉴라는 철학을 갖고 있습니다. 저는 떡볶이를 만들 때에도 많은 양의 고추장을 사용하지 않습니다. 고추장을 많이 넣은 떡볶이는 풍미가 답답한데 단가는 비쌉니다. 대신 고춧가루를 많이 넣고 어묵 육수와 다시다로 감칠맛을, 설탕과 조청으로 단맛을 냅니다. 특히 조청은 떡볶이의 단맛이 입에 착착 감기게 합니다. 조청 대신 식혜 국물을 쓸 수도 있습니다. 개인적으로 식혜를 졸인 물은 감자나 표고버섯 조림 등 다른 요리에도 두루 사용하는 편입니다.

· 어묵 육수는 센불에 비엔나 소시지나 베이컨, 그리고 양파를 갈색이 나도록 볶은 후 어묵과 물을 넣고 끓여 냅니다.

동·서양 고소함의 미학: 참깨 VS 땅콩

사실 무나물이나 애호박 나물에는 깨소금 대신 간 땅콩이 더 잘 어울립니다. 풍미는 훨씬 고소한데 향은 전혀 이질적이지 않습니다. 다만 간 땅콩 가루는 금방 산패되니 그때그때 갈아서 써야합니다. 땅콩을 마른 팬에 노릇하게 구워 갈거나 다져 쓰시면 됩니다.

시중의 참깨 드레싱이나 흑임자 드레싱 풍미의 핵심 재료는 땅콩버터입니다. 땅콩버터에 마요네즈, 우유, 식초, 그리고 참깨 가루나 흑임자 가루를 넣어 만듭니다. 한식에 이질감 없이 잘 어울리는 많은 서양 양념류가 존재합니다.

팥죽이나 콩국수에 땅콩버터를 넣어 고소함을 강화할 수 있습니다. 사람들이 기대하는 팥죽이나 콩국수 향미에서 너무 멀어지면 곤란하니 땅콩버터의 첨가량은 섬세하게 조절해야 합니다. 퓨전 음식을 표방하는 것이 아니라면 차별성은 알아챌 듯 말 듯하게 부여하는 것이 중요하다고 생각합니다.

애호박 VS 주키니

주키니는 애호박에 비해 단맛이 덜한 대신 묵직한 감칠맛을 가집니다. 라따뚜이처럼 소스 맛이 강하거나 식감이 중요한 요리에는 애호박보다 주키니가 더 잘 어울립니다. 주키니는 애호박보다 색이 짙어 푹 익히는 요리에 사용해도 외관이 먹음직스럽습니다.

애호박 VS 조선호박

찌개에는 애호박보다 조선호박이 훨씬 잘 어울립니다. 조선호박은 애호박보다 덜 달지만 해산물 계열의 감칠맛을 갖습니다. 조선호박을 넣고 끓인 국에서는 조개 감칠맛이 납니다. 조선호박을 구하기 쉽지 않으니 편의상 국, 찌개 요리에도 애호박을 넣곤 할 뿐입니다.

오일 감바스 올리브 오일

올리브 오일에 끓여 낸 감바스의 풍미는 어딘가 심심합니다. 버터리한 카놀라유에 치킨 스톡(파우더)을 넣어 감바스를 만든 후 서비스하기 직전에 올리브유를 한 바퀴 둘러 내면 새우 풍미와 감칠맛, 올리브 오일 향 모두를 살려낼 수 있습니다.

한 끗: 더 고소한 스테이크

스테이크 굽기를 마무리할 때 마요네즈 1T스푼을 넣어 주는 것이 저만의 킥입니다. 녹아 나오는 기름을 스테이크에 끼얹어 주면 고소함과 구운 풍미가 극대화되며 느껴질 듯 말 듯 오묘한 마요네즈의 신맛이 육류 잡내를 커버해 줍니다.

엄마한테도 안 알려 준 카레 킥

일본의 유명 카레집들을 보면 카레에 토마토를 넣는 경우가 많습니다. 문득 카레를 먹는데 일본에서 먹었던 카레가 생각나 먹던 카레에 케찹 1스푼을 넣어 봤더니 맛이 훨씬 좋아진다는 걸 알게 됐습니다. 카레 고유의 향도 훨씬 생생해집니다. 완성된 카레 2인분 기준 밥숟가락으로 케찹 1스푼을 넣어 줍니다. 말린 토마토를 첨가해도 좋습니다.

루즈앤쨍 **신성철 대표님**

F&B 브랜드/사업 개발 컨설턴트

pm_fnb_shin

"여유를 위한 쨍한 F&B 사업기획"

외식업 창업을 앞둔 당신이 해야 할 일

외식업 창업을 앞둔 사람이 가장 먼저 해야 할 일은 무엇일까요? 맛있는 레시피 개발? 브랜드 비주얼 디자인? 물론 중요합니다. 하지만 그보다 먼저 해야 할 것이 바로 상권 분석입니다.

아무리 맛있는 음식을 만들고 세련된 디자인을 구축해도, 잘못된 상권에 자리를 잡으면 실패할 수밖에 없습니다. 오랜 기간 F&B 사업 컨설팅 현장에서 수많은 창업자들을 만나며 확인한 진실입니다. 같은 아이템을 갖고도 '상권과 입지 선택'만으로도 성공한 가게와 실패한 가게를 나누기도 할 정도입니다.

같은 아이템도 상권에 따라 완전히 다른 결과가 나온다

컨설팅을 하며 가장 많이 듣는 질문이 "이 메뉴로 창업을 해도 될까요?"입니다. 제 대답은 항상 같습니다. "당신의 고객은 누구이고, 그 고객이 모인 상권은 어디인가요?"같은 아이템으로도 상권에 따라 성공과 실패는 극명하게 갈립니다. 식당을 운영하는 일은 요리 연구가 아닌 사업이고, 사업은 '시장' 안에서 비로소 의미를 갖기 때문입니다. F&B 사업에서 가장 중요한 시장의 지표가 바로 상권입니다.

서울의 주요 상권별 특징을 나열해 보겠습니다.

여의도는 증권가와 대기업이 밀집한 비즈니스 중심지입니다. 평일 점심과 저녁 시간대에 집중적으로 고객이 몰리며(주말에는 아예 문을 닫는 식당들도 많습니다), 고액 연봉자의 법인카드(회사에서 지급하는 비용 처리 카드, 보통 일정 직급 이상에게 지급함) 사용이 많아 고가 프리미엄 메뉴가 잘 통합니다.

> **"** 여의도 고액 연봉자가 후배들 우르르 끌고 가서
> 만 원짜리 사긴 좀 그렇잖아요.
> 여의도는 저녁에도 객단가 낮은 식당에 오히려 손님이 없어요. **"**

1인당 객단가 2만 원 이상의 한정식, 정육, 일식이 경쟁력을 가집니다. 반면 여의도 증권가는 주거 단지가 아니기에 주말에는 유동 인구가 급감하므로 주중 중심 운영 전략이 필수입니다. 한편, 〈더 현대 서울〉 오픈 이후 그 일대는 성수동이나 익선동처럼 주말 방문 고객이 늘어 그 주변 상권은 전통적인 여의도 상권과 차이를 보이기도 합니다.

성수동은 최신 트렌드의 발신지입니다. MZ세대가 주 소비층이며, 플래그십 스토어, 카페, 팝업 스토어가 몰려 있습니다. SNS 바이럴(입소문 마케팅)과 브랜드 차별화가 생존의 핵심 비결입니다. 독특한 콘셉트, 인스타그래머블한 공간, 새로운 경험을 제공하지 못하면 금방 잊혀집니다. 서울 상권 기준 체감 객단가는 중간 수준이지만, 브랜드 스토리텔링이 강하면 프리미엄 가격도 충분히 받을 수 있는 상권입니다.

- **플래그십 스토어** 고객 경험 기반 브랜드 홍보를 위해 힘주어 만든 오프라인 매장을 뜻합니다. 외식 브랜드가 기성 매장과 차별화된 매장을 차리기도 하지만 식품 브랜드가 오프라인 매장을 차리기도 합니다. 찍을거리를 만들고 바이럴을 유도하며 꾸준한 홍보 효과를 누리기 위해 설치합니다.
- **팝업 스토어** 짧게는 며칠, 길게는 몇 달까지 이벤트성으로 임시 운영하는 매장을 뜻합니다. 성수동에는 팝업 스토어를 할 수 있도록 단기 임대를 하는 부동산들이 존재합니다. 브랜드를 런칭하기 전에 고객의

이태원은 글로벌 문화가 녹아 있는 다양한 메뉴 구성이 강점이 될 수 있는 상권입니다. 외국인 관광객과 거주자가 많아 이국적인 메뉴, 다국적 요리가 환영받습니다. 할랄, 비건, 글루텐 프리 등 다양한 식이 요구를 충족시킬 수 있는 메뉴 구성이 유리합니다. 주말 저녁 시간대 집중도가 높으며, 외국어 가능 직원 배치가 경쟁력을 높입니다. 또한 인근 한남동에서는 청담동에서와 마찬가지로 고급 외식 문화를 즐기는 고객을 볼 수 있습니다. 이색적이고 고급스러운 시도가 수용될 수 있는 권역입니다.

홍대·신촌은 젊은이와 대학생이 주 고객층입니다. 가성비 좋은 메뉴, 트렌디한 콘셉트, SNS 마케팅이 필수입니다. 주 유동 인구가 대학생이나 사회 초년생이기 때문에 서울 기준 평균 객단가가 낮기에 회전율을 높일 수 있는 방안을 강구해야 하는 상권입니다. 배달 주문 비중도 높아 배달 플랫폼 최적화도 중요합니다.

청담동은 두말할 것 없이 럭셔리 그 자체인 상권입니다. 40~60대 고소득층이 주 타깃이며, 프리미엄 정육, 고급 한정식, 파인다이닝이 자리를 잡고 있습니다. 객단가 5만 원 이상의 메뉴 구성도 거부감 없이 받아들여지며, VIP 고객 관리와 프라이빗한 공간 제공이 경쟁력이 됩니다. 주차 편의성과 발레 파킹 서비스도 중요한 고려 요소입니다.

· **프라이빗한 공간 제공** 룸 보유 유무 역시 식당에 대한 선호를 크게 가릅니다. 룸을 운영하는 서울의 맛집 사장님들은 연예인, 유명인 등의 전화를 직접 받으며 룸 예약을 안내하기도 합니다.

이처럼 상권마다 주 고객층, 소비 패턴, 선호 메뉴, 적정 객단가가 완전히 다릅니다. 완전히 같은 인테리어, 같은 메뉴를 가지고서도 홍대에서는 성공하고 청담에서는 실패할 수 있고, 그 반대도 물론 가능합니다. 상권 분석 없이 창업하는 것은 눈을 감고 운전하는 것과 같습니다.

상권 분석 필수 도구 1. 오픈업(Openub)

알아야 할 것도 많고, 데이터를 구하기도 쉽지 않은 와중에 누구나 쉽게 활용할 수 있는 훌륭한 상권 분석 도구가 있습니다. 바로 **오픈업(Openub)**입니다.

오픈업은 빅데이터 기반의 상권 분석 플랫폼으로, 전국의 상권 정보를 지도 위에 시각화해서 보여주는 웹사이트입니다. 통계청, 국토부, KT 유동 인구 데이터, 카드 매출 데이터 등 약 1억 5천만 개의 데이터를 AI가 분석하여 제공합니다. 무료 회원 가입만으로도 기본적인 상권 분석이 가능하며, 유료 버전에서는 더 상세한 데이터를 확인할 수 있습니다.

상권 종합 진단하기

오픈업 사이트 내에서 특정 지역을 선택하면 해당 구역의 총 매출 규모, 유동 인구 현황, 점포 수 변동 추이를 한눈에 파악할 수 있습니다. 과거 데이터만이 아니라 AI 기반으로 미래 매출까지 예측해 줍니다. "이 동네가 뜨고 있는지, 사양길에 접어들고 있는지"를 객관적 데이터로 확인할 수 있습니다. 예를 들면 내가 사업을 하고 싶은 구역을 설정하고, 그곳의 1년 매출 그래프의 기울기를 확인하는 방법으로 말이죠.

건물별·매장별 추정 매출 확인

지도에서 특정 건물을 클릭하면 그 건물 전체의 추정 매출은 물론, 개별 매장의 월 평균 매출까지 확인할 수 있습니다. 카드 가맹점 매출 데이터를 기반으로 하기 때문에 현금을 자 사용하지 않는 요즈음에는 실제에 가까운 수치가 표시됩니다. 경쟁 업체가 매출을 얼마나 내고 있는지, 내가 들어가려는 자리에 있었던 이전 매장은 매출이 어땠는지를 미리 파악할 수 있습니다. 매장의 크기, 테이블 숫자까지 조사한다면 테이블 회전율과 객단가도 추정할 수 있습니다. 조사한 정보를 바탕으로 홀과 주방 간 면적 비율을 미리 결정하고, 매장의 예상 매출도 추정해 봅니다.

유동 인구 및 소비자 특성 분석

오픈업에서는 특정 상권을 방문하는 사람들의 성별, 연령대, 거주지 정보까지 제공합니다. 예를 들어 "20대 여성 유동 인구는 많지만, 실제 소비력은 40대 남성이 더 높다"와 같이 창업자에게 실질적으로 필요한 인사이트를 오픈업에서 얻을 수 있습니다. 이를 바탕으로 메뉴 개발, 메뉴 가격 책정, 마케팅 메시지 조정 등을 정교하게 설계할 수 있습니다.

오픈업을 통해 특정 상권의 주중/주말 시간대별 방문객 분포까지 확인이 가능한데, 이러한 정보를 바탕으로 효율적인 인력 배치 및 메뉴 구성이 가능합니다. 예를 들어 점심 시간대에 직장인이 몰리는지, 저녁에 가족 단위 고객이 많은지 확인할 수 있으며 이에 따라 회전율을 설계하고 인력을 관리합니다. 더불어 같은 상권에서 운영 중인 내 매장의 시간/요일별 매출 형태를 사람이 붐비는 비슷한 카테고리의 타 매장과 비교해 마케팅·프로모션 기획에 참고할 수도 있습니다.

상권 분석의 필수 도구 2. 소상공인365

정부 인증 빅데이터 기반 플랫폼인 소상공인 365는 예비 창업자, 경영자 누구나 무료로 사용할 수 있으며, 전국 상권의 핵심 데이터·트렌드를 제공합니다.

소상공인 365는 전국 상권 정보(과밀 지수, 업종별 분포, 성장성, 경쟁도 등)를 지도 기반으로 시각화해 보여주는 무료 상권 분석 서비스입니다. 통계청, 카드사, 국토부 등 공공 및 민간 데이터를 기반으로 하기 때문에 신뢰성이 높고, 창업 전 꼭 필요한 정보만 압축해 제공합니다.

상권 종합 진단

원하는 지역을 지도에서 선택하면 해당 구역의 점포 밀집도, 업종별 매장 분포, 상권의 성장성/안정성 등급 등에 대한 정보를 그래프를 통해 한눈에 볼 수 있습니다. 업종별 등록·폐업 추이, 과밀 지수(경쟁도), 최근 1~3년 성장률 등의 정보도 제공합니다. 어떤 상권이 "치킨집, 카페, 버거, 한식" 등 업종별로 과밀한지, 유망한지, 성장성이 있는지 판단하는 데 사용할 수 있습니다. 오픈업이 특정 상권 내 매장들의 정보를 확인하는 데 용이하다면 소상공인 365는 평균 데이터를 파악하는 데 유용하다는, 플랫폼 간 차이가 있습니다.

업종·시장 경쟁도 비교

업종별 평균 매출(연, 월), 점포 수, 대표적 1등 브랜드 분포, 경쟁 강도(최다 업종, 과밀 업종) 등이 무료로 제공됩니다. 예를 들어 동네에 커피전문점이 단기간에 몇 개 오픈/폐업했는지, 생존 기간이 얼마나 되는지 확인할 수 있습니다.

거시 데이터로 유망 지역 후보 추리기

소상공인 365를 이용해 업종, 과밀 지수, 성장 등급 등을 기반으로 매장 입점 지역을 빠르게 좁혀 "경쟁이 적당하고, 성장도가 높은 지역"을 객관적으로 골라낼 수 있습니다. 기존의 감(Feeling)에 의존한 창업이 아니라, 사업 계획 수립과 상권 선정부터 실제 매장 오픈 전 핵심 결정까지 객관적 데이터에 기반하도록 돕는 서비스입니다.

지역 전체의 흐름과 경쟁/성장성/과밀도 등 거시 분석에는 업계 최고 수준의 유용함을 보입니다. 다만 오픈업과 달리 테이블별 매출, 건물별 상세 매출 등 개별 사업장의 세밀한 정보는 제공하지 않습니다.

상권 분석 이후 단계는?

상권 분석이 끝났다면 객관적인 고객 데이터와 경영 환경 정보를 바탕으로 기획과 브랜드 개발을 해야 할 차례입니다. 명확한 콘셉트, 차별화된 브랜드 아이덴티티 없이는 결국 레드오션에서 허우적거리게 됩니다. "우리 가게는 누구를 위한 것인가?", "우리만의 가치는 무엇인가?", "고객은 왜 우리를 선택해야 하는가?"에 대한 답을 내리는 일이 상권 분석을 끝낸 후 해야 할 일입니다.

전반적인 과정을 배우고 싶다면?

상권 분석부터 기획, 브랜딩, 메뉴 개발, 운영 전략까지 F&B 사업의 전 과정을 체계적으로 배우고자 한다면, TKS(The Kind Scene) 주관으로 시행하고 있는 루즈앤쨍(Loose & Jjaeng)의 강의와 컨설팅을 추천합니다.

창업 전 기획 단계부터 오픈 후 운영 안정화까지, 실전 경험을 바탕으로 한 맞춤형 컨설팅을 제공합니다. TKS(The Kind Scene)를 비롯한 다양한 교육기관에서 수백 명의 예비 창업자와 현업 운영자를 만나며 검증된 방법론을 공유하고 있습니다.

상권 분석 실습, 손익계산서 작성, 브랜드 아이덴티티 설계, 메뉴 엔지니어링까지, 이론이 아닌 현장 중심의 실무 교육으로 여러분의 성공을 돕겠습니다.

> **"**
> 사람들은 특정 분야에서 지식을 쌓으면
> 이미 존재하는 지식의 포로가 된다. **"**
>
> 〈오리지널스〉, 애덤 그랜트

이제껏 가져온 편견을 내려놓고
맛에 대한 새로운 관점과 기법에 눈을 뜰 준비가 되었나요?

5장

요리 차별화의 차원을 높이는 비책

맞과 향기의 방출 패턴

"식품 향료를 이용해
수백 배에 이르는 원가를 절감할 수 있습니다."

우물을 벗어난 개구리
대중을 홀리는 새로운 감각

1 차세대 분자 요리 기술: 식품 향료

분자 요리란 분자 차원의 과학적인 원리를 근간으로 요리를 바라보고 행하는 것을 의미합니다. 단백질의 응고 조건을 이해하고 계란을 반숙으로 익혀 내는 것 또한 분자 요리의 일종입니다. 수비드 조리법이나 크라이오 스테이크, 액화 질소 아이스크림, 타피오카 말토덱스트린으로 만드는 오일 파우더 등 다양한 분자 요리 기술들이 요리사의 비기가 되어 왔습니다. 하지만 그 대부분은 이미 식품업계에서 오래 전부터 사용해 오던 기술입니다. 식품 공학이 하나의 종합 예술인 요리에 결합되어 놀라운 의외성이 된 겁니다. 과학과 예술의 결합은 스티브 잡스가 강조했던 혁신의 열쇠이기도 합니다. 저는 식품 향료 역시 차세대 분자 요리 기술이 될 수 있다 생각합니다.

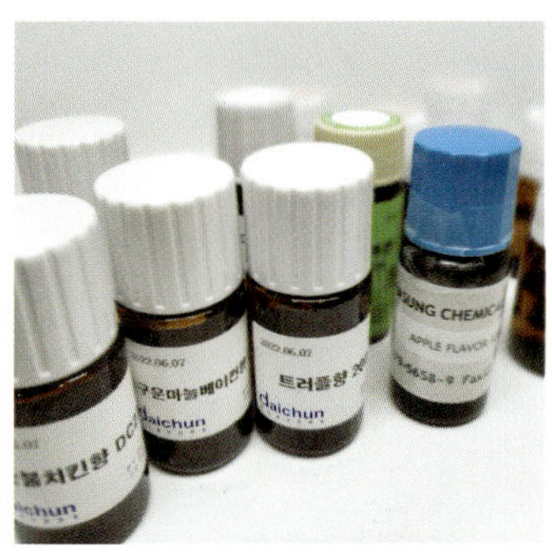

식품 향료 샘플

- **수비드** 일정 온도를 유지하는 물탱크에 진공 포장한 육류, 해산물, 채소 등을 넣고 장시간 요리하는 조리법입니다. 통상 60℃ 전후의 온도에서 육류를 조리하는 데에 많이 사용합니다. 60℃는 대부분의 병원성 미생물이 사멸하면서도 고기를 질기게 만드는 단백질인 액틴(actin)은 응고하지 않아 고기를 촉촉하고 부드럽게 요리할 수 있는 온도입니다(액틴의 응고 온도는 66.5℃).
- **크라이오 스테이크(cryo-steak)** 두꺼운 스테이크용 육류를 액화 질소에 짧은 시간 담가 겉만 빠르게 얼린 후 통째로 튀겨 조리하는 방법입니다. 스테이크의 내·외부를 고르게 익힐 수 있습니다.

식재료와 조리법에 대한 이해를 바탕으로 좋은 요리를 만들어 내듯이 식품 향료를 잘 활용하기 위해서는 공부와 수련이 필요합니다. 식재료와 마찬가지로 특정 향료를 어떤 회사가 잘 만드는지 알아야 하며, 조리법과 마찬가지로 요리에 잘 적용하는 방법도 익혀야 합니다. 좋은 퀄리티의 향료를 구하는 것도 쉽지 않지만 적절히 사용하는 것 역시 만만한 일이 아닙니다. 향료를 다룰 줄 모르는 사람은 자칫 훌륭한 치즈

향료를 갖고 토사물을 만들기도 합니다. 향은 농도에 따라 완전히 다른 향으로 느껴지곤 하기 때문입니다. 식품 회사 연구원들도 깊이 이해하고 다루지 못할 만큼 식품 향료는 숙련이 필요한 영역입니다. 프랑스와 더불어 향료가 고도로 발달한 일본이 맛좋고 세계적인 식품을 만들 수 있는 이유 중 하나가 향료인 만큼 애써 배울 가치가 있습니다.

- 부티르산(butyric acid)은 치즈와 유제품, 그리고 토사물에 들어 있는 향기 성분입니다.

향료 사용의 이점: 특별한 무기

전문적인 셰프도 대중과 마찬가지로 향의 힘이 얼마나 큰지 체감하지 못하곤 합니다. 하지만 향은 감칠맛만큼이나 식품의 풍미를 좌우할 수 있는 중요한 요소입니다. 5미를 제외한 나머지 풍미의 다양성은 모두 향에서 기인하기 때문입니다. 쇠고기맛이란 건 존재하지 않습니다. 짠맛과 감칠맛에 쇠고기 향이 존재할 뿐입니다. 사과맛도 존재하지 않습니다. 단맛과 신맛에 사과 향이 함께 있을 뿐입니다. 우리가 인지하고 있는 많은 '맛'이 실은 향입니다. 가장 좋아하는 음식을 앞에 놓아 보세요. 그리고 코를 막고 먹으며 향의 빈자리를 체감해 보세요.

특수한 재료의 향 입히기(강화하기)

향료를 이용해 트러플이나 포르치니 같은 값비싼 재료의 향을 요리에 부여할 수 있습니다. 비교적 향 조성이 단순한 스파이스와 더불어 트러플의 향은 향료로 구현이 잘 되는 축에 속합니다. 미슐랭 레스토랑에서나 접할 수 있는 최상급 트러플의 향을 언제든 일정한 품질로 저렴하게 활용할 수 있습니다. 시중의 트러플 오일 제품들에도 흔히 트러플 향료가 들어갑니다.

요리와 소스에 향 입히기(강화하기)

원유나 크림 향료를 사용해 적은 양의 크림을 넣은 요리에도 깊고 진한 유제품 풍미를 부여할 수 있습니다. 쇠고기 풍미 시즈닝 제품들에는 쇠고기 향료가 들어갑니다. 매기 치킨 플레이버 스톡에는 닭고기는 전혀 들어가지 않고, 닭고기 향과 구운 닭고기 향이 들어갑니다. 향료는 요리에 들어간 재료의 향을 강화하거나 특정 재료의 향을 부여하기 위해 사용할 수 있습니다.

· **원유** 갓 짜내어 고소한 지방 풍미를 갖는 우유. 시중 유통되는 우유는 원유에서 크림을 분리해 낸 제품

원가 절감 & 조리 시간 단축

고소한 새우 머리 풍미가 일품인 비스크 오일 100ml를 만드는 데에 대략 2~3만 원어치 새우 머리가 필요하다고 할 때, 새우 머리 향료를 이용해 같은 양의 비스크 오일을 만드는 데에는 거진 식용유 100ml 값이면 충분합니다. 요리나 음료를 만들 때 향료를 사용해 원물을 대체하면 수십~수백 배의 원가를 절감할 수 있습니다. 절감한 원가는 다른 재료에 투자하여 요리의 구성을 더 풍부하게 하는 등 고객 만족도를 끌어올릴 수 있습니다. 조리 시간 역시 크게 단축되어 노동 대비 요리의 질이 좋아집니다.

· **비스크** 구운 새우 머리 등 갑각류의 맛과 향을 이용해 만든 오일이나 크림, 소스, 수프 등

소실된 향의 보강

음료는 유통 전 가열 살균 과정을 거쳐 신선하고 상큼한 과일향을 상당 부분 잃어버립니다. 여기에 식품 향료를 더해 생생하고 리얼한 향을 보강할 수 있습니다. 시중의 과즙 음료 제품에는 대개 향료가 사용됩니다.

용이한 보관 및 재고 관리

식품 향료는 당류 등 영양이 없는데다 대체로 다량의 알코올을 포함하므로 미생물 오염 없이 상온에서 오랫동안 보관할 수 있어 소비기한도 따로 표기하지 않습니다. 소량으로 큰 효과를 낼 수 있어 소진되는 속도가 느리므로 재고 관리가 용이합니다.

차별화된 능력

아직 대한민국의 어떤 미슐랭 스타 셰프도 양질의 향료를 수급하거나 주문 제작할 수 있는 능력을 갖추지 않았습니다. 조향사가 아닌 이상 식품 회사 연구원조차 향료가 어떤 과정을 통해 만들어지는지 상세히 알기 어렵습니다. 식품 회사에서는 향료 회사가 보내주는 샘플을 식품에 적용해 보고 마음에 드는 것을 고를 뿐입니다. 불과 5년 전만 해도 식품 향료를 가르치는 교육 기관은 한국에 두 곳뿐이었으며 한 곳은 대학교 형태로 입학해야 했고 나머지 한 곳에서는 향수를 만드는 향장향 과정을 먼저 수료한 사람들에게 식품향을 가르쳤습니다. 현재는 한국식품정보원이 식품 향료 관련 수업을 운영하고 있으며 『향의 언어』(최낙언 저)가 출간되는 등 요리사도 향 물질에 대해 학습할 수 있게 되었습니다.

· 한불화농의 다미아노 아카데미, 지앤퍼퓸스쿨

향료란 대체 무엇인가?

우리가 인지하고 있는 많은 먹거리의 향은 수십~수백 가지 향기 물질들의 집합입니다. 대부분의 과일이 서로 거의 동일한 향 물질 구성을 갖는데 어떤 향기 물질을 더 많이 가지고 있는지에 따라 서로 다른 과일로 구분됩니다. 스파이스와 채소가 서로 동일한 향 물질을 공유하기도 합니다. 이는 서로 다른 식재료가 어우러져 훌륭한 소스나 요리가 될 수 있는 이유이기도 합니다.

딸기향은 에틸 부티레이트(Ethyl butyrate), 에틸 아세테이트(Ethyl acetate), 에틸 말톨(Ethyl maltol) 등 약 200여 가지 향기 물질들로 구성되어 있습니다. 200여 가지의 향기 물질을 모두 조합하는 대신 특징적으로 느껴지는 향 물질 일부만 골라 혼합해도 딸기처럼 느껴지는 향료를 만들 수 있습니다. 통상 식품업계에서는 적게는 50가지에서 많게는 80~100가지 이상의 향기 물질을 조합한 과일 향료를 사용하고 있습니다. 식품 향료를 구성하는 각 향기 물질은 자연에 존재하는 향기 성분과 화학적으로 동일합니다. 과일류 합성 향료를 흘린 자리에는 과일즙을 흘렸을 때와 마찬가지로 초파리나 날벌레가 꼬입니다.

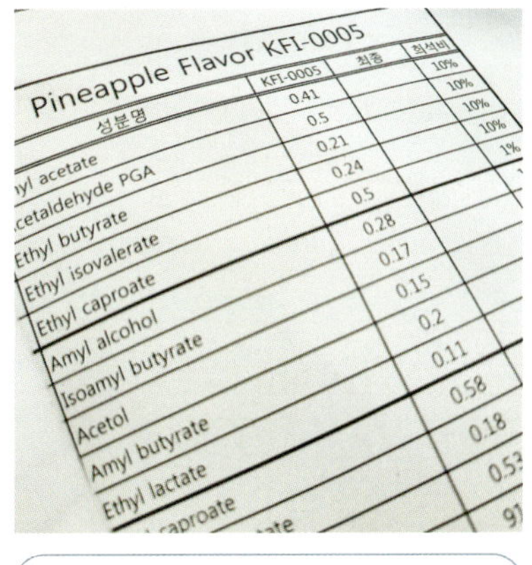

Pineapple Flavor KFI-0005			
성분명	KFI-0005	최종	희석비
yl acetate	0.41		10%
cetaldehyde PGA	0.5		10%
Ethyl butyrate	0.21		10%
Ethyl isovalerate	0.24		10%
Ethyl caproate	0.5		1%
Amyl alcohol	0.28		
Isoamyl butyrate	0.17		
Acetol	0.15		
Amyl butyrate	0.2		
Ethyl lactate	0.11		
caproate	0.58		

파인애플 향 배합비 일부

구성 향기 물질을 조합하는 과정에서 부자연스러운 식품 향료가 만들어지는 경우도 있지만, 이는 조합 노하우 차원의 문제이지 향료 제조에 쓰이는 향기 물질이 자연의 것과 화학적으로 다르기 때문이 아닙니다. 가령 커피의 향이 향기 물질 a, b, c, d, e의 조합이라면 커피 향료는 향기 물질 a, b, d, e의 조합인 식입니다. 기술이나 원가 측면의 한계 때문에 조합에서 배제된 c 또는 향기 물질 간에 주고받는 영향, 역치 등이 차이를 만들 뿐입니다. 커피 향료에 사용되는 향 물질이 실제 커피에 든 향 물질과 본질적으로 다른 것이 아닙니다. 잘 만든 식품 향료는 철저한 과학적 분석과 노련한 전문가의 손길이 닿은 예술 작품입니다. 자연스럽고 퀄리티 높은 향료를 만드는 데에는 숙련된 조향사의 실력이 필요하며 같은 향도 향료 회사들마다 서로 다르게 해석하고 조향합니다.

천연 향료가 더 좋은 거 아니냐구요?

천연 향료는 원료를 직접 압착하거나 침지하여 향기 성분을 용매에 녹여내는 방식으로 제조합니다. 천연 향료가 오히려 부자연스럽게 느껴지는 경우가 있어 개인적으로는 선호하지 않습니다. 정체 모를 자연독을 함유할 수 있어 향료 회사 역시 천연향 원료를 기피합니다. 심지어 천연향이 상대적으로 저렴한 경우에도 건강상 유해성을 우려하여 사용하지 않으려 하기도 합니다. 반면 합성 향료의 원료가 되는 향기 물질은 모두 규정된 사용량 내에서 안전성이 입증되어 법적으로 식용이 허가되어 있습니다. 우리나라에서는 오랜 시간 향료를 합성 향료와 천연 향료로 구분하여 표기해 왔는데 해외에서는 그전부터 합성법으로 만든 향료에 대해서도 그 구성물이 자연에도 존재한다면 '천연 향료'로 표기해 왔습니다. 2022년부터는 우리나라에서도 합성 향료와 천연 향료의 구분을 없애고 '향료'로 일괄 표기하게 되었습니다. 표기법이 합성 향료에 대한 괜한 불안을 야기해 왔기 때문입니다.

액상형/분말형 식품 향료

식품 향료는 크게 프루티(fruity) 계열 향과 세이보리(savory) 계열 향으로 구분되며 음료에 쓰이는 과일, 술 등의 향이 전자에 속하고 소스나 육가공품 등에 쓰이는 구운 고기향, 불향, 트러플향 등 요리 향이 후자에 속합니다. 사용 목적에 따른 용매의 차이로 인해 대체로 프루티 계열 향료는 수용성으로 열에 약하며, 세이보리 계열 향료는 지용성으로 열에 강합니다. 향료의 성상은 액상 타입과 파우더 타입으로 나뉘는데 액상 타입은 주로 소스나 음료에 사용하고 파우더 타입은 소금, 설탕, 구연산, 조미료 등으로 간을 하여 시즈닝을 만드는 데에 사용합니다.

향료의 요리 적용, 법적 규제는?

향료는 식품 첨가물로 분류되어 있으며 물론 외식업에도 사용할 수 있습니다. 아래 식품첨가물에 관한 일반 사용 기준을 소개합니다.

- 식품첨가물은 식품을 제조·가공·조리 또는 보존하는 과정에 사용하여야 하며, 그 자체로 직접 섭취하거나 흡입하는 목적으로 사용하여서는 아니된다.
- 식품 중에 첨가되는 식품첨가물의 양은 물리적, 영양학적 또는 기타 기술적 효과를 달성하는 데 필요한 최소량으로 사용하여야 한다.

·**출처** 식품공전 - 식품첨가물 공전 - 식품 첨가물 및 혼합제제류 일반사용기준

실전, 향료 적용하기!

① 식품향료 구입하기:

한국 식자재연구소 스마트스토어에서 '향료' 검색

한국 식자재연구소

• 어울리는 향료 고르기: 좋은 식재료를 고르는 데 노하우가 있듯이 요리 목적에 맞는 향료를 고르는 데에도 숙련이 필요합니다. 불향 하나도 그릴 향, 스모크 향, 숯불 향 등으로 나뉘며 각각의 불향은 모두 서로 다른 재료에 어울립니다. 예를 들어 우리나라 사람들이 느끼기에 돼지 요리는 숯불 향, 스모크 향 모두와 잘 어울리는데, 우리나라 사람들이 돼지를 숯불구이로도, 베이컨으로도 흔히 먹기 때문입니다. 한편 닭 요리에 스모크향이 결합되면 어딘가 인위적이게 느껴질 수 있는데, 이는 우리나라 사람들이 훈연한 닭요리를 흔히 먹지 않기 때문입니다(당연한 이야기이지만 어느 외국인애게는 훈연 닭고기 향이 친숙하게 느껴질 수도 있습니다). 더불어 내 요리에 찰떡같이 붙는 불향을 구현하고자 한다면 고기의 이름이 붙은 향료를 이용합니다. '그릴 향', '스모크 향'처럼 단독 표기된 향료보다는 '숯불돼지향', '그릴드비프향'과 같이 사용하고자

하는 요리의 주재료 이름이 더해진 불향을 골라야 요리에 자연스러운 불향을 부여할 수 있습니다. 향료에 대한 관심과 구체적 사용법 요구가 커지게 되면서 상기 QR코드 내 스마트스토어에서 제가 직접 선별한 고메 향료들을 소분·판매하고 있습니다. '향료' 키워드를 검색하여 보유한 향료 목록을 확인할 수 있습니다. 상세 페이지별로 향료의 사용법, 사용처 등을 자세히 기재해 두었으니 좋은 참고가 되길 바랍니다.

② 식품 향료 요리 적용

• 향료를 요리에 더해 주는 작업을 '가향'이라 하는데, 가향을 할 때엔 스포이드를 이용합니다. 요리의 성상이나 향료의 강도에 따라 첨가량은 천차만별로 달라집니다. 음료나 소스 100g 기준으로 1~2방울씩 더해 가며 맛이 좋아지는 지점을 찾아내야 합니다. 향료는 워낙 소량으로 큰 효과를 발휘하기 때문에 일반 저울로는 계량이 어려울 수 있습니다. 레시피를 개발할 때엔 향료 한 방울을 0.02g으로 계산해 스포이드 방울 수로 투입 중량을 계산하고, 대량조리할 때엔 저울을 이용해 계량합니다(소형 스포이드건 대형 스포이드건 한 방울은 0.02g 정도입니다). 향료는 당산물, 소금물이나 소스, 요리에 희석해서 직접 먹어 보아야 비로소 정확히 평가할 수 있습니다. 코로 향을 맡고서 향료에 대해 속단해서는 안됩니다. 입으로 들어오면 완전히 다르게 느껴질 수 있습니다.

• 향료는 그 첨가량에 따라서도 서로 다른 풍미를 냅니다. 2방울 넣어야 맛있었을 것을 5방울을 넣으면 아예 다른 악취처럼 느껴지기도 합니다. 첨가량에 주의를 기울여야 합니다.

• 향이 존재하는 맥락 역시 중요합니다. 가령 부티르산(Butyric acid)의 경우 치즈에 있으면 새콤한 유제품의 향이지만 토사물에 있으면 시큼하여 거북한 악취에 불과합니다. 어떤 요리에 어울리는 향이 다른 요리에는 전혀 어울리지 않을 수 있습니다.

• 가열에 주의합니다. 향료는 열에 쉽게 휘발합니다. 향료는 가열 조리가 끝난 후에 첨가해 주어야 합니다. 지용성인 세이보리 향(불향, 고기 향, 향신채 향 등)은 대체로 가열

에 강한 편이지만 역시 가열이 어느 정도 마무리된 요리에 첨가할 것을 추천합니다.

③ 응용 예

• 1,500원짜리 비스크 오일 한 컵 만들기: 카놀라유 한 컵(200ml)에 구운 새우 머리 향료 10~20방울을 넣고 건조 난황가루 2ts를 타 잘 저어 줍니다. 식자재연구소 스마트스토어에 '새우머리향'이 구비되어 있습니다. 카놀라유에서는 은은한 버터향이 나 구운 새우 머리 향과 잘 어울리므로 비스크 오일의 좋은 재료가 됩니다. 새우 머리 내장의 눅진함과 고소함 및 질감은 건조 난황가루를 이용해 구현해 줍니다. 취향에 따라 각 재료의 비율은 조절합니다. 불향을 섞어 주어도 좋고 다진 마늘을 첨가해 풍미를 끌어올려 주어도 좋습니다. 직접 만든 비스크 오일의 향을 강화할 목적으로 향료를 더해줄 수도 있습니다.

초간단 과일음료

"과일 원물을 갈아 만든 음료와
향료로 만든 음료의 향미 차이를
관찰해 보세요."

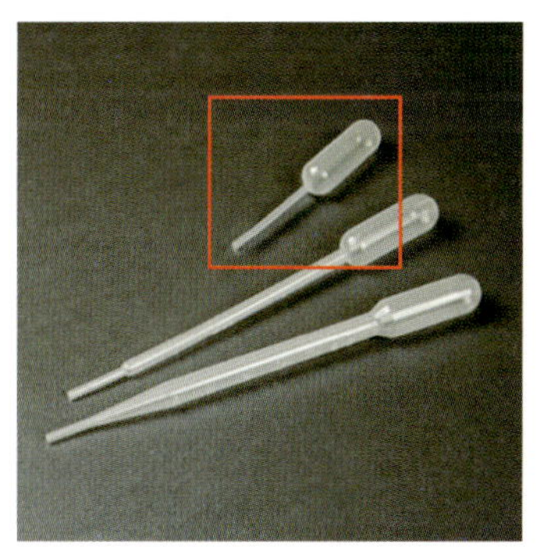

향료 부항에 사용한 소형 스포이드

잘 익은 과일의 brix는 12~16 정도입니다. 100g당 설탕 12~16g이 들어 있는 만큼의 단맛이 난다는 의미입니다. 많은 음료들이 잘 익은 과일 수준의 단맛을 내도록 설계됩니다.

재료

사과 향료 10방울(0.2g), 정제수(생수) 168g, 설탕 32g, 구연산 0.2g

(조리법)

① 모든 재료를 한데 넣고 잘 혼합해 줍니다.

② 24시간 이상 냉장고에서 숙성해 줍니다.

> · 구연산은 향 증폭을 위해 빠져선 안 될 필수 재료입니다. 구연산을 13~20배의 레몬즙으로 대체해도 괜찮습니다. 레몬즙은 5~8%의 높은 유기산 함량을 가지며 그 대부분이 구연산입니다.

(응용)

- 솔비톨 같은 당알코올이나 포도당, 과당, 꿀 등을 이용해 단맛을 다채롭게 해 주면 음료 향미는 더욱 풍부해집니다.

- 향료 첨가량은 취향에 따라 조절합니다! 향료 사용량의 적절성에 따라 음료의 풍미는 완전히 달라집니다.

(레시피)

고기용 불향 마파소스

(재료)

마파소스(이금기) 25g, 황두장(이금기) 20g, 해선장(이금기) 15.5g

양조간장 15.5g, 미향(오뚜기) 14g, 토마토 페이스트 9g, 쇠고기 다시다(CJ) 5g, 핵산IG 1.5g

셰리와인 비네거 9.5g, 마조유or화조유 5g, 다진 생강 7.5g, 올스파이스분 1g, 숯불비프 향료 10방울(0.2g)

배 퓌레(뉴뜨레) 35g, 황설탕 30g

(조리법)

① 모든 재료를 한데 계량하여 잘 혼합해 줍니다.

향료 실전 활용법

한국 식자재연구소, 배민 아카데미 등에서 강의 활동을 하며 꾸준히 향료 사용법을 전파하고 있습니다. 외식업계에서 향료를 활용해 원가 절감, 메뉴 차별화를 한 우수 사례를 소개합니다. 사례에서 소개하는 모든 향료는 한국 식자재연구소 스마트스토어에서 구매할 수 있습니다.

향료 사용 기초

- 식품 향료는 MSG와 같은 식품 첨가물의 하나로, 요리에 사용해도 괜찮습니다. 다만 합법 영역과 불법 영역을 인지할 필요는 있습니다. 가령 바나나를 넣지 않고 향료만으로 풍미를 낸 바나나 우유의 제품명은 '바나나맛 우유'가 되어야 합니다. 바나나를 0.1%라도 첨가한다면 '바나나 우유'로 이름을 붙일 수 있으며, 굳이 '바나나 우유'로 판매하지 않고, '필리핀 스타일 우유'와 같이 제품명(메뉴명)에 주재료 이름이 들어가지 않는 경우라면 신경 쓰지 않으셔도 무방합니다.

- 향은 코로 맡을 때와 먹을 때, 또 투입량에 따라 완전히 다르게 느껴집니다. 투입량을 섬세하게 조절하며 반복 테스트를 합니다(부향하고자 하는 소스 등을 10g씩 종지에 여러 개 떠 놓고 다양한 양의 향료를 첨가해 맛을 보며 적정 투입량을 결정합니다)

- 향료를 투입한 후에는 충분히 잘 교반해 줍니다. 맑은 육수에 향을 사용한 경우 블렌더를 이용해 충분히 분산시켜 줍니다.

- 비가열 요리나 음료에는 향을 0.1~0.2% 투입해 충분히 교반해 줍니다.

- 가열 요리에 향료를 사용하고자 하는 경우에는 가열에 의혜 향이 휘발하지 않게끔 레시피 설계를 섬세하게 합니다.

- 가열 요리에 향을 사용하기에 가장 좋은 방법은 가열이 끝난 요리에 향료를 이용해 만든 향미유를 한 바퀴 둘러 주는 것입니다.

  Ex) 한우 국밥에 양지향을 부향하고자 하는 경우

   - 식용유에 양지향을 섞어 만든 향미유를 완성 요리에 둘러 줌

   - 양지향을 으깨어 섞은 우지를 국밥 그릇 바닥에 발라 두거나 공기밥에 얹어 줌.

- 향료는 원물과 함께 쓰면 풍미가 더 다채롭고 자연스럽게 표현됩니다.

- 여러가지 향료를 혼합해 이용할 수 있습니다. 가령 마늘향, 파향을 섞어 넣어 파·마늘 향미유를 만들 수 있습니다.

향료 실제 활용 사례

향미유로 활용하기(향료 사용량: 1~5%)

• **파기름, 마늘기름** 식용유에 4%의 파 향, 1%의 마늘 향을 넣고 충분히 혼합해 향미유로 사용합니다. 소스통에 담아 완성된 요리, 국물요리 위에 한 바퀴 둘러 줍니다. 실제 파를 기름에 끓여 내는 것보다 원가는 저렴하고 풍미는 강한 파기름을 만들 수 있습니다. 사용하고 있는 화유, 향미유 기성품의 향을 보강하는 데 사용할 수도 있습니다.

• **트러플 오일** 저렴한 트러플 오일에 트러플 향을 더해 고급스러운 풍미를 강화해 사용합니다.

• **잣 오일** 식용유에 잣 향을 넣어 고소한 샐러드 오일을 만듭니다.

• **잣 크림** 잣이 특산물로 나오는 지역에서 특산품 제조에 이용합니다(잣 막걸리, 잣 빵 등). 저렴한 캐슈넛을 갈아 견과류 특유의 바디감을 내고, 거기에 잣 향을 섞어 리얼한 잣 풍미를 합리적인 원가에 구현합니다.

• **새우 오일** 식용유에 새우머리 향을 넣어 향미유로 사용합니다. 계란찜, 계란말이 등에 뿌려 주거나 완성된 감바스 위에 한 바퀴 둘러내어 진한 새우향을 낼 수도 있습니다. 완성된 새우 크림 파스타 등에 뿌려 내어 요리의 새우 풍미를 강화할 수도 있고 마늘 향을 함께 넣어 완성된 해물파전 위에 한 바퀴 뿌려 내도 좋습니다.

• **버터 오일** 버터 향료를 식용유에 타 향미유를 만들고, 식용유 스프레이 통에 넣어 빵이나 감자 요리 등에 뿌려 줍니다. 버터 향미유를 밥에 비벼 버터밥을 낼 수도 있습니다. 실제 버터를 이용해 버터밥을 하면 밥의 색이 누렇게 변해 보기 좋지 않고 원가 부담도 큽니다. 버터 향 오일은 밥의 색을 누렇게 하지 않으며 저렴한 원가에 향은 뚜렷합니다. 혹은 버터 향을 크림 파스타 소스 등에 섞어 향이 진한 파스타 소스를 만듭니다.

• **숯불 오일** 숯불 돼지 향, 숯불 비프 향 등을 식용유에 타 두었다가 기름용 스프레이 용기에 담아 두고 완성된 제육볶음, 초벌구이 등의 고기 요리에 한 번 뿌려 내어 불향을 가향합니다.

소스에 활용하기(사용량: 0.1~0.4%)

• **바질 페스토** 데쳐 물기를 꼭 짠 시금치와 바질을 섞어 원가를 절감한 바질 페스토를 만듭니다. 바질 향을 첨가해 바질의 플레이버를 생생하게 살립니다(극단적인 위력을 보여주기 위해 바질을 아예 넣지 않은 시금치 페스토에 바질 향을 넣어 바질 페스토 샘플을 만든 바 있는데, 당시 맛을 본 유통사 대표님께서 맛이 좋다며 집에 가져가신 일화가 있습

니다).

- **트러플 마요** 버거, 딥 소스용 트러플 소스를 만듭니다. 마요네즈는 향료를 타 수제 소스를 만들 수 있는 좋은 도화지입니다. 다만 마요네즈에 향을 탈 때엔 일정량의 설탕과 소금, MSG, 식초 등을 이용해 추가로 조미해 줍니다(발향이 극대화되는 맛 밸런스를 찾으세요).

- **자연송이 들깨마요** 자연송이 향을 가미한 마요네즈 소스를 만들고, 이를 데친 새송이에 무쳐 자연송이 무침을 만듭니다. 저렴한 원가에 자연송이 풍미를 즐길 수 있게 하여 가심비가 좋은 아이디어 메뉴입니다.

  · 자연송이를 전혀 넣지 않고 '자연송이 무침'이라 판매하면 불법이니, 자연송이 몇 가닥을 가니시로 완성 요리 위에 올려 줍니다.

- **자연송이 참기름장** 쇠고기를 찍어 먹는 참기름장에 자연송이 향을 탄 소스로 내어 줍니다. 마찬가지로 자연송이 약간(말린 것, 분말, 어떤 형태든 상관없음)을 가니시로 올려 줍니다.

육수에 사용하기(사용량 0.1~0.3%)

- **평양냉면 육수** 양지 향(양지는 쇠고기 부위 중 가장 육향이 강해 육수를 낼 때 사용하는 대표 부위입니다)을 첨가해 블렌더로 갈아 주어 육향을 강화합니다. 차가운 국물 요리는 2차 가열이 불필요하기 때문에 향료의 위력이 강력하게 발휘되는 분야입니다. 양지향을 이용하면 적은 고기를 넣고도 육향이 진한 육수를 만들 수 있습니다.

(여담이지만 양지 향료는 식자재연구소 스마트스토어에서 압도적으로 판매량이 많은 품목인데 정작 사용한다는 사람은 찾기 힘든 비밀의 인기 향료입니다. 외식업 사장님들은 정말 좋은 원료는 남에게 알려주지 않으려 하는 경향이 있습니다)

- **돼지, 쇠고기 국밥류** 양지 향, 파 향을 식용유에 1~5% 비율로 타 향미유로 만들어 소스통에 담고, 완성된 국밥 요리 위에 한 바퀴 둘러 냅니다. 향은 가열에 약한데 기름에 혼합해 사용하면 향 성분이 기름 성분과 결합해 내열성이 강화됩니다. 창의성을 발휘해 향료를 활용해 봅시다. 돈지나 우지에 향을 욱여넣고 뚝배기 바닥에 향기름을 발라 주어도 좋고, 향기름을 공기밥에 비벼 두어도 좋습니다. 파, 마늘은 '황'을 함유해 육향을 내는 채소이므로 파나 마늘의 향은 고기국에 잘 어울립니다.

한국인이 가장 선호하는 고기 향은 쇠고기 향이므로 돼지국밥 국물에 쇠고기 다시다로 간을 하거나 돼지고기 향이 아닌 양지 향을 터치하는 것도 좋은 접근법이 될 수 있습니다. 더불어 해산물 계통 조미료와 육류 계통 조미료를 함께 사용할 때 더 복합적이고 좋은 풍미를 내듯이, 소와 돼지 육수를 혼합하는 방안이 둘 중 어느 하나만 이용하는 경우보다 더 좋은 결과물을 낼 수도 있습니다. 서울의 많은 평양냉면 맛집들에서도 돼지 육수와 소 육수를 혼합해 사용하고 있습니다.

음료에 활용하기(사용량: 0.1~0.2% or 스프레이)

- **싱그러운 하이볼** 하이볼 제조 시 라임 제스트, 레몬 제스트 향을 몇 방울 떨어트려 싱그러운 향이 발랄하게 살아 있는 하이볼을 제조합니다.
- **위스키 향이 진한 하이볼** 위스키 향을 첨가해 위스키를 듬뿍 넣은 듯이 진한 하이볼 풍미를 구현합니다.
  - 하이볼이 주는 만족감의 상단 부분은 풍부한 탄산감에서 오므로, 향을 첨가한 후 과도하게 저어 탄산이 빠질 일이 없게끔 미리 향을 시럽에 타 두고 사용하면 좋습니다.
- **위스키 맥주** 저가형 위스키를 소량 혼합한 소주에 위스키 향을 타 스프레이 용기에 담고, 맥주 위에 2~3번 뿌린 후 서비스합니다. 위스키향이 은은하게 나는 맥주 드링크가 됩니다. 꼬냑 맥주 등 창의적인 이름을 붙여 냅니다.

레시피

자연송이 무침

'이 가격에 송이 풍미를?!' 생생한 자연송이 향을 담고 있는 '자연송이 향'과 저렴한 새송이, 도라지를 이용해 만드는 가심비 메뉴입니다. 향료를 이용해 자연송이 풍미를 내어 수백 배의 원가를 절감합니다. 자연송이를 전혀 넣지 않고 자연송이 무침이라 이름 붙여 판매하면 불법이므로 요리 완성 후에 자연송이 몇 가닥을 장식으로 올려 줍니다.

재료

송이마요 소스 마요네즈 44g, 들깨가루 10g, 설탕 10g, 들기름 9g, 물엿 8g, 양조간장 4.2g, 환만식초 3g, 꽃소금 0.5g, 자연송이 향 10방울(0.2g)

송이향미유 옥수수유 100g, 자연송이 향 3g

주재료 취향에 맞게 손질

소금물에 데쳐 물기를 꼭 짠 도라지 140g,

소금물에 데쳐 물기를 꼭 짠 새송이 120g,

쪽파 약간

조리법

① 소금물에 데친 도라지와 새송이버섯에 분량의 소스(레시피상 전량)를 넣고 무쳐 줍니다.

②①을 접시에 옮겨 담은 후 들기름과 송이향미유를 한 바퀴씩 두른 후 송송 썬 쪽파를 뿌려 주고, 송이버섯을 몇 가닥 얹어 마무리합니다.

2 식품 향료 적용 사례와 향 지식 활용

식품업계에서는 향료를 어떻게 사용하고 있을까요? 식품 향료 활용 사례는 새로운 요리의 탄생 비화와 닮아 있기도 합니다. 향료 사용에 대한 감과 더불어 요리에 부여할 수 있는 의외성에 대한 힌트를 얻기 바랍니다.

① 식품 향료 알고 보기: 새로운 맛(향)의 창시

완벽한 조화를 이루어 사람들의 머릿속에 고유명사로 자리잡은 향이 존재합니다.

소다 향

소다 향은 바나나, 바닐라, 레몬, 라임 향의 조합입니다. 바닐라 아이스크림에 라임즙만 소량 짜 먹어도 소다 향이 느껴집니다. 소다 향의 창시자는 위 네 가지 재료의 향 조합에 푸른색을 입히고 소다라는 이름을 붙여 대중화했습니다. 요리로 치면 여러 식재료와 양념을 조합해 개발한 새로운 메뉴에 이름을 붙여 세계적으로 대유행시킨 것이나 다름없으니 엄청난 성공인 셈입니다. 소다 향을 가진 먹거리를 놓고 이것이 무슨 맛이냐 물으면 십중팔구 누구라도 소다 맛이라 대답할 것입니다.

밀키스 향

밀키스는 위의 소다 향에 우유와 크림 향을 첨가한 음료입니다.

콜라 향

콜라 향은 계피, 넛멕, 오향, 레몬 향 등의 조합입니다. 콜라는 전 세계적으로 가장 대중적인 음료이며 기름진 육류 요리에 흔히 곁들여집니다. 사람들에게 콜라 향을 맡게 하면 콜라라 답하지 계피나 넛멕, 오향 향이 난다고 대답하지 않습니다. 콜라가 육류 요리에 곁들여진 역사가 긴 만큼 계피, 넛멕, 오향, 레몬의 조합을 가진 소스나 양념을 개발해 보아도 좋겠습니다. 족발을 삶을 때 콜라를 넣는 맛집도 존재합니다.

사이다 향

사이다 향은 라임과 레몬 향의 조합입니다. 스프라이트는 레몬의 뉘앙스가 주된 사이다이고, 칠성사이다는 강한 라임 향을 가진 사이다입니다. 세계적으로 인기있는 사이다는 스프라이트인데 한국에서만 유독 칠성사이다가 더 강세라고 합니다.

포카리스웨트 향

포카리스웨트는 자몽 향 음료입니다. 자몽 원물에 비해 포카리스웨트가 더 큰 인기를 누리게 된 나머지, 사람들은 자몽맛(향)을 '포카리 맛'이라 지칭하기에 이르렀습니다.

박카스/핫식스/레드불/비타500 향

위 제품들에는 여러 가지 과일 향을 혼합한 믹스후르츠 향료가 사용됩니다. 음료별로 파인애플 같은 열대 과일 향을 기준점으로 삼는지 사과 향, 시트러스 향, 딸기향 등을 기준점으로 삼는지에 따라 그 뉘앙스가 조금씩 다를 뿐입니다. 갈비찜, 불고기, 찜닭 등 단맛이 있는 고기 요리에는 과일이 매우 잘 어울리는데 우리는 위 제품들을 통해 익히 믹스후르츠 향을 접해 왔기 때문에 세이보리한 요리에 다양한 과일을 조합해 보는 것이 훌륭한 의외성이 될 수 있습니다.

닥터페퍼 향

닥터페퍼는 다크체리 향을 갖습니다. 닥터페퍼는 코카콜라보다 더 오래된 음료로, 체리코크의 일종입니다.

실론티 향

매니아층이 두터운 실론티는 홍차향 음료입니다. 실론이라는 이름은 스리랑카의 실론 지역에서 유래하였습니다.

② 식품 향료 응용하기: 향료의 창의적 적용

향으로 커버한 쓴맛

이온 음료의 맛은 본래 쓰고 떫습니다. 자몽 역시 본래 쓴맛이 강한 과일입니다. 포카리스웨트에는 자몽향료가 들어갑니다. 이온 음료 특유의 쓴맛을 자몽의 향으로 숨기며 풍미를 조화롭게 만들었습니다.

친숙하면서도 새로운 라임 향

스프라이트는 레몬 향이 강한 사이다이고, 우리나라에서 인기를 끄는 칠성사이다는 라임 향이 강한 사이다입니다. 향료 업계 관계자의 말에 따르면 과거에 라임이 소화를 촉진시켜 준다는 인식이 퍼져 한국인들이 식사에 칠성사이다를 곁들이며 그 입지가 확고해 졌다 합니다(물론 라임 향은 소화 촉진에 아무런 효과가 없습니다). 칠성사이다 덕에 한국인들은 알게 모르게 라임 향을 친숙하게 느끼고 있습니다. 식품업계에서도 라임 계열 제품은 성공률이 높다고 합니다. 라임향 베이스인 칠성사이다가 1950년도에 출시되어 꾸준히 사랑받아왔다는 점을 감안하면 라임향은 한국인의 전통 향이라 보아도 과언이 아닙니다. 요식업계에서도 라임을 활용한 소스나 요리 개발을 시도해 볼 만합니다. 알고 보면 라임은 이미 익숙함과 의외성을 동시에 지닌 과일입니다.

예술은 익숙함과 의외성 사이의 오묘한 밸런스

옥수수 수염차가 대히트를 쳤던 때가 있었습니다. 당시 두 회사가 옥수수 수염차의 점유율을 놓고 전쟁을 벌였는데, 옥수수 수염 자체가 한국인에게 워낙 생소했기 때문에 어떤 익숙함을 이용해 소비자의 입맛에 다가갈 것인지가 승패의 관건이었습니다. A사는 옥수수 수염차에 볶은 현미 향을 이용해서, B사는 팝콘향을 이용해 옥수수 수염차의 향을 뒷받침하였고 결과적으로 볶은 현미 향을 사용한 A사가 경쟁에서 승리했습니다. 볶은 현미향을 개발한 개발자의 말에 따르면 옥수수 수염을 볶았을 때 특유의 고소한 향이 입안에서 풍부하게 퍼지는 것을 발견해 고소한 향을 볶은 옥수수 수염의 중요한 특징으로 규정했고, 그와 비슷한 고소함을 가진 원료를 찾으려 했다 합니다. 뒤이어 여러 향료를 시향하다가 볶은 현미 향이 옥수수 수염과 흡사하면서도 훨씬 풍부한 고소함을 가졌다는 것을 알아냈다고 합니다. 현미 향은 한국인이 아침햇살이나 차 등의 형태의 음료로 익숙하게 마셔왔던 향이기도 했습니다.

언뜻 B사가 팝콘 향을 이용한 점도 합리적으로 보입니다. 옥수수 수염과 팝콘 모두 옥수수에서 유래하기 때문입니다. 하지만 결국 승리를 거머쥔 건 볶은 옥수수 수염의 풍미에 대해 심층적으로 접근해 '고소한 향'이라는 특징을 도출하고 그에 대한 거시적 관점을 바탕으로 업무를 진행한 조향사였습니다. 요리를 개발할 때에도 미시적 접근법과 거시적인 접근법을 조화롭게 사용해야 합니다. 미시적으로는 요리의 구성을 뜯어보거나 요리에 곁들여지는 소스, 음료, 찬류를 살필 수 있고 거시적으로는 문화권 단위로 타국의 비슷한 요리들을 살펴볼 수도 있습니다.

때로는 '사실'보다 중요한 예술적 직감

직감을 이용해 깔라만시 향을 만들어 20여 개의 다른 향료 회사와 경쟁하여 승리를 거둔 조향사도 있습니다. 깔라만시 역시 한국인에게 생소한 과일로, 원물을 먹어 본 사람은 거의 없기 때문에 깔라만시의 향을 있는 그대로 구현하기보다는 어떻게 한국인이 첫 입에 맛있게 느낄 깔라만시 향을 만들어 낼지가 관건이었다고 합니다. 깔라만시는 베트남의 특정 지역에서 쌀국수에 넣어 먹는 감귤류 과일인데 이 조향사는 한국인이 익숙하게 느끼는 라임 향에 약간의 변주를 주어 깔라만시 향을 만들어 냈습니다. 깔라만시의 사실적인 향보다 직감을 발휘해 라임 향에 가깝게 만든 깔라만시 향이 경쟁에서 승리할 수 있었습니다.

· 과일은 수많은 향기 물질을 공유합니다. 깔라만시와 라임도 수많은 향기 물질을 공유하는 친척입니다.

새로움을 소개하기 위한 궁극의 익숙함

빙그레 바나나우유는 50년 넘도록 한국 가공유 시장 1위 자리를 지키고 있습니다. 빙그레 바나나우유는 처음 출시될 때만 해도 완전히 새로운 맛을 가진 제품이었습니다. 당대 전 국민 중 바나나를 먹어 본 이가 드물었기 때문입니다. 어떻게 생소한 열대 과일을 표방한 제품이 단번에 히트를 칠 수 있었을까요? 빙그레 바나나우유에 바나나 향과 더불어 바닐라 향이 사용되었기 때문에 가능했다고 봅니다. 바닐라 향의 주된 성분인 '바닐린(Vanillin)'은 모유나 장작불의 연기에도 함유되어 있는 성분입니다. 모유를 먹으며 신생아 시기를 보내고, 140만년 이상 장작불에 고기를 구워 먹어

온 인간에게 있어서 바닐린은 무의식 속 어딘가에 자리잡은 궁극의 익숙함이자 따스함인 셈입니다. 바닐라 향은 디저트업계에서 새로운 풍미를 선보일 때 조합물로 더러 이용하고 있으며, 식품업계 역시 바닐라 향을 바나나우유나 아이스크림 같은 디저트류에 적극적으로 사용하고 있습니다. 한편 디저트가 아닌 핫도그 믹스(바닐라 향이 없으면 우리가 아는 그런 풍미가 나지 않습니다), 호떡 믹스, 치킨용 바터 믹스(구운 비스켓향이 가장 흔히 첨가됩니다) 등 세이버리한 식품군에도 바닐라 향이 사용되고 있습니다. 새로운 맛을 소개하며 등장한 먹거리들이 1등 상품이 되기 위해 익숙함의 힘을 영리하게 활용해 왔다는 것을 알아야 합니다.

· 바닐라의 원산지는 멕시코입니다.

식품업계의 1등 상품이란?

①기존에 없던 카테고리의 식품이 ②새로이 등장하여 ③1등을 차지하고 ④인기를 끌면 100년도 넘게 명맥을 유지하곤 합니다. 그리고 궁극의 익숙함 그 자체가 됩니다.

타바스코는 1868년에 출시되었고, 코카콜라도 1886년에 출시되었으나 100년 넘게 1위 자리를 지키고 있습니다.

먹거리 산업이 저 부가가치 산업이라는 인식이 팽배지만 10억원을 호가하던 슈퍼컴퓨터의 성능이 20년만에 150만원짜리 노트북에 탑재되는 첨단 산업의 변화 속도를 감안하면 새로운 맛의 개발에는 오히려 엄청난 고부가가치가 있다고 봅니다.

소실된 향의 보강

대부분의 식품은 상온에서 수 개월에서 1년 이상도 상하지 않을 수 있도록 염도, 당도, 산도 조절과 더불어 가열 살균을 필수적으로 거칩니다. 가열하여 유해균의 수를 줄이고 산소가 들어갈 수 없게 밀봉 포장하면 식품이 상하는 속도가 느려지게 됩니다. 유해균은 대부분 호기성이므로 산소가 없으면 생육하지 못하기 때문입니다. 그러나 가열 살균을 거친 먹거리는 향기 성분을 상당 부분 잃어버려 맛이 떨어집니다. 살균 과정에서 소실되는 향을 채워 주기 위해서는 (특히 음료에 있어서) 식품 향료가 필요합니다. 한편 '먹거리를 가열하면 향이 휘발하여 선호도가 떨어진다'는 인과 관계는 요리에도 그대로 적용이 됩니다. 우리가 향을 맡을 수 있다는 것은 대상 물질의 향이 공중으로 조금씩 소실되고 있다는 것을 의미합니다. 평균 상온인 20℃에서 1의 속도로 소실되는 향은 온도가 100℃일 땐 이론상 250배 이상 더 빠른 속도로 사라져 버립니다. 아무리 향긋한 술, 허브, 재료도 요리에 넣고 팔팔 끓여 내면 본래의 특성을 크게 잃게 됩니다. 식품 향료를 사용하면 가열로 인해 소실된 향을 보강할 수 있습니다.

향료나 요리나: 작은 차이에도 민감하게

과거 술에 곁들이는 한 유명 음료의 맛이 달라져 문제가 생긴 바가 있습니다. 제품의 후미에 쓴맛이 돌아 문제가 무엇인지 찾아보니 향료에 들어가는 수십 가지 향 원료들 중 하나의 공급처가 바뀌었다는 것을 발견했다고 합니다. 향 물질의 종류가 바뀐 게 아니라 공급처만 바뀐 것입니다. 요리로 치면 시장에서 구매한 양파를 쓰던 레시피에 대형 마트의 양파를 쓰자 맛이 크게 달라졌다는 꼴입니다. 품질 관리가 철저히 이루어지는 식품업계에서조차 '이 정도는 괜찮겠지' 하는 사소한 방심으로 인해 품질 문제가 발생하는데, 하물며 매일 상태가 달라지는 식재료를 다루는 요식업계에서는 특별히 섬세하게 요리의 맛을 체크할 필요가 있습니다. 요리의 맛이 어딘가 평소와 다른 것 같으면 예사로 생각하지 말고 반드시 보완해야 합니다. 재료의 단맛이 덜하여 향을 증폭시켜 줄 설탕이 필요할 수도, 철 지난 재료에 감칠맛 보강이 필요할 수도 있고 하필 당일 받은 채소의 유기산 함량이 낮아 식초나 레몬즙을 더해 주어야할 수도 있습니다.

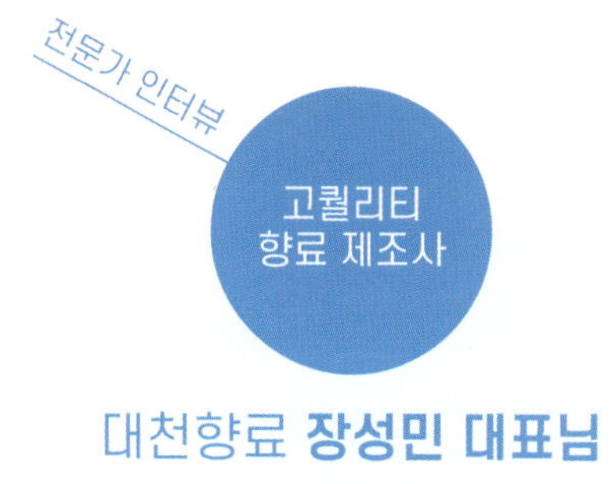

대천향료 **장성민 대표님**

Q. 요리와 향료의 공통점이 있다고요…?

맛집들의 공통점은 요리 과정에 많은 시간과 정성을 들인다는 점이지 않겠습니까? 요리와 마찬가지로 향료 또한 기술력과 투입된 정성에 따라 좋은 것과 그렇지 못한 것으로 나뉩니다. 수준 높은 향료 회사들은 천연물에 대한 연구를 활발히 진행하고 이를 합성법으로 구현할 방법을 강구합니다. 같은 향료 배합비를 갖고도 원료 선택에 따라 완전히 다른 결과물을 얻게 되기도 합니다. 같은 레시피에 따라 요리하더라도 매번 요리의 맛이 달라지는 것과 같은 이치겠습니다. 식품 향료를 처음 접하는 셰프님들께서 향료 또한 사람의 정성과 손길을 타 만들어진다는 점을 이해하고 질 좋은 식품 향료를 마주하며 설렘을 느끼셨으면 합니다.

Q. 향료가 만들어지는 과정이 궁금합니다.

분석하고자 하는 물질을 용매로 희석하여 분석 기기에 넣으면 수백 가지의 향 물질들이 60m 길이의 트랙을 지나게 됩니다. 향의 무게에 따라 분자량이 작은 것부터 순차적으로 트랙을 빠져나오며 기록됩니다. FID라는 장치로 각 향 물질들의 함량을 측정하고, MASS라는 기기로는 구성 물질들의 이름을 알아냅니다. 두 결과물을 합쳐 비로소 투입한 물질에 어떤 향기 물질들이 얼마나 들어 있는지 알 수 있게 됩니다. 그리고 분석 결과표를 따라 향료 회사가 보유하고 있는 원료들을 조합해 향료를 개발합니다. 물론 이 때 사용하는 향기 원료들은 실제 음식이나 자연물에 들어 있는 향기 물질들과 화학적으로 동일합니다. 로스팅한 커피에서는 약 600여 종, 과일의 경우 약 300여 종의 향기 물질들이 검출되는데, 가령 커피향을 만드는 데에 600여 종의 향기 물질을 모두 사용하기에는 현실적 어려움이 있습니다. 더불어 분석 결과 검출되긴 했지만 역치가 너무 높거나 너무 낮아 사람의 코로는 맡을 수 없어 조향에 사용하지 않는 향기 물질들도 존재합니다. 분석 시 기기와 사람이 함께 향을 맡는 AEDA라는 방법을 사용하면 조향에 필요하지 않은 향 물질들을 가려낼 수 있습니다. 분석하고자 하는 물질을 점점 엷게 희석하며 기계에 여러 번 투입해 분석을 실시하는데 그 과정에서 사람이 맡지 못하는 향 물질은 배합비에서 제외시킵니다. 이 작업을 거듭하다 보면 최종적으로 3~4가지의 향기 물질이 남게 되는데, 이 물질들을 분석 물질의 핵심 향으로 간주하여 조향 시 그 비중을 높게 설정합니다. 식품 회사로부터 특정 음식의 향 제조 의뢰를 받으면 맛집을 찾아 해당 음식을 구입하고 위와 같은 방식으로 분석하기도 합니다.

식품 향료와 친해지기

아직도 향료에 거부감을 갖는 사람들이 많습니다. 식품에 쓰이는 향기 원료들은 식품 법규상 굉장히 엄격한 독성 테스트를 통과한 것들입니다. 안전하게 먹을 수 있는 것들이라 자신 있게 말씀드릴 수 있습니다. 자연물 역시 화학성분들의 조합품이며 오히려 향료 업계에서는 자연 유래 원료를 경계하는 편입니다. 천연 재료에 대해서는 안전성 테스트가 충분히 이루어지지 않았기 때문입니다. 사람들은 자연에서 온 것이라 하면 무조건 건강하다 생각하여 의심하지 않고 받아들이곤 하지만 자연은 인간을 위해 존재하는 것이 아니기에 스스로를 지키기 위한 다양한 독을 가졌음을 아셨으면 합니다.

· 합성 향료와 천연 향료를 구분하지 않고 '향료'로 일괄 표기하도록 법규가 개정되었습니다. 향 물질 100%로 이루어진 식품 소재의 경우 향료로, 향료가 50% 이상 들어간 식품 소재에 대해서는 향료제재, 향료의 함량이 50% 미만인 식품 소재에 대해서는 혼합제재라 표기하게 되었습니다.

Q. 조향도 일종의 예술이 아닌지요?

지금은 기계로 분석하여 철저히 과학적인 접근을 통해 향료를 만들지만 불과 25년

전 즈음까지도 한국에는 분석 기기가 없어 조향사의 예술 감각이 히트 상품을 만들어
내는 데에 일조하기도 했습니다. 아직 대부분의 한국인들이 석류나 망고를 맛보지 못
했던 때에 향료를 만들어 내야 했던 조향사들은 석류나 망고의 사진을 보고 '한국인이
라면 석류의 망고의 맛이 이렇다고 상상하겠다' 유추하며 시각적인 정보를 후각으로
변환하는 일종의 예술 작업을 해내기도 했습니다. 석류와 비슷한 색을 띠면서도 대중
에게 친숙한 딸기 향에 석류의 향 특징을 섞어 변주를 주는 식입니다. 그러다 석류와
망고의 원물이 한국에 수입되고 소비되기 시작하면서부터 한국 식품업계에서도 보
다 리얼한 석류향과 망고향을 사용하게 되었습니다. 현대의 식품향료는 철저히 과학
적인 접근법에 의해 만들어진다 믿습니다만 당대의 식품 향료는 예술의 영역에 가까
웠다는 점을 인정합니다. 요리와 비슷한 면이 있었습니다. 요리와 식품 두 업계의 공
통점이 많은데 아직도 요리 전문가와 식품 전문가가 서로 교류하지 않고 나뉘어 각자
발전하고 있는 것 같아 아쉬운 마음도 있습니다. 향의 전문가, 식품의 전문가, 요리
의 전문가가 한데 모여 교류할 수 있는 장이 마련된다면 한국 먹거리의 발전이 가속
화될 수 있지 않을까 기대합니다.

심화: 향 원리의 요리 적용

향기 물질을 공유하는 식재료 페어링

바닐라, 라임 등의 향이 조합되어 소나가 탄생했고, 넛멕, 시나몬 등이 섞여 콜라
가 탄생했듯이 어떤 재료들이 서로 기막히게 잘 어울릴 수 있는지 과학적으로 알아낼
수 있다면 창의적이고 새로운 요리를 개발하고자 하는 요리사에게 도움이 될 겁니다.
가령 된장과 초콜릿, 산딸기가 푸라니올(furaneol)이라는 핵심 향기 물질을 공유하여
서로 잘 어울린다는 사실을 알면 위 세 가지 재료를 조합해 새로운 요리를 만들어 낼
수 있습니다. 실제로 미슐랭 2스타 레스토랑인 정식당에서 '장독'이라는 이름의 된장

초콜릿 디저트를 선보인 바 있는데 그 향미 조합이 맛 좋은 헤이즐넛 초콜릿처럼 느껴져 놀란 바 있습니다. 또한 고추장과 육포가 많은 향기 물질을 공유한다는 사실을 기반으로 육포를 갈아 넣은 육포 고추장이 개발된 사례도 있고, 파마산 치즈와 고추장의 향이 잘 어울린다는 것에서 착안해 파마산 치즈 가루를 넣은 치즈국물 떡볶이가 개발된 사례도 있습니다. 이러한 페어링 방법론은 국가나 지역별로 상이한 '입맛'의 차이를 극복하는 데에도 도움이 될 수 있습니다. 간혹 향기물질을 전혀 공유하지 않는데 특정 지역에서는 서로 잘 어울린다며 한 상에 놓고 먹는 식재료 조합이 있습니다. 이 경우, 해당 지역에서 많이 경작된 작물을 자연히 한 상에 놓고 먹다보니 그 지역만의 특수한 입맛이 형성된 것일 수 있습니다. 이렇게 형성된 입맛은 그 자체로 전통 문화가 될 수도 있겠으나 대중화와 세계화의 관점에서는 걸림돌이 될 수밖에 없습니다. 대중화를 고려한다면 입맛의 특수성과 과학적인 식재료 페어링 방법론을 함께 고려해 메뉴를 개발하는 것이 좋겠습니다. 향 조합에 기반한 페어링 뿐 아니라, 인간이 본능적으로 좋아하는 맛 성분을 가미해 원래 형태보다 달거나 감칠맛 나게 조리하는 것도 대중성을 높일 좋은 방법입니다.

향기 물질을 공유하는 재료

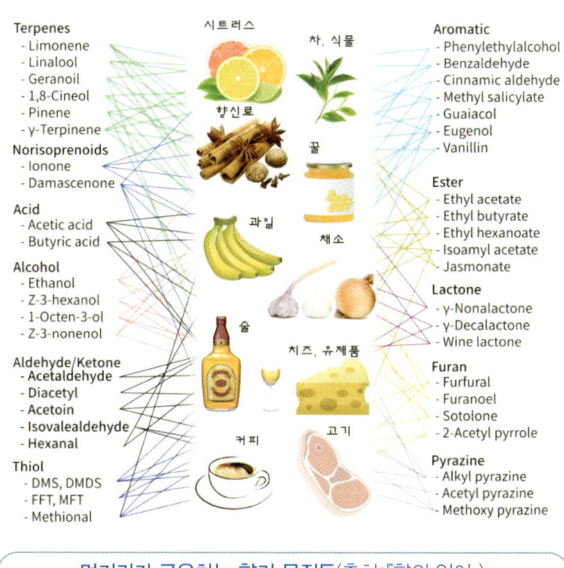

먹거리가 공유하는 향기 물질들(출처: 『향의 언어』)

향기를 공유하는 재료(페어링이 좋은)	근거 향 물질
레몬, 라임, 오렌지, 만다린 등 시트러스류 과일, 후추, 민트, 페넬, 샐러리, 큐민, 카다몸, 깻잎 등	리모넨(시트러스)
오렌지 등 시트러스류 과일, 생강, 고수, 계피, 바질, 팔각, 넛멕, 카다몸, 홍차 등	리나룰(시트러스, 꽃)
오렌지 등 시트러스류 과일, 고수, 바나나, 포도, 멜론, 버터 스카치, 체리, 맥주, 레몬그라스 등	데카날(시트러스, 꽃)
시트러스류 과일, 고수, 큐민, 오레가노, 미나리 등	시멘(시트러스, 스파이시)
정향, 넛멕, 계피, 레몬밤 등	유제놀
멜론, 수박, 오이 등 박과 작물, 열대과일, 멍게 등	시스-6-노넨올(풀)
바질, 로즈마리, 쑥, 세이지, 월계수잎, 카다몸, 넛멕 등	시네올(풀)
월계수잎, 큐민, 고수, 카다몸, 넛멕, 후추, 딜, 민트, 미나리, 쑥갓, 솔잎, 유칼립투스 등	피넨(풀, 꽃)
표고버섯, 느타리버섯, 자연송이, 레몬밤, 트러플 등	옥텐올(버섯, 풀)
사과, 파인애플, 바나나 등 대부분의 과일, 커피, 맥주 등	에틸 부티레이트(프루티)
파인애플, 사과, 고량주 등 중국 백주 등	에틸 카프로에이트 (프루티)
복숭아, 살구, 코코넛, 크림 등 유제품, 바닐라, 헤이즐넛, 마카다미아 등 견과류, 멜론, 버터스카치, 배, 메이플시럽, 열대과일, 대추 등	운데카락톤 (프루티, 크리미)
버터, 우유, 크림, 요거트, 치즈, 카라멜, 팝콘, 간장, 구운빵, 바닐라 등	디아세틸(버터리)
초콜릿, 코코아, 견과류, 복숭아, 표고버섯, 간장, 짜장 소스, 토마토 등	이소발러알데히드 (자극적인 코코아)
커리, 꿀, 메이플시럽, 카라멜, 구운 향, 조미료(시즈닝), 커피, 당밀, 간장, 익힌 쇠고기, 셰리와인, 위스키 등	소톨론(스파이시)
커피, 토마토, 계란, 고구마, 익힌 양파, 익힌 감자, 익힌 시금치, 체다치즈, 육류, 고기국, 구운 빵, 참치 등의 붉은살 생선과 해산물 등	메티오날(황, 가열)

볶은 커피, 치킨 등 육류, 튀긴 양파, 계란 노른자, 참기름 등	푸푸랄사이올(황, 가열)
김 등 해조류, 트러플, 구운 고기, 양파, 파, 마늘, 옥수수, 양배추, 토마토, 아스파라거스, 녹차, 갓 지은 밥 등	디메틸설피드(황, 바다)
아몬드, 구운 빵, 구운 고기, 볶은 커피, 카라멜, 불향, 메이플시럽 등	푸푸랄(우디, 가열)
커피, 자몽, 감자, 일부 와인, 찐 완두콩, 찐 옥수수, 생감자, 인삼, 홍삼 등	IPMP 빈 피라진 (흙, 견과류)
팔각, 정향, 회향(페넬), 생강, 계피	아네톨

재료들이 어떤 향기 물질을 서로 공유하는지 아는 것은 새로운 요리를 개발하는 데 도움이 됩니다. 가령 이소발러알데히드라는 향 물질을 공유하는 재료를 살펴보면 간장과 토마토페이스트가 잘 어울릴 수 있다는 점, 짜장 요리와 짜파게티에 토마토를 곁들일 수 있겠다는 점 등을 알 수 있습니다. 노넨올을 공유하는 멜론, 수박, 그리고 멍게를 조합한 전채 요리를 만들 수도 있고 운데카락톤을 공유하는 복숭아에 견과류와 버터, 대추를 조합한 소스나 요리를 개발할 수도 있습니다. 각 재료가 공유하는 향기 물질은 다양한 식재료 조합의 당위성이 됩니다.

· 운데카락톤이 고농도에서는 가솔린처럼, 옅은 농도에서는 복숭아처럼 느껴지듯 향 물질은 농도와 맥락에 따라 상이하게 느껴질 수 있습니다.

과학적인 식재료 페어링

푸드페어링 닷컴(inspire.foodpairing.com)

다양한 식재료나 양념들이 얼마나 많은 향기 물질들을 서로 공유하고 있는지, 서로 얼마나 잘 어울리는지 분석하여 쉽게 표현해 둔 사이트입니다. 일부 재료를 제외한 데이터는 유료입니다.

• 로그인 후 'Create a new paring' 클릭

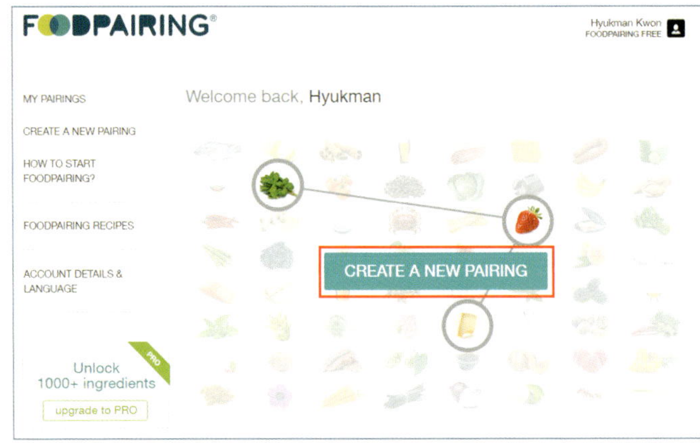

• 재료 검색(영어로)

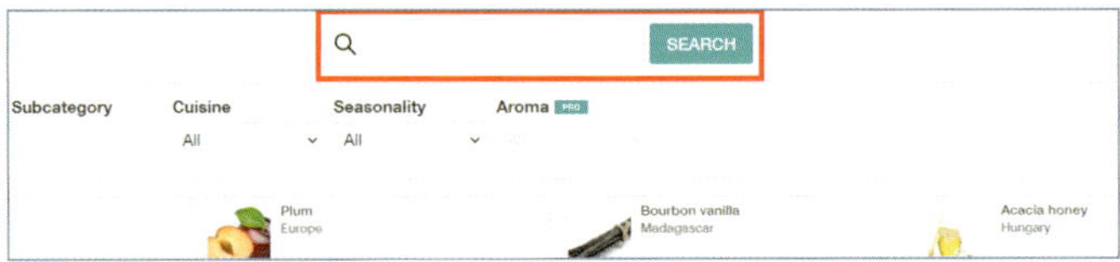

• '+' 클릭

• '+' 클릭

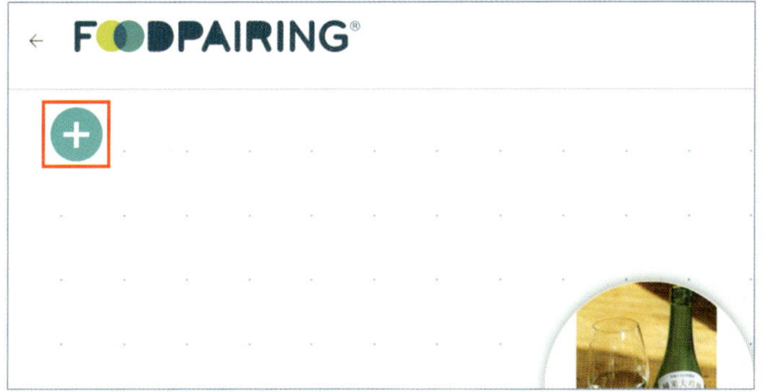

• 검색 대상 재료와 페어링이 좋은 다른 재료들이 표기됩니다. 함께 표시되는 도형 내 파란 영역의 크기가 클수록 많은 수의 향 물질을 공유한다는 뜻입니다.

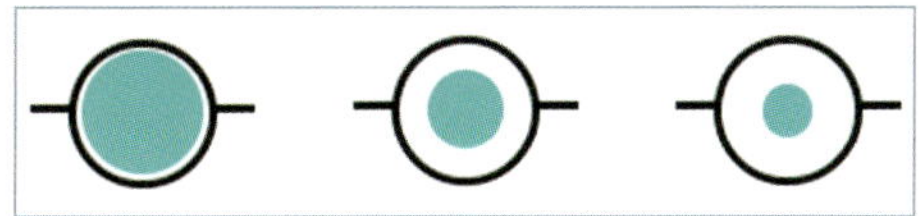

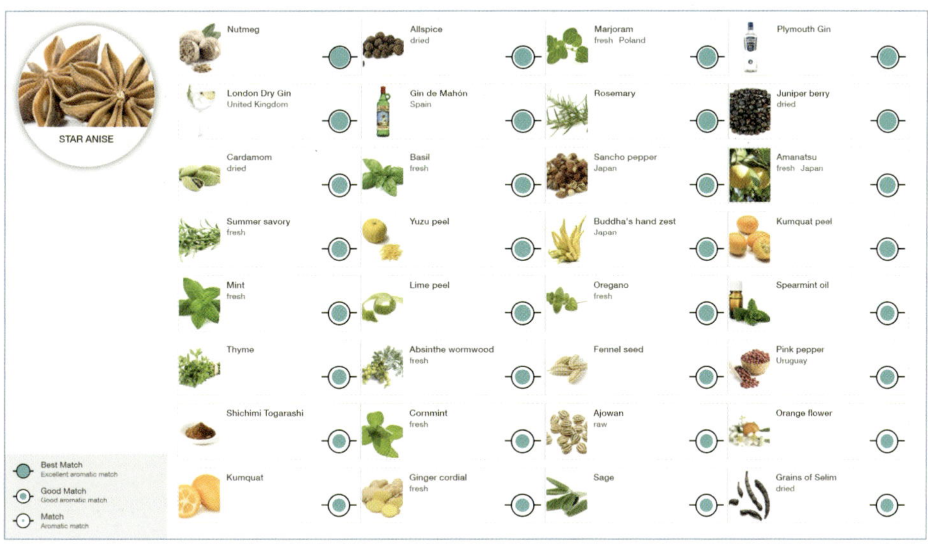

굿센트(http://www.thegoodscentscompany.com)

향기 물질의 스펙과 향 뉘앙스, 향 물질을 포함하는 재료 등 향 물질 자체에 대한 보다 구체적이고 전문적인 정보를 제공하여 조향사들이 많이 이용하는 사이트입니다.

① 향기 물질 탐구하기

AI 툴을 활용해 연구하고자 하는 향신료에 가장 많이 들어있는 향기물질을 알아냅니다. 알아낸 향기물질을 굿센트에서 검색하면 해당 향 물질의 특징, 향 표현, 같은 향이 들어있는 다른 식재료들을 확인할 수 있습니다.

• 'Search' 클릭

• 향기 물질 명칭 입력

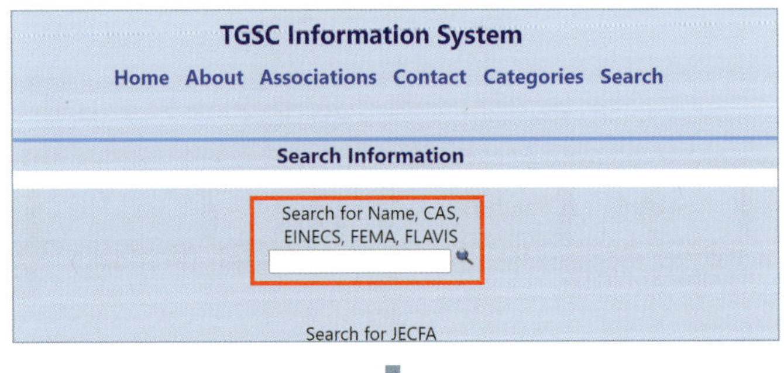

• 향기 물질 선택

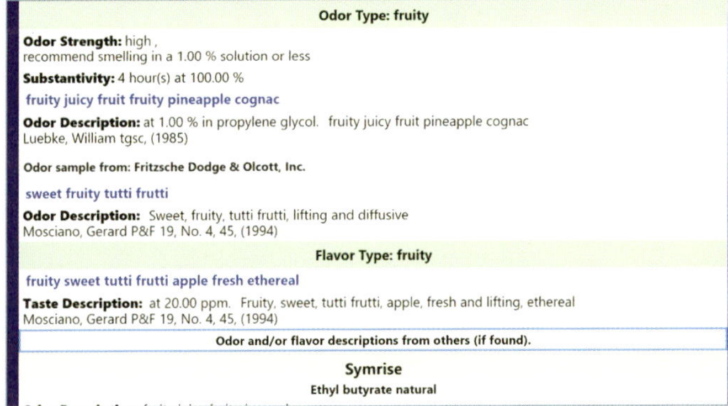

• 정보 열람

② 식재료의 향 탐구하기

• 'Categories' 클릭

- '**Flavor Index**' 클릭

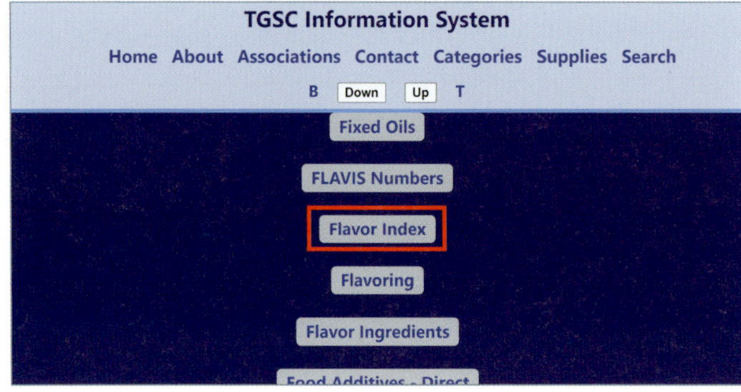

- 궁금한 식재료 클릭

- 향 매체 선정(distillate: 증류액)

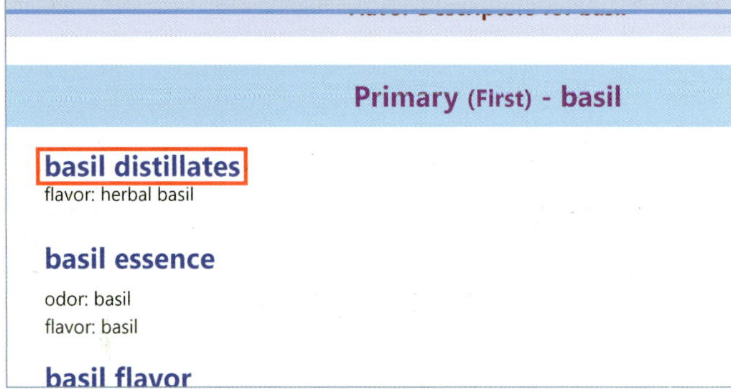

나열된 향 특징을 보고 아이디어를 얻거나 특정 향 물질을 클릭해 알고자 하는 재료와 향기를 공유하는 다른 재료를 확인합니다. 푸드페어링닷컴은 GC-MS 분석 결과치 외에 전문가의 관능평가가 곁들여져 자체로 활용하기 좋은 사이트이나, 이제는 AI 툴의 발전으로 인해 굿센트 같은 어려운 사이트에 대한 필요성은 많이 줄어들었습니다. 팩트 체크가 잘 되는 '젠스파크'라는 AI 툴 등을 이용해 특정 식재료에서 주된 향을 내는 향기물질을 알아내고, 해당 향기물질을 주로 가진 다른 식재료를 리스트업 해달라는 식으로 과학적인 향신료나 식재료 페어링 작업이 손쉽게 가능합니다.

3 인간 본능이 원하는 향기: 불맛

전 세계인이 가리지 않는 궁극의 익숙함

노릇노릇하게 잘 구워 불맛이 그득 밴 고기를 싫어하는 사람은 드뭅니다. 불맛을 내기 위해 어떤 식당은 뜨거운 팬에 간장을 뿌려 향을 내기도 하고 요리를 토치로 지지기도, 목초액을 쓰거나 불맛 향료가 가미된 소스를 사용하기도 합니다. 장작불을 이용해 재료에 불향을 입히는 '우드파이어' 요리도 세계적인 유행을 타 한국 곳곳에도 우드파이어 레스토랑이 자리잡고 있습니다. 인간은 대체 무엇 때문에 현대에 들어서도 나무 장작을 때는 원시적인 조리법을 행하면서까지 불맛을 갈구하는 것일까요?

『맛의 원리』(최낙언 저)에 따르면 '불은 우리의 선조에게 있어서 너무나 강력한 생존 수단이었다'고 합니다. 가열한 고기는 생고기에 비해 훨씬 부드러웠으며 육향은 강하게 진동했습니다. 게다가 냉장 시설이 없어 썩은 고기를 먹는 일도 허다했던 과거에 불에 의한 살균 효과는 식중독에 걸릴 위험도 크게 줄여 주었습니다. 나무에 사냥감을 매달아 구우며 우리의 선조가 맡았을 불맛이 오랜 시간(약 140만년) 동안 우리 DNA에 너무도 좋은 기억과 향수로 각인되어 온 겁니다. 지금도 사람의 후각은 고기 요리를 할 때 많이 발생하는 황 계열 냄새 물질에 대해서는 개의 코만큼이나 민감하다고 합니다. 전 세계인이 가리지 않고 본능적으로 좋아하는 불맛, 그 '궁극의 익숙함'은 대중에게 새로운 요리를 소개하는 데에 유용하게 활용할 수 있습니다.

우드파이어 ⊃ 마이야르 반응 ⊃ 카라멜라이제이션

우리가 불향이라 인식하는 것은 과연 어떤 구성을 가졌을까요? 불향을 카라멜라이제이션과 마이야르 반응의 결과물, 그리고 나무 등이 타며 내는 연기(Smoke)로 분류해 보았습니다.

· '불향'이나 '불 풍미'가 정확한 표현이지만 편의상 보편적인 단어인 '불맛'을 사용했습니다.

① 카라멜라이제이션(Caramelization): 카라멜, 버터, 럼, 꽃

아미노산(또는 기타 질소 화합물)이 없는 환경에서 오로지 가열에 의해 당류가 분해 및 산화되며 인간이 본능적으로 선호하는 갖가지 향기 성분과 갈색 색소가 생성되는 과정을 카라멜라이제이션(caramelization)이라 합니다. 마이야르 반응만큼 강력하지는 않지만 카라멜라이제이션은 반응 전에는 없던 버터, 꽃향기 같은 풍부한 향미를 발생시키며 짙은 색을 생성해 요리를 더욱 먹음직스럽게 합니다. 특히 카라멜은 삼겹살 같은 기름진 육류와 조합이 좋아 트러플, 오향, 럼 등과 함께 삼겹살용 소스를 만드는 데에 사용되기도 합니다. 카라멜라이제이션은 160~190℃ 사이의 온도 범위에서 잘 일어나며 마이야르 반응과 마찬가지로 설탕(포도당+과당)보다는 단당류에서, 단당류 중에서도 포도당보다는 과당에서 더 잘 일어납니다. 여건상 직화 조리가 어려운 식품업계에서는 소스 등에 불향의 일부라도 가향해주기 위해 카라멜을 사용하기도 합니다. 주방에서는 레시피의 설탕 1/5~1/10 가량을 흑설탕(카라멜을 비벼놓은 설탕)으로 대체해 요리의 바디감을 강화할 수 있습니다.

설탕과 크림을 이용해 소스에 사용할 카라멜을 만들어도 좋습니다. 약간의 물과 혼합한 설탕을 서서히 가열하고 물이 모두 증발해 설탕의 온도가 160℃에 달하여 짙은 갈색이 되면 크림을 섞어 온도를 낮추어 줍니다. 적절한 때에 크림을 부어 식혀주지 않으면 탄 맛이 날 수 있어 숙련이 필요합니다. 카라멜을 직접 만드는 것이 어렵게 느껴진다면 흑설탕이나 카라멜 풍미가 짙은 노추, 해천 굴소스, 럼 등을 조미에 사용하여도 좋고 식품 원료 업체에서 판매하는 카라멜 시럽을 구입하여 사용할 수도 있습니다.

· 카라멜을 만들기 위해 가열한 설탕에 크림을 부을 때에는 거품기를 이용해 저어 주며 크림을 조금씩 넣어야 합니다. 순간적으로 끓어오른 크림에 화상을 입지 않도록 주의합니다.

② 마이야르 반응(Maillard reaction): 카라멜 향에 황내 한 줌

잘 구운 스테이크는 짙은 갈색 빛을 띠며 고소하고 풍부한 향기를 뿜어 냅니다. 이는 '마이야르 반응(Maillard reaction)'에 의한 것입니다. 마이야르 반응은 당과 아미노산이 함께 존재할 때 일어날 수 있으며 특유의 황 냄새(육향)가 카라멜라이제이션과의 차이를 만듭니다. 오랜 시간 동안 인간은 마이야르 반응이 필연적으로 수반되는 직화 조리법을 이용해 요리를 만들어 왔습니다. 그리고 마이야르 반응의 결과물인 색, 맛, 향 성분 등은 인간의 DNA에 좋은 기억으로 각인되어 있습니다. 마이야르 반응의 결과물로서 발생하는 향기 성분인 피라진 유도체들(pyrazine), 피리딘(pyridine), 푸푸랄(furfural) 등의 향 물질은 간장, 볶은 커피빈, 메이플 시럽의 특징적인 향이기도 합니다. 마이야르 반응에 의해 발생하는 색소는 멜라노이딘인데 이는 카라멜라이제이션의 결과물로 생성되는 색소와 같은 것이며 항산화성과 항암성을 가졌다고 알려져 있습니다.

미슐랭 레스토랑에서는 마이야르 반응이 만들어 내는 깊은 풍미를 이용하기 위해 수프나 소스, 스튜 등 요리에 사용할 육류의 사방을 진한 갈색으로 볶거나 구워 주기

도 합니다. 닭찜 요리를 하더라도 먼저 닭을 센 불에 달달 볶아 갈색 빛으로 구운 후 소스를 넣고 조려내면 완성 요리의 풍미가 훨씬 깊어집니다. 이렇게 만든 닭찜은 삶 듯이 조려낸 닭찜에서는 느낄 수 없는 깊고 고소한 풍미를 냅니다.

마이야르 반응은 아미노산과 당의 반응이라 하여 아미노-카르보닐 반응이라 불리 기도 합니다. 반응할 수 있는 아미노산과 당류가 있다면 육류가 아닌 어떤 재료에서 든 마이야르 반응이 일어날 수 있습니다. 이는 당만 있으면 발생할 수 있는 카라멜라 이제이션과는 엄연히 다른 반응이며 마이야르 반응의 결과로 발생하는 향이 상대적 으로 훨씬 풍부합니다. 마이야르 반응을 카라멜라이제이션보다 특별하게 만들어 주 는 것은 황 냄새인데, 식품업계에서는 황을 가진 함황 아미노산인 시스테인과 포도당 을 섞어 마이야르 반응을 일으킨 후 특정 육류의 지방을 더해 주는 방식으로 구운 고 기 향료의 베이스를 만듭니다.

조리학과 학생이라면 누구나 학교에서 '마이야르 반응'이란 단어를 듣게 되니 이 를 시시콜콜한 개념이라 생각했을지도 모르겠지만 실제 마이야르 반응은 아마도리 (Amadori) 전위나 스트렉커(Strecker) 반응, 알돌 축합 반응 등 그 이름도 생소한 복잡 한 과정을 거쳐 이루어져 그 작용 기작을 정확히 이해하는 것은 결코 간단한 일이 아 닙니다. 또한 요리에 있어서 마이야르 반응이 갖는 중요성도 결코 가볍지 않습니다. 마이야르 반응을 극대화한 요리는 인간 본능적인 선호를 자극하기 때문에 단맛, 감칠 맛과 마찬가지로 새로운 맛을 소개하는 좋은 매개체가 됩니다.

마이야르 반응이 반드시 가열 과정에서만 이루어지는 것은 아닙니다. 반응할 수 있는 아미노산과 당만 있다면 반응은 일어납니다. 오래 묵힌 간장이나 된장의 색이 점점 검게 짙어지는 것 또한 마이야르 반응에 의한 것입니다. 통상 온도가 10℃ 높아질 때 반응 속도는 2배로 빨라지니 그저 고온 조건에 비해 상온에서 일어나는 마이야르 반응의 속도가 매우 느릴 뿐입니다. 한편 식품업계에서는 마이야르 반응이 육류나 빵, 간장, 된장, 맥주, 커피, 홍차, 메이플 시럽 등에서 일어난다면 긍정적이라 평가하는 반면 건조 과실, 감자 제품, 과즙, 잼, 토마토케첩 등에서 발생하면 품질이 불량한 것으로 간주합니다. 특히 허브처럼 재료 고유의 섬세한 향을 주제로 하는 요리에 있어서는 마이야르 반응이 방해 요소가 될 수 있습니다. 마이야르 반응이 아무리 인간 본능적 선호를 자극한다 해도 무작정 그을리고 봐서는 안될 일입니다.

황: 마이야르 반응을 특별하게 만들어 주는 것

카라멜라이제이션이 마이야르 반응에 비해 덜 향긋한 이유는 황의 부재 때문입니다. 이를 알고 보면 황을 함유한 채소의 새로운 가치를 발견할 수 있습니다. 마늘, 파, 양파, 쪽파, 무는 황을 함유하는 대표적인 채소입니다. 이들을 구우면 육향이 나므로 함황 채소를 이용해 고기 요리의 풍미를 보강할 수 있습니다(굽거나 겉절이를 만들어 곁들임 채소로 사용하기 좋음). 조선간장으로 간을 한 국물에 마늘을 넣고 끓이면 고기 없이도 닭 육수와 흡사한 풍미를 낼 수 있습니다. 한편 '암염'이라는 소금 또한 황을 함유하며 익힌 계란 특유의 냄새를 냅니다.

· **함황 아미노산:** 황을 함유한 아미노산

마이야르 반응, 어떤 조건에서 잘 일어날까?

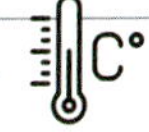

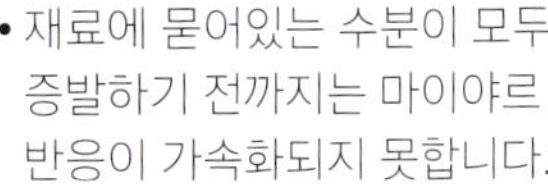

변태들을 위한 마이야르 반응 심화

마이야르 반응의 세부 과정을 세상에서 가장 쉽게 서술해 봅니다! ⋯ 아무튼⋯ 쉽습니다!

1) 마이야르 반응 개요

정의: 마이야르 반응이란 당과 아미노산의 반응을 의미합니다.

발생: 당과 아미노산이 존재하는 한 자연히 발생하며, 온도가 높아질수록 반응 속도가 빨라집니다(180℃ 인근, 190℃ 인근에서 가장 빠름, Q_{10}값에 의거). 조선간장을 오래 묵히는 과정에서 간장의 색이 점점 검어지는 것 역시 마이야르 반응입니다. 장독은 가

열하지 않고 상온에 두기 때문에 그 속도가 느릴 뿐입니다.

- **Q₁₀값** 온도가 10℃ 상승할 때마다 반응의 속도의 변화를 나타내는 지수. 식품과 요리에 있어 Q10값은 약 2~3이라고 알려져 있으며, 이는 온도가 10℃ 상승할 때마다 분자 반응 속도가 2~3배씩 빨라짐을 의미함.
  - ex) 압력밥솥은 작동 중 내부 온도가 120℃까지 치솟는데, 그 덕분에 조리 효율도 최소 4배 더 빨라짐. 즉, 고기를 압력밥솥에 조리하는 경우 고기가 부드러워지거나 맛 성분이 용출되어 나오는 속도가 최소 4배 빨라짐
  - ex) 분자 반응의 예: 미생물의 증식, 마이야르 반응, 산패 등 변질, 단백질의 변성, 향의 휘발 또는 발향, 향미의 추출 등
- **세부** 마이야르 반응은 환원당과 아미노기를 갖는 질소화합물의 반응. 환원당은 화학 반응을 잘 일으키는 당을 의미하며, 카르보닐기(반응성이 높은 알데히드기와 케톤기의 통칭) 가지를 갖는 것이 특징입니다. 질소화합물은 아미노산이나 단백질 등 질소를 함유하는 화합물을 의미합니다. 식품 성분에 있어서 질소를 갖는 것은 단백질이나 아미노산 밖에 없습니다. 간장에 적힌 T.N지수도 질소의 함량, 즉 단백질이나 아미노산이 얼마나 풍부하게 함유되어 있는가를 나타냅니다.
  - ex) 샘표식품 양조간장501: T.N지수 1.5 / 양조간장 701: T.N지수 1.7

결과: 반응 결과, 갈색 색소인 멜라노이딘과 향긋한 향기 물질(버터, 럼, 꽃, 캐러멜, 구운 고기 등)에 의해 바디감이 생성됩니다.

의의: 마이야르 반응은 인간이 본능적으로 좋아하는 다양한 물질들을 생성합니다. 구운 고기의 색이 고루 노릇해야만 하는 이유이며, 닭찜 하나를 하더라도 닭을 먼저 볶아 고르게 갈색을 낸 후 양념을 넣고 조리하면 요리 풍미가 훨씬 깊어지는 이유, 팔팔 끓인 간장 소스가 더 맛있어지는 이유이기도 합니다.

2) 마이야르 반응 과정

구성: 초기, 중기, 후기

> **초기:** 질소배당체 생성 → 아마도리(Amadori) 전위 발생

초기-ㄱ. 질소배당체 생성(N-글리코실아민): 당류가 아미노기(아미노산의 가지, -NH2)에 결합해 배당체를 생성합니다. 배당체는 당류가 아닌 물질에 당류가 결합한 것을

의미합니다.

초기-ㄴ. 아마도리 전위 발생: 포도당에서 유래한 '알도스형 N−글리코실아민'이 반응성이 높은 '케토아민'으로 재배열됩니다. 'ㄱ'의 과정에서 각각 포도당과 과당 계통의 질소배당체가 생성되는데, 이 중 포도당 계통 질소배당체의 구조가 더 반응을 잘 일으키는 형태(케토아민)로 바뀐다는 뜻입니다.

반면 과당 계통의 질소배당체인 케토스형 N−글리코실아민은 아마도리 전위를 통하지 않고, 그보다 훨씬 간단하고 에너지가 덜 필요한 '헤인스(Heyns) 전위'라는 단순 재배열을 통해 케토아민이 됩니다.

이것이 설탕(포도당+과당)이나 포도당보다 과당이 캐러멜라이제이션이나 마이야르 반응을 훨씬 잘 일으키는 이유입니다.

- 과당(6탄소당)이 포도당(6탄소당)보다 마이야르 반응을 더 잘 일으키며, 이들보다 덩치가 작은 5탄당 자일로스는 과당이나 포도당보다도 마이야르 반응을 더 잘 일으키기 때문에 '자일로스 슈거'를 마이야르 반응 촉진제로 사용할 수 있습니다(식품업계에서는 훈제품의 색을 고르게 갈색으로 내기 위해 훈연육에 자일로스를 도포).
- 위와 같이 마이야르 반응 초기에 당과 아미노기가 이미 하나로 붙어 버립니다.

> **중기**: 당 탈수 → 당 분열 → 스트레커 분해 반응

〈초기〉에 생성된 '질소배당체' 내에서 일어나는 현상입니다.

중기-ㄱ. 당 탈수: 당 부분에서 물이 빠집니다.

이 때, pH5.0 이하에선 주로 푸르푸랄(furfural, 견과류 및 아몬드, 캐러멜 계통 향)류 물질들이 생성되고, pH5.0 이상 범위에선 주로 리덕톤(reductone, 감칠맛, 농도감, 구수한 단맛)류 물질이 형성됩니다.

새콤달콤하게 조미된 육류와 그렇지 않은 육류가 마이야르 반응을 일으킬 때 내는 풍미가 서로 다르다는 의미입니다.

- 푸르푸랄과 리덕톤류 둘 다 균형 있게 생성되면 풍미가 조화롭습니다.

중기-ㄴ. 당 분열: 질소배당체 내 분열 반응을 의미합니다. 산화생성물이 형성되며 본격적으로 다양한 향미가 생성되기 시작합니다.

이 때 '디카르보닐(dicarbonyl)류'가 형성되는데, 디카르보닐류가 바로 마이야르 반응의 핵심 구성체입니다. 반응성 높은 카르보닐기를 2개나 가진 화합물로, 스스로는 물론 다른 물질의 바짓가랑이를 붙잡고도 반응을 매우 잘합니다.

· 산화: 전자를 잃는다 ≒ 산소를 얻는다 ≒ 수소를 잃는다
· 산화생성물: 디카르보닐 화합물 및 각종 유기산, 푸르푸랄류 등
· 다양한 향미: HMF(꿀, 캐러멜), 페놀계 산화물(구수함, 훈연감), 산화 알데히드(떫고 씀-바디감)

중기-ㄷ. 스트레커 분해 반응: 앞선 과정에서 생성된 디카르보닐류가 아미노산 바짓가랑이를 붙잡고 아미노기와 반응하고, 그 결과로 다양한 향미 성분 및 CO_2가 생성됩니다.

디카르보닐류와 각 아미노산의 결합에 따른 서로 다른 향 뉘앙스

- **메티오닌** 메티오날(MTP) - 양파, 고기향

- **이소류신** 2-메틸부티랄데하이드(2-MB) - 말린 고기, 견과향

- **류신** 3-메틸부티랄데하이드(3-MB) - 치즈향, 고소함

- **발린** 이소부티랄데하이드(IBAL) - 구운 향, 구운 고기향

- **페닐알라닌** 페닐아세트알데히드(PAA) - 꽃향, 꿀향

- **트립토판** 인돌계 화합물 등(Indole) - 매캐한 향, 곰팡내

· 스트레커 분해 반응을 통해 생성되는 다양한 향기 물질 프로파일을 보니 "색깔도 Flavor다"라 하셨던 한 셰프님의 가르침이 떠오릅니다. 프렌치 요리에서는 고기를 갈색으로 고르게 볶은 후 소스나 육수를 넣고 졸여내는 식의 조리법이 흔히 있는데(jus 같은 육즙 소스도 이런 식으로 만듭니다), 색을 충분히 내기 전에 소스나 육수를 넣으려다 셰프님께 크게 혼이 난 기억이 있습니다.

> **후기**: 알돌(aldol) 축합 → 분자간 중합 및 → 멜라노이딘 생성

멜라노이딘이라는 갈색 색소와 묵직한 바디감이 발생하는 최종 단계입니다.

후기-ㄱ. 알돌 축합: 디카르보닐류와 카르보닐류가 서로 머리끄댕이를 붙잡고 반응(축합)하며 탈수를 일으키고 안정화된 고리형 구조를 만듭니다.

· **aldol 축합** 카르보닐 화합물 간의 결합을 의미함.

후기-ㄴ. 중합: 알돌 축합과 이들의 연속 반응으로 멜라노이딘 색소가 형성됩니다. 짙은 갈색 빛이 생성됩니다.

· 후기 반응에서는 극적인 향을 생성하는 건 아니나 색깔과 묵직한 바디감이 형성됨.
· 중합이란 알돌 축합 결과물 및 기타 화합물들이 복합적 고분자 구조를 이루는 것을 의미함.
· 참고: 멜라노이딘의 항산화, 항암 기능성 연구 결과 다수 존재함.

Seed 효과: 어디에도 없는 듯 어디에나 있다

Seed 효과는 아직 정설로 자리잡은 이론은 아니지만 요리 전반의 많은 현상을 설명합니다. Seed 효과는 식품에 있어서 어떤 반응이 한번 일어나기 시작하면 반응에 가속도가 붙는 현상을 일컫습니다. 정확히는 어떤 반응의 결과물이 Seed(씨앗) 역할을 해 연쇄적인 반응이 일어나게 한다는 겁니다. Seed 효과의 대표적인 예로 염전에 미량의 소금을 뿌려 두면 뿌려진 소금을 중심으로 염 덩어리가 빠르게 성장하는 현상이 있습니다. Seed 효과는 팬에 고기를 구울 때에도 관찰됩니다. 가열한 팬에 고기를 올려 갈색 빛으로 노릇하게 구워 낸 후 팬을 키친타올로 깨끗하게 닦고 완전히 식혀 줍니다. 더 이상 키친타올에 아무런 색이 묻어 나오지 않을 때까지 팬을 깨끗하게 닦아주어도 팬에는 눈에 보이지 않는 미량의 마이야르 반응 결과물들이 남아 있습니다. 이 팬에 같은 부위의 고기를 같은 방식으로 구우면 첫 번보다 훨씬 빠른 시간 안에 고기가 노릇하게 구워집니다. 이것은 팬에 묻어 있던 색이 물리적으로 고기에 묻어 나오는 것이 아니라 팬에 남아 있던 마이야르 반응의 결과물들이 새로운 마이야르 반응을 매개하고 가속화하기 때문입니다. Seed 효과에 대한 이해가 없으면 타이머를 이용해 일정한 시간 동안 요리를 하도록 교육받은 레스토랑 직원들이 설거지하지 않은 팬을 타올로 닦으며 반복적으로 사용하다가 고기나 생선을 태워 버릴 수도 있습니다.

반대로 Seed 효과의 존재에 대해 이해한다면 마이야르 반응을 촉진시켜 요리의 풍미를 더욱 좋게 하는 데에 활용할 수도 있습니다. 간장 소스 등을 팬에 볶아 마이야르 반응을 일으켜 '마이야르 starter'를 만들어 두었다가 오븐 구이나 에어프라이어 요리를 할 때 재료에 발라 재료의 마이야르 반응을 촉진시켜 줍니다.

팬 하나로 불맛 내기: 소스의 창의적 활용

흔히 간장 등 장류가 들어간 소스는 아미노산과 당류를 두루 갖기 때문에 마이야르 반응을 곧잘 일으킵니다. 이러한 특성은 불맛을 내는 데에 활용할 수 있습니다. 팬에 기름을 두르고 가열한 다음, 소스를 한 스푼 넣고 튀기듯이 볶아 주면 팬에 마이야르 반응의 결과물들이 생성됩니다. 여기에 고기나 채소 등 주재료를 넣고 볶으면 Seed 효과가 발현되어 주재료의 마이야르 반응 또한 촉진되며 소스가 타면서 내는 연기가 재료에 스며들어 완성 요리에 불향이 배어듭니다. 재료가 어느정도 익기 시작하면 나머지 소스를 넣고 볶아 완성하면 됩니다. 이때에도 분량의 소스를 한 번에 넣는 대신 반만 넣고 재료에 은은한 간이 배어들게 한 후 불을 끄고 나머지 소스를 더해 덖어 내면 요리에 불향과 소스 고유의 향 모두를 부여할 수 있습니다. 향조가 가볍고 가열에 약한 술, 과일이 들어 있는 소스를 사용하는 경우 이러한 방식이 특히 유용합니다.

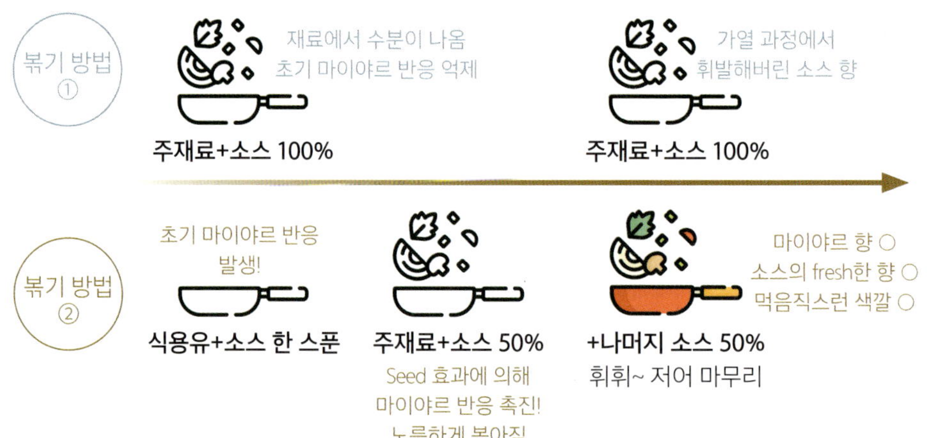

고소함 up! 감칠맛 up! 마이야르 극대화 마요네즈 스테이크

Seed 효과를 이용하여 마이야르 반응을 극대화하는 대표적인 사례가 바로 마요네즈 스테이크입니다. 마요네즈 두 스푼 정도를 얇게 펴 바른 스테이크를 팬에 구워 내는 것인데, 마요네즈는 설탕(당류)과 글루탐산(아미노산)을 가져 빠른 초기 마이야르 반응을 이끌어 냅니다. 한 번 일어나기 시작한 마이야르 반응에는 Seed 효과에 의한 가속도가 붙게 됩니다. 마요네즈에 첨가되는 아미노산계 감칠맛은 고기의 핵산계 감칠맛과 상호작용하여 감칠맛 증폭 효과를 이끌어낼 수 있고 덤으로 마요네즈의 기름막은 고기의 표면을 덮어 육질의 촉촉한 수분감을 보존하는 데 도움을 줍니다. 오븐, 에어프라이어를 이용해 구워 낸 요리가 좀처럼 노릇해지지 않아 고민한 적이 있다면 기억해 둘 만한 방법입니다.

> ### 마이야르 반응 극대화: 자일로스 이용하기
> **자일로스 바른 수비드 육류 에어프라이어 조리**
> "마늘과 비교하여 색깔 변화의 속도를 가늠해 보세요"

리버스 시어링을 할 때나 수비드 조리한 육류를 시어링하는 경우처럼 고기에 최소한의 열만 가하고서 빠른 시간 안에 마이야르 반응을 일으켜 주어야 할 때가 있습니다. 이런 경우 유용하게 사용할 수 있는 것이 바로 자일로스입니다. 자일로스는 당류의 일종으로 설탕보다 훨씬 빠른 속도로 초기 마이야르 반응을 일으킵니다. 식품업계에서는 훈제 육가공품을 만들 때 육류의 색을 빠르게 내기 위한 목적으로 자일로스를 활용합니다. 수비드한 육류, 스테이크용 육류에 자일로스와 간장을 섞어 함께 발라 주거나 고기를 재울 마리네이드에 소량 더해 주는 식으로 적용할 수 있습니다. 대형 마트에서 구할 수 있는 자일로스 슈가를 이용해도 효과를 볼 수 있습니다.

자일로스 항정살

- **자일로스** 탄소를 5개 가진 5탄당입니다. ES식품원료 등 식품 소재 구입처에서 구할 수 있습니다. 이당류보다 단당류가, 단당류 중에서도 6탄당(포도당, 과당 등)보다는 5탄당이 마이야르 반응을 더 빠르게 일으킵니다.
- **이당류** 단당류 2개가 결합한 당류. 그 대표적인 예로 포도당과 과당이 α-1,2결합한 설탕이 있습니다.
- **리버스 시어링(reverse searing)** 스테이크를 구울 땐 일반적으로 겉면을 먼저 시어링한 후 (강한 불에 구워 색을 내어 주는 것) 버터를 넣고 끼얹으며 열을 전달해 주거나 오븐 조리하는 등의 방법으로 속까지 마저 익혀 줍니다. 하지만 두꺼운 육류는 타거나 지나치게 건조해지기 전에 속까지 고루 익혀 주기 어렵기 때문에 리버스 시어링 조리법을 이용합니다. 약한 열로 육류를 속까지 익혀 준 후에 요리를 마무리할 때 시어링하는 것을 리버스 시어링이라 합니다. 수비드 조리한 육류의 겉면을 시어링하여 완성하는 것 또한 리버스 시어링에 속합니다.

수비드 통삼겹살

재료

통삼겹살(뼈 없는 것) 600g, 허브솔트 5g, 미원 1g,

핵산IG 0.5g

자일로스 1/2T

조리법

① 통삼겹살에 허브솔트와 미원, 핵산을 뿌려 비벼
  진공 포장합니다.

  - 훈연한 통삼겹살을 사용해도 좋습니다.

② 58℃로 예열한 수비드 탱크에 삼겹살을 넣고
  6시간 동안 조리해 줍니다.

  - 바로 조리하지 않을 것이라면 칠링하여 냉장 보관합니다.

③ ②의 삼겹살 지방 부위에 자일로스 설탕(백설)을
  펴 바른 후 토치로 지져 옅은 갈색을 내어 줍니다.

  - 취향에 따라 지방 부위에 칼집을 넣어 주어도 좋습니다.

④ ③의 삼겹살을 200℃로 예열된 오븐이나 에어프라이어에 넣고 20분 간 조리해 줍
니다.

수비드 조리법의 장점

수비드 조리법은 육류를 촉촉하고 부드럽게 익히는 대표적인 분자 요리법입니다.
흔히 수비드 조리한 육류를 직화 등의 조리법으로 고온에 노출시키면 금세 육류의 식
감이 질겨질 것이라 생각하지만 수비드 과정에서 특유의 구조로 고정된 육류 단백질
은 이후 더 높은 온도의 추가 가열에도 웬만큼 고유의 식감을 잃지 않습니다.

수비드 조리한 육류는 냉장고에서 3~4일간 보관이 가능하여 재고 관리를 용이하
게 합니다. 수비드한 육류는 짧은 시간 안에 간단한 추가 조리만으로 요리를 완성할
수 있게 하므로 한 번 시스템을 구축해 두면 적은 인력으로도 대량의 조리가 가능해
져 인건비 절감에 큰 도움이 됩니다. 훈연한 육류를 수비드 조리하면 냉장고에서 1주
일 이상도 보관이 가능합니다.

육류 수비드 조리의 예

- 수비드 → 오븐 조리/에어프라이어 조리
- 훈연 → 수비드 → 오븐 조리/에어프라이어 조리
- 수비드 → 마리네이드 → 수비드 → 오븐 조리
- 양념육(장조림 등) → 수비드

수비드 조리의 원리

사람을 아프게 하는 미생물은 사멸시키면서 고기를 질기게 하는 단백질의 변성은 일으
키지 않는 온도대에서 육류를 조리해줍니다.

근육 단백질의 구성과 조리 특성

- **미오신** 응고 시 부드럽고 촉촉하게 익힌 고기 식감을 낸다.

- **액틴** 응고 시 고기를 질기게 만든다(수비드 조리 시 응고되지 않게끔 해야한다).

수비드 조리 온도의 원리

- 미생물이 사멸하는 온도: 55℃

- 미오신의 응고 온도: 50℃

- 액틴의 응고 온도: 66.5℃

추천하는 육류 수비드 조리 적정 온도 61~65℃

- 닭가슴살 한정 수비드 적정 온도: 58~59℃

수비드 조리로 계란 반숙 조리하기

- 계란 살균에 필요한 최소 온도: 57℃

- 흰자 익기 시작하는 온도: 62℃

- 흰자가 단단하게 익는 온도: 65℃

- 노른자가 익기 시작하는 온도: 65℃

- 노른자가 단단하게 익는 온도: 75℃

- 계란 수비드 조리 시간: 1시간

  → 부드러운 수비드 계란: 63~64℃, 1시간

  → 감동란(흰자는 단단하고 노른자는 반숙): 67~70℃, 1시간

우드파이어(wood-fire)와 훈연법(Smoking): 매콤 고소한 나무 연기

직화 조리법을 이용하면 재료에 카라멜라이제이션과 마이야르 반응, 연기의 향을 모두 부여할 수 있습니다. 인류는 오랜 시간 나무에 재료를 메달아 불에 구워 먹어 왔으므로 나무 연기의 냄새는 인간의 DNA에 좋은 기억으로 깊이 각인되어 있습니다. 덕분에 태운 나무 연기의 향이 배어든 요리는 세계인의 취향을 만족시킵니다. 나무를 태우는 조리법은 크게 연기의 향을 극단적으로 이용하는 훈연법과, 불향 전반을 고루 이용하는 우드파이어로 대별됩니다. 훈연법과 우드파이어 조리법 모두 세계 각지의 레스토랑에서 활용되고 있습니다.

연기(Smoke)에 대해서

"나무 또한 하나의 향신료라고 생각합니다"

전문가 인터뷰 세송, 푸에고 출신의 박종필 셰프님(인스타그램 @jp_park_93)

- **세송(Saison)** 미국 샌프란시스코의 미슐랭 3스타 우드파이어 레스토랑
- **푸에고(Fuego)** 한남동의 우드파이어 레스토랑

우리는 나무를 태우고 그 연기를 음식에 씌워 풍미를 더해 주거나 불에 그슬린 오크통 안에 증류주를 채워 위스키를 만드는가 하면 우드칩을 넣고 와인을 담그기도 합니다. 이런 일들이 가능한 이유에 대해 알기 위해서 먼저 나무라는 것이 무엇인지 이해할 필요가 있습니다. 나무는 리그닌, 셀룰로오스, 헤미셀룰로오스 등 다양한 당류와 약간의 단백질로 구성되어 있습니다. 이 모든 요소들은 저마다 서로 다른 역할을 수행합니다.

- **리그닌** 목질(나무) 특유의 질기고 단단한 섬유질 성분입니다.
- **셀룰로오스** 다당류로서 식물 세포벽을 구성하는 섬유질 성분입니다.
- **헤미셀룰로오스** 다당류로서 세포벽 사이에서 접착제 역할을 하는 섬유질 성분입니다.
- **다당류** 무수한 당이 길게 연결되어 있는 것을 다당류라 합니다. 다당류는 당류 연결의 형태에 따라 인간이 소화·흡수할 수 있는 전분과 쉽게 분해되지 않는 셀룰로오스 같은 섬유질로 나뉩니다.

리그닌은 연소하며 셀룰로오스보다 50%가량 더 많은 열을 방출하여 요리에 필요한 높은 온도 환경이 조성될 수 있게 합니다. 당류인 셀룰로오스와 헤미셀룰로오스는 분해되며 캐러멜라이즈되어 여러 가지 향기 물질들을 생성합니다. 나무에 포함되어 있던 미량의 단백질은 아미노산으로 끊어져 나오며 마이야르 반응에 관여합니다. 식재료뿐 아니라 나무 스스로도 불에 타며 마이야르 반응의 풍미를 뿜어 내는 겁니다. 우드파이어 요리에 주로 사과나무나 참나무를 사용하는 이유는, 이들의 리그닌-다당류-단백질 간 비율이 좋기 때문입니다. 우드파이어 전문 레스토랑에서는 직접 공수한 나무를 태워 자체적으로 숯을 만들고 그 숯을 이용해 요리를 합니다. 우드파이어 요리는 전 세계적으로 두 가지 방법으로 대별되어 있는데, 하나는 자체 제작한 화

덕과 도르래를 이용하는 방식이며 다른 하나는 벽돌을 이용해 조성한 벽돌집에 장작불을 피워 요리하는 방식입니다. 요즈음에는 이 두 가지 테크닉을 적절히 섞어 도르래를 벽돌집 안에 넣고 각각의 장점을 모두 활용하는 추세입니다. 우드파이어 요리를 안정적으로 수행하기 위해서 가장 중요한 것은 공기 흐름을 설계하는 일인데 후드를 이용해 흡기와 배기의 강도를 적절하게 조절해서 장작의 불꽃이 잘 유지될 수 있게 하고 연기가 새어 나가지 않도록 해야 합니다. 한편 나무가 연소되며 내는 연기에는 여러 향 물질들뿐 아니라 강한 살균력이 있어 훈연한 육류는 장기간 보관할 수 있습니다.

우드파이어 요리 시 주의할 점

- 잘 마른 나무를 선택합니다
- 우드파이어 요리에 적합한 나무는 수분이 적어 가벼우면서도 밀도가 있어 단단해야 합니다.
- 잔 껍질이 없는 나무를 선택합니다. 나무 껍질 아래에는 수분이 고여 있는 경우가 많고 이 부분이 탈 때 역한 냄새를 내기도 합니다.
- 재료를 불에 너무 가까이 대어 요리하지 않도록 합니다. 불향을 재료 깊이 입히고 싶다는 마음은 이해하지만 자칫 재료 내부가 언더쿡 될 가능성이 있습니다. 거리를 충분히 유지하며 구워도 불향은 떨어지는 기름을 타고 재료에 스며듭니다.

· **언더쿡** 재료의 내부가 열을 충분히 받지 못해 충분히 익지 않은 상태

가장 간단한 우드파이어 – 숯과 그릴 이용하기

관련 설비를 완벽히 갖추려 하면 우드파이어 요리가 부담스럽게 느껴질 수밖에 없습니다. 좋은 숯과 곤로 등의 기구를 이용해 요리하는 것은 비교적 경제적이고 간편합니다. 숯으로는 비장탄을 사용하면 좋습니다. 숯을 이용해 요리를 하기 위해서는 먼저 숯을 가열해 열을 올려 주어야 합니다. 바닥에 구멍이 뚫린 철제 용기(차콜 스타터)에 숯을 담고 쿠킹 호일을 덮은 후 화구에 올려 수십 분간 가열해 줍니다. 숯에 열이 오르면 곤로로 옮겨 담아 요리에 사용합니다. 재료에는 적절한 양의 오일을 발라줍니다. 오일을 바르지 않으면 재료에 전열이 잘 일어나지 못하게 되고, 그렇다고 오일을 흥건하게 바르면 재료에 향이 잘 배어들지 못하게 됩니다. 잘 태운 숯을 오일에 담가 스모크 오일을 만들어 완성된 요리 위에 발라 내놓는 것이 우드파이어 레스토랑의 킥이기도 합니다.

· '일본식 곤로' 또는 'Japanese Yakitori grill' 키워드로 검색 시 관련 기구 구매 가능합니다.
· **비장탄** 흑탄, 백탄과 더불어 참숯의 한 종류로 이들 중 가장 상급품입니다. 숯의 등급이 높을수록 불똥이 덜 튀고 더 높은 열을 더 오래 냅니다. 흑탄에 비해 상급품인 백탄은 약 1,200℃의 온도를 내고, 비장탄은 1,500~1,700℃의 온도를 냅니다.

> **Tip** 참숯을 이용한 요리는 나무를 직접 태워 요리를 하는 경우보다 향이 약하다는 특성이 있습니다. 요리에 더욱 특색 있고 뚜렷한 불향을 입히고자 한다면 숯을 담은 곤로에 취향에 맞는 훈연용 우드칩을 더해 줍니다.

우드파이어 요리를 위한 시설을 갖추는 데에는 천만 원대의 비용이 필요하지만 스모킹(훈연)은 훨씬 낮은 비용으로 시도해 볼 만하며 풍미 측면의 효과성도 뛰어납니다. 스모킹은 나무 등이 탈 때 나는 연기를 식재료에 씌우는 조리법을 의미합니다.

스모킹은 60~80℃, 그 이상의 온도에서 훈연과 가열을 겸하는 핫 스모킹(Hot smoking)과 20℃ 이하의 온도에서 재료를 훈연하는 콜드 스모킹(Cold smoking)으로 대별됩니다. 콜드 스모킹을 이용하면 재료에 묻은 양념이 훈연 중에 타 버릴 염려가 없으므로 마리네이드한 재료나 소스를 바른 재료를 훈연하는 것이 가능합니다. 더불어 콜드 스모킹을 이용한 요리는 핫 스모킹을 사용할 때에 비해 쓴 맛도 덜하여 많은 셰프들이 선호합니다.

핫 스모킹의 경우 장작이나 훈연 칩을 꾸준히 태우면서 높은 온도를 유지해 주는 반면 콜드 스모킹은 나무의 연소와 냉각이 동시에 진행되어야 하기 때문에 연기 주입부에 얼음을 담은 용기를 두어 온도를 조절해 줍니다. 우드파이어 조리를 하건 스모킹 조리를 하건 재료 표면의 수분은 잘 닦아 줘야 합니다. 그래야 재료에 연기의 향도 잘 배어들며 재료가 그릴에 달라붙는 것도 막을 수 있습니다.

브래들리 스모커: 150만 원대

브래들리 스모커는 해외 유명 미슐랭 스타 레스토랑에서 많이 이용하는 스모킹 기기입니다. 사과 나무, 메이플 나무, 히코리 나무 등 전용 훈연칩을 판매하고 있어 취향에 따라 다양한 훈연 향을 일정하게 요리에 부여하는 것이 가능합니다. 전기로 작동되는 방식이며 사용을 위해서는 연기를 배출할 수 있는 배기 설비나 야외 공간을 확보해야 합니다.

스모킹 건은 재료를 용기에 담아 호일 등으로 덮어 밀봉하고 관을 통해 우드칩의 연기를 주입해 재료에 훈연 향을 입히는 기구입니다. 구하기 쉽고 가격도 저렴한 편이며 1~2시간 안에 재료에 향을 입힐 수 있다는 장점이 있습니다.

간단 홈 스모킹

스모커나 스모킹 건 없이도 가능한 훈연법이 있습니다. 재료에 유장 처리를 해 호일을 덮은 용기에 담고 까맣게 태운 우드칩을 용기에 집어넣으며 훈연하는 방법입니다. 우드칩에 붙인 불을 끄면 연기가 피어 오르는데 이를 재료에 씌워 주는 겁니다. 우드칩을 보충할 때마다 유장을 재료에 덧발라 주어도 좋습니다.

· **유장 처리** 참기름과 간장을 섞어 재료 표면에 발라 주는 것을 의미합니다. 대개 한식에서 석쇠구이 등 직화 요리를 할 때 초벌 양념 개념으로 재료에 유장을 발라 줍니다.
· **기본 유장 비율** 참기름 1T + 간장 1ts

(준비물) 스텐 볼, 재료를 받칠 작은 그릴, 쿠킹 호일, 토치, 우드칩

• 훈연은 반드시 환기가 잘 되는 환경에서 진행합니다. 실내에서 작업한다면 창문을 열어 둡니다.
• 우드칩에 붙은 불은 흔들거나 입김을 이용해 끈 후에 용기에 넣어 줍니다.

- 생선회, 육류, 채소, 소스 등 다양한 요리 구성물이 훈연의 대상이 될 수 있습니다.
- 재료의 두께나 오일 사용 여부에 따라 훈연에 필요한 시간은 달라집니다.
- 훈연에 사용한 용기나 집게 등에는 강한 연기 냄새가 배어들기 때문에 훈연 용도로만 사용하며 다른 요리에 사용하지 않도록 합니다.
- 훈연용 우드칩(smoking pellet)은 품질이 일정하고 불이 잘 붙습니다.

유장을 하는 이유

조리과에서는 유장 처리가 직화 요리 과정에서 재료가 타는 것을 막기 위한 것이라 배웁니다. 과연 정말 그런 목적 때문일까요? 그렇다면 참기름에 간장을 섞는 행위는 비합리적으로 보입니다. 간장 자체가 불에 잘 타는 양념이기 때문입니다. 오히려 유장 처리는 재료의 겉면에 기름막을 형성하여 고르게 익게끔 하고, 재료가 마르거나 퍽퍽해지는 것을 막기 위한 것이라 이해하는 편이 합리적입니다. 간장은 seed 효과에 의해 마이야르 반응을 촉진하고 재료가 마르기 전에 노릇해지도록 합니다. 기름은 가열 과정에서 재료 표면에 수증기층이 생기는 것을 막아 주며 비열이 물보다 약 2배 낮아 재료에 열이 잘 전달될 수 있게 합니다. 또한 기름은 재료가 구워지며 내놓는 좋은 향기 성분들을 잡아 둡니다.

훈연과 오일

재료를 훈연하는 경우에 한해서는 〈맛의 기술〉에서 서술하는 '향은 기름에 잘 녹는
다'는 공식이 깨집니다(베이컨을 만드는 경우, 스모커로 콜드 스모킹하는 경우 등).

훈연향을 고기에 입히기 위한 핵심 조건

1. 냉장고에서 갓 꺼낸 차가운 고기 이용

연기 입자는 뜨거운 곳에서 차가운 곳으로 이동하는 특성을 갖습니다. 고기가 차가
울수록 고기에 연기가 잘 배어듭니다(열 영동 현상 – 온도 차이로 인해 생기는 열 이동 현상).

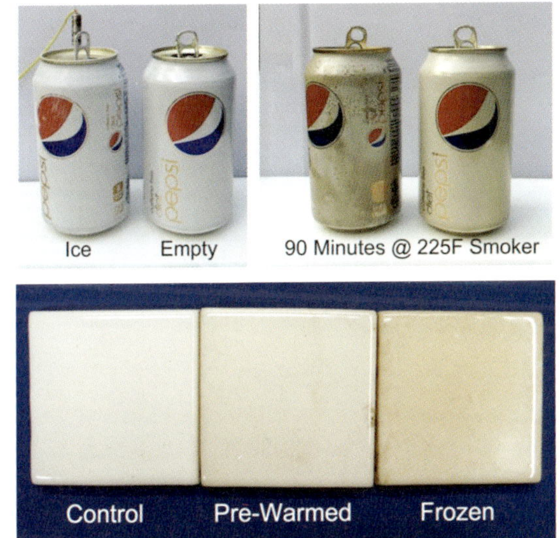

2. 훈연 한정: 오일 배제

훈연 풍미의 핵심적인 맛 성분인 구아이아콜(Guaiacol, $C_7H_8O_2$) 및 핵심적인 향기 성
분인 시링골(Syringol, $C_8H_{10}O_4$) 외 바닐린과 같은 페놀 화합물 등은 수분과 친한 가지
{하이드록실기(–OH), 메톡시기(–OCH₃), 방향족 링}를 가져 수분기가 있는 고기 표면

에 잘 들러붙습니다. 수분 친화성이 있는 풍미 성분은 재료 표면에 오일이 있는 경우 흡착에 방해를 받으므로 훈연 조리를 할 때에는 재료에 오일을 바르지 않는 편이 유리합니다. 여기에서 이야기하는 '훈연'은 콜드 스모킹과 같이 가열 조리 이전에 재료에 연기의 향을 진하게 입혀 주는 공정에 한합니다.

- 훈연이 아닌 오븐 조리시에는 재료에 기름을 발라 주어야 합니다. 그렇지 않으면 재료 표면에 수증기층이 생겨 전열에 방해가 됩니다. 기름을 발라 주지 않으면 순식간에 재료 표면에 수증기층이 생기고, 재료 온도가 물의 휘발 온도인 100℃를 벗어나지 못해 마이야르 반응 발생에 방해가 됩니다. 구이 요리에서는 마이야르 반응을 충분히 발생시켜 좋은 풍미 성분을 생성하도록 해야 합니다.
- 기름의 비열(온도 상승에 필요한 열)은 물의 1/2입니다. 기름은 물보다 2배 빠르게 가열되므로 기름을 발라 준 재료의 표면 온도는 빠르게 상승합니다.

훈연 시에는 오히려 수분에 약간 젖어 있는 재료가 연기의 풍미를 더 잘 머금습니다. 간장 등 수분을 함유한 양념을 발라 주며 훈연을 하는 것은 좋습니다. 다만 양념에 의해 훈연 풍미가 씻겨 내려가지 않게 바르는 양의 조절에 유의합니다.

꼭 양념을 발라 주지 않더라도 훈연기 바닥에 물을 담은 트레이를 깔아 주면 조리 과정에서 훈연기 내 적절한 습도를 유지할 수 있습니다.

3. 고기 표면의 온도는 60℃ 이하로 유지

60℃ 이상 고온에서는 단백질의 변성으로 인해 훈연 성분의 흡착이 방해를 받습니다. 고기가 익어 단백질이 변성되면 연기가 스며들 수 있는 표면적은 줄어들고, 기름과 친한 가지가 바깥쪽으로 노출되며 수분 친화성이 떨어집니다. 2번과 3번의 이유로 훈연 룸 아래에 얼음을 담은 트레이나 볼을 배치하기도 합니다.

훈연 조리와 잘 어울리는 고기

전통적으로 훈연 조리가 많이 이루어지는 부위는 육류와 해산물을 가리지 않고 기름기가 많은 부위입니다. 기름기가 많은 재료에 기름을 바르지 않고 훈연해 줍니다. 친수성, 친유성의 연기 성분들 모두가 재료에 고루 잘 스며듭니다.

• ex) 베이컨, 훈제 연어 등

창의적인 방화: 이것저것 태워 보기

인간은 맛과 향을 쉬이 혼동하기 때문에 식사 중 주변에서 어떤 냄새가 나면 그것이 먹던 음식에서 나는 것이라 오인하기도 합니다. 어떤 창의적인 셰프는 오히려 이런 공감각 현상을 요리에 이용합니다. 한 레스토랑에서는 양파의 껍질이 탈 때 나는 매콤한 불향에 주목했습니다. 이 레스토랑에서는 나무 쟁반에 자갈을 깔고 간장에 적신 양파 껍질을 얹은 후 그 위에 뜨거운 숯을 올려 훈연 향을 냅니다. 그리고 거기에 그릴과 고기 요리를 얹어 쟁반째 손님에게 제공합니다.

숯에 깔린 양파 껍질은 환상적인 향을 뿜어 내는데 손님은 그 풍미가 요리에서 나는 것이라 착각하게 됩니다. 꼭 코스 요리를 제공하는 고급 레스토랑에서만 이런 공감각을 이용할 수 있는 건 아닙니다. 숯은 이미 탈대로 타 좋은 향기성분은 잃어버리고 고열을 내는 데 특화된 재료인데, 숯불이나 연탄불 자체에서 좋은 향을 내기 위해서는 불 위에 훈연용 우드칩 등 탈 때 좋은 향과 연기를 내는 재료를 뿌려주어야 합니다. 국내 한 유명 고깃집에서는 손님에게 연탄불을 제공할 때 그 안에 코코넛 껍질을 섞어 냅니다. 아무것도 올리지 않은 불판 아래에서 뿜어져 나오는 향긋한 불내에 손님들은 군침을 흘립니다. 양파나 코코넛의 껍질 외에도 리그닌을 다량 함유한 우엉이나 마늘 껍질, 말린 대파 등 수많은 재료들이 독특한 불향의 소재가 될 잠재력을 갖고 있습니다. 훈연에 흔히 사용하지 않는 굴피나무를 말려 요리에 사용하는 유명 레스토랑도 있습니다. 흔히 알려진 훈연법만 고집할 필요는 없습니다.

4 요리술의 가치

술은 요리의 향긋함에 깊이 관여합니다. 알코올은 맛을 녹이는 물과 향을 녹이는 기름의 중간 성질을 가져 맛도 향도 잘 녹입니다. 각종 허브나 스파이스 등 다양한 향을 내는 술이 존재할 수 있는 이유도 이러한 화학적 특성 덕분입니다. 술은 좋은 향을 잡아 두기 위해 사용할 수도 있지만, 부정취를 제거하는 데 사용할 수도 있습니다. 해산물이나 육류 등 잡내가 날 수 있는 요리에 술을 뿌리면 알코올이 부정취를 녹이고 가열 시 함께 휘발합니다(알코올과 마찬가지로 자극적인 부정취 역시 대개 분자량이 가벼워 잘 휘발합니다). 한편 청주는 해산물 요리에 최적화된 술입니다. 청주는 해산물 특유의 감칠맛 성분인 호박산을 함유해 해물 요리의 감칠맛을 강화합니다.

술의 특성은 바삭한 튀김 요리를 하는 데에도 도움이 됩니다. 튀김 반죽에 섞인 소주는 물보다 빠르게 휘발하며 튀김옷 사이사이에 구멍을 만들고 이어지는 수분 증발을 돕습니다(에탄올은 78℃에서 기화합니다). 이러한 구멍은 튀김옷의 습기 배출을 도와 튀김이 바삭한 상태를 오래 유지할 수 있게 합니다.

> · 기포를 발생시키는 맥주나 탄산수를 튀김 반죽에 섞어주는 것도 바삭한 튀김을 만들기 위한 훌륭한 방법입니다. 물과 만나면 기포를 발생시키는 베이킹파우더를 반죽에 섞는 것도 효과가 좋습니다. 저의 제안에 따라 실제로 한 미슐랭 레스토랑에서도 활용하는 방법입니다. 물전분을 만들지 않고서도 바삭한 튀김을 하기 위해 상기 방법을 이용하고 있습니다.

더불어 알코올은 튀김이 바삭해지는 것을 방해하는 밀가루 단백질 글루텐의 형성을 저해합니다. 글루텐은 글리아딘과 글루테닌이 결합하며 형성되는데, 알코올은 글리아딘은 녹이면서 글루테닌은 녹이지 않아 두 단백질의 결합을 방해합니다. 글루텐의 쫄깃함, 점탄성은 제빵에 있어서는 중요하지만 바삭한 튀김 요리를 하는 데에는 방해요소가 됩니다.

일본에서는 스파이스를 넣고 사케나 미림을 졸여 '사케 리덕션', '미림 리덕션'을 만들어 향긋한 소스에 활용하기도 합니다. 술은 향뿐 아니라 쓴맛 역시 잘 녹이기 때문에 강한 쓴맛이 있는 특정 뿌리채소나 감귤류의 껍질(zest) 등을 이용하는 요리에는 주의해서 사용해야 합니다. 껍질째 슬라이스한 시트러스류 과일을 넣는 칵테일은 다른 칵테일에 비해 쓴맛이 유독 강합니다.

맛술 대전

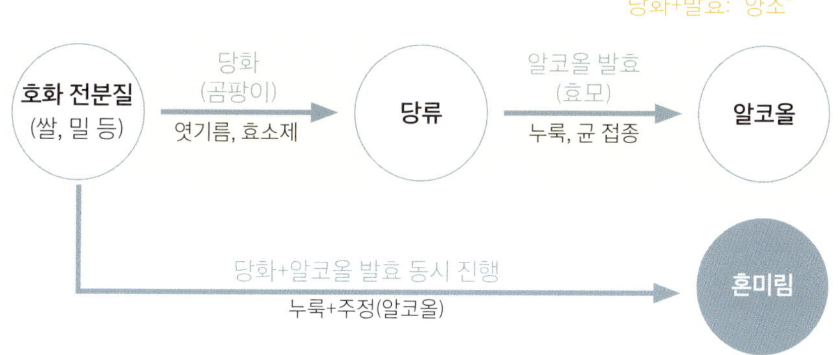

미림은 일본에서 유래한 요리술입니다. 포트와인과 같이 '주정 강화 술'의 일종으로서 과거에는 상류층이 마시는 고급 술이었다 합니다. 미림은 약간의 술을 섞은 누룩을 사용해 만드는데 미량의 알코올이 효모의 생육 속도를 늦추게 됩니다. 그 결과 원료가 당으로 분해되는 '당화'는 일어나지만 이후의 알코올 발효까지는 원활히 일어나지 못해 도수가 낮고 단맛이 강한 술이 만들어집니다. 일본의 미림은 한국의 시판 맛술보다 점도가 강하고 끈적입니다.

한국의 유명 맛술 브랜드들은 일본의 미림과는 다른 방식으로 만들어지는데 원조 미림과 제조법이 다른 맛술들이 생겨나자 일본은 주정 강화 방식으로 만드는 자국의 미림에 근본 본(本)자를 붙여 '혼미림'이라 부르고 있습니다. 원조나 원시적인 양념이라고 반드시 훌륭하지는 않으므로 꼭 혼미림을 고집할 필요 없이 취향에 맞는 맛술을 선택하면 됩니다. 개인적으로는 오뚜기의 미향을 선호합니다. 한편 기초 양념에 있어서 강한 점성은 장점이 아닙니다. 점성은 잔탄이나 전분 등으로 값싸고 쉽게 더할 수 있는 반면 불필요한 경우 제거하는 것은 일반적인 주방 환경에서는 불가능에 가깝기 때문입니다.

미림 VS 미향 VS 혼미림

분류	조미 요리술		주정강화 요리술
브랜드	미림(롯데)	미향(오뚜기)	혼미림
알코올 함량	14%	1%	14% 전후
풍미	• 고소한 곡물 향 • 한국청주와 비슷한 누룩풍미 • 중미부터 다소 강한 쓴맛이 느껴짐	• 감칠맛 있는 레몬 식초 혹은 레몬소스 느낌 • 쓴맛이 전혀 없어 초고추장 등 비가열 양념 만들 때 사용 가능	• 조청, 호박엿의 단 풍미 • 고구마 같은 단 서류 풍미 • 중미부터 약하게 느껴지는 쓴맛 • 향이 풍부해 쓴맛이 바디감으로 느껴짐
질감	• 연한 설탕시럽	• 물과 같이 흐름	• 설탕시럽처럼 끈적이며 눅진함
성분	• 정제수, 기타과당, 주정, 쌀, 당 시럽, 구연산, 종국	• 정제수, 기타과당, 포도당, 레몬식초, 정제소금, 주정, 맥아 엑기스, 효모 추출물, 영양강화제, 향미증진제	• 정제수, 쌀, 글루코스 시럽, 양조알콜, 누룩, 알파-아밀라아제

· **혼미림** 제품 별 관능 특성 상이할 수 있음

다양한 요리술

발효주에는 원료에 없던 수많은 향기 성분들이 생겨납니다. 포도즙일 때는 300여 종이던 향기 물질의 종류가 와인에서 600여 종으로 늘어나기도 하고 과일 없이 쌀로만 담근 술에서 과일 향이 나기도 합니다. 제조사의 창의성에 따라 가향하여 만든 리큐어들도 요리에 활용될 수 있는 가지각색의 매력을 지녔습니다. 다양한 술에 대한

와인
11~15%
포도즙을 발효시켜 담그는 과실주
레드 와인은 진한 과실향과 떫은 탄닌감, 화이트 와인은 부드럽고 섬세한 과실향,
포트 와인은 대체로 단맛이 돌고 향이 풍부함. 소스, 마리네이드, 리조또, 볶음밥,
찜 요리, 볶음 요리, 콤포트 등에 사용.
주요 생산국: 이탈리아, 프랑스, 스페인, 미국, 아르헨티나, 칠레, 독일 등

마데이라
18~20%
와인에 브랜디를 첨가해 담그는 주정강화 술
대체로 카라멜, 건포도, 커피향 등의 강한 단맛과 진한 풍미를 가짐.
디저트, 소스, 베이컨 등 기름진 육류에 사용.
주요 생산국: 아프리카 마데이라제도

샤오싱주
(소흥주)
15~20%
쌀과 좁쌀을 이용해 담그는 황주
약간의 단맛, 과실향, 곡물향, 카라멜향이 있음.
소스, 돼지고기요리(동파육), 맛이 진한 해산물요리
(새우, 게, 오징어, 패류)에 사용.
주요 생산국: 중국, 대만

사케
15~16%
쌀, 보리, 고구마 등에 황국균(코지)을 접종해 담그는 일본식 청주
곡물향, 누룩향, 치즈향, 토마토향, 초콜릿향을 가짐. 소스, 조림 요리
(육류, 해산물, 채소), 육류 요리, 해산물 요리(특히 패류)에 사용.
주요 생산국: 일본

맥주
4.5~7%
홉으로 향과 바디감을 부여한 맥아즙을 발효시킨 술
첨가된 홉의 종류에 따라 오렌지, 사과, 배, 열대 과일 등
향 특성은 천차만별임. 육류와 해산물용 마리네이드, 수육 등
육류요리에 사용하며, 흑맥주는 졸여서 소스로 만듦.
주요 생산국: 중국, 미국, 멕시코, 브라질, 독일, 일본, 베트남 등
(생산량 상위)

위스키
약 40~45%
옥수수, 보리 등 곡물을 발효·증류한 후 오크통에서 수년~수십년간 숙성한 술
과일향, 스모키한 향, 우디한 향(나무)을 가짐.
소스, 피니쉬, 조개술찜, 플람베에 활용.
주요 생산국: 영국스코틀랜드(스카치), 미국, 아일랜드 등

럼
(바카디)
약 37.5~40%
당밀, 사탕수수 등을 발효 및 증류하여 만든 술
바카디의 럼은 오크통 숙성을 거침. 우디향(나무), 달큰한 향을 가짐.
베이킹, 디저트, 카라멜, 트러플소스, 기름진 돼지고기 요리,
플람베에 사용.
주요 생산국: 푸에르토리코, 쿠바, 자메이카 등

브랜디
약 40~45%
와인을 증류하여 오크통에서 숙성한 술
꼬냑이 유명하다. 우디향(나무), 달큰한 향, 과일향, 스모키향을 가짐.
소스, 크림 소스, 피니쉬, 디저트, 커피, 콤포트 및 과일요리,
플람베에 사용.
주요 생산국: 프랑스

베르무트
16~18%
주정 강화한 와인에 갖가지 허브와 향신료를 넣어 만든 술
대표적인 베르무트로는 노일리프랫이 있음.
과실향, 우디향(나무), 허브향, 스파이스향을 가짐.
소스, 비스크, 육류 요리, 향이 강한 해산물 요리 전반에 사용.
주요 생산국: 이탈리아

지식을 갖추어 복합적이고 고급스러운 요리 풍미를 구현하는 데 활용해야 합니다. 과일이나 식초와 마찬가지로 술의 향 역시 가열에 의해 쉽게 휘발하니 향을 살리고자 하는 경우 술은 요리의 마무리 단계에 첨가해야 합니다.

> '일반적인 용도'란 트렌드와 같습니다. 트렌드라 알려진 것은 더 이상 트렌드가 아닙니다. 알려진 용도 외에 자신만의 특별한 용도를 발굴해 보세요!

- **레드 와인과 화이트 와인** 레드 와인은 잘 익은 적포도를 껍질째 사용하여 담그는 와인, 화이트 와인은 적포도의 과육만 사용하거나 청포도를 이용해 담그는 와인입니다.
- **포트와인** 와인을 증류해 만든 브랜디(주정)를 더해 담그는 주정 강화 와인으로 달고 묵직한 풍미가 특징입니다. 드물게 달지 않은 포트와인도 존재합니다.
- **마데이라** 포트와인과 마찬가지로 주정 강화 와인의 일종입니다. 45℃ 이상의 고온에서 숙성 과정을 거친다는 점이 다른 주정 강화 와인들과의 차이점입니다.
- **흑맥주** 갈색 빛으로 볶은 맥아를 이용해 담그는 맥주로 쓴맛이 강하고 커피나 초콜릿 향이 난다는 점이 특징입니다.
- **럼** 설탕을 제조하고 남은 당밀이나 사탕수수를 이용해 만드는 술로 저렴한 술이라는 이미지가 있습니다. 오크통에 넣어 숙성시키는 등 고급스럽게 만든 특정 럼 브랜드들이 존재합니다.
- **플람베** 불이 붙을 수 있는 높은 도수의 술을 뿌리고 불을 붙여 요리에 눌은 불향과 술 향을 부여하는 조리법을 의미합니다.
- **홉(Hop)** 장미목의 식물입니다. 맥주 특유의 향과 쓴맛은 홉의 암꽃에서 유래합니다. 첨가되는 홉에 따라 맥주의 향이 완전히 달라집니다.

요리에 사용하는 다양한 리큐어

리큐어는 증류주나 주정에 당, 꽃, 향신료 등을 넣어 가향한 혼성주를 의미합니다. 리큐어가 표준 외래어이지만 리큐르라 불리기도 합니다. 리큐어는 칵테일, 디저트, 제과·제빵에 흔히 쓰이지만 일반적인 용도만 고집할 이유는 없습니다. 자신만의 활용법을 발굴해 보시기를 바랍니다. 토닉워터, 사이다와 혼합해 하이볼 음료를 개발해봐도 좋겠습니다.

> **Tip** 양념계의 리큐어를 제조한다는 느낌으로 간장이나 식초 등 기초 양념과 테이블 소스에 변주를 줘 보세요. 한 라멘 맛집에서는 다시마 식초를 내어 줍니다. 감칠맛의 대명사인 다시마가 고객의 시각을 자극하고 식초는 국물 요리의 풍미를 좋게 합니다.

5 발효의 가치와 미생물

발효와 부패

인간과 마찬가지로 세균, 곰팡이 등 미생물도 번식을 위해 당이나 글루탐산 등 필요한 영양을 취하고자 합니다. 그 과정에서 미생물은 탄수화물을 당으로, 단백질을 아미노산으로 잘게 뜯어 내기도 하고 당을 소화하면서 부산물로 알코올, 초산, 젖산 등을 남기기도 합니다. 이때 미생물이 독을 남기지 않고, 인간에게 유익한 성분을 만들어낸다면 '발효'로, 악취와 독을 생성한다면 '부패'로 분류합니다.

발효의 가치

발효는 원료를 간장이나 MSG같은 감칠맛 소재로 탈바꿈시키거나 식초 같은 유기산으로 변화시키는 등 인간에게 엄청난 가치를 제공하는 기술이지만 주방에서 위와 같은 소재는 주로 이미 만들어진 것을 구매하여 사용하기 때문에 요리사의 입장에서는 발효가 일으키는 긍정적 변화에 대해 실감하기 쉽지 않습니다.

- **유기산** 탄소를 포함하는 산. 초산, 젖산 등 일반적인 식품용 산
- **무기산** 탄소를 포함하지 않는 산, HCl(염산) 등

요리 차별화 측면에서 발효가 향에 미치는 영향에 주목할 필요가 있습니다. 가령 잘 발효된 와인에는 600여 종의 향기 물질이 존재하며 이는 포노즙에 들어 있는 향물질 300여 종의 두 배애 달합니다. 이렇다 할 향이 없는 탄수화물도 발효를 거치면 에스테르(과일 특유의 향긋한 향)를 생성합니다. 이것이 쌀로만 빚은 술에서 감귤류의 향이 나거나 수수나 옥수수로만 담근 고량주에서 파인애플 같은 열대 과일의 향이 날 수 있는 이유입니다. 발효가 원료와 요리의 향에 엄청난 변화를 가져오는 겁니다. 맛에는 5미뿐이며 나머지 풍미의 다양성이 모두 향에서 기인하는 것임을 감안하면 발효

가 의외성 그 자체로 느껴지기도 합니다.

- 에스테르(Ester/-COO-) 과일 특유의 인상을 가진 향기 물질들이 가진 하나의 '작용기'
- 알코올 발효시 특정 아미노산을 미량 첨가하면 독특한 향을 발생시킬 수 있습니다. 담금주 기준으로
  0.03~0.08% 수준의 첨가로도 향의 뉘앙스 변화를 뚜렷하게 일으킬 수 있으며, 양이 과할 시 불쾌취가
  될 수 있으니 다양한 첨가량을 두고 실험합니다. 빵 발효시에도 반죽 무게 대비 동일하게 적용합니다.
  - **류신** 구운 향, 고소한 향
  - **페닐알라닌** 꽃향, 꿀향
  - **트레오닌** 누룩향, 구운 향

발효 이용하기

알코올 발효	초산 발효	젖산 발효	당화
당을 **알코올**로 발효	**알코올**을 **초산**으로 발효	**당**을 **젖산**으로 발효	**전분**을 **당**으로 분해
술	식초	김치, 요구르트, 콤부차	식혜, 물엿, 조청

- 당화 그 자체로는 발효가 아님

    술과 식초에 대해서는 여러 메이커의 제품을 접하고 요리에 적용해 보는 것만으로도 발효의 가치를 실감하고 누릴 수 있습니다. 반면 김치에 한해서는 기꺼이 직접 발효 전문가가 될 가치가 있습니다. 그 자체로 경쟁력이 될 수 있기 때문입니다. 정갈하고 단순한 주력 메뉴에 곁들여진 훌륭한 김치가 맛집을 탄생시키기도 합니다. 주 메뉴보다 김치가 더 유명해져 김치만을 따로 온라인으로 판매하고 있는 맛집도 존재합니다. 하지만 숙련된 요리사들도 김치를 어려워합니다.

발효 VS 양조

발효 균이 당질을 분해한 결과 생성된 물질이 인간에게 도움이 되는 경우

- **젖산 발효** 유산균이 당을 소화(대사) → 젖산 생성
- **알코올 발효** 효모가 당을 소화(대사) → 알코올 생성

양조 균의 효소를 이용해 원료의 전분질을 당으로 분해하는 당화와, 발효를 병행하는 경우

- **양조** 당화+발효 (간장, 술 등을 만드는 원리)
- 식품 공학적으로는 당화를 발효로 분류하지 않습니다. 가령 엿기름을 이용해 식혜를 만드는 것은 당화일 뿐 발효가 아닙니다.

젖산 발효 마스터: 맛있는 김치의 비밀

맛있는 김치의 조건으로는 아작한 식감, 감칠맛, 단맛과 신맛의 맛 밸런스, 탄산감 등이 있습니다. 그중 발효에 의해 생성되는 것은 신맛과 탄산감인데 탄산감은 맛있는 김치의 가장 중요한 필요조건입니다. 탄산감은 대중이 '시원한 맛'이라 표현하는 청량감이 됩니다. 형편없는 양념으로 담근 김치도 잘 익히면 먹을 만해진다는 이야기는 대개 탄산이 그득 찬 김치를 가리키는 말입니다.

동종이라는 것, 이종이라는 것

젖산 발효는 미생물이 당을 먹고 어떤 물질을 내어놓는지에 따라 크게 동종과 이종으로 대별됩니다. 동종 발효의 경우 결과물로 탄산을 내어놓지 않으며 젖산만 2분자 생성하여 김치의 풍미를 단조롭게 하고 신맛만 강해지게 합니다. 맛있는 김치를 얻기 위해서는 결과물로 젖산뿐 아니라 이산화탄소(물에 녹아 탄산이 됨), 초산(식초), 알코올 등 다양한 물질을 생성하는 이종 젖산 발효가 잘 일어날 수 있도록 해야 합니다. 특히 탄산이 많이 생겨나게 함과 동시에 생겨난 탄산을 김치에 잘 녹아있게 하는 것이 중요합니다(차가운 온도 유지, 철저한 밀봉).

동종: 포도당 $C_6H_{12}O_6$ → 젖산 2분자 $2CH_3CHOHCOOH$
미생물이 포도당을 먹고 젖산을 배출한다

이종1: 포도당 $C_6H_{12}O_6$ → 젖산 $CH_3CHOHCOOH$ + 알코올 C_2H_5OH + 이산화탄소 CO_2
미생물이 포도당을 먹고 젖산, 알코올, 이산화탄소를 배출한다
이산화탄소는 물과 결합하여 탄산이 된다!

이종2: 포도당 2분자 $2C_6H_{12}O_6$ + H_2O → 젖산 2분자 $2CH_3CHOHCOOH$ + 초산(식초) CH_3COOH + 알코올 C_2H_5OH + 이산화탄소 2분자 $2CO_2$ + 수소 2분자 $2H_2$↑
미생물이 포도당 2분자를 먹고 젖산, 초산, 알코올, 이산화탄소, 수소를 배출한다
이산화탄소는 물과 결합하여 탄산이 된다
젖산과 더불어 초산이 생겨 신맛이 다채로워진다

방법은 간단합니다. 통상 김치 발효는 류코노스톡 메센테로이데스(Leuconostoc mesenteroides)라는 이종 젖산 발효균에 의해 시작되는데 김치를 냉장고에서 천천히 발효시켜 이종 젖산 발효균이 오래 살아 있게 하면 탄산감이 강한 김치를 만들 수 있습니다. 김치냉장고에 수 개월 보관한 김치는 초기 발효 속도가 늦추어져 이종 젖산 발효 기간이 극대화되니 강한 탄산감을 갖게 됩니다. 탄산은 입에 들어와 화학적인 시원함을 만들어내며 '청량감'이라는 강한 쾌감을 줍니다. 이종 젖산 발효균인 류코노스톡 메센테로이데스는 스스로가 산을 생성하는 젖산균이면서도 정작 산에 약하여 김치에 신맛이 생기기 시작하면 점점 사멸하고 산에 강한 동종 젖산 발효균이 발효를 이어 갑니다. 앞서 언급하였듯 젖산 발효의 후반부를 주도하는 동종 발효 젖산균은 발효의 결과물로서 젖산만을 생성하기 때문에 발효 초반에 너무 빨리 새콤하게 익혀 버린 김치는 탄산감이 적고 풍미가 좋지 못합니다.

· 김치냉장고는 일반적인 냉장고에 비해 더 차가운 온도의 냉장실을 갖습니다. 일반적인 냉장고의 냉장실 온도는 5℃ 전후가 적합하며, 김치냉장고의 경우에는 0℃ 정도가 적합합니다(온도 설정 시 참고합니다). 김치냉장고에서는 김치 내 젖산균의 생육 속도가 느려집니다. 김치냉장고는 김치에 탄산감을 부여하는 초기 젖산 발효균인 류코노스톡 메센테로이데스의 생존 기간을 극대화해줍니다.

맛있는 김치 담그기

식당이나 레스토랑에서 사용할 김치를 수 개월 소요해 담그는 데에는 큰 부담이 따릅니다. 단기간 내에 탄산감이 강하고 맛이 좋은 김치를 담글 수 있는 방법들을 소개합니다.

젖산균 많은 채소 쓰기

식품회사가 제조한 김치는 발효 기간이 길지 않은데도 대개 탄산감이 강하고 새콤하게 잘 익은 상태로 유통됩니다. 비결은 바로 이종 발효 젖산균의 머릿수에 있습니다. 김치를 담근 직후에는 젖산균과 잡균의 번식이 함께 이루어집니다. 젖산균이 생성한 젖산이 잡균의 번식을 억제하고 전쟁(?)에서 승리하여 김치통을 지배해야만 비로소 잡균에 의한 군내 생성이 중단되고 이상적인 젖산 발효가 진행되기 시작합니다. 식품 회사에서는 김치의 품질을 좋게 하기 위해 채소에 존재하는 젖산균에 의존하지 않고 따로 배양한 이종 발효 젖산균 집단을 김치에 접종하여 김치의 "맛있는" 발효를 촉진합니다 (시판 김치의 성분표를 보고 접종된 균이 동종 젖산균인지 이종 젖산균인지 검색해 보세요!). 주방에서는 균을 따로 접종해 주는 대신 이종 발효 젖산균이 많이 들어 있는 채소를 이용해야 합니다. 젖산균은 대개 채소의 수관이나 체관에 많이 존재하는데 특히 김치 양념에 흔히 사용하는 마늘에 그 양이 많다 알려져 있습니다. 배와 같은 과일의 심지나 무에도 젖산균의 양이 많은데 경험적으로는 배와 무가 탄산감 강한 김치를 얻는 데에 마늘보다 더 효과적입니다. 어떤 김치를 담그건 무채를 함께 넣으면 넣지 않을 때에 비해 강한 탄산감이 있는 김치를 얻게 됩니다. 발효가 잘 진행되지 않아 김치가 썩는 일도 무를 넣은 김치에서는 크게 줄어듭니다. 배추김치나 맛김치를 담근다면 배추 꼭지도 너무 많이 잘라내지 않도록 합니다. 배추 꼭지에도 젖산균이 많이 밀집해 있습니다.

목적에 맞는 염도 설정과 천일염 사용하기

요즘 김치는 그 풍미를 즐기려 먹지 오래 보관할 목적으로 담그지 않습니다. 단시간에 맛있게 익혀 먹을 수 있는 김치의 염도로는 1.5~1.8% 범위가 적당합니다.

젖산균은 잡균에 비해 소금에 강합니다. 채소에 적절한 소금 간을 하면 잡균은 잘 자라지 못하는 반면 젖산균은 생육할 수 있습니다. 젖산균에 의해 젖산이 생성되기 시작하면 부패균의 생육이 더욱 억제됩니다. 익은 김치가 잘 상하지 않는 것도 젖산 덕분입니다. 하지만 너무 높은 염도는 젖산균의 생육마저 억제해 젖산 생성을 저해하고 김치를 썩게 합니다. 흔히 2.5%의 염도까지는 젖산균이 생육할 수 있다 알려져 있으나 경험적으로는 염도 2% 정도를 젖산 발효가 잘 일어날 수 있는 염도 한계치로 생각합니다. 그 이상 김치의 염도가 강하게 되면 발효가 잘 일어나지 않고 부패하는 경우가 더러 발생합니다. 한편 배추를 절일 때, 그리고 양념을 만들 때 꽃소금(재제염)이나 정제염 대신 천일염을 사용하면 김치의 풍미를 좋게 할 수 있습니다. 천일염이 가진 이온의 쓴맛 등이 바디감으로 작용하며 양념의 향미를 풍부하게 하기 때문입니다. 천일염에 들어 있는 마그네슘이나 칼슘 같은 양이온이 채소의 펙틴질과 결합하여 김치의 식감을 단단하게 해 준다는 이론이 있으나 김치에 사용하는 천일염만으로 그러한 효과를 기대하기엔 양이 부족합니다(칼슘이 풍부한 통멸치 가루나 칼슘제를 첨가하는 것은 유의미합니다).

염도의 예시 눈물과 같은 인간 체액의 염도는 약 0.9%,
바닷물의 염도는 약 3.3%(지역마다 상이함)

국밥집 국물의 염도 0.9% 전후

육개장 국물의 적정 염도 1.3~1.4%
· 국물의 지방 함량이 높거나 끈적할수록 짠맛 성분이 미뢰에 잘 닿지 못하기 때문에 염도는 더 높아져야 간이 맞습니다)

액젓의 염도 20~25%

새우젓의 염도 23~27%

추젓의 염도 27~30%

일반적인 국산 천일염의 염도 84~86%

일반적인 꽃소금의 염도 94~96%

제철 채소와 젓갈 페어링

단맛과 고유의 향미가 강한 제철 채소를 이용해 담근 김치가 맛이 좋습니다. 제철 재료가 완성된 김치의 풍미에 미치는 영향은 다른 모든 요인들을 능가합니다. 제철 채소는 고유의 향도 강하기 때문에 채소에 잘 어울리는 풍미를 가진 젓갈을 선택해야 합니다.

멸치 액젓	해산물 풍미가 강합니다. 전반적인 김치에 두루 사용할 수 있습니다.
까나리 액젓	멸치 액젓에 비해 해산물 풍미가 약하고 깔끔하며 후미에 단맛이 돕니다.
새우젓	멸치 액젓과 까나리 액젓에 비해 해산물 풍미가 적고 깔끔합니다.

· 제조사별로 풍미 특성이 상이할 수 있습니다.

쪽파처럼 맵거나 오이처럼 향이 강한 채소, 풋내가 나기 쉬운 열무 같은 채소에는 향이 강한 멸치 액젓이 잘 어울립니다. 향이 강하지 않거나 조리 과정에서 풋내가 나지 않는 채소에는 향이 부드러운 까나리 액젓과 새우젓이 잘 어울립니다. 채소별로 잘 어울리는 액젓 2종을 혼합해 사용합니다. 겉절이 같은 무침 요리를 할 때에도 마찬가지로 적용합니다.

김치 주재료	어울리는 정도(10점 만점)		
	멸치 액젓	까나리 액젓	새우젓
무	5.5	7	8
쪽파, 파	9	7	2
오이	7.5	4	2
열무	8	5.5	2.5
총각무	7	6	4
배추	6.5	7.5	5.5

김치용 오이 고르는 팁

잘 익은 오이김치를 좋아하는 사람도 있고 익지 않은 것을 좋아하는 사람도 있지만 익은 정도에 상관없이 모두가 아작하고 단단한 식감을 가진 오이김치를 원합니다. 물러지지 않는 오이김치를 담그기 위해서는 애초에 오이를 잘 고르는 것이 중요합니다. 오이도 생명이며 인간에게 먹히기 위해서가 아닌, 스스로의 번식을 목적으로 탄생한 열매입니다. 오이는 자라는 과정에서 내부의 씨앗을 내어놓기 위해 효소를 만들어 내고 그로 인해 과육이 통통해지고 물러 터지게 됩니다. 같은 가격이면 큰 것을 고르고 싶은 본능(?)을 억누르고 작고 얇은 오이를 골라야만 단단하고 아작한 오이김치를 담글 수 있습니다. 얇은 오이는 대체로 단단하며 김치를 만들어 익힌 후에도 아작한 식감을 오래 유지합니다. 통통한 오이는 효소를 다량 보유해, 조직이 금방 물러지므로 피해줍니다. 식품 대기업에서는 오이김치가 물러지는 것을 막기 위해 칼슘제를 첨가합니다. 전체 김치 bath 대비 0.1~0.3%의 젖산칼슘 등을 첨가해주면 됩니다. 하지만 칼슘 첨가의 효과성이 오이를 잘 고르는 일보다 크지는 않습니다.

적절한 단맛 사용하기: 과당, 과일, 뉴슈가

단맛의 순기능과 탄산감

액젓 향 등 자극적인 향과 강한 짠맛을 갖는 김치에는 반드시 적절한 단맛을 부여해 맛밸런스를 둥글게 해줘야 합니다. 단맛은 맛의 원리에 따라 김치의 액젓 냄새를 먹음직스럽게 하고 군내를 억제하며 채소나 양념의 좋은 향은 더욱 풍부하게 느껴지도록 합니다. 더불어 당은 젖산균의 먹이가 되어 강한 탄산감을 생성하는 데 기여합니다. 발효는 소량이라도 당을 넣어 준 김치에서 더 잘 일어납니다. 한편 젖산균은 당을 소모하는 동시에 산을 생성하므로 김치는 발효 과정에서 맛 밸런스의 급격한 변화를 맞이합니다.

맛 밸런스의 변화 지연, 탄산감 보강: 과당, 과일

젖산균이 당을 소모하면서 김치의 신맛은
점점 강해지고 단맛은 줄어듭니다. 과당을
사용하면 김치의 맛 밸런스가 깨어지는 속
도를 늦출 수 있습니다. 젖산균은 먹이로 과
당을 사용하는 과정에서 만니톨(mannitol)이
라는 당알코올(청량한 단맛이 남)을 남깁니다.

결정 과당을 구해서 사용해도 좋지만 과당이 많이 들어 있는 과일을 양념에 갈아 넣
는 편이 훨씬 좋습니다. 과일에는 다양한 단맛 성분과 각종 당알코올, 상큼한 유기산
이 함유되어 있어 그 자체로 복합 풍미를 낼 뿐 아니라 심지를 중심으로 다량의 젖산
균을 보유하고 있어 김치의 탄산감을 끌어올리는 데에도 도움이 됩니다. 특히 물김치
에 있어서는 배와 같은 과일을 갈아 넣은 것이 그렇지 않은 김치에 비해 월등한 탄산
감과 맛 밸런스를 갖게 됩니다.

맛 밸런스의 변화 차단, 깔끔한 단맛: 뉴슈가(사카린 나트륨)

과당보다도 김치의 맛 밸런스를 더욱 잘 유지시킬 수 있는 것은 사카린나트륨의 개
량품인 뉴슈가입니다. 합성 감미료인 사카린나트륨은 미생물이 분해하지 못하기 때
문에 푹 익은 김치도 새콤달콤한 맛 밸런스를 유지할 수 있게 합니다. 게다가 사카린
나트륨의 단맛은 늘어지지 않고 깔끔하여 입가심으로 요리에 곁들이는 김치에 사용
하기에 적절합니다. 사카린나트륨은 설탕의 200~300배에 달하는 단맛을 내기 때문
에 양념에 골고루 녹여 넣기 어려운데, 이를 해결하기 위해 사카린나트륨 1%에 99%
의 포도당을 섞어 요리에 도포하기 편리하게 만든 제품이 바로 뉴슈가입니다. 뉴슈가
는 설탕보다 3~4배 강한 단맛을 냅니다. 사실상 김치의 단맛 베이스는 뉴슈가로 잡
아야 합니다. 뉴슈가는 김치 맛집으로 알려져 있는 호텔 김치들에도 기본적으로 들어
갑니다.

설탕 주의

김치의 단맛을 설탕으로만 부여하는 사람들이 있는데 설탕은 완성 김치 기준으로 1%를 초과하여 첨가해서는 안 됩니다. 김치의 초기 발효를 주도하는 류코노스톡 메센테로이데스(Leuconostoc mesenteroides)는 설탕을 점성이 있는 다당류로 변환합니다. 설탕을 너무 많이 첨가한 김치는 국물이 끈적한 콧물처럼 변할 수 있습니다. 이 때문에 설탕 공장에서는 이 균을 배관을 막는 유해요소로 관리합니다. 김치에 생기는 끈적한 다당류는 장 건강에 좋다고 하니 먹어도 괜찮지만 콧물을 연상시키므로 끈적해진 김치를 맛있게 느끼기는 어렵습니다.

· **다당류** 당이 3개 이상 길게 연결된 형태. 물에 녹는 수용성, 물에 녹지 않는 불용성 등으로 나뉩니다. 수용성으로는 전분 등이 있고 불용성으로는 셀룰로오스와 같은 식이 섬유 등이 있습니다.

어쨌든 복합 사용

김치를 담글 때 설탕 소량과 과일, 뉴슈가를 모두 사용하는 것을 추천합니다. 설탕과 단당류는 김치의 초기 발효를 이끌어 내고 과당이 남기는 만니톨은 김치의 청량감을 보강합니다. 과일 심지의 젖산균은 김치가 강한 탄산감을 갖게 하고 뉴슈가는 청량한 단맛을 내며 김치의 새콤달콤한 맛 밸런스를 김치통을 비우는 순간까지 지켜냅니다.

· 완성김치 대비 설탕 0.5%, 뉴슈가 0.05~0.1%, 배 간 것 3~4% 조합
· 단맛 정도는 취향에 따라 조절합니다. 다만 김치가 익으며 신맛이 강해지는 과정에서 맛의 원리에 근거해 단맛이 덜하게 느껴지고, 설탕 같은 단맛 성분은 분해될 것을 감안합니다.

꾹꾹 눌러 산소 차단하기, 먹을 만큼만 덜어 먹기

젖산균은 산소가 없는 환경에서 자랍니다. 반면 대부분의 병원성 미생물이 생육에 산소를 필요로 합니다. 김치를 밀폐가 잘 되는 용기에 꾹꾹 눌러 담고 비닐로 덮어 산소가 닿을 수 있는 면적을 최소화하면 젖산균은 잘 자라고 병원성 미생물은 잘 자

랄 수 없는 환경이 조성되어 김치가 군내 없이 맛있게 익는 데 도움이 됩니다. 똑같이 담근 김치라도 산소 차단 여부만으로 완성 김치의 풍미와 탄산감은 크게 달라집니다. 실제로 완성해 통에 담은 김치 위에 위생비닐 한 장을 얹어두는 것 만으로도 청량함을 크게 높일 수 있습니다. 김치를 담그지 않고 구매하여 내어놓는 가게라 해도, 김치를 비닐에 단단히 밀봉해 보관하며 그때그때 필요량만 꺼내 쓴다면 김치가 맛있는 상태를 오래 유지할 수 있습니다.

24~48시간 상온발효 후 냉장 보관하기

상온에서 초기 발효를 일으켜 준 김치를 냉장 보관하면 발효가 실패하거나 김치에서 군내가 발생할 가능성을 줄일 수 있습니다. 젖산균은 병원성 미생물에 비해 냉장 온도에서 잘 생육하긴 하지만 젖산이 어느정도 생성되기 전까지는 김치에서 잡균과 젖산균의 번식이 함께 진행되며 잡균은 김치에서 부정취를 발생시킵니다. 한편 소비하는 김치의 양이 일반 가정에 비해 월등하게 많은 자영업자는 48시간, 그 이상까지도 김치를 상온에서 보관하여 초기 발효를 극대화하고 3~4일만에도 먹을 만한 김치를 얻을 수 있도록 여러 가지 노하우를 중첩해 김치를 만들어야 합니다. 앞서 설명한 대로 김치의 초기 발효를 주도하는 류코노스톡 메센테로이데스는 21~25℃의 상온 온도대에서 가장 잘 자랍니다.

> · **상온과 실온** 상온은 20±5℃, 실온은 1~35℃를 의미합니다. 일반 가정에서 상온 범위를 유지하는 장소로는 '식탁 위' 정도가 있습니다. 식탁 위는 의외로 그 온도가 사계절 일정한 편입니다. 김치가 맛있는 국밥집을 살펴보면 손님 테이블 인근에서 상온발효를 진행중인 김치통이 보이기도 합니다.

어쨌든 김치풀 쓰기

조리학과에서는 김치풀이 젖산균의 먹이가 되어 발효를 촉진한다 가르칩니다. 반면 식품업계의 한 김치 전문가는 김치풀을 사용하는 이유가 오로지 김치에 양념이 잘 묻도록 하기 위해서라 합니다. 실제로 식품업계에서 사용하는 김치풀은 변성 전분과 구아검 등 양념에 점성을 부여하는 증점제로 구성되어 있습니다. 실험을 통해 확인한 바에 따르면 일반적인 풀이든 식품용 풀이든 김치풀을 사용하면 김치의 발효는 분명 촉진됩니다. 또한 김치풀이 채소에 양념이 잘 묻게 하고 윤기가 돌게 해 김치를 먹음 직스럽게 한다는 것도 사실입니다. 발효의 촉진과 먹음직스러운 외관 등 목적이 무엇이든지 간에 김치풀을 사용하는 편이 사용하지 않을 때보다 맛있는 김치를 담그는 데 도움이 됩니다. 다만 멸치 육수를 내어 김치풀을 쑨다거나 찐 감자 등을 이용해 독특한 김치풀을 만들어 사용하는 데에 '괜시리 특별한 노하우처럼 보이는 것' 외에 어떤 가치가 있는지는 의문이 듭니다. 감칠맛이나 향을 가진 재료는 가열하여 굳이 향을 휘발시키는 대신 양념에 직접 섞는 편이 낫습니다. 한편 김치에서 쉰내가 나게 될 수 있으니 너무 많은 양의 김치풀을 사용하지 않도록 유의해야 합니다.

> ・양념의 점도를 조절하는 일은 매우 중요합니다. 양념의 점성이 충분해야 삼투압에 의해 수분을 뿜어 내는 채소에 양념이 잘 붙어 있을 수 있습니다. 전분만으로 만든 김치풀은 발효 과정에서 점점 분해되며 점성을 잃습니다. 식품용 김치풀을 구해 사용해보세요. 가열이 불필요해 편리하며 양념 점성의 유지력도 좋아집니다. 김치 양념에 미생물이 분해할 수 없는 증점제인 잔탄검을 섞어 넣는 것도 좋은 방법입니다. 같은 목적으로 시판김치에 잔탄검이 더러 사용되고 있습니다. 김치 양념 무게의 0.1~0.2% 중량의 잔탄검을 설탕 같은 다른 분말과 함께 혼합해 양념에 두루 넣어가며 잘 저어 혼합해줍니다.

굵은 고춧가루 충분히 사용하기

어떤 고춧가루를 얼마나 사용하는지가 완성 김치의 맛에 지대한 영향을 미칩니다. 고춧가루의 차이만으로도 완성 김치의 발효 정도나 탄산감, 감칠맛 등이 크게 달라집니다. 과거에는 고운 고춧가루로 담근 김치를 고급으로 쳤다는 이야기도 있지만 현대에 들어서는 입자가 굵은 고춧가루가 김치용 고춧가루로서 친숙합니다. 굵은 고춧가루를 사용한 김치가 외관상 훨씬 더 식욕을 돋우기도 합니다. 김치에는 부정적일 정도로 맵지 않은 선에서 최대한 많은 양의 고춧가루를 첨가해 주는 편이 풍미가 진하고 탄산감이 강한 김치를 얻는 데 도움이 됩니다.

한편 양념을 미리 만들어 고춧가루를 충분히 불려야 날내가 나지 않고 김치 맛이 좋다는 주장도 있는데 이는 겉절이에만 해당되는 이야기이며 익혀 먹는 김치를 담글 때에는 굳이 고춧가루를 불리는 시간을 갖지 않아도 괜찮습니다. 다만 건조되어 있던 고춧가루가 불어나는 과정에서 양념의 색이 짙어지고 점성이 생기기 때문에 정량화된 레시피 없이 눈대중으로 고춧가루를 첨가하며 김치를 담가야 한다면 고춧가루를 양념에 불려 색감을 육안으로 확인해도 좋습니다.

절이기: 김치와 친해지기

절이기의 목적은 채소에 염이 스미게 하여 잡균의 번식을 억제하고 수분을 미리 빼내어 양념이 채소에 잘 묻어 있게 하기 위함입니다. 사람들이 김치를 어려워하는 가장 큰 이유가 바로 절이는 과정 때문이며 요리를 전문적으로 배운 요리사들도 절이기 과정 때문에 김치를 어려워합니다. 김치를 처음 담가 본다면 절일 필요가 없는 깍두기나 파김치부터 시도해 보면서 김치와 친해지는 시간을 가져도 좋습니다. 통상 배추와 같은 채소는 조직이 두껍고 부피가 커 양념이 조직에 침투하기 어렵기 때문에 절이지 않고 김치를 담그면 초기 발효가 잘 일어나지 않아 쉽게 군내가 나고 썩어 버리곤 합니다.

- 통상 절이지 않고 담그는 파김치도 액젓에 절인 후 그에 액젓 외의 양념을 넣어 담그기도 합니다.
- 배추김치도 절이지 않고 담글 수 있으나 배추에 칼집을 내어 충분히 주물러주어야 합니다.
- 절이지 않은 무를 이용해 담근 깍두기도 먹을 만 하게 잘 발효됩니다. 하지만 절인 무로 담근 깍두기가 통상 더 강한 탄산감을 갖습니다.

레시피

염침법: 일정하게 채소 절이는 방법

재료

통배추 1포기(3~3.5kg), 생수 2L, 굵은소금 종이컵 1컵(천일염 150g), 김장용 비닐, 볼

조리법

① 통배추는 더러운 겉잎을 떼어 내고 볼에 물을 받아 털어 내듯 세척해 줍니다.

② 배추는 세로로 4등분하여 김장 비닐에 차곡차곡 담아 줍니다.

③ 종이컵 1컵에 꾹꾹 눌러 담은 굵은소금(150g)을 생수 2L에 넣고 녹여 배추에 부어 줍니다.(염도 약 6%)

④ 공기층이 생기지 않게 꾹꾹 눌러 비닐을 밀봉해 준 후 볼에 담고 물 담은 냄비 등 무거운 것으로 눌러 식탁 근처에 8시간 둡니다.

· **염침법** 습식 채소 절임법 - 소금물을 이용하는 절이기 방법
· **겉잎 제거한 통배추 무게** 2.5~3kg
· 무거운 것으로 누르면 배추가 물에 뜨지 않고 제대로 절여집니다.

⑤ 볼에 물을 받아 절인 배추를 털어 주듯 여러 차례 세척하여 배추에 묻어 있는 소금기를 씻어 냅니다.

⑥ 손으로 주물러 물기를 꼭 짜냅니다.

이렇게 절인 배추의 염도는 0.7~0.9% 정도입니다. 완성 김치의 염도가 1.5~1.8% 범위에 있을 때 원활한 초기 발효가 일어납니다. 양념 염도 설정에 참고 바랍니다.
일반적인 액젓의 염도는 18~21%, 새우젓은 22~25%, 천일염은 84~86%입니다.
줄기를 떼어 맛을 봤을 때 간간한 정도가 아니라 '짜다'는 인상이 들면 흐르는 물에 헹구어 소금기를 더 씻어 내야 합니다. 눈물이나 콧물 등 인간 체액의 염도가 0.9%입니다. 맛을 볼 때 참고합니다.
같은 조건이라면 알배기 배추보다는 통배추로 담근 김치가 탄산감이 더 강하고, 배추를 잘게 썰어 담근 막김치보다 큼직하게 세로로 4등분한 배추로 담근 김치가 탄산감이 더 강합니다.

원리를 알면 가능해지는 응용: 탄산갑(甲) 맛김치

탄산은 이산화탄소가 물에 녹아 만들어지는데 이산화탄소를 발생시키는 젖산균은 주로 채소 조직 내부의 수관이나 체관에 존재합니다. 배추를 칼국수집 겉절이처럼 길쭉하게 썰어 수관과 체관을 끊어 내지 않고 길게 보존해 김치를 담그면 젖산균이 만든 탄산이 단면으로 빠져나가지 못하고 채소 조직 내부에 더 많이 갇히게 되어 훨씬 청량한 맛김치가 됩니다. 사소한 조리법 차이가 완전히 다른 결과물을 만들어 내는 겁니다.

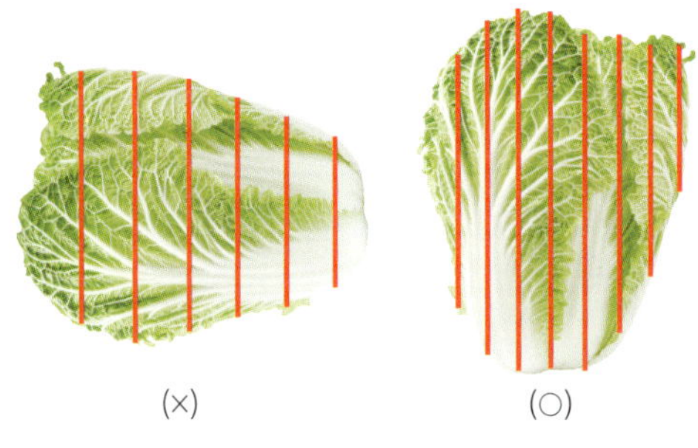

· **맛김치**: 썰어서 담근 막김치를 의미합니다.
· 이산화탄소(CO_2) + 물(H_2O) → 탄산(H_2CO_3)

탄산감은 맛있는 김치의 핵심입니다. 탄산음료나 잘 발효된 김치를 시원하게 느끼게 해 주는 탄산(H_2CO_3)은 단순히 '보글보글' 끓어 나오는 기포가 아닙니다. 질소 같은 다른 가스를 이용해 입 안에 물리적으로 같은 자극을 주어도 우리는 탄산이 주는 청량감을 느끼지 못한다 합니다. 탄산이 입에 들어오면 혀 표면의 탄산탈수소효소에 의해 수소 이온(H^+)과 중탄산이온(HCO_3^-)으로 분리되는데, 이때 수소이온 농도 변화(TRPA1은 급작스런 자극, 화학적 변화에 반응함–와사비, 겨자에도 반응하여 화학적 시원함, 톡 쏜다는 감각을 느끼게 함)에 시원한 온도를 느끼는 냉각 수용체인 TRPA1이 반응해 시원하고 청량하게 느껴지는 것입니다. 탄산감은 기포에 의한 물리적인 자극이 아닌 화학적인 청량함이었던 겁니다. 탄산음료를 싫어하는 사람이라도 김치에서만큼은 시원한 탄산감과 청량함을 느끼길 원합니다.

배추김치

재료

절인 배추 2.8kg

양념

새우젓 80g, 까나리 액젓 60g, 멸치 액젓 60g

연두 순 80g, 쇠고기 다시다 10g, 미원 4g, 핵산IG 4g, 꽃소금 4g

무 즙 160g, 양파 즙 120g, 다진 마늘 100g, 다진 생강 4g

배 퓌레(냉동or생과일) 100g, 매실청 60g, 설탕 10g

정수물 190g, 김치용 고춧가루 120g, 잔탄검 5g

무채 400g, 3~4cm로 썬 쪽파 120g

· 휴롬이나 블렌더·거즈 등을 이용해 내린 것

조리법

① 다진 마늘, 다진 생강, 고춧가루, 무채, 쪽파를 제외한 모든 양념 재료를 한데 모아 블렌더를 이용해 잘 갈아줍니다.

② ①에 다진 마늘, 다진 생강, 고춧가루, 무채, 쪽파를 넣고 잘 저어 줍니다.

③ 물기를 꼭 짜낸 절인 배추(세로로 4등분된)를 볼에 담고 배추 사이사이와 겉잎에 양념을 잘 채워 넣어 줍니다.

④ ③의 김치를 밀폐 용기에 담아 비닐을 덮어 꾹 눌러 공기층을 제거하고 상온에서 24시간 보관한 후 냉장 보관합니다. 필요에 따라 상온 보관 시간을 조절합니다.

· 절인 배추를 온라인으로 구입해 사용할 수도 있습니다. 절인 배추의 염도는 제조사마다 상이하므로 물을 받은 볼에 배추를 털어 내듯 여러 차례 헹구어 소금기를 씻어 내고 눈물이나 콧물과 비슷한 염도 (0.9%)가 되도록 하여 위 양념을 적용합니다.

고추튀김이 쉬었던 이유

"고추튀김이 자꾸 쉬는데요"

월 매출이 2억 정도 나오는 대형 매장의 고추튀김에서 쉰내가 나는 문제를 해결한 적이 있습니다. 당시 매장에서 저에게 알려 준 정보는 아래와 같습니다.

① 겨울에는 괜찮았는데 여름이 되니 고추튀김에서 쉰내가 난다.
② 반으로 잘라 고기 소를 채운 고추를 쟁반에 쌓아 냉장 보관했다가 주문이 들어오면 튀겨 낸다.

"쉰 게 아니라 김치 발효가 일어나 발생하는 현상입니다"

채소 내부에는 자연히 젖산균이 존재합니다. 소를 채운 고추는 젖산균이 생육하기 좋은 조건을 갖추게 됩니다.

① 소를 채운 고추 속은 젖산균이 자라기 좋은 혐기 조건(산소가 없음)이 됩니다.
  • 일반적인 병원성 미생물이나 잡균은 산소가 있어야 잘 자랍니다. 산소가 없는 환경은 젖산균이 경쟁 관계의 기타 균을 순식간에 제압할 수 있는 특수한 상황입니다.

- 젖산균은 통성 혐기성균으로, 산소가 있어도 사멸하지 않지만 산소가 없으면 매우 잘 자랍니다.
- 절대 혐기성균은 산소에 닿으면 사멸하는 미생물로, 통조림에서 문제를 일으키는 클로스트리디움 보툴리눔이 이에 속합니다.

② 고추 소에 함유된 미량의 염은 부패균의 생육을 억제합니다. 젖산균은 저농도(2% 이하)의 소금이 있는 조건에서도 잘 자랍니다.

③ 고추 소에 함유된 미량의 당분 등 영양은 젖산균에게 훌륭한 먹이가 됩니다.

④ 여름철에 유통되는 채소에는 젖산균의 개체수 자체가 겨울 채소보다 많습니다(채소 젖산균의 생육 적정 온도는 21~25℃).

- 여름철에 상승한 유통, 작업장, 냉장고(문 열 때마다) 온도는 젖산균만이 아니라 어떤 균이든 더 잘 자라게 합니다.

상기 조건은 김치의 초기 젖산 발효균인 류코노스톡 메센테로이데스가 빠른 속도로 번식할 수 있게 합니다. 소를 채운 고추가 시큼해졌던 이유도 고추 내부와 소 사이에서 젖산 발효(김치 발효)가 일어났기 때문이었습니다.

"클린콜로 해결해 보죠"

식품회사 연구원으로서 김치 관련 테스트를 반복하던 시절, 김치를 위생적인 환경에서 담그고 싶다는 마음에 클린콜을 뿌려 소독한 통을 사용한 적이 있습니다. 그런데 김치가 잘 발효되기는커녕 오히려 썩어 버렸습니다. 어떤 이유에서인지 젖산균이 자라지 못한 겁니다.

· **클린콜** 알코올 계통의 주방용 소독제

클린콜에는 알코올 외에도 '자몽 종자 추출물'이라는 천연 보존료가 들어가는데, 보존료는 알코올과 달리 휘발하지 않고 남아 지속적으로 항균 효과를 냅니다. 클린콜에 들어 있던 보존료가 잡균만이 아니라 젖산균의 생육마저 억제하게 되면서 김치에 충분한 젖산이 생기기 전에 잡균이 너무 많이 번식해 버렸던 겁니다.

해당 경험에서 착안해 고추튀김 소에 소주(3~5%)나 자몽 종자 추출물 소량(0.02 ~0.03%)을 첨가하여 고추튀김이 시큼해지는 것을 막을 수 있었습니다(둘 중 하나만 이용해도 효과를 볼 수 있습니다).

- 이론적으로 냉장 보관을 병용한다는 조건하에 젖산균의 생육을 억제하려면 소에 최소 1%의 순수 에탄올을 첨가해야 합니다. 이를 도수 20% 소주를 이용해 실현하려면 소 반죽의 약 5%가 소주여야 한다는 결론이 나옵니다.

- 확실한 효과를 원한다면 자몽 종자 추출물을 이용하는 것이 좋습니다(ES식품원료에서 구매 가능). 단, 자몽 종자 추출물에는 쓴맛이 있기에 첨가량을 세밀하게 테스트할 필요가 있습니다. 자몽 종자 추출물은 고추튀김 소와 같은 고기반죽만이 아니라 신선 육류, 유가공품, 소스, 음료 등에 두루 사용할 수 있습니다.

쉰다는 게 뭘까?

'쉰다'는 건 뭘까요? 쉰다는 말은 실제로 젖산 발효와 부패 사이의 어느 지점을 포착해 우리말로 표현한 개념입니다. 주로 젖산균이 존재하는 식재료(채소 등)에 있어서 젖산 발효가 안정화되지 못하고 부패균이나 효모(부패를 일으키는 효모종)가 개입하며 발효와 부패가 함께 일어나는 현상입니다.

밥이 쉬는 것은 이와 다른 현상입니다. 이는 공중 부유균, 주걱 등 도구의 표면균, 포자(일종의 내열성 알, 포자는 적절한 환경에서 다시 균으로 깨어남)를 생성하는 생존균 등에 의해 조리·살균된 밥이 다시 오염되어 발생하는 문제입니다. 젖산균만이 아니라 곰팡이, 효모 등이 밥이 쉬는 데 관여하며, 조리된 후의 밥을 위생적으로 관리하여 방지할 수 있습니다(젖산균만이 아니라 병원성 미생물도 대사 과정에서 산을 만들어 내기도 합니다. 독소가 생기면 부패, 독소가 생기지 않으면 발효로 구분합니다).

① 밥솥의 뚜껑은 사용 직후 최대한 빨리 닫아 줍니다. 공기 중에는 1m³당 약 10,000마리의 균이 존재하며, 젖산균이나 병원성 효모 등이 이에 포함됩니다.

더불어 미생물의 생육이 억제되는 밥솥 내 온도(60~70℃)를 유지하기 위해서도 뚜껑은 사용 후 빠르게 닫아 주는 것이 중요합니다.

- 유독 밥이 잘 쉬는 것 같다면 밥솥의 보온 성능이 떨어졌거나 보온 온도가 낮게 설정되어 있는 것은 아닌지 확인해 보는 것도 좋겠습니다. 보온 성능이 좋은 밥솥에 보관하는 밥은 상대적으로 쉬는 현상이 덜합니다(대부분의 병원성 미생물은 60℃ 전후에서 사멸하거나 생육이 억제됨).

② 주걱처럼 밥과 직접적으로 닿는 도구 표면은 클린콜 등을 이용해 철저히 소독해 주고 손으로 만지거나 바닥에 내려놓지 않도록 합니다.

쉬거나 시큼해지는 현상은 가열하지 않고 미리 만들어 둔 육수에서도 더러 발생합니다. 육수에서 젖산 발효가 일어나 맛이 시큼해지면, '맛의 원리'에 따라 감칠맛이 떨어져 완성되는 요리의 맛도 틀어지게 됩니다. 고춧가루를 넣어 만든 다대기를 육수에 풀어 두면 고춧가루에 존재하는 젖산균이 육수 내 산소가 없는 환경에서 젖산 발효를 일으킬 수 있습니다. 이를 방지하기 위해서는 다대기를 한 번 볶은 후 육수를 만들어 두는 데 쓰거나 만들어 둔 육수를 한 번 끓여야 하며, 두 조건 다 맞추기 어려운 경우에는 고추튀김의 사례와 같이 자몽 종자 추출물을 소량 투입해 미리 만든 육수가 시큼해지는 것을 막을 수 있습니다.

숙성이란 게 대체 뭘까요?

숙성은 소스나 요리의 향미를 우아하게 변화시킵니다. 발효와 달리 숙성은 미생물의 관여 없이 구성 분자간의 결합이나 자극적인 냄새 성분의 휘발 등 물리 화학적인 변화를 수반합니다. 숙성 후 먹거리의 풍미가 예상과 다르게 변화하는 현상은 요리사나 식품회사 연구원, 식품 향료를 제조하는 조향사까지 두루 경험하는 일이며 혹자는 숙성 후 급변하는 소스 풍미를 가리켜 '대체 병 안에서 자기들끼리 뭘 어떻게 지지고 볶는 거냐'며 불평하기도 합니다. 한 식품기업 연구소에서는 제조 후 살균한 소스를 테스트하기 이전에 약 48시간 동안은 냉장고에서 숙성시키며 그 전에는 일절 맛을 보지 않는다고 합니다. 숙성 후에 소스의 맛이 완전히 바뀌기 때문입니다. 와인 또한 숙성을 거쳐 그 풍미가 변화하는 대표적인 먹거리입니다. 와인에 들어 있는 탄닌은 떫은 입촉감을 내는 성분으로 적당하면 풍부한 바디감이 되지만 과하면 불쾌감을 줍니다. 숙성 과정에서 서로 중합한 탄닌이 크기가 커져 '불용성 탄닌'이 되면 떫은 입촉감을 느끼는 감각 수용체에 닿지 못해 떫지 않게 느껴집니다(떫지 않을 뿐 탄닌 자체가 사라지는 것은 아닙니다).

한편 우스터 소스처럼 숙성과 관련된 탄생 비화를 가진 유명 소스도 있습니다. 오늘날 대표적인 우스터 소스를 판매하고 있는 Lea&Perrins사는 대량으로 제조했다가 그 맛이 실망스러워 창고의 오크통에 2년간 방치했던 한 소스가 오늘날의 우스터 소스가 되었다 소개하고 있습니다. 창고를 정리하기 위해 맛이나 한번 보고 버리자며 오크통의 뚜껑을 열어 확인했는데 숙성된 소스의 풍미가 의외로 너무 좋아 판매하게 되었다는 겁니다. 흔히 국이나 찌개 역시 끓여 낸 다음 날 맛이 더 좋아진다는 이야기가 있고 소스의 경우에도 숙성 후 풍미가 더 좋아지기도 합니다. 숙성이 요리에 미치는 영향까지 고려해 디테일하게 요리의 품질을 유지·관리해야 합니다. 대를 잇는 일본의 맛집에서는 요리의 맛이 달라지지 않도록 선대가 재료를 준비하는 시간, 자세와 몸동작 하나까지도 그대로 모방해 배우려 한다고 합니다.

병원성 미생물은 식중독을 일으켜 인간을 아프게 합니다. 병원성 미생물에 대한 최소한의 지식과 위생 의식을 갖추고서 요리에 임해야 합니다. 위생은 고객과의 가장 기본적인 신뢰입니다. 요식업과 식품 제조업 간의 가장 큰 차이 역시 병원성 미생물에 대한 인식에서 옵니다. 수많은 조리학과 학생들이 창의적인 메뉴 개발 능력이 식품 회사 연구소에 입사하는 데 필요한 역량이라 생각하지만 사실 식품 회사에서 더 우선시하는 것은 안전과 미생물 관리입니다. 본인이 만든 요리가 식탁 위에서 1년간 썩지 않고 맛과 향을 유지하게 할 수 있는지, 스스로에게 그렇게 만들 수 있는 능력이 있는지 생각해 보세요. 두 업계의 업무 성격에 얼마나 큰 간극이 있는지 깨달을 수 있을 것입니다.

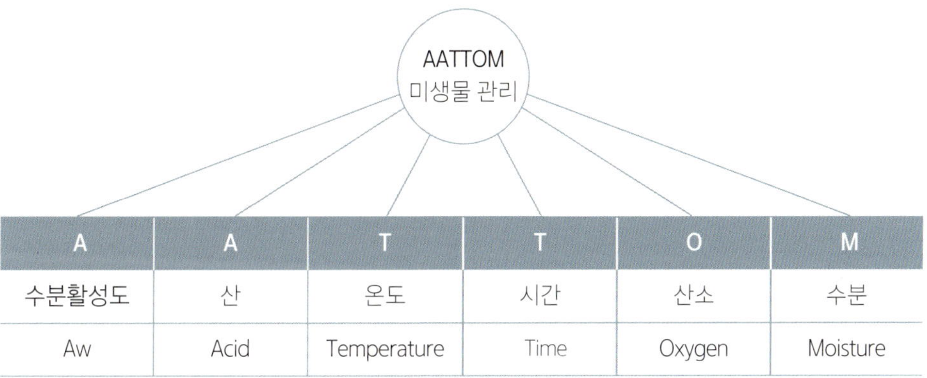

A	A	T	T	O	M
수분활성도	산	온도	시간	산소	수분
Aw	Acid	Temperature	Time	Oxygen	Moisture

미생물 생육 조건에 대한 기본적인 이해를 바탕으로 주방에서의 위생 사고를 예방해야 합니다.

수분 활성도(Activity of water) & 수분(Moisture)

제가 근무했던 파인 다이닝에서는 스테이션에 작은 물방울이 튀어 있는 것조차 용납하지 않았습니다. 수분이 미생물 번식과 오염의 매개가 되기 때문입니다. 습한 환경과 수분은 위생에 위협이 됩니다. 식품에 있어서도 수분 활성도 개념에 입각해 수분을 관리합니다. 수분 활성도란 수분함량과는 다른 개념으로, 미생물이 사용할 수 있는 수분(자유수)의 양을 의미합니다. 순수한 물의 수분 활성도이자 최대 수분 활성도는 1이며, 먹거리 내 그 수치가 0.9, 0.8… 과 같이 떨어질수록 미생물이 생육을 위해 사용할 수 있는 수분이 적어짐을 의미합니다. 통상 수분활성도 0.65~0.85 사이의 식품을 중간수분식품(Intermediate Moisture Food)이라 하여 살균·밀봉 시 오래 저장할 수 있는 식품으로 간주합니다. 가령 과일 잼은 수분 함량이 높지만 수분 활성도는 낮은 축(0.75 내외)에 속하여 쉽게 부패하지 않습니다. 상당량의 수분이 설탕에 꽉 붙잡혀 미생물이 사용할 수 없는 결합수 형태로 존재하기 때문입니다. 대표적으로 간장처럼 짠맛이 강한 양념류나 마른 재료, 잼은 수분 활성도가 낮아 상온에서도 잘 상하지 않습니다. 하지만 속도가 더딜 뿐 미생물 생육이 일어나지 않는 것은 아니므로 간장이나 소스류, 잼도 개봉 후에는 냉장 보관하는 것이 바람직합니다. 한편 곰팡이는 여러 미생물군 중 가장 낮은 수분 활성도에서도 생육하며 마른 재료에 붙어 자라기도 합니다. 건재료를 물이 묻은 손으로 만지거나 습기가 많은 곳에 보관하는 일은 지양해야 합니다.

미생물 성장 요구 최저 수분활성도(Aw)

미생물 종류	일반 세균	일반 효모	일반 곰팡이	내건성 곰팡이
수분활성도(Aw)	0.91	0.88	0.80	0.65

먹거리	채소류	육류	식빵	물엿	치즈
수분활성도(Aw)	0.95~0.99	0.95~0.99	0.90~0.95	0.60~0.70	0.80~0.90
수분 함량	93~96%	50%	39%	26%	41%

산(Acid)

산은 부패균의 생육을 효과적으로 억제합니다. 생명체는 활동에 필요한 에너지인 ATP를 생산해 내기 위해 미토콘드리아 내·외부의 산 농도 차이를 근간으로 일종의 발전기를 작동시킵니다. 이때 외부 환경의 산 농도가 높으면 발전기가 제대로 작동하지 못하게 되어 미생물의 생육이 억제됩니다. 특히 구연산은 미생물 억제력과 맛이 모두 좋아 식품에 많이 활용합니다. 프로피온산, 안식향산과 같이 어떤 산은 구연산보다도 미생물의 번식을 더욱 효과적으로 억제하며 식품법상 보존료로 분류됩니다. 좋은 신맛을 내기보다는 미생물을 억제하는 효과가 더 뛰어난 겁니다.

- **미토콘드리아** 에너지를 생산하는 공장, 세포의 작은 기관들 중 하나
- 현대의 식품업계에서는 보존료를 거의 사용하지 않는 추세입니다.

시간(Time) & 온도(Temperature)

미생물 생육 능력과 오염 경로

세균은 분열하여 머릿수가 2배로 늘어납니다. 대장균은 20분에 한 번씩 분열합니다. 대장균 한 마리는 최상의 환경이 유지된다는 가정 하에 12시간 만에 1조 마리까지도 늘어날 수 있습니다. 경각심을 갖고서 미생물 오염의 경로를 미리 차단하려 노력해야 합니다. 공기 중에는 1m³당 약 10,000마리의 균이 떠다닙니다. 손대지 않은 식재료라도 밀폐하지 않고 상온에 방치하는 것은 위험 요소가 됩니다. 식재료의 취급은 항상 깨끗하게 씻은 손으로 해야 하며 땅에 떨어졌거나 더럽혀진 재료는 세척하고 가열할 것이라고 하더라도 사용하면 안 됩니다. 토양 1g에는 약 1억 마리의 균이 존재합니다. 바닥에 두었던 용기나 식자재 박스를 스테이션에 올리는 행위도 절대 금물입니다. 올려야만 하는 상황이 생긴다면 이후 깨끗하게 세척한 후 식품용 알코올을 뿌려 소독해 주세요. 특히 변기만큼이나 더럽다는 핸드폰을 만진 후에는 무조건 손을 씻고 요리에 임해야 합니다. 머리카락을 정리하거나 얼굴을 만진 경우에도 마찬가지입니다. 사람의 콧속 등 점막, 피부에 존재하는 황색포도상구균은 스스로는 높은 열에 사멸하나 내열성이 강한 독소를 남기고, 그 독소는 200℃의 끓는 기름에서도 수십 분을 버팁니다. 물론 독소는 알코올로 없앨 수도 없습니다. 황색포도상구균은 10%의 염도 환경에서도 잘 생육하므로 장아찌나 절임류 등 짠맛이 강한 음식을 조리하거나 다룰 때에도 방심해서는 안 됩니다. 한 번 더럽혀진 재료나 요리는 가열한다고 해도

100% 안전해질 수 없음을 인지하고 처음부터 경각심을 갖고 재료를 위생적으로 취급해야 합니다. 세균성 식중독은 종류에 따라 수 일의 잠복기를 갖는 것도 있습니다. 서비스 후 수 일이 지나 위생 사고에 대한 조사를 받게 되면 제대로 대처조차 하기 힘듭니다. 위생 사고의 가능성은 원천적으로 차단하는 편이 낫습니다.

산소(Oxygen)

대부분의 병원성 미생물은 산소가 있어야 생육할 수 있는 호기성입니다. 따라서 요리나 소스는 산소가 닿지 않도록 진공 포장기로 밀봉하여 보관합니다. 특히 채소와는 달리 영양이 풍부하고 독이 없는 육류는 미생물의 공격에 무방비해서 진공 밀봉이 필수입니다. 일반 위생 비닐에는 산소가 드나들 수 있는 미세한 구멍이 뚫려 있어 육류를 보관하기에 적합하지 않습니다. 위생 비닐은 냉장고의 부정취가 재료에 배는 것을 막지 못합니다. 반면 진공 포장은 비교적 건조한 환경에서도 생육할 수 있는 곰팡이에 의한 식자재 변질도 효과적으로 차단합니다. 곰팡이는 생육에 산소를 반드시 필요로 하는 절대호기성이기 때문입니다. 식품업계에서는 육포 등 건조 먹거리를 유통할 때 철계 산소차단제를 넣어 곰팡이의 생육을 억제하기도 합니다. 철은 산소와 결합하며 포장재 내부의 산소를 제거합니다.

6 온도도 맛이다

떫은 입촉감, 점성 등과 함께 촉각에 해당하는 온도 역시 요리의 만족감에 큰 영향을 끼칩니다. 물리적인 시원함이나 따뜻함을 넘어 화학적으로 온도 감각을 자극하는 다양한 물질들이 존재합니다. 재미있는 사실은, 이러한 온도감각과 촉감이 풍부하게 녹아든 요리가 중독성을 가진다는 겁니다. 갑자기 트렌드로 자리잡은 마라탕에도 풍부한 촉감이 존재합니다. 다양한 향신료에 존재하는 촉감 성분들은 우리의 삼차신경(얼굴의 감각과 저작운동을 담당하는 핵심 신경)을 자극하며, 그 결과 엔도르핀이 분비되거나 침 분비량이 39%까지 늘어나는 등 복합적인 식경험을 만들어냅니다. 이제 우리는 단순히 요리의 풍미를 설계하는 것을 넘어 삼차신경까지 풍부하게 반응시킬 수 있도록 '감각 설계' 차원에서 메뉴를 개발해야 합니다.

시원함/청량감

탄산으로부터 시원함을 느끼는 TRPA1이라는 냉각 수용체는 와사비나 겨자에도 반응합니다. 냉모밀, 냉면, 스시 등 시원하게 먹는 요리에 와사비와 겨자가 흔히 곁들여지는 이유가 이 때문입니다. 와사비와 겨자는 시원하게 먹는 모든 요리에 좋은 의외성이 될 수 있습니다. 기존의 관행을 벗어나도 좋습니다. 냉면이나 냉모밀 같은 시원한 국물 요리를 서비스할 때 농축 육수에 물 대신 사이다나 탄산수를 섞는 식으로 청량감을 끌어올릴 수도 있습니다. 시원하고 청량한 감미료인 당알코올과 혼합 사용할 수도 있습니다. 당알코올은 물에 녹으며 열을 빼앗는 특징(시원하게 느껴짐)을 갖습니다. 이 때문에 녹을 때엔 물리적으로 흡열하여 주변을 시원하게 만들고, 녹은 상태에서는 TRPM8을 자극해 화학적인 시원함을 느끼게 합니다. 설탕과 더불어 보통의 용질은 물에 녹으며 열을 방출(따듯하게 느껴짐)합니다. 식품업계에서는 냉면 육수 등의 제품에 청량한 단맛을 부여하기 위해 솔비톨과 에리스리톨을 이용하기도 합니다.

· **와사비와 겨자의 매운맛 성분** 알릴 이소시오시아네이트(allyl isothiocyanate)
· **당알코올** 솔비틀, 자일리톨 등 당과 알코올의 성질을 모두 갖는 물질로 칼로리가 낮고 혈당을 천천히 올립니다. 에리스리톨은 칼로리가 거의 없고 혈당 상승 수치를 의미하는 G.I가 "0"이라 당뇨 환자, 키토제닉 다이어터가 애용하는 당알코올입니다. 소화·흡수가 느리고 장 운동을 촉진해서 다량 섭취하면 설사를 할 수 있습니다. 미생물이 활용할 수 있는 수분을 붙잡아 두는 성질이 강해 요리나 식품을 촉촉하게 하며, 미생물 측면 안전성을 보강하기 위해서도 사용됩니다.

냉면육수 농축액

재료

액상 과당 60g, 백설탕 40g, 솔비톨 9g, 글리신 5.5g

소금 20g, 연두 순 16g, 쇠고기 다시다 13g, 양조간장 7.5g, 핵산IG 1g

환만식초 24g, 구연산 1.5g

정제수 200g, 잔탄검 1g

조리법

① 모든 재료를 혼합해 잘 저어줍니다(블렌더를 사용하지 않을 것이라면 잔탄과 설탕, 소금 등 가루끼리 먼저 혼합해줍니다).

② 농축액 양의 4~5배의 물과 혼합해 냉면 육수용 냉각기에 넣고 사용합니다.

- 농축액 양의 3배 가량에 해당하는 물을 타 냉각시켜 두었다가 나머지 1배 양의 물은 서비스 직전 탄산수나 사이다 등으로 마저 채워 냉면 국물의 청량감을 증폭시킬 수도 있습니다.

매콤함, 엔도르핀, 새

고추의 대표적인 매운맛 성분인 캡사이신은 TRPV1이라는 온각 수용체를 자극하는데 그 정도가 심하면 화상을 입었다고 착각하게 되어 천연 마약과도 같은 엔도르핀의 방출을 유도합니다. 덥다고 느끼며 땀을 흘리는 것도 캡사이신이 TRPV1을 건드리기 때문입니다. 캡사이신은 우리 몸으로 하여금 화상을 입었다고 착각하게 만들 뿐 물집이 잡히는 실제 화상을 입히지는 못하고 오히려 엔도르핀이라는 보상이 매콤하고 칼칼한 음식을 갑자기 생각나거나 땡기게 만듭니다. 한편 조류는 캡사이신을 맵게 느끼지도 않고 캡사이신이 든 고추를 먹이로 즐겨 먹기까지 합니다. 인간은 43℃ 이상의 온도는 TRPV1으로 감지하며 고통으로 느끼게 되는데 새의 체온은 인간보다 3~4℃

높아 TRPV1의 구조에 변형이 생겨, 작동하는 온도도 상대적으로 더 높기 때문입니다. 캡사이신은 인간의 TRPV1은 건드리면서 새의 TRPV1은 건드리지 않는 절묘한 온도를 느끼게 합니다. 고추가 번식의 매개로 새를 선택했다고 볼 수 있습니다. 조류는 포유류와는 달리 씨앗을 씹어 파괴하지 않고 온전히 삼키는 데다 멀리 날아 고추의 너른 번식에 기여합니다. 한편 인간은 고추의 의도와는 달리 기꺼이 캡사이신을 들이켜 환상통을 견디고 몸이 내어 주는 엔도르핀을 즐깁니다. 땀을 흘리게 하고 시원함이나 진동을 느끼게 하는 등 입체감과 공감각이 스며 있는 음식에는 대개 중독성이 있습니다. 탕, 볶음 등 각종 요리에 캡사이신을 괜히 첨가하는 것이 아닙니다. 전문가라면 캡사이신을 두고 자극적이라며 기피하기 이전에, 캡사이신과 같이 삼차신경을 자극하는 식재료들이 어떤 메커니즘으로 인간 본능을 건드리고 중독성을 만들어 내는 것인지 깊게 이해할 필요가 있습니다.

· 에탄올 역시 TRPV1을 자극합니다. 단맛 수용체와 쓴맛 수용체도 자극합니다.

혀 떨리고 가슴 떨리는 감각

마라는 쓰촨페퍼(중국산초)라 불리기도 하는 화자오에 고추기름, 정향, 두반장 등을 섞은 양념을 뜻합니다. 간혹 강한 마라 음식을 먹고 나면 우리는 입 안에서 볼펜 용수철이 튀어 다니는 듯한 느낌을 받기도 하는데, 이는 마라의 구성물인 화자오에 의한 것입니다.

화자오 역시 인간의 삼차신경을 자극하는 신비한 향신료입니다. 화자오의 주요 활성 물질인 하이드록시-알파-산쇼올(hydroxy-α-sanshool)은 RA1이라는 촉각 수용체를 자극해 초당 50회 수준의 진동을 느끼게 하는데, 재미있게도 이 때 맛(5미)이 소폭 더 강하게 느껴집니다.

화자오는 마라탕에 있어서는 특히 감칠맛을 더 강하게 느껴지게 합니다(즉, 더 맛있게 느껴지게 합니다!). 화자오의 기름을 '마유'라고 하는데, 시중 마라탕의 '마라탕다운 감각'이 바로 이 마유에서 유래합니다. 마라탕 업체들은 완성된 베이스 국물 위에 마유를 몇 바퀴 둘러 마라탕을 완성합니다. 배달 마라탕을 주문할 때 '마라맛 강도'를 선택할 수 있는데, 더 강한 마라맛을 주문할수록 위에 뿌려지는 마유의 양이 많아집니다. 주문한 지 하루 지나 풍미가 밋밋해진 마라탕 국물에도 마유를 둘러 주면 다시 특유의 풍미가 살아납니다. 꼭 중화요리가 아니더라도 불고기, 제육볶음, 고추장 계통 소스, 참기름장 등 한식이나 양식 어떤 요리나 소스에든 마유를 느껴질 듯 말 듯 하게 소량씩 터치해 주면 감칠맛 등 여러 맛이 더 강하게 느껴지게 됩니다(제발 시도해 보세요). 화자오의 화학적 작용 메커니즘은 아래와 같습니다.

① 산쇼올이 촉각 신경의 전달 통로를 틀어막음.

② 전달 통로가 막힌 신경은 진동하게 되며, RA1이 자극됨.

③ '삼차신경'이 자극되며, 뇌의 입장에서는 이를 '강한 자극'으로 해석함.

④ 요리의 맛이 더 강해진 것처럼 느끼게 됨.

한편 화자오의 요리적 부작용은 아래와 같습니다.

① 산쇼올에 의해 자극을 받은 RA1은 천천히 안정화되기 때문에 맛의 여운이 길게 남게 됩니다. 따라서 화자오의 존재감이 강한 메인 요리는 사이드 디쉬 등 다른 요리 풍미를 간섭할 수 있습니다.

② 입에 화자오의 자극, 마유에서 유래한 기름이 남아 있는 상태에서 샐러드 등 생채소 요리를 먹으면 채소의 쓴맛이나 신맛 역시 강하게 느껴지는 등 부정적인 식경험을 초래할 수 있습니다.

후추의 게슈탈트 붕괴: 흑후추 VS 백후추 VS 적후추

· **게슈탈트 붕괴 현상** 친숙한 개념이나 단어를 반복해서 접하다 보면 일순간 그것이 낯설게 느껴지는 현상. 도시괴담과 여러 SF 영화 등을 통해 알려진 용어이며 과학적으로 인정받은 이론은 아닙니다.

후추를 후추후추 후추를 후추후추… '후추'의 존재를 잠깐이나마 낯설게 느껴 봤으면 좋겠습니다. 그리고 후추를 사용하는 목적에 대해 고찰해 보았으면 합니다. 사람들은 후추를 흔히 재료의 잡내를 덮기 위해 사용하는 향신료 정도로 인지합니다. 하지만 부정취는 짠맛이나 단맛, 감칠맛 소재를 이용하면 더 효과적으로 억제할 수 있습니다. 후추의 진짜 가치는 다른 지점에 있습니다. 바로 후추가 요리의 입체감을 극대화하고 인간의 삼차신경을 자극한다는 점입니다. 후추는 우리의 온각 수용체와 냉각 수용체를 함께 자극합니다. 후추가 세계 전역의 어떤 요리에도 빠지지 않는 대장 격 향신료인 이유도 온각 수용체와 냉각 수용체를 동시에 자극하는 대비의 입체감에 어떤 신비한 힘이 있기 때문입니다. 안다고 생각했던 후추를 잠시 낯설게 느껴 그 용도에 대해 새로이 생각해 보는 시간을 가졌으면 합니다. 후추를 주재료로 한 다양한 소스를 개발해 보아도 좋습니다.

· 온각 수용체를 자극하는 케이엔 페퍼, 청양고추나 냉각 수용체를 자극하는 와사비, 겨자 등을 섞어 대비의 입체감을 가진 매운맛 양념이나 소스를 만들어 낼 수 있지 않을까요?

후추의 종류

흑후추는 덜 익은 후추 열매를 따서 말린 것이며 백후추는 완전히 익은 후추 열매를 수확해 그 껍질을 벗긴 것입니다. 적후추는 다른 후추들과는 달리 엄밀히 후추 열매는 아니고 그저 후추와 비슷한 풍미를 가진 다른 작물입니다.

· **그린취** 풀내, 청사과의 풋풋한 향
· **스파이시함** 청양고추, 고춧가루 등 매콤한 향신료에서 느껴지는 향취

흔히 흑후추는 매운맛이 강해 육류 요리에 잘 어울리며 백후추는 상대적으로 부드러워 생선 요리에, 적후추는 샐러드나 드레싱 등 생식 요리에 사용한다 알려져 있습니다. 알려진 대로 흑후추는 개중에 가장 맵고 떫으며 입촉감이 초미부터 후미까지

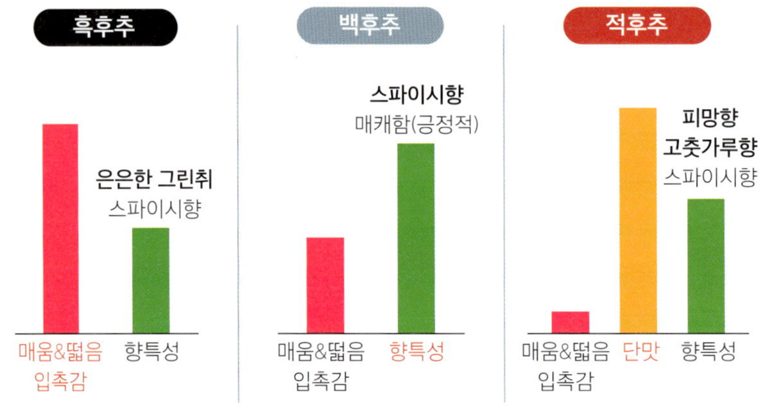

풍부하게 느껴집니다. 향 또한 초미부터 후미까지 두루 잘 느껴져 향미의 균형이 잘
잡혀 있습니다. 반면 백후추는 흑후추에 비해 스파이시한 향기가 훨씬 강하고 매캐하
여 라면 스프 향처럼 구미가 당기게 하며 맵고 떫은 입촉감은 후미부터 은은하게 느
껴지기 시작합니다. 반면 적후추는 은은하게 매울 뿐 거의 떫지 않으며 오히려 강한
단맛을 냅니다. 향 강도는 강하지 않고 피망, 파프리카, 갓 빻은 신선한 고춧가루,
약간의 스파이시함 등 다채로운 향을 내어 생식하는 샐러드, 무침, 나물 요리나 피니
쉬 스파이스로 활용하기에 좋습니다.

- **피니쉬 스파이스(finish~)** '피니쉬 솔트(salt)'처럼 요리에 대비되는 풍미의 재미를 주거나 요리의 맛을
  강화하기 위해 완성된 요리 위에 뿌려 주는 특별한 양념류
- **후추분 대신 통후추** 향은 쉽게 휘발하여 공중으로 사라져 버립니다. 갈아 놓은 후추분의 향이 갓 갈아
  낸 통후추의 향처럼 온전할 리 없습니다.

7 생각나는 음식의 비밀: 지방

지방과 칼로리 밀도

갑자기 구미가 당겨 어떤 음식이 먹고 싶어질 때가 있습니다. 이런 '당긴다'는 감정을 불러일으키는 음식의 조건 중 하나가 바로 칼로리 밀도입니다. 생각나는 음식의 칼로리 밀도는 4.5~5.0라고 하며 이 구간에 속하는 음식에는 치킨, 피자, 햄버거 등이 있습니다. 탄수화물과 단백질의 칼로리는 4.0에 그치니 9.0의 칼로리를 내는 지방 없이는 '당기는' 음식의 칼로리 밀도에 도달할 수 없습니다. 문득 생각나는 중독성 있는 요리를 개발하고자 한다면 유지류를 활용할 줄 알아야 합니다. 국물요리조차 칼로리 밀도를 높여 만들 수 있습니다. 재료를 볶는데 기름을 쓸 수도 있고, 완성된 요리에 고추기름 등을 첨가해줄 수도 있습니다. 마라탕에도 칼로리 밀도를 높여주는 땅콩버터, 우유, 마유 등이 첨가됩니다.

· **유지류** 기름을 총칭하는 말로, 유(油)는 액체 기름을, 지(脂)는 고체 기름을 의미합니다.
· **킬로칼로리(kcal)** 물 1kg을 1℃ 상승시키는 데에 필요한 열량. 탄수화물과 단백질은 1g당 4kcal, 지방은 1g당 9kcal의 열량을 냅니다.

칼로리 밀도 조합(순수 물질 중량 대비)

탄수화물·단백질	3	4	5	6	7	8
지방	1	1	1	1	1	1
칼로리 밀도	5.25	5.0	4.83	4.71	4.63	4.55

지방과 향(香)

향기 물질은 기름에 잘 녹기 때문에 지방은 요리의 향 방출 패턴에 지대한 영향을 미칩니다. 지방은 발향이 초미부터 후미까지 뭉근하고 포근하게 일어날 수 있게 하고 날카롭거나 자극적인 향은 둥글게 감싸 완만하게 느껴지도록 합니다. 낯설고 자극적인 재료와 향신료도 지방과의 조합만으로 훌륭한 의외성(kick)이 될 수 있습니다. 지방은 재료의 향미를 부드럽게 감싸 안아 새로움과 친숙함 사이의 가교 역할을 합니다. 요식업계에서도 파기름, 고추기름, 허브버터 등 향을 품은 유지류를 만들어 흔히 사용합니다. 물은 맛을 잘 녹이지 향을 잘 가두어 두지는 못하므로 향기를 강조하고자 할 때 육수를 사용하는 것은 적절하지 못합니다. 예를들어 마늘의 단맛이나 감칠맛을 주되게 이용하고자 한다면 육수에 넣고 삶아줄 수 있겠으나, 대부분 지용성인 향기물질은 육수 내 기름에 일부 녹고 나머지는 수표면을 통해 공중으로 휘발해 사라집니다. 재료의 향긋함을 국물 요리에 녹여 넣고 싶다면 육수나 재료에 약간의 기름이나 술을 첨가해 공중으로 휘발하는 향기물질을 일부라도 붙잡아주거나 재료에 기름을 발라 은은하게 구워 완성된 국물 요리에 후첨해 주는 방식을 사용할 수 있습니다.

미슐랭 스타 레스토랑이 향을 다루는 법

한 미슐랭 스타 레스토랑에서 근무했을 적 셰프님이 송이 콘소메 메뉴를 구상하는 모습을 인상 깊게 보았던 기억이 있습니다. 아직까지도 그 요리를 제 인생에서 맛본 가장 진하고 맛있는 콘소메로 기억하고 있습니다. 국물 자체도 진하고 맛있었지만 특히 향을 다루는 방식이 인상적이었습니다. 송이버섯을 물에 넣고 삶는 대신 살라만더에 수 초 가열하여 완성된 콘소메에 빠트려 내었는데 짧은 시간의 가열은 향 분자를 진동시켜 송이에서 향이 뿜어져 나오게 했습니다. 너무 오래 가열하여 많은 향을 공중으로 날려 버리지 않도록 섬세하게 설계된 가열 시간이었습니다. 더불어 콘소메 위에 떨어트려 둔 닭기름(Chicken fat)은 국물 표면에 머무르며 공기

중으로 휘발되었을 송이 향을 붙잡아주었습니다.

- **콘소메** 휘핑한 계란 흰자를 띄워 불순물을 걸러내어 맑고 진하게 끓여 낸 고기국물 요리입니다.
- **살라만더** 높이를 조절할 수 있는 가열부가 상단에 달린 가열기구. 주로 요리의 상부를 가열해 색을 내어 주거나 준비된 요리를 재가열 및 보온하기 위해 사용합니다.
- 통상 분자의 운동은 온도가 10℃ 올라갈 때마다 2배씩 빨라집니다.

지방: 맛(味) 무역 전문가

단맛(설탕)은 새로운 맛을 소개하는 좋은 매개체입니다. 달콤한 과일은 이국적이고 생소한 것이라도 첫 입에 맛있게 먹을 수 있고 생소한 향신료도 라씨같은 달콤한 음료로 받아 들면 거부감 없이 들이킬 수 있습니다. 지방 역시 새로운 향미를 소개하는 좋은 매개체가 됩니다. 지방은 자극적인 향미를 감싸 부드럽고 풍부하게 만들어 줍니다. 새로운 향신료나 요리 재료, 소스를 대중에게 소개할 때 향신오일로 만들어 이용하는 것도 좋은 방법이며 버터, 마요네즈, 생

크림 등에 녹여 내는 것도 훌륭한 방법이 될 수 있습니다. 특히 식품 업계에서는 새로운 맛을 소개함에 있어서 마요네즈가 성공률 높은 치트키로 알려져 있습니다.

- **라씨** 요구르트에 큐민, 고추, 레몬, 라임, 설탕 등을 넣어 갈아 만든 인도 음료의 한 종류

여러 가지 유지류

대분류	종류	정보/특징
동물성	생크림	원유에서 지방 부분을 원심분리한 것(유지방 함량 30~40%) • 디저트, 크림소스 등, 향이 중요한 요리에 활용성 좋음 　ex)비스크소스: 구운 새우머리와 향신채를 생크림에 넣고 뭉근하게 끓여 걸러 　　소스의 베이스로 사용 갓 짜낸 소젖을 '원유'라 하는데, 원유에서 크림과 우유를 얻음 휘핑 크림을 만들 때에는 지방 함량 35% 이상인 것이 적합함
	버터	크림에서 유지방을 분리하여 수분 함량을 절반 이하로 줄인 것 (시중 버터의 유지방 함량 약 80%, 나머지 20%는 물과 단백질) • 소스, 디저트 등 다양한 요리에 활용성 좋음. 　지방함량이 높아 향을 잘 녹임. 　ex)허브버터, 소기름버터 등 가향버터 제조 살균 등의 공정을 거친 크림을 냉각시키며 처닝하면(마구 저어줌) 지방구가 서로 뭉쳐 버터가 됨 크림에서 버터를 걸러내고 남은 것을 버터밀크라하는데, 치킨요리가 유명한 미국 켄터키 지방에서 흔히 닭을 염지하는 데에 사용함 버터밀크를 뭉근히 가열하여 유청단백질을 응고시키고 걸러내면 리코타치즈를 얻을 수 있음
	돈지	돼지의 지방. 라드, 돈유 등 여러 명칭으로 불림 • 부침개, 구이, 볶음요리 등에 식용유 대신 사용하여 고소하고 깊은 　풍미부여 • 감자튀김을 돈지에 튀겨주거나 삶은 감자를 납작하게 으깨어 돈지에 　구워주는 수제버거 맛집 존재함
	우지	소의 지방
동·식물성	쇼트닝	동·식물성 유지를 고체화한 것 • 쿠키 등을 바삭하게 해주어 제과와 제빵에서 많이 사용됨. 라드의 값싼 대용품으로, 라드와 헷갈려하는 사람들이 많음 지방함량 100%에 가까움
식물성	마가린	식물성 유지를 고체화한 것 • 볶음밥, 토스트 등의 요리에 사용. 크림 향료 등으로 가향되어 있음. 버터의 값싼 대용품으로, 우유, 유청 등이 첨가되는 제품도 있음 지방함량은 버터와 비슷한 80%수준, 나머지는 물과 항산화제, 향료 등

- **유지의 고체화** 불포화 지방산을 함유한 지방은 상온에서 액체 상태를 유지합니다. '불포화'란 가득 차 있지 않아 다른 분자와 결합하며 반응할 수 있다는 것을 의미합니다. 포화 지방산과는 달리 불포화 지방산에는 분자 내에 이중 결합(=)이 하나 이상 있고 그 가지 하나가 뻗어 나와 여러 반응에 관여할 수 있습니다. 때문에 불포화 지방산은 산패나 변질에 취약하여 쉽게 향이 변하고 악취를 냅니다. 주로 생선 기름이나 들기름 같은 식물성 기름 등이 높은 함량의 불포화 지방산을 갖습니다. 불포화 지방산에 수소를 첨가하면 이중 결합의 가지 하나가 수소와 결합해 포화 지방산 형태를 띤 트랜스 지방산이 됩니다. 포화 형태의 지방산은 안정되어 산패를 잘 일으키지 않으며, 정렬되고 쌓이기 좋은 형태가 되어 상온에서 고체화됩니다.

다양한 향 오일

로즈마리 오일, 시소(일본 깻잎) 오일 등 허브류 오일, 석류잎 오일, 트러플 오일, 헤이즐넛 오일, 코코넛 오일, 고추기름, 올리브 오일, 땅콩기름, 마유, 화유 등

마유: 중국 산초를 첨가해 만드는 산초 오일로 마라탕, 마라샹궈 등 프랜차이즈 마라 요리 특유의 향과 얼얼한 감각의 상당 부분이 요리에 첨가된 마유에서 유래합니다. 마유는 인간의 삼차신경을 자극해 요리에 복합 감각, 중독성을 부여하며 맛을 더 강하게 느끼게 해줍니다(침 분비 39% 증가 등 여러 요인에 의해).

- 중국 산초는 진동을 느끼는 감각 수용체를 자극하여 입 안을 얼얼하게 만드는데 맛의 감각도 분자 운동에 의한 것이므로 마유가 요리의 향미 전반을 강하게 느끼도록 착각하게 만드는 것으로 추측합니다.

들기름: 불포화 지방산 함량이 높은 식물성유 중에서도 특히 산패에 더 취약한 오메가−3 지방산 함량이 높아 가장 산화가 잘 되는 기름이 들기름입니다. 참기름은 '리그난'이라는 항산화성 물질을 갖고 있어 상온에 보관해도 괜찮지만 들기름만큼은 반드시 냉장보관해야 합니다. 가까운 시장에 가서 갓 짜낸 들기름을 구매해서 사용해 보세요. 진짜 들기름 향이 무엇인지 경험해 보셔야 합니다. 대형 마트에서 판매하는 어떤 브랜드의 들기름에서도 산패취가 나지 않는 것을 본 적이 없습니다. 산패되지 않은 들기름은 너티한 올리브 오일처럼 느껴집니다. 삼계탕, 김치찌개, 냉면, 전복,

소라, 두부 요리, 막국수 등 들기름이 어울리는 다양한 한식 요리들이 있습니다. 참고로, 들기름을 실무적으로 이용할 때에는 들기름과 참기름을 9:1 정도의 비율로 혼합해 사용합니다. 상급품의 들기름을 처럼 특유의 고소함이 배가됩니다. 들기름 요리 전문점이나 미슐랭 레스토랑들에서 이용하는 방법입니다.

- **너티(nutty)** 견과류 같은, 고소한
- 참기름은 상온보관 하는 편이 낫습니다. 상온에서도 9개월은 버티는 데다 자주 사용하여 금방 소진되는 양념이기 때문이기 때문입니다. 온도 10℃ 차이에 반응 속도는 2~3배가 된다는 점을 기억해야 합니다. 25℃ 상온에 보관한 참기름은 5℃ 냉장보관한 참기름보다 순간적으로 4배 더 강한 향을 뿜어냅니다. 참기름은 주로 가열하지 않고 요리의 마무리 단계에 사용하니 상온 온도에 보관할 필요가 있습니다. 같은 원리에 근거해 들기름 역시 손님에게 내어주기 전에 전자레인지에 수 초 가열해주면 더 강한 향이 뿜어져 나오게 할 수 있습니다. 당일 소진할 들기름은 상온에서 보관하며 이용하는 등 테이블에 올려지는 들기름의 온도는 차갑지 않게 하는 편이 좋습니다.

지방과 반항: 대비 조화

반항심은 혁신적인 성공을 거둔 사람들의 미덕입니다. 애플도 IBM을 암시하는 거대한 스크린에 망치를 내던져 깨부수는 광고를 내거는 등 기득권층에 반항한다는 이미지를 바탕으로 성장했습니다. 오늘날로 치면 식품제조 스타트업이 CJ의 제품들을 줄세워놓고 망치로 깨부수는 광고를 한 것이나 다름없습니다. 요리에 있어서도 대비와 반항은 예측 불가능한 즐거움을 만들어 냅니다. 물과 기름이 섞이지 못하고 서로에게 반항하는 덕분에 존재할 수 있는 매력적인 맛의 세계도 있습니다.

노골적인 짠맛이 기름과 대비를 이루면 짭쪼름한 맛이 되는데 짠맛과는 달리 짭쪼름함에는 계속 찍어 먹고 싶은 중독성이 있습니다. 한 미슐랭 레스토랑에서는 샐러드를 만들 때 드레싱에 넣을 소금 일부를 빼 두었다가 완성된 샐러드 위에 흩뿌려 주는데 그렇게 만든 샐러드에서는 일정하고 따분한 짠맛이 아닌 매력적이고 리듬감 있는 짭쪼름한 맛이 납니다. 같은 양의 소금을 다르게 사용한 것만으로 요리의 만족감에 차이를 만들어 낸 겁니다. 짭쪼름하다는 감각을 만들어주는 일은 프랜차이즈 업계에

서도 이용되고 있습니다. 한 해에만 2,000억 치가 팔리
는 뿌링클(bhc)은, 튀긴 후 새콤달콤한 소스에 무쳐 낸
닭에 별개로 짭쪼름한 치즈 시즈닝을 뿌려 입힌 메뉴입
니다(액상 소스+시즈닝 조합 및 활용 필요성 인지).

　짭쪼름함이 주는 만족감은 감자칩을 먹은 후 손가락
에 혀를 갖다 댈 때 느껴지는 쾌감과도 비슷합니다. 같
은 물질을 같은 양 쓰면서 그저 '어떻게'에 대한 변화만
으로 더 큰 쾌감을 이끌어낼 수 있다니 잘하려면 끝도 없이 더 잘할 수 있는 것이 요
리입니다. 한편 가염버터는 '대비 자극이 주는 즐거움'의 대표적인 예입니다. 100g의
시판 버터에 2g의 정제염이 녹아 있는 경우 버터의 염도는 2%에 불과합니다. 그런데
시판 버터의 약 20%가 물, 나머지 80%가 지방이며 맛 성분인 소금은 기름이 아닌 물
에 녹으므로 우리가 가염 버터를 입에 넣으며 느끼는 염도는 10%에 달하게 됩니다.
가염 버터는 바닷물(염도 약 3%)보다도 3배 이상 더 강한 짠맛과 고소함을 극적으로
교대 방출하며 강렬한 대비 조화의 즐거움을 제공합니다.

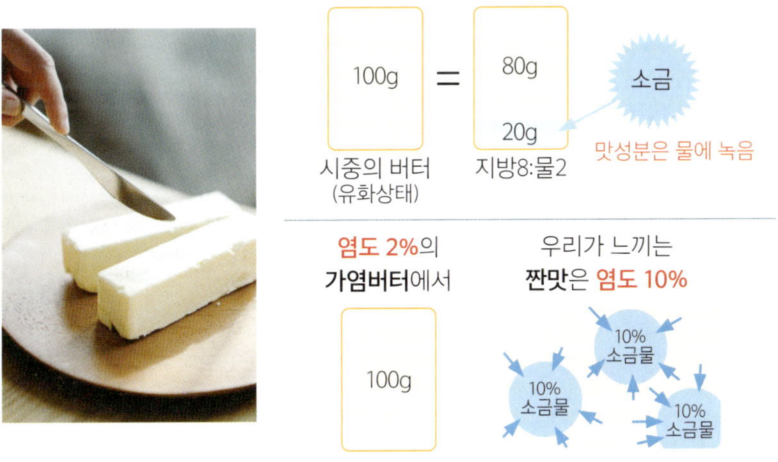

　가염 버터는 '에멀젼'이라 불리는 소스의 가장 기본적인 형태입니다. 에멀젼은 기
름과 물이 섞여 유화되어 있는 소스류를 일컫는데, 그 대표적인 예가 마요네즈입니

다. 에멀젼은 세상에서 가장 맛있는 소스로 꼽히곤 하는데 한식에는 이렇다 할 에멀젼 소스가 없어 개발이 필요한 상황입니다.

지방과 대비 조화의 힘

한국인에게는 초록색 프링글스(사워크림&어니언)로 더 잘 알려진 프렌치 어니언 딥은 미국으로 이주한 프랑스인이 인스턴트 프렌치 어니언 스프를 사워크림에 섞어 먹은 것이 그 원조라 알려져 있습니다. 프렌치 어니언 딥은 감자칩, 감자튀김, 샐러드, 피자, 빵 등 어울리지 않는 음식이 거의 없는 만능 소스입니다. 단맛과 짠맛이 대비를 이루며 어우러지는 '단짠단짠'이 이 시대의 맛있는 요리 공식중 하나이듯, 찌르는 듯한 신맛과 부드러운 크림 풍미가 훌륭한 대비 조화를 이루고 있는 사워크림 역시 매력적인 요리 베이스가 됩니다. 사워크림에 프렌치 어니언 스프가 아닌 라면 스프, 다시다, 치킨 스톡 등 어떤 시즈닝을 섞어도 맛있는 소스가 될 수 있습니다. 젖산의 신맛을 가진 김치와의 풍미 조합도 좋습니다.

지방이 '밥'에 끼치는 영향

즉석밥은 햇반을 선호합니다. 경쟁사의 제품에 비해 식감이 훨씬 고슬고슬하기 때문입니다. 그 고슬함의 비밀이 궁금하여 성분을 보니 햇반에는 '미강 추출물'이 들어갑니다. 쌀겨를 뜻하는 미강은 각종 무기질과 비타민 등의 영양 성분과 더불어

15~20%가량의 지방을 함유하고 있습니다. 지방은 수분이 전분 알갱이 속으로 침투하는 것을 지연시켜 고슬하고 윤기 도는 밥을 짓는 데 도움이 됩니다. 밥의 풍미를 좋게 하기 위해 첨가했다는 미강 추출물이, 그 기름 성분 덕에 뜻밖에 고슬하고 윤기 도는 즉석밥을 탄생시킨 겁니다.

볶음밥, 비빔밥이나 덮밥류에 곁들여지는 밥은 고슬하게 쌀알이 살아 있어야 완성 요리의 식감도 좋은데, 위와 같은 요리에 사용할 밥을 지을 때에는 소량의 오일을 첨가하면 고슬하고 윤기 도는 쌀밥을 얻을 수 있습니다. 쌀 2컵(약 400g) 기준으로 밥 순가락 1스푼 정도의 오일(약 10g)을 첨가해 밥을 지어주면 됩니다. 올리브유, 땅콩기름, 버터, 파기름 등 필요에 따라 다양한 오일을 활용할 수 있습니다. 올리브유 등 식용유는 쌀알의 외관을 반짝이고 먹음직스럽게 하지만 버터를 넣는 경우 밥의 색이 누렇게 보여 외관은 좋지 않습니다. 식품업계에서는 이런 방식으로 조리한 전분을 'RS5 저항전분'이라 하며, RS3 저항전분은 볶음밥 요리를 위해 다 지은 쌀밥을 냉장고에 두듯이, 호화 전분을 일부분 노화시킨 것을 의미합니다. 근래에 텐동(덮밥)집이나 스시집 등 밥 맛이 중요한 가게들에서는 '미오라골드'라는 제품도 많이 활용하고 있습니다. 밥을 지을 때 생쌀 3kg 기준으로 10g 정도 투입해주면 되는 것이라 사용법도 간단합니다. 밥의 단맛, 감칠맛을 상승시켜주며 노화(딱딱하게 굳거나 누런밥이 되는 현상)를 방지해주고, 밥에 윤기가 돌게 해줍니다. 누구나 한 눈에 알아차릴 수 있는 윤기나 색깔, 보관성 개선 효과를 내며 전문가라면 한 입에 알아차릴 만큼 뚜렷한 풍미 개선을 보여줍니다.

· **대놓고 맛있는 밥 짓기** 쌀 2컵(400g) 기준으로 연두 순(초록색 연두) 5g, 식용유 10g 투입 후 취사. 한 미슐랭 레스토랑에서 사용하는 비법입니다. 미오라골드를 이용하는 것은 은은하게 맛있는 밥을 짓는 데 도움되는 방법이라면, 연두를 이용하는 것은 일반인 누구나 밥에 무슨 짓인가 저질렀(?)다는 것을 알아차릴 수 있는 방식입니다.

※ 참고: 물 투입량은 계절에 따라 쌀 무게 대비 1.1~1.25배 사이에서 조절해줍니다. 일반적으로 쌀 무게의 1.15배 투입, 쌀이 건조해지는 추수 직전에는 1.25배까지도 늘려야 할 수 있습니다.

유화 안정성을 끌어올리는 방법

물과 기름은 특별한 장치 없이는 좀처럼 섞이지 않습니다. 식품 회사에서 만드는 마요네즈도 취급을 잘못하면 물과 기름층으로 분리되곤 합니다.

점성 높이기

잔탄 등 증점제를 첨가해 소스의 점성을 높여 주면 유화 소스의 분리를 방지하는 데 도움이 됩니다. 잔탄을 넣어 눅진하게 만든 간장 소스에는 소스 중량 대비 수십%의 참기름을 갈아 넣어도 분리가 일어나지 않습니다. 높은 점성만으로도 고소한 참기름 간장 에멀젼을 만들 수 있는 것입니다.

> · 양조간장과 참기름을 8:2비율로 섞어준 후, 혼합물 중량 대비 약 0.3~0.5%의 잔탄검을 넣어 블렌더로 1~2분 간 갈아줍니다. 이렇게 만든 간장-참기름 에멀젼은 독특하고 고소한 풍미를 냅니다. 설탕이나 물엿을 섞어주면 풍미가 더욱 좋아지며 유화 상태도 더욱 잘 유지됩니다.

반면 일정 수준 이상의 점성 없이는 유화제를 사용해도 유화는 잘 일어나지 않으니 에멀젼을 만드는 데 더욱 큰 효과를 발휘하는 것은 유화제보다 증점제라 볼 수 있습니다. 소스에 녹아 든 당류 또한 식으며 소스의 점도를 높이므로 가열 없이 사용할 딥핑(찍먹) 소스의 높은 당 함량 역시 유화 안정성에 도움을 줍니다.

강한 블렌더 이용하기

유화 소스(에멀젼)는 기름이 작은 방울로 분쇄되어 다량의 물 속에 분산되는 형태(Oil in Water, 마요네즈 등)와 물이 작은 방울로 분쇄되어 다량의 기름 속에 분산되는 형태(Water in Oil, 버터 등)로 나뉩니다. 성능 좋은 블렌더를 이용해 물과 기름을 더 작은 방울로 잘 분쇄해 줄수록 유화 안정성은 높아집니다. 마요네즈를 만들 때 계란 노른자와 양념을 넣은 블렌더에 기름을 조금씩 넣어 주며 천천히 유화시키는 이유가 이 때문입니다. 기름 방울을 최대한 잘게 쪼개어 수분 안에 욱여넣는 것입니다(마요네즈는 기름 함량은 높지만 물에 기름 방울이 쪼개어져 들어간 수중유적형(O/W, Oil in Water) 에멀젼입니다).

유화제 사용하기

유화제의 특징은 물과 기름 모두와의 친화성을 가졌다는 것입니다. 유화제는 미세하게 쪼개진 물과 기름 방울 사이에 자리잡아 막을 형성하고 물이 물끼리, 기름이 기름끼리 재결합하는 것을 방해하여 소스의 유화 안정성을 강화합니다. 레시틴 같은 식품 첨가물을 이용할 수도 있고 레시틴을 함유한 계란 노른자나 아쿠아파바, 콩 등 재료 자체를 이용할 수도 있습니다.

유화제와 국밥 국물

외식업계에서 국밥 국물을 만드는 방법에는 두 가지가 있습니다.

① 직접 사골 육수를 내고 조미료로 추가 조미하는 방식

② 사골 농축액 등 농축액, 추출물류의 희석액에 조미료로 복합 조미하는 방식

②번의 방식으로 국물을 만드는 경우 조리 편의성 및 인건비 절감 차원에서 크나큰 이점이 있습니다. 하지만 직접 끓이는 국물에 비해 풍미가 떨어지기 때문에 다시다나 MSG 같은 조미료 외에도 치킨스톡, 탈지분유(지방을 제거한 우유 분말), 물엿-MSG·핵산IG 솔루션 등을 추가로 이용한 복합 조미를 필요로 합니다.

· 물엿-MSG·핵산IG 솔루션: 국물에 물엿을 첨가해(국물 대비 0.5~1.5%) 중독성 강한 맛을 내기 위한 솔루션입니다. 물엿을 첨가하면 국물의 감칠맛은 다소 약하게 느껴지게 되는데, 여기에 MSG나 핵산IG를 보강해 감칠맛을 도로 상승시켜 주면 먹어도 먹어도 또 먹고 싶은 강력한 중독성을 가진 국물이 됩니다. 끓일수록 맛있게 달아지는 샤브샤브 국물의 원리를 조미 차원에서 적용하는 방안입니다(채소의 단맛과 물엿 단맛 모두 포도당 계열). 차가운 국물 요리에는 물엿 대신 청량감이 강한 포도당 분말을 사용합니다. 포도당을 사용하는 경우에도 마찬가지로 감칠맛은 도로 보강해 주어야 합니다.

②번의 방식으로 국물을 만드는 경우 또 다른 문제는 한 번 팔팔 끓이면 뽀얗던 국물이 쉽게 맑아진다는 점입니다. 대중은 하얗고 뽀얀 국물이 더 진하다고 생각하기

때문에 국물이 맑아지는 것은 만족감을 저해하는 큰 문제가 됩니다.

사골 국물이 뽀얗고 하얀 이유는 기름이 마요네즈가 되는 과정에서 하얗게 변하는 이유와 같습니다. 사골 국물은 '클라우디(cloudy)', 즉 잘게 쪼개진 지방 방울이 국물에 고르게 퍼져 하얗게 보이는 상태(유화 상태, 수분과 기름이 미세한 방울로 비교적 안정하게 섞여 있는 상태)입니다. 마요네즈도 유화 상태를 불안정하게 하는 환경에 처하면(가열하거나, 수분을 쪽 빨아들이는 미숫가루 같은 분말을 섞는 등) 물 부분과 기름 부분으로 쉽게 분리되듯이, 유화 상태의 국물은 외부 요인에 의해 물과 기름으로 분리되어 맑아질 위험성을 갖습니다.

사골 국물을 직접 내는 경우에는 팔팔 끓인다 해도 국물이 잘 맑아지지 않는데, 뼈를 직접 끓이는 경우 국물에 지방, 콜라겐, 젤라틴이 다량 존재하여 국물의 유화 안정성이 높기 때문입니다.

- **콜라겐** 고-점성, 국물의 끈적임에 기여, 물리적으로 유화 안정성 증대.
- **젤라틴** 중간-점성, 국물의 끈적임에 기여, 물리적으로 유화 안정성 증대, 화학적으로 유화제 역할 수행.
- 콜라겐은 가열 과정에서(6시간 이상) 젤라틴으로 풀려나오게 되며, 젤라틴도 지속적으로 가열 시(6시간 이상) 펩타이드류, 아미노산 단위로 분해되어 국물의 점성 및 유화 안정성이 약해짐.

반면 농축액을 사용해 만든 사골 국물은 쉽게 맑아집니다. 농축액 제조업계에서 추출 효율을 높이고 제조 시간을 단축하기 위해 원료(사골)에 먼저 효소나 산 처리를 하기 때문입니다. 그 결과 사골의 콜라겐과 젤라틴이 필요 이상으로 펩타이드, 아미노산 형태까지 풀려나오게 되고, 국물의 유화 상태를 안정시킬 요소가 부족하게 됩니다. 따라서 2번 방식으로 사골 국물 메뉴를 개발하고자 하는 경우, 국물이 쉽게 맑아지는 것을 방지해 주고 싶다면 아래의 원료들을 선택적으로 추가 투입해야 합니다.

> **돈지** 0.5~2% 미세 지방구 증량
>
> **젤라틴 분말** 0.2~0.5% 점성 부여, 유화 안정성 증대
>
> **레시틴** 0.1~0.2% 유화 안정성 증대
>
> **탈지분유** 0.2~0.5% 탁도 부여, 점성 부여, 유화 안정성 증대

8 식감은 대들보

식감은 요리에 대한 만족감을 크게 끌어올려주는 중요한 요소입니다. 레스토랑에서도 요리에 재미있는 식감을 부여하기 위해 다양한 방법을 강구합니다. 특히 바삭한 식감에 대한 선호도가 세계 보편적으로 높기 때문에 셰프들은 요리에 바삭함을 부여하기 위해 노력합니다. 바삭한 허브 빵가루를 요리에 묻혀 내거나 다양한 칩과 부각, 그리고 라이스크런치 같은 곡류 가공품을 요리에 곁들이기도 합니다. 덮밥류에는 바삭하게 튀겨진 마늘 후레이크를 얹어 내는가 하면 섬세한 한입거리 타파스에는 바삭한 정과를 얹어 내기도 합니다.

유명 셰프들은 바삭함 외에도 촉촉함, 쫄깃함, 부드러움, 사르르 녹음, 탱글탱글함, 아삭함, 아작함 등 긍정적인 식감을 능숙하게 활용합니다. 특히 예상하지 못한 지점에서 좋은 식감이 느껴지도록 만든 요리는 감동을 배가합니다. 식감에는 칼로리의 기쁨도 능가할 수 있는 힘이 있습니다. 뻥튀기나 솜사탕은 중량 대비 칼로리 측면의 가치가 떨어지지만 특유의 식감 덕에 중독성을 갖습니다. 값비싼 음식들에는 풍미가 특별한 대신 식감이 색다른 것이 많습니다.

리듬감의 중요성

요리를 할 일이 있으면 꼭 만드는 퓨전 한식 살사 소스가 있는데 비스크 오일과 앤쵸비의 해산물 풍미에 양파의 아작한 식감이 어우러져 맛이 좋습니다. 이 소스는 물과 기름이 잘 섞여 있는 에멀전이 아닌 건더기 있는 오일 소스인데 채소나 맛 성분이 오일 아래로 가라앉기 때문에 사용 전에 반드시 잘 저어 주어야 합니다. 이러한 사용상 불편함을 해결하고자 소스를 곱게 갈아 에멀전화시켜 봤는데 소스에 대한 만족감이 크게 나빠졌습니다. 아삭한 채소의 식감, 기름과 맛 성분의 대비 등 리듬감이 사라져 매력이 반감된 겁니다. 품질 상의 이점이 있더라도 무작정 곱게 갈고 보는 것이 능사는 아닙니다. 살아있는 식감이 장점이 되는 소스나 요리라면 장점을 살리기 위해 약간의 불편함을 감수해야 합니다.

분쇄하려면 제대로

퓌레, 포타주, 스프 등 곱게 갈아 만드는 요리에 있어서 분쇄 작업은 반드시 제대로 수행해 주어야 합니다. 갈아 만든 소스나 요리에서 재료의 작은 입자라도 눈에 보이면 이미 실패한 겁니다. 개인적으로 거친 입자감이 보이는 대충 만든 퓌레나 수프는 맛도 보지 않는 편입니다. 꼼꼼한 분쇄는 요리사의 깊이와 직업 정신이 고스란히 드러나는 지점입니다. 인간의 혀는 60μm까지도 이물감을 느낍니다. 충분히 분쇄되지 않은 소스나 수프는 불쾌한 식감을 남깁니다. 분쇄 작업이 철저히 이루어지면 미뢰에 닿을 수 있는 작은 맛 성분들도 늘어나게 되어 요리 풍미는 더욱 진해집니다. 얼마나 더 잘 갈아 주느냐 하는 조리법 차이만으로 맛과 향, 식감을 전부 끌어올릴 수 있는 겁니다. 대부분의 미슐랭 스타 레스토랑에서는 분쇄의 중요성을 깊이 인지하고 있으며 2마력이 넘는 힘을 내는 고성능 블렌더(100~200만 원을 호가하는)를 사용하고 있습니다. 곱게 갈아 준 수프는 시누아라는 고운 체로 걸러 줍니다. 프랑스의 어떤 레스토랑에서는 분쇄한 수프나 소스 등을 시누아에 걸러 주는 작업을 수십 번 반복하는 곳도 있습니다.

· 60μm=0.06mm / 1mm=1,000μm / μm: 마이크로미터
· 대표적인 고성능 블렌더 바이타믹스(Vita-prep), 바이타프렙

호료: 점성 VS 농도

소스의 점도나 흐름성은 풍미의 방출 패턴에 지대한 영향을 미칩니다. 적절한 점성이 부여되어 특유의 눅진한 식감을 갖는 소스가 맛이 좋습니다. 소스가 너무 묽으면 재료에 잘 묻어나지 않아 의도한 풍미를 표현하기 어렵습니다. 그렇다고 소스가 너무 되직해 표면이 굳어 버리면 소화·흡수가 잘 될 것 같지 않고 오랜 시간 방치된 듯이 보여 본능적인 거부감이 듭니다.

소스에 점성을 부여하는 방법은 다양합니다. 일식의 대표적인 소스인 데리야끼에는 설탕 등의 당류를 다량 녹여 넣고 식혀 점성을 만들어 냅니다. 당류를 많이 넣은 소스는 뜨거울 땐 우유처럼 묽어 보이지만 식으면 크림처럼 되직해집니다. 당으로 점성을 부여한 소스는 식혀 소스통에 담아 재가열 없이 사용합니다.

중식에서는 전분물을 사용해 소스에 점성을 부여합니다. 전분물은 소스가 재료에 잘 묻어날 수 있게 하며 기름의 함량이 높은 중식 소스가 안정된 유화 상태를 유지하는 데에 도움을 줍니다. 중식에서는 소스를 주로 뜨거운 상태로 사용하는데 전분물은 당류와 달리 뜨거운 소스도 점성을 유지할 수 있게 합니다.

클래식한 프랑스 요리에서는 버터와 밀가루를 섞어 만든 루(Roux)를 사용해 소스의 점도를 조절합니다.

점성/점도

되직함, 묽음과 같은 액체의 끈적이는 성질

- **호료(증점제)** 소스류에 점성을 부여하기 위해 사용하는 소재
- 흔히 농도라고 칭하는 소스의 농밀함은 '점도'라 표현하는 것이 맞습니다.

농도

특정 용액 내에 녹아 있는 용질의 비중(%)

용질 용매에 녹는 물질 - 소금, 설탕 등

용매 용질을 녹이는 액체

용액 용매+용질

- **예시** 농도 1%의 소금물: 소금1%+물99%

신전성

액체가 길게 늘어지는 성질

식품업계에서는 소스에 점도를 부여할 때 증점제(호료)를 사용합니다. 파인 다이닝 같은 전문적인 레스토랑에서도 잔탄검 같은 증점제를 흔히 사용합니다. 전분을 사용해 점성을 부여한 소스는 식으면 굳게 되며 재가열해도 풀러나오지 않습니다. 때문에 전분물은 미리 소스에 타 둘 수 없고 그때그때 요리사가 감각에 의존해 첨가해야 하므로 소스의 점성이나 간기를 일정하게 유지하려면 숙련이 필요합니다. 반면 잔탄 같은 증점제를 사용해 점성을 부여한 소스는 냉장 보관하여 굳더라도 재가열하면 다시 풀러나오므로 고객에게 매번 일정한 요리를 제공하기에 유리합니다. 업계에서 사용되는 증점제의 대부분은 식물이나 해조류에서 추출한 성분들이며 아라비아검, 구

아검, 로커스트빈검, 잔탄검 등 다양한 종류의 증점제가 존재합니다. 모든 증점제가 산이 강한(새콤한) 소스에서는 점성 부여 효과가 약해지는 경향이 있는데 잔탄검은 증점제들 중 가장 넓은 pH 범위(3~11)에서 두루 사용이 가능합니다. 가열 없이 소스에 잔탄검을 첨가해 갈아 주는 것만으로 점성이 생겨나며 잔

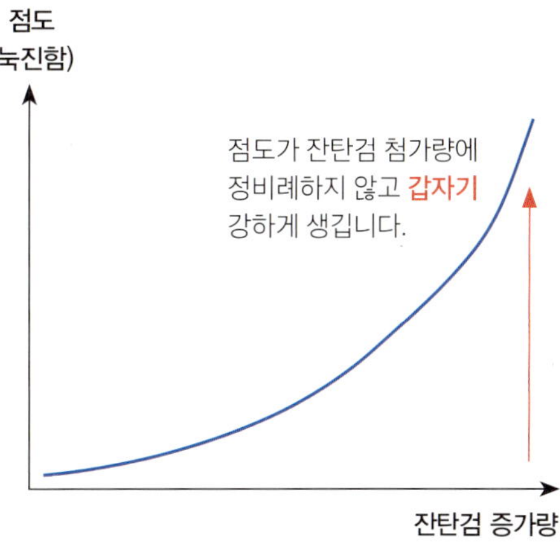

탄검은 소스의 색을 거의 변화시키지 않고 이취가 없는데다 가격도 저렴하여 두루 사용됩니다. 잔탄검을 이용하면 설탕 같은 당류를 아무것도 넣지 않은 생 간장에도 점성을 부여할 수 있습니다. 하지만 당류 없이 잔탄으로만 점도를 내면 신전성이 없어 먹음직스러워 보이지 않고 입촉감이 과하게 미끌거려 거부감이 들 수 있으므로 잔탄을 이용해 소스에 점도를 부여할 땐 적정량의 당류를(식이섬유 포함)를 함께 사용해야 합니다. 소스에 적절한 윤기와 눅진함을 부여하기 위해 잔탄검에 Ultra-Tex 8을 혼용하여 사용하는 레스토랑도 존재합니다. 한편 식품업계에서는 크림소스나 가공유 제품에 진하고 풍부한 식감을 부여하기 위해 말토덱스트린을 사용하기도 합니다. 지방 대용품으로 사용되기도 하는 말토덱스트린은 유제품 특유의 진하고 크리미한 식감을 강화합니다. 저렴한 옥수수 말토덱스트린으로도 가능한 작업입니다. '맛이 진하다'며 좋은 반응을 얻었던 초코에몽 또한 높은 말토덱스트린을 함유한 제품이었습니다. 진한 맛은 향미가 아닌 식감에 의한 것이었고 식감이 큰 차별화 요소가 되었습니다. 사람들이 풍미와 식감을 구분하지 못하더라도 우리는 식감이 가진 힘을 인지하고 활용해야 합니다.

- **Ultra-Tex 8** Modernist pantry같은 회사에서 분자 요리 재료로 판매하고 있습니다. 변성 전분의 일종으로 잔탄검만 단독으로 사용할 때보다 소스에 우수한 식감을 부여해 줍니다.
- **식품업계의 일반적인 증점 조합** 아세틸아디핀산이전분(1.0~1.5%) + 잔탄검(0.1~0.2%), 아세틸아디핀산이전분은 가열해야 점성을 발휘합니다. 일반 전분과 달리 안정성이 높아 고온 장시간 가열에도 증점

능력을 잃지 않습니다. 시중의 데리야끼 소스 등 대부분 소스를 제조할 때, 아세틸아디핀산과 잔탄검의 조합을 통해 목적하는 점성을 달성합니다.

- **타마린드검** 잔탄검에 비해 증점 능력은 떨어지지만 잔탄과는 달리 소스를 콧물처럼 늘어지게 하지 않고 툭툭 끊어지는 형태로 점성을 부여합니다. 잔탄으로 점성을 낸 소스에 불쾌하고 미끌한 식감이 강한 듯 느껴지는 경우 잔탄 첨가량의 50% 정도를 2배 양의 타마린드검으로 대체해줍니다.

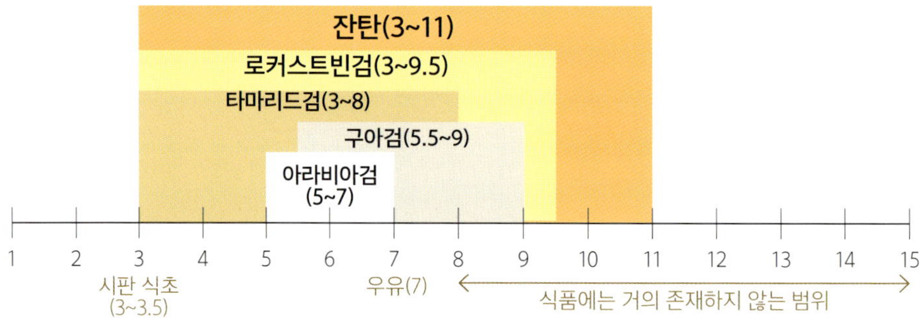

잔탄검 사용하는 법

① 잔탄검 구매하기

갖가지 식품 첨가물을 소분하여 판매하고 있는 ES식품원료 쇼핑몰이나 네이버 쇼핑 등을 통해 잔탄검을 쉽게 구입할 수 있습니다.

② 소스 무게 측정하기: 소스 중량의 0.2~0.4% 첨가

잔탄은 적은 양만으로 소스에 점성과 눅진한 질감을 부여합니다. 통상 당이나 전분질을 다량 함유하여 식용유 정도의 흐름성을 가진 소스에는 중량의 0.2% 정도, 묽은 소스에는 중량의 0.4% 정도를 첨가하면 적절합니다. 신맛이 강한 소스에 점성을 부여하는 데에는 더 많은 양의 잔탄검이 필요합니다. 증점제는 전기적인 힘에 의해 물을 끌어당겨 점성을 형성하고 소스를 끈적이게 하는데, 산이 물에 녹으며 내어놓는 수소이온(H^+)은 증점제의 전기적 힘을 약화시키기 때문입니다.. 개발 시 먼저 소스 중량 0.2%의 잔탄검을 첨가한 후 원하는 점도가 될 때까지 0.1%씩 후첨하며 레시피를 확립해 나가면 됩니다.

- **주의** 잔탄검의 첨가량이 늘어날수록 기하급수적으로 점도가 생겨납니다. 잔탄은 조금씩 더해가며 첨가량을 설정합니다!

③ 수화: 블렌더로 갈아 주기

소스에 잔탄을 첨가한 후 블렌더를 이용해 1~2분간 갈아줍니다. 1분 30여초간 갈아 주었는데도 충분한 점도가 생기지 않았다면 소스 중량의 0.1%씩 잔탄검을 추가로 첨가해 주며 블렌더로 갈아 주는 작업을 반복합니다. 잔탄이 블렌더의 벽에 붙어 소스에 녹지 않을 수 있기 때문에 스패츌러 등을 이용해 이따금씩 용기의 벽면을 긁어 줍니다. 갈아 주는 시간이 너무 길어지면 생겼던 점성이 다시 풀어지기도 하니 주의합니다. 점도가 일정 수준 이상 생기면 소스에 거품이 끼며 소스의 색이 옅게 변하기 시작합니다.

④ 소스에 낀 거품 제거해 주기

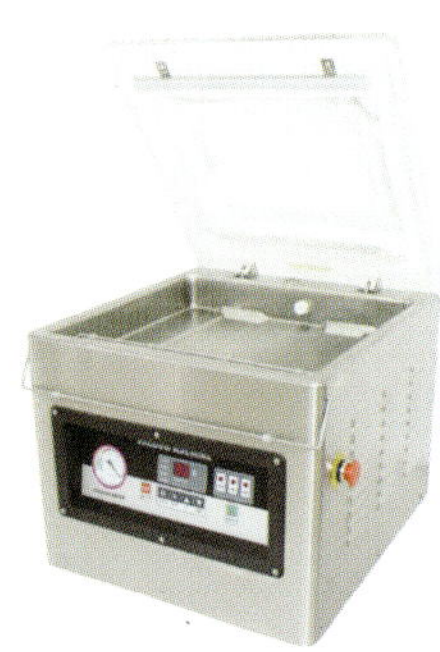

소스의 거품을 제거해 주기 위해 소스를 큰 볼에 옮겨 담고 진공도 99.9%로 설정된 진공 포장기의 챔버에 넣어 줍니다. 작동시 진공 상태에서 소스가 끓으며 기포를 뱉어 냅니다. 거품이 아직 남아 있다면 같은 과정을 반복해 줍니다.

· 챔버에 들어갈 수 있는 한 가장 큰 크기의 볼을 사용해야 합니다. 점도가 강한 소스의 경우 이 과정에서 볼 밖으로 넘쳐흐르기도 합니다. 이 작업을 진행할 때에는 지켜보고 있다가 소스가 넘칠 것 같으면 'stop' 버튼을 눌러 중단해야 합니다.

챔버형 진공 포장기

거품이 끼어있는
소스

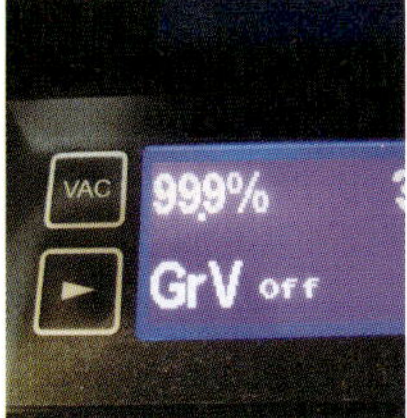

Vacuum 강도
99.9%

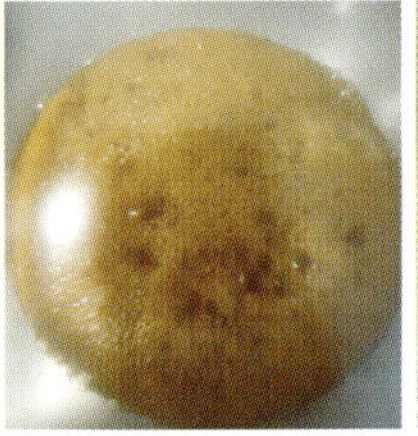

끓으며 기포를
뱉어냄

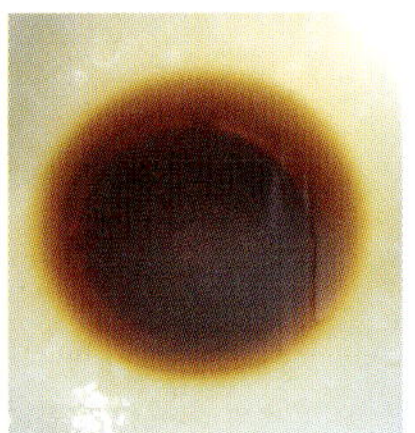

맑고 눅진한
소스 완성!

· 진공 포장기를 보유하지 않은 경우 소스를 냉장 보관하였다가 위로 떠오른 거품을 걷어 냅니다.
· 소스에 들어가는 설탕, MSG 등 다른 분말류에 잔탄을 먼저 섞어준 후 이를 액상 양념에 섞어주어 제조하면 굳이 블렌더를 사용하지 않고도 잔탄을 이용해 소스에 점성 부여가 가능합니다. 다만 증점제가 소스에 고르게 퍼져 점성이 발현되기 까지는 냉장고에서 하루 이상의 숙성이 필요합니다.
· 식품업계에서는 잔탄을 설탕 등의 분말에 먼저 섞어두거나 기름 성분에 섞어두었다가 천천히 투입해 소스를 제조합니다. 증점제의 작동 기작은 물을 강하게 끌어당기는 것이므로 증점제를 그대로 소스에 투입하면 증점제끼리 뭉쳐버립니다.

⑤ 응용

장아찌 국물이나 장조림 국물 등을 위와 같은 방법을 이용해 가열 없이 소스화 할 수 있습니다. 미역국, 육개장, 김치찌개와 같은 국, 찌개류 요리에서 모티브를 따 새로운 소스를 만들 수도 있습니다.

향긋한 술 소스

고량주, 위스키, 와인, 브랜디, 베르무트 등 좋은 향을 가진 술이라도 정작 요리에 넣고 가열하면 좋은 향기를 상당량 잃어버립니다. 하지만 잔탄을 이용하면 가열 없이도 소스에 점도를 부여할 수 있어 향이 그대로 살아 있는 술 소스를 만들 수 있습니다.

향 그대로 술 소스

"가장 간단한 레시피로 구현하는 가장 복합적인 풍미"

세상에는 풍부한 향을 갖는 다양한 술이 있습니다. 여러 가지 먹거리에서 발효는 전에 없던 수많은 향기 성분들을 만들어 냅니다. 향의 변화가 발효의 가장 큰 가치라 해도 과언이 아닙니다. 와인에 들어 있는 향기 물질의 종류는 포도즙에 들어 있는 종류의 2배에 달하기도 합니다. 잔탄을 이용하면 가열 없이도 소스에 점성을 부여할 수 있어 술이나 식초, 발효액 등의 향기를 그대로 살려 요리할 수 있습니다.

향기는 온도에 민감합니다. 우리가 어떤 재료의 향을 맡을 수 있다는 것은 그 재료가 끊임없이 향을 공중으로 날려 보내 소실하고 있음을 의미합니다. 통상 온도가 10℃ 상승할 때 물질의 반응 속도는 약 2배 상승합니다. 이 이론에 따르면 물이 끓는 온도인 100℃에서 향이 사라져 버리는 속도는 상온(15~25℃)에서의 약 256배에 달합니다.

향긋한 술 50g, 양조간장 150g, 설탕 150g, 물 80g, 잔탄검 1.8g, 핵산IG 0.6g

· **향 특성 뚜렷한 술 예시** 위스키, 샤오싱주, 고량주, 노탄주, 쿠앵트로, 와인, 럼, 베르무트 등

① 모든 재료를 한데 넣고 핸드 블렌더를 이용해 약 2분 간 고루 잘 갈아줍니다.

　•용기 벽면에 잔탄이 묻어 남지 않도록 용기의 벽면을 스패츌러 등을 이용해 긁어 주며 작업합니다.

② 소스에 점성이 생기고 거품이 끼면 볼에 소스를 옮겨 담고 진공 포장기에 넣어 진공도 99.9%에서 작동시켜 소스의 거품을 제거해 줍니다.

　•진공 포장기에 들어갈 수 있는 최대한 큰 크기의 볼을 이용하고 여러 번에 나누어 작업합니다. 점성이 강한 소스는 진공 포장기 작업 시 넘치게 될 수 있습니다.
　•진공포장기가 없다면 잔탄검을 설탕, 핵산IG와 먼저 혼합해준 후 물, 간장, 술을 순서대로 천천히 부어가며 잘 저어 소스를 제조하고, 냉장고에서 하루 간 숙성시켜줍니다(숙성 후 점성이 발현됩니다).

생선구이용 소스, 스테이크 소스, 채소구이 소스 등 피니쉬 소스

• 신맛을 부여하면 술 향의 존재감이 더욱 커집니다. 신맛은 과일이나 술의 향긋한 향을 강조하고 단맛이 함께 있으면 증폭 효과는 더욱 커집니다. 식초, 레몬, 라임 등을 첨가하면 소스의 향은 더욱 다채로워집니다.
• 정제된 구연산으로 술 고유의 향을 살린 채 신맛만 부여할 수 있습니다. 설탕 일부를 매실청으로 대체해도 좋습니다.

점성 있는 소스의 간 조절

묽은 소스는 입에 들어와 풍미가 퍼지는 속도가 빨라 비강 뒤까지 향이 빠르고 풍부하게 퍼지며 되직한 소스는 반대로 풍미를 뭉근하게 내어놓습니다. 점도에 따라 소스의 간과 향 역시 기민하게 조절해야 합니다. 소스가 적절히 끈적하면 재료에 잘 묻어나며 입촉감이 좋지만 소스의 점도가 눅진해질수록 그 향은 강해져야 합니다. 끈적한

점성이 물리적으로 풍미의 방출을 늦추기도 하고 잔탄검 같은 증점제 자체가 향 성분과 결합하기도 하기 때문입니다(참고: 타마린드검이나 아라비아검은 향기성분을 덜 붙잡음).

덩어리짐 방지

증점제는 물을 강하게 끌어당기는 것이 그 작용 원리이기 때문에 사용 시 덩어리짐을 방지하는 것이 중요합니다. 증점제를 덩어리채 소스에 투입하면 순식간에 증점제의 표면에 피막이 생겨 뭉치게 됩니다. 이를 방지하기 위해 잔탄을 기름에 섞어 사용하거나 소금, 설탕과 같은 다른 가루 양념과 미리 혼합해둘 수 있습니다. 만약 바이타프렙 같은 고성능 블렌더를 사용한다면 덩어리짐에 대한 걱정은 덜어도 됩니다. 증점제는 기본적으로 소스가 차가울 때 첨가해줍니다. 뜨거운 물에서는 덩어리가 더욱 쉽게 생겨날 수 있습니다.

다양한 증점제의 사용 의의

잔탄검은 가장 넓은 pH 범위에서 온도와 무관하게 활용할 수 있는 범용적인 증점제이지만 식품업계에서는 그 밖에도 다양한 증점제들을 활용하고 있습니다. 구아검과 로커스트콩검은 아작한 결정 생성을 억제하는 특성이 있어 아이스크림에 사용하며 카라기난은 우유와 5배 강한 결합력을 가져 유제품에 사용할 때 경제적입니다. 특정 카라기난(람다)은 코코아 가루가 음료 아래에 가라앉지 않고 고르게 떠 있을 수 있게 하여 코코아 음료에 더러 사용되기도 합니다. 요리에 있어서는 크게 잔탄검과 젤란검, 이 두 가지 증점제의 차이와 사용법만 익혀도 훨씬 다양한 폭의 풍미 표현이 가능해집니다. 잔탄검은 식품업계에서는 김치 양념에 흔히 첨가하기도 합니다. 김치 양념이 물을 뿜어대는 채소에 잘 붙어 있게끔 해주기 때문입니다. 김치풀만 사용해 만든 양념은 젖산균에 의해 양념 내 전분이 차츰 분해되면서 점성을 잃게 됩니다. 양념이 채소에 잘 묻어있지 못하면 먹음직스럽지 못하게 될 뿐 아니라 곰팡이가 피는 등 여러 문제가 발생합니다. 한편, 잔탄검은 미생물이 먹이로 삼지 못하기 때문에 발효 과정에서 증점 능력을 잃지 않습니다.

젤란검 워터블록: 잔탄검의 단점을 보완하다

근무했던 레스토랑에서 물을 젤리로 만들어 그 젤리를 생강즙이나 육수 등과 함께 갈아 퓨레를 만드는 것을 본 적이 있습니다. 당시에는 그 이유를 이해하지 못했으나 추후 식품 공부를 하면서 그것이 잔탄으로는 달성할 수 없는 목적을 이루기 위한 것임을 알게 되었습니다.

잔탄은 새콤한 소스에도 사용할 수 있고 차가운 온도에서도 점성을 형성해 활용성이 좋지만 잔탄 그 자체가 소스의 향미를 약하게 만들 수 있다는 단점을 갖습니다. 잔탄이 향 성분 일부와 결합할 수 있기 때문입니다. 게다가 잔탄은 소스의 미끌미끌한 점성을 점점 더 강하게 만들고 마요네즈처럼 단단하게 고정될 수 있는 형태의 퓨레는 형성하지 못한다는 한계를 갖습니다.

반면 젤란검은 향미 성분을 붙잡지 않아 풍미를 생생하게 뿜어내는 소스를 만드는 데 쓰일 수 있습니다. 또한 젤란검 젤리를 이용해 만든 퓨레는 형태를 유지하려는 성질이 강해 소스 위에 짜 올릴 수 있으며 눅진한 스프 아래 정확히 원하는 위치에 깔아 놓을 수도 있습니다. 생강즙과 같은 향신채나 레몬과 같은 과일의 즙을 퓨레로 만들 때에도 유용합니다. 젤란검이 아닌 젤라틴을 이용해 만든다는 차이가 있지만 일식에는 이미 젤리로 만들어 갈아 내는 '쥬레'라는 소스가 존재합니다(미림, 식초, 육수, 간장 등으로 양념한 물을 젤리로 만들어 으깨거나 갈아냄).

젤란검을 활용해 다양하고 창의적인 시도가 가능합니다. 가령 횟집이나 설렁탕집 등에서는 와사비나 겨자 퓨레를 만들어 간장 종지에 곁들이고 손님이 그때그때 원하는 만큼만 긁어 간장과 섞어 먹을 수 있도록 할 수도 있을 것입니다. 레몬즙이나 토마토즙을 이용해 상큼하고 향 방출이 빠른 퓨레를 만들고 요리나 소스 사이 군데군데 짜 넣어 요리 풍미가 단조롭지 않도록 향미의 대비를 줄 수도 있습니다. 이 기술을 이용해 점성을 부여한 퓨레는 맛과 향을 방출하는 속도가 빨라 초미가 비는 요리나,

잡내가 나기 쉬운 요리에 곁들일 서브 소스를 만들 때 특히 유용합니다.

워터블록

젤란검은 찬 물에서는 잘 수화되지 않아 잔탄처럼 사용하는 대신 워터 젤리를 만들어 두었다가 다른 향미 원료와 함께 갈아 퓨레를 만드는데 사용합니다.

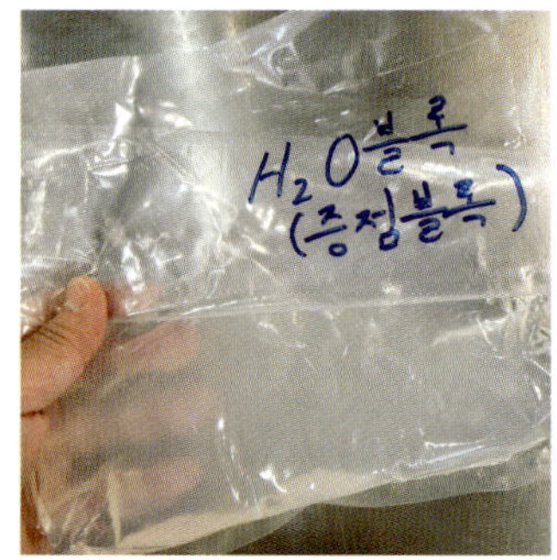

물 1kg

로우 아실 젤란검(low acyl) 10g, 폴리인산나트륨 0.6g

글루콘산 칼슘(칼슘글루코네이트) 2.5g

- **로우 아실 젤란검(low-acyl)** 분자에 붙은 '가지'의 수를 줄여 분자끼리 서로 밀착하기 쉽도록 만든 젤란검으로 단단한 젤리를 형성하도록 개량한 것입니다.
- **폴리인산나트륨** 물을 흡수하는 성질이 강한 젤란검이 덩어리짐 없이 물에 고르게 잘 퍼져 녹도록 합니다.
- **글루콘산 칼슘** 플러스(+) 극 2개를 갖는 칼슘(Ca^{++})이, 물에 녹아 마이너스(-)극을 갖는 젤란검 분자를 양 쪽으로 붙잡아 더욱 단단한 젤리를 형성하게 합니다.

① 폴리인산나트륨과 젤란검을 혼합해줍니다.

② 글루콘산 칼슘에 분량의 물 중 약 50g을 섞어 풀어 둡니다.

③ 블렌더에 ①의 혼합물과 나머지 물을 넣고 30초~1분 간 갈아줍니다.

④ 냄비에 ③의 혼합물을 넣고 거품기를 이용해 저어주며 가열합니다.

⑤ 혼합물이 끓기 시작하면 물에 풀어 둔 글루콘산 칼슘을 넣고 위스크를 이용해 저어가며 5~10초 간 마저 가열해줍니다.

⑥ ③의 내용물을 진공백에 넣고 얼음물에 담가 식혀줍니다. 완전히 식을 때까지 건드리지 않습니다. 굳은 워터블록은 그대로 진공포장해 두었다가 필요할 때마다 꺼내어 사용합니다.

- 워터블록을 이용해 만든 퓨레는 형태 유지능력이 뛰어나며, 맛과 향을 잘 방출합니다.
- 간장, 소금, 설탕, 각종 향신채, 피클주스 등 다양한 양념류와 함께 갈아 퓨레를 만들어 씁니다.

불고기 소스

양조간장 104g

물 92g, 참기름 4g, 참깨 1g, 잔탄검 1g

물엿 92g, 백설탕 37g, 배 퓨레 18g, 솔비톨 4g, 흑설탕 1g, 꿀 1g

구연산 0.9g

다진 마늘 22g, 다진 양파 12g, 다진 대파 10.5g, 후추 1g

① 마늘, 양파, 대파, 후추를 제외한 모든 재료를 블렌더에 넣고 곱게 갈아 잔탄검을 수화시켜 줍니다.
② ①에 다진 채소와 후추를 넣고 잘 저어 줍니다.

- 블렌더를 사용하고 싶지 않다면 잔탄검과 설탕, 흑설탕, 구연산 등 분말류끼리 먼저 혼합해준 후 분말 혼합물에 물과 기타 액상 양념을 조금씩 넣어가며 잘 저어 소스를 제조해줍니다. 제조한 소스는 냉장고에 넣어 하루 숙성시키면 점성이 발현됩니다.

제국주의자들은 우리의 미각 기준을
그들의 것과 같아지게끔 조작하고 있다.
마침내 피식민자들은
제국주의자들이 제안하는 음식이어야
맛있고 건강하며 합리적이라 생각한다.

〈미각의 제국〉, 황교익

'신선한'이나 '건강한'같은 미사여구는
맛도, 매력도 없는 먹거리들의 대표적인 무기입니다.
'즐길 수 있는 것', '맛있는 것'에 대한 탐구가 우선시되어야 합니다.

6장

재료와 맛있는 요리의 상관관계

"육류는 자가 소화 단계를 거치며
점점 맛이 좋아집니다."

같은 값이면 다홍재료

썩기 직전의 고기, 갓 수확한 채소

1 썩기 직전의 고기가 맛있는 이유

'갓 도축한', '초−신선한' 같은 캐치프레이즈를 사용하는 육류 유통업체가 눈에 띕니다. 사실 고기는 잘 숙성된 것이 맛이 좋습니다. 사람들이 갓 도축한 고기를 원할수록 창고의 공간을 아끼며 맛없는 고기를 빠르고 비싸게 팔아 치울 수 있는 업자들이 이득을 봅니다. 통상 도축 후 돼지의 경우 3~5일, 소의 경우 7~10일간은 사후 경직으로 인해 육질이 거칠고 질겨 식용하기 곤란합니다.

사후 경직 중인 육류의 단백질은 수분을 잡아 두는 보수력도 약해진 상태이기 때문에 요리 과정에서 훨씬 많은 양의 육즙을 뱉어 내며 퍽퍽해집니다. 육류는 사후 경직이 끝난 후 자가 소화 단계를 거치며 비로소 맛이 좋아집니다. 단백질 구조가 헐거워지면서 육질이 부드러워지고 단백질에서 떨어져 나온 유리 아미노산의 비중이 높아지면서 감칠맛 또한 강해집니다.

숙성하지 않은 생고기는 육단백질의 약 1%만이 우리가 맛으로 느낄 수 있는 유리 아미노산 형태로 존재합니다. 나머지는 우리가 맛으로 느끼지 못하는 단백질 덩어리로 존재합니다. 유리 아미노산 함량이 높아질수록 육류의 풍미도 더 좋아지기 때문에 악취가 나거나 부패하지 않는 선에서 자가 소화 작용을 오래 유지한 고기가 갓 도축한 고기보다 맛이 진하고 육질도 부드럽습니다. 유통되는 고기 육질이 질기고 풍미 성분 역시 단단히 갇혀 있던 과거에는 오죽하면 썩기 직전의 고기가 가장 맛이 좋다는 말이 있을 정도였습니다.

많은 레스토랑들이 다양한 방법으로 고기를 숙성하여 질감과 감칠맛을 극대화해 판매하고 있습니다. 잘 숙성된 고기에서는 치즈의 향이 나며 맛이 진하고 육질이 부드럽습니다.

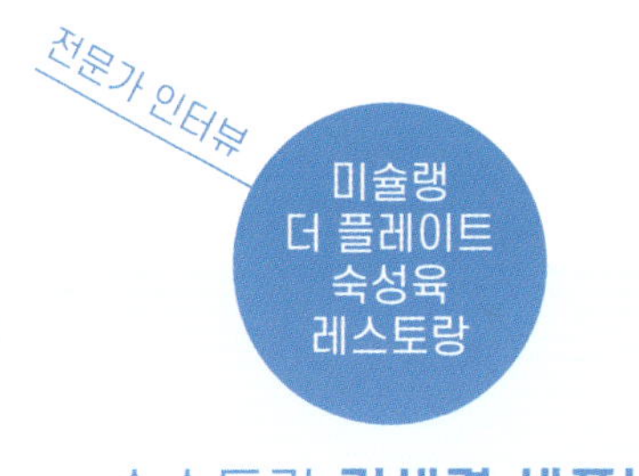

숙수도가 **김새결 셰프님**

"이건 진짜 먹어 봐야 알아요(웃음)"

Q. 숙성육의 매력과 장점이 무엇인가요?

잘 숙성된 고기에서는 조미료를 친 것 같은 진한 감칠맛과 치즈 향이 나요. 숙성육은 맛으로나 식감으로나 생고기와는 비교가 안 됩니다. 숙성육을 맛보다가 일반 고기를 구워 먹으면 물에 삶은 고기를 먹는 것처럼 밋밋하게 느껴진달까요. 숙성 과정에서는 유리 아미노산과 이노신산(IMP) 비중이 늘어 감칠맛이 증폭되는데 원료육에 존재하던 미량의 구아닐산(GMP)도 감칠맛을 증폭시키는 역할을 해요. 숙성육은 생고기에 비해 식감도 훨씬 부드럽습니다. 잘 숙성된 고기는 칼이 들어갈 때부터 녹진하다는 느낌이 들어요. 탱글탱글한 버터를 써는 것처럼 썰린 모양을 그대로 유지하거든요. 반면 숙성 전의 생고기를 썰 때에는 특유의 질깃하고 강한 탄성이 느껴져요. 썰린 부위가 울긋불긋 튀어나오기도 하고요. 숙성육은 구웠을 때의 향도 훨씬 좋아요.

숙성 과정에서 환원당의 양이 늘게 되는데 마이야르 반응이 당과 아미노산의 반응이다 보니 숙성육에서는 일반 고기에 비해 마이야르 반응도 훨씬 활발하게 일어나요. 숙수도가에서는 그런 특성을 살려 내기 위해서 숙성육을 강하게 시어링하고 바짝 굽습니다. 바싹 구워도 육질은 부드러운데 풍미는 극대화되거든요. 숙성육에 최적화된 조리법이라 생각합니다.

· **환원당** 포도당, 과당 등 카르보닐기를 가져 마야이르 반응에 관여하는 당류

Q. 숙성하는 동안 고기에서 어떤 변화들이 일어나는 건가요?

크게 맛과 향, 질감의 변화가 일어나요. 감칠맛에 관여하는 유리 아미노산 및 핵산 물질이 증가하고 마이야르 풍미에 관여하는 환원당 함량도 늘어나요. 가장 중요한 변화는 이노신산 생성에 의한 감칠맛 증폭이라고 봅니다. 이노신산은 고기나 해산물 등 육단백질 특유의 감칠맛 성분인데 아미노산계 감칠맛을 증폭시키기도 합니다. 숙성 최대의 과제는 이노신산 함량을 극대화시키고 생성된 이노신산은 최대한 보존하는 것입니다.

숙성육의 이노신산 생성 및 분해 과정

ATP → ADP → AMP → 이노신산(IMP) → 하이포크산틴 → 크산틴 → 요산

· **ATP** 생명체의 가동에 필요한 화학에너지, 아데노신에 인산 3개가 붙어있는 형태
· **ADP** ATP의 분해산물로 ATP의 보급을 위한 재료로서 중요한 것. ATP에서 인산 1개가 빠진 형태
· **AMP** ADP에서 인산 1개가 빠진 상태
· **Adenosine Tri / Di / Mono-Phosphate** 인산이 n개 붙어있는 아데노신
· **Tri** 3개 / **Di** 2개 / **Mono** 1개

숙성 과정에서 에너지 저장체인 ATP가 ADP, AMP를 거쳐 이노신산으로 변하게 되는데 숙성이 계속되면 이노신산은 다시 요산으로 분해됩니다. 고기에서 약간의 쿰쿰한 향이 나면 요산이 생기기 시작한 거예요. 그 지릿한 냄새가 더 강해지기 전에 이노신산 생성량이 극대화되는 절묘한 지점을 찾아야 해요. 요산 특유의 냄새는 취향에 따라 불호하는 사람이 있기 때문에 대중의 반응에 따라 숙성도는 섬세하게 조절해

야 합니다.

육질의 변화도 숙성육의 큰 특징들 중 하나입니다. 숙성 과정에서 카뎁신(cathepsin), 프로테아좀(proteasome)같은 육질 연화 효소에 의해 식육의 미세 구조가 붕괴되면서 육질이 연해져요. 제가 사용하는 숙성법으로는 4~5주차에 그 부드러움이 최고치에 달합니다. 저의 숙성법에 한해서는 그 이상의 오랜 숙성은 의미가 없습니다.

Q. 육류를 숙성할 때 신경 써야 할 점이 있을까요?

일단 숙성에 적합한 고기를 잘 고르는 것부터가 시작이에요. 같은 숙성법 내에서도 어떤 원료육을 사용하느냐에 따라 결과물이 천차만별이기 때문입니다. 경험적으로는 살코기보다는 지방이 많은 고기를 숙성했을 때 특유의 치즈향이 잘 발현되더라고요.

숙성에 있어서는 적절한 범위의 온도 환경을 조성해 주는 것이 가장 중요합니다. 높은 온도에서는 숙성이 활발히 일어나지만 부패 역시 잘 일어나기 때문에 부패는 최소화하며 회전율은 최대화할 수 있는 자신만의 온도 환경을 찾아야 합니다. 많은 업장들이 2~4℃에서 육류를 숙성하는 편입니다. 저는 저만의 온도에서 5주 정도 숙성하는데 숙성 방식, 환경, 육류의 상태 등에 따라 기간은 천차만별로 달라질 수 있습니다. 숙성 과정에서 요산이 생성되면서 약간의 쿰쿰한 냄새가 나는 것은 정상적인 숙성의 수순이지만 지방에 푸르댕댕한 회색이 돌고 계란 썩은 냄새가 나면 해당 부위는 부패된 것이니 잘라 내어 버려야 합니다.

· 지방이 분해되면 지방산과 글리세롤이 됩니다. 부티르산(butyric acid)같은 저급 지방산은 치즈향의 특징적인 향 물질이기도 합니다.

Q. 숙수도가 숙성육만의 특별한 점이 있나요?

육류 숙성 방법은 크게 드라이 에이징(dry)과 윗 에이징(wet)으로 나뉘는데 저희는 두 방법을 모두 거치는 교차 숙성법을 사용합니다. 균과 온도, 습도 등 숙성에 적합한 환경을 조성해 주어 숙성 효율을 극대화하고 있습니다. 대개 드라이 에이징을 거친 숙성육은 겉면이 딱딱하게 굳어 도려내는 부분이 많이 발생하기 때문에 수분 증발량까지 포함해 원료육 30~40%의 로스가 발생해요. 숙수도가의 숙성법을 사용하면 육류 무게 10% 미만의 로스만 발생합니다. 가장 높은 등급의 고기로 만든 숙성육을 같은 가격에 더 많이 제공할 수 있게 되는 거죠.

· **로스(loss)** 식재료 손질 후 버려야 하는 부위, 손실

레시피

초간단 숙성육 따라하기

"부패균은 대체로 산소가 있으면 잘 자라는 호기성이기 때문에 육류가 공기 중에 노출되는 드라이 에이징은 초심자가 따라하기 어렵습니다. 전문점의 숙성육엔 미치지 못하겠지만 가정용 냉장고로도 윗 에이징은 시도해 볼 만합니다. 숙성육 특유의 치즈 풍미를 경험해 보세요. 숙성육의 특이취는 좋아하는 사람도 싫어하는 사람도 있기 때문에 취향에 따라 숙성도를 조절하며 실험해 보시기 바랍니다."

재료

쇠고기 등심 등 지방이 많은 부위

숙성 방법: 진공 포장(필수) / 3℃ 냉장 / 45~60일 보관

주의 3℃ 이상의, 혹은 온도 변화가 잦은 가정용 냉장고 이용 시 숙성기간 45여 일 전후로 짧게 설정

· **가정용 냉장고 온도** 통상적으로 4~7℃

조리법

① 센 불에서 고기의 6면을 골고루 시어링한 후 바싹 굽습니다.

② 2~3cm로 잘게 잘라 다시 6면을 바싹 구워 줍니다(찹 스테이크 형태).

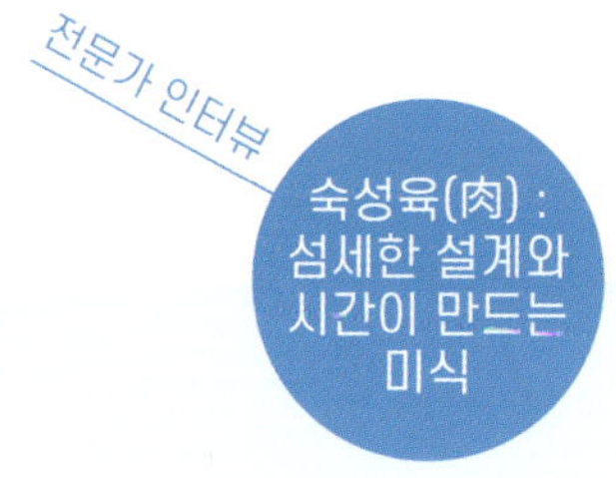

숙성육 연구자 **김승우 숙수님**

고기 숙성과 한식 고기구이 기술을 연구하는 숙수로,
석사학위 논문 「조선 시대 소고기의 의미와 연화법 비교 연구」를 통해
한국 고기 조리 문화의 역사적 배경과 기술적 원리를 분석하였으며,
홍콩의 한우 전문 레스토랑에서 헤드셰프를 역임 후 경희대학교 조리외식경영 박사의 길을 걷는 등
현장 경험과 학술 연구를 결합해 평생의 목표인 한식 고기구이 문화의 세계화를 위해
연구·비즈니스 양 방향으로 힘쓰고 있습니다.

· 필자　제가 평생 먹어본 숙성육 중 가장 깊고 맛있는 숙성육을 선보이셨기에 어렵게 투고를 부탁드렸습니다!

한국인이 고기를 다루는 방식

　한민족은 유목 문화의 뿌리를 가진 민족으로, 이동하며 가축을 기르고 도축 및 저장하는 과정에서 자연스럽게 육류 조리 기술과 보관 기술을 발전시켰습니다. 고기는 생존과 직결된 자원이었고, 고기를 다루는 기술은 곧 생존의 방식이었습니다. 한국 사회에서 고기는 과거에도 단순한 식재료로서의 의미를 넘어 공동체의 가치, 의례와 위계를 상징하였으며, 그와 함께 조리 기술 역시 자연히 발전해 왔습니다.

조선 시대에는 반복적인 우금령(牛禁令)이 내려졌습니다. 소를 잡아먹지 못하게 하기 위한 규율로, 농업 생산량 확보를 위한 보호 정책이기도 했지만 동시에 법으로 통제해야 할 만큼 강력했던 한국인의 쇠고기 사랑에 대한 반증이기도 합니다. 식욕 제한은 오히려 고기에 대한 욕망을 부추겼고, 사람들은 질긴 고기를 더 맛있게 먹기 위한 기술을 발전시켜 왔습니다. 이에 따라 고기 조리법은 더욱 정교해졌고, 다양한 열원과 조리 도구가 등장하였습니다. 맥적과 설하멱적, 너비아니를 거쳐 오늘의 불고기로 이어지는 조리 문화는 한국 고기 문화의 기술적 깊이와 섬세함을 보여줍니다.

오늘의 한국 고기구이 문화는 이런 역사적 맥락의 결과물입니다. 한국의 고문헌을 통해 예로부터 한국인이 한우 한 마리를 100가지가 넘는 부위와 명칭으로 나누고 구분했음을 확인할 수 있으며, 불판의 종류와 재질, 숯과 불길의 방향, 기름의 흐름과 연기 제어에 대해서도 세계 어느 나라보다 세밀하게 연구했음을 확인할 수 있습니다.

이렇듯 고기 숙성은 꾸준히 발전한 고기 조리 문화의 연장선에서 시간을 부재료로 사용하는 조리 기술이며, 정점에 올려 둔 고기 맛을 음미하기 위한 인고의 과정입니다.

고기의 본질: 근육이 고기가 되기까지

도축 직후의 '근육'은 우리가 익숙히 떠올리는 고기의 상태가 아닙니다. 근육은 본래 살아 움직이던 기관이지만 도축과 동시에 ATP(에너지원) 공급이 중단되면서 생화학적 변화를 맞이합니다. 이 변화는 [강직-강직 해소-맛 성분의 생성]의 단계로 구성되어 있으며 고기를 섭취 가능한 상태로 전환합니다.

강직 동물의 사후, ATP 공급이 중단되어 남아있던 ATP가 모두 소모된 후에는 근섬유가 이완되지 못하고 단단하게 고정됩니다. 이 시점의 고기는 딱딱하고 퍽퍽한 식감을 갖습니다.

강직 해소 시간이 지나면서 근육에 본래 존재하던 효소(칼파인, 카텝신 등)가 단백질과 결합 조직을 분해하여 고기가 부드러워집니다.

맛 성분의 생성

① 고기의 단백질이 하위 구성물인 아미노산으로 풀려나오기 시작하며 감칠맛을 내는 글루탐산, 아스파트산과 단맛을 내는 글리신 등의 아미노산이 생성됩니다.

② ATP는 IMP(이노신산)라는 감칠맛 성분으로 변화합니다. IMP는 그 자체로 매력적이진 않지만 글루탐산과 같은 아미노산계 성분의 감칠맛을 최대 7배까지 증폭시킵니다.

③ 지방이 분해되어 수백 가지 향기 물질을 만듭니다.

위와 같은 과정 속에 고기 맛의 정점이 존재하며, 정점이 지난 이후부터는 쇠퇴가 시작됩니다. 숙성 기술이란 이 과정 속에서 가장 균형 잡힌 시점을 선택하는 일입니다.

숙성의 과학: Wet aging과 Dry aging

숙성 방식은 크게 wet aging과 dry aging으로 나눌 수 있습니다. 두 방식은 과정과 목적에 차이가 있습니다.

Wet aging은 1965년 진공 포장기가 상용화되면서 본격적으로 발전한 방식입니다. 진공 환경은 외부 미생물로부터의 오염을 차단하고 내부 미생물 증식을 최소화합니다. Wet aging을 거친 고기는 감칠맛은 약간 상승하며 향의 변화는 적고 탄성, 수분감이 있으면서도 부드러운 식감을 갖게 됩니다. 가장 안정적인 결과물이 나오는 wet aging 방식은 진공 포장한 고기를 큰 호텔팬에 담고 1:1 비율로 얼음물을 채운 후 온도 변화가 거의 없는 워크인 냉장고 등에서 숙성하는 방법입니다. 일정한 온도를 유지해 주어야 균일한 식감을 확보하고 육즙의 손실을 최소화할 수 있습니다. Wet aging을 거친 고기는 수분의 휘발이 없어 수율이 좋지만 이취가 발생하기 쉽고 수분 증발에 따른 맛 성분의 응축을 일으킬 수 없다는 단점을 갖습니다.

Dry aging은 역사적으로 가장 오래 사용되어 온 자연 숙성 방식입니다. 공기 중에 노출된 환경에서 숙성을 진행하며 고기 표면의 수분이 휘발해 딱딱한 크러스트가 형성됩니다. 이후 유익한 미생물이 자리잡게 해 단백질과 지방 분해를 촉진합니다. 처음 3일 동안은 습도가 낮은 3~4℃ 온도의 숙성고에서 균일한 바람을 불어 주며 크러스트가 안정적으로 형성되게 하는 것이 중요합니다. Dry aging을 거친 고기는 견과류 같은 고소한 풍미, 치즈, 버터 같은 향취와(숙성 기간이 길수록 치즈 풍미는 더욱 강해집니다), 쫀득한 버터 같은 식감을 갖게 됩니다. 더불어 표면이 건조되어 마이야르 반응을 잘 일으키는 구조로 변화합니다. dry aging을 위해서는 고기 숙성용 숙성고나 워크인을 사용하는 것이 권장됩니다(뒤에서 적합한 설비를 소개하겠습니다). 음료용 냉장고나 양문형 냉장고로는 안정적인 dry aging 환경을 조성하기 어렵기 때문입니다. 이들 냉장고는 온도 편차가 크고 습도 조절 기능을 사용할 수 없는데다가 제상 모드가 존재해 냉장실 내부 온도 편차가 발생하는 등 숙성육을 만들기에는 여러 한계를 갖습니다.

Wet aging과 dry aging은 양자 택일해야 하는 기술이 아니라 서로 보완 관계에 있는 기술들입니다. 예를 들어 돼지고기에는 3~4일 간의 dry aging을 적용해 크러스트를 형성한 뒤 wet aging으로 전환해 숙성을 마무리하는 교차 숙성 방식이 잘 맞습니다.

· **제상 모드가 숙성육에 치명적인 이유** 제상 모드(Defrost mode)란 일반적인 가정용 냉장고에 기본적으로 탑재되어 있는 기능으로, 냉장실에 성에가 끼는 것을 막는 기능입니다. 제상 모드가 작동할 때는 냉장실 내부 온도가 2~4℃ 상승하게 되는데 이러한 온도 변화를 일으키는 설비는 근본적으로 숙성육에 사용하기에는 부적합합니다. 제상 모드가 작동할 때 발생하는 온도의 편차는 크러스트 형성을 방해하며 습도의 변동은 불필요한 표면 건조, 혹은 점액화를 일으킵니다. 바람 순환의 정체는 잡균의 증식을 유발하여 결과적으로 숙성 전반의 안정성이 붕괴됩니다.

혼란스러운 한국 숙성육 시장

숙성육 시장이 혼란을 겪는 가장 큰 이유는 기술의 본질에 대한 연구보다 숙성이라는 마케팅 용어 채택만이 크게 유행한 데 있습니다. 육류 숙성은 시간만 지나면 저절로 이루어지는 자연 현상이 아니라 온도, 습도, 바람, 미생물과 같은 환경 요소를 정밀하게 통제해야 하는 섬세한 기술입니다. 단순 건조나 불안정한 보관을 숙성이라고 부르는 마케팅 기행이 숙성육의 가치와 본질을 훼손하고 있어 안타깝습니다.

실전 숙성 가이드

숙성 방식을 선택할 때에는 식감 구현과 풍미 생성 각 목적하는 바에 따라, 그리고 보유하고 있는 냉장 설비, 회전율과 재고 전략 등을 종합적으로 고려해야 합니다.

(Wet aging 실전 매뉴얼)

Wet aging의 핵심은 온도 안정성입니다. 온도 변화 폭이 크면 드립(고기 단백질에서 빠져나온 육즙)이 많이 생기며, 드립의 손실은 퍽퍽한 식감과 잡내 발생을 야기합니다. 따라서 wet aging에 있어서는 냉장 설비의 수준이 품질을 크게 좌지우지합니다.

권장 조건

온도: -1℃ ~ +1℃

환경: 온도 변동폭 최소화 (온도 변이 그래프가 평탄해야 합니다)

진공 형태: 진공도 99.9% 이상 진공 포장(산소 잔존 최소화, 드립 최소화)

보관 방식: 1:1 비율의 얼음물에 담가 숙성

실행 절차

① 진공 포장한 원육 준비

② 큰 호텔팬에 고기와 얼음물을 1:1 비율로 담기

③ 워크인 냉장고 또는 온도 편차가 매우 작은 전문 설비에 보관

④ 하루 최소 1회 얼음 보충(및 필요시 물 교체)

⑤ 포장 내부 드립 색과 냄새 체크(산화 냄새, 황 냄새 발생 시 즉시 중지)

체크 포인트

- 포장 팽창 여부 (가스 발생)
- 드립량 증가 속도
- 표면 변색 정도

실패 원인

- 냉장고 사용 빈도가 높아 온도 변동이 심한 경우
- 얼음물 부족 또는 수량 불균형

Wet aging의 기간별 변화(쇠고기 기준)

~ 30일

- 식감 연화를 목적으로 하는 경우 최적의 구간
- 육질이 탄력 있고 부드러움
- 풍미 변화는 크지 않음

30~60일

- 드립 발생량 증가(육즙 손실 → 식감에 영향을 미침)
- 숙성취가 강해짐
- 향미보다는 조직 변화가 더 두드러짐

60일~

- 숙성취가 매우 강해져 실무적으로 비추천하는 숙성 기간
- 적당한 취를 넘어 퀴퀴한 악취가 나면 즉시 폐기해야 함

(Dry aging 실전 매뉴얼)

Dry aging 성공의 핵심은 초기 크러스트 형성입니다. 표면 보호막이 형성되면 내부 환경이 안정되고 유익균이 자리를 잡아 향미 형성을 돕습니다.

권장 조건

온도: 3℃ ~ 4℃

습도: 65% ~ 75% (초반은 낮게 유지, 중반은 좀 더 높게)

바람: 지속적인 공기 흐름, 정체 금지

설비: 전용 숙성고 또는 균일 제어 가능한 워크인 혹은 숙성고 사용

실행 절차

① 원육 외부의 수분 말끔히 제거

② 3~4일 동안 냉장고의 습도를 낮게 설정하고 충분한 바람을 쐬어 크러스트 형성

　　(낮은 습도: 70% 미만)

③ 크러스트 안정화 이후 습도 75~85% 범위로 조정

④ 표면 균총의 균일성 확인(흰곰팡이 계열)

⑤ 정기적 공기 순환과 냄새 컨트롤

금지 사항

- 음료용 냉장고, 양문형 가정용 냉장고 사용

  (온도 편차가 심하고 제상 모드 작동, 습도 제어 불가, 잡균 서식 위험)

- 숙성하지 않는 다른 정육을 함께 보관(교차 오염 위험)

실패 원인

- 숙성 초기 크러스트 형성 실패

- 온도 변화에 의한 표면 부패

- 바람 부족으로 부정적인 냄새 축적

Dry aging의 기간별 변화(쇠고기 기준)

~ 30일

- 크러스트 생성 완료(dry aging의 최소 조건 충족)

- 원육의 향미 변화는 미미하지만 가열 조리 시 풍미가 더 고소하고 좋음

30~60일

- 견과류 향, 고소한 버터향이 생성됨

- Dry aging 특유의 치즈, 버터, 견과류 풍미가 생성되기 시작함

60~90일

- 견과류 향과 치즈향(파마산·체다 계열)이 뚜렷해짐

- 향취에 대해 대중의 호·불호가 갈라지기 시작하는 지점

- 고기의 식감은 매우 부드러워짐

90일~

- 블루치즈류 향(고도 발효 향)이 진하게 발현

- 숙성육 매니아층이 선호하는 영역

- 관리 실패 시 잡내와 부패취 발생

교차 숙성은 wet aging과 dry aging의 장점을 결합한 숙성 방식입니다. Dry aging으로 향미 기반을 만들고 wet aging으로 보수력과 부드러운 식감을 확보하는 설계 방법입니다.

예시(돼지고기)

Dry aging 3~4일 → 얇은 크러스트 형성

Wet aging으로 전환 → 내부 수분 흐름으로 크러스트 부드럽게 유지

결과: 보수력 향상, 향미 강화, 손실률(loss) 최소화

적용 기준

목표: 숙성의 목적이 향미와 식감 모두일 때

부위: 지방과 결합조직 비율이 높은 부위

환경: 초반 dry aging 시 전용 숙성고 사용

　　　이후 wet aging 전용 온도 안정 환경에서 숙성

고기 숙성용 냉장 설비 추천

베닉스 드라이 에이저(Venix dry ager): 온·습도를 일정하게 유지하며 바람을 일으키는 내장 팬, 공기 순환 장치, 공기 필터 시스템을 갖추고 있어 전문적인 dry aging을 가능하게 하는 설비입니다. 품질이 뛰어난 숙성육 제조를 위해서는 안정적으로 온도와 습도 관리가 되며 제상 모드가 없는 설비를 이용해야 합니다. 또한 숙성육 제조 시에는 문 개·폐를 최소화해야 하며 육류 표면의 공기 흐름이 막히지 않게끔 고기 사이의 간격을 확보해 주어야 합니다. 워크인에서 고기를 숙성하는 경우에는 소형 선풍기나 써큘레이터를 설치해 공기를 순환시켜 주는 것이 중요합니다. 고기에 바람을 직격으로 쐬는 것이 아니라 고기가 보관되어 있는 보관실의 공기 전반이 고루 순환되게끔 간접적으로 작동시키는 것이 이상적입니다.

숙성은 시간의 조리이며 설계의 기술입니다

숙성은 시간을 재료로 삼아 고기 한 점으로 미식을 꾀하는 아름다운 조리법입니다. 제대로 한 숙성은 마케팅 소구점으로서의 의의를 훌쩍 뛰어넘어 정점에 이른 고기의 맛을 미식가들에게 선사합니다. 한국 고기구이 문화는 숙성 기술을 가장 잘 활용할 수 있는 문화적 기반을 지니고 있습니다 – 부위의 세분화, 열과 연기의 조절, 시간에 대한 감각, 고기 한 점에 대한 태도…. – 숙성육을 다루고자 하는 이들이 과학에 대한 열망과 강력한 실험 정신, 기술에 대한 책임감을 갖기를 기원합니다.

육류 핏물, 먹지 마세요. 키친타올에 양보하세요!

육류 요리에 있어서 핏물을 제거하면 얻을 수 있는 이점은 크게 3가지입니다.

① 요리의 누린내와 이취가 줄어듭니다.

② 요리의 외관이 지저분해지지 않습니다.

③ 고기의 육질이 부드러워집니다.

핏물과 미오글로빈

흔히 고기의 단면이나 손상부에서 흘러나온 물을 가리켜 핏물이라 합니다. 이 물에는 비타민, 미네랄, 그리고 미오글로빈과 같은 단백질이 포함되어 있습니다. 미오글로빈은 보관중인 육류에서 누린내나 이취가 나게 하기에 제거해 주는 것이 좋습니다. 붉은 빛을 띠는 미오글로빈이 물 역시 붉어 보이게 하므로 우리는 육류에서 흐르는 물을 핏물이라 부르지만 이는 혈액과는 엄연히 다른 성분입니다.

· **헤모글로빈과 미오글로빈** 헤모글로빈은 혈관 내에서 산소를 운반하는 역할을 합니다. 헤모글로빈에 포함된 철 이온이 산소와 잘 결합하기에 가능한 일입니다. 근육에 존재하는 미오글로빈 역시 산소와 결합하는 힘이 강합니다. 그래서 혈액으로부터 근육으로 산소를 끌어올 수 있습니다.

보관중인 육류의 잡내 발생

육류 근육 조직의 불포화 지방산이 산소와 접촉하면 산화가 일어나 알데히드 (aldehyde), 케톤(ketones) 등을 발생시켜 금속취나 비린내와 같은 부정취를 냅니다. 그리고 철 이온을 가진 미오글로빈과 헤모글로빈은 이 과정을 가속화합니다. 철이 산소를 끌어당기기 때문입니다. 이런 종류의 산화는 '자동 산화'라 불리기도 하는데 한 번 일어나기 시작하면 그 속도가 점점 더 빨라지므로 장기간 냉장 보관하여 사용할 육류는 핏물을 빼 두는 편이 좋습니다. 쇠고기에 비해 돼지고기의 불포화지방산 함량이 높기 때문에 특유의 잡내나 산패취는 돼지고기에서 더 발생하기 쉽습니다.

사실 산소는 식재료의 보관에 있어 대부분 좋지 않은 반응들을 초래합니다. 병원성 미생물(대부분 호기성)의 증식을 돕기도 하고, 지방은 산패시키며, 갈변을 일으키고 이취를 발생시키는 효소 작용을 촉진합니다(육류 보관 시 진공포장 필수).

· **불포화 지방산** 불포화 지방산은 포화 지방산과는 달리 이중 결합(=)을 가집니다. 그리고 이중 결합의 가지 하나(-)는 뻗어 나가 다른 분자와 결합할 여력을 갖습니다. 그 때문에 불포화 지방산은 산소와 결합해 산패되기도 쉽습니다. 불포화 지방산을 많이 함유하여 산패가 잘 되는 대표적인 기름으로 들기름이 있습니다. 냉장 보관하면 들기름의 산패를 늦출 수 있습니다.

· **알데히드, 케톤류** 알데히드는 주로 물비린내, 고무 냄새처럼 느껴지며, 케톤류는 특정 화학취를 냅니다. 아세톤이 케톤류에 포함됩니다.

· **M.A(Modified Atmosphere) 포장** 포장재 내부의 가스 조성을 조작해 주로 육류나 과일을 더욱 오래 보관하기 위한 포장 방법으로, 육류 포장 시 유일하게 산소를 이용하는 경우입니다. 육류의 붉은 빛을 내는 미오글로빈이 산소와 만나 옥시미오글로빈이 되면 수 일 동안 생생한 선홍빛을 유지합니다. 마트 매대의 육류 포장재 내에는 산소 비중이 높은 가스가 충전되어 있습니다.

요리 외관에 끼치는 영향

육류의 핏물 속에는 미오글로빈만이 아니라 다양한 종류의 단백질이 들어 있기 때문에 핏물을 제거하지 않은 육류를 그대로 요리에 사용하면 열에 굳은 핏물이 음식 표면에 떠다니게 되어 완성된 요리의 외관이 좋지 않게 됩니다.

핏물 제거와 부드러운 육질

숙성 후 유통되는 육류의 경우 pH(수소 이온 농도)가 5.2~5.7 수준인데, 근육 단백질의 등전점은 pH5.0~5.2입니다. 등전점이란 단백질의 응고가 가장 강하게 일어나 육류가 수분을 제일 많이 잃어버리는 지점입니다. 등전점에서 고기는 가장 질기고 퍽퍽하게 익습니다. 육류의 pH를 등전점보다 낮거나 높게 해 주어야 고기는 부드럽게 익습니다. 육류를 요리할 때 등전점의 pH 범위를 피하기 위해 pH가 3~3.5인 식초를 넣은 마리네이드에 고기를 담가 숙성시킬 수도 있고 반대로 pH가 8.5인 베이킹소다를 넣고 요리를 할 수도 있습니다(새콤한 육류 요리는 한국인 정서에는 맞지 않으므로 주로 pH를 올리는 방향으로 작업합니다). 육질과 pH의 관계를 이용하는 전통 요리법도 존재합니다. 흔히 중식에서 육류 요리를 할 때 사용하는 '화'라는 마리네이드 기법이 바로 그것입니다. '화한다'는 것은 식용유, 계란 흰자, 전분을 섞은 혼합물에 고기를 넣고 주물러 숙성하여 육질을 부드럽게 하는 것을 의미합니다. '화'의 구성물 중 계란 흰자의 pH는 7.6~7.9로 육류 단백질의 등전점보다 2.5~3.0정도 높은 수준입니다. 계란이 오래 되면 흰자의 pH가 최대 9.5 이상으로 치솟기도 하는데 pH 9.5는 대표적인 알칼리성 소재인 베이킹소다의 pH보다도 높은 수치입니다. 반면 계란 노른자의 pH는 6.0 정도라고 하니 중국인들은 화를 할 때 노른자를 쏙 빼 놓고 흰자만 이용하면 고기가 더 부드러워진다는 것을 경험적으로 알아챈 모양입니다. '화'해준 육류는 기름에 튀긴 후에 소스와 함께 볶아줍니다(몽골리안 비프 스타일).

> · pH가 10에 달하는 다른 식재료로는 시금치, 미역, 다시마가 있습니다. 미역이나 다시마 가루를 넣고 '양'을 한 육류도 부드럽게 익지 않을까요?

단백질의 등전점(pl)

등전점에서 단백질 분자는 서로 밀어내는 힘을 잃고 뭉치거나 침전됩니다. 대부분 단백질의 등전점은 pH 4~6 사이입니다. 신맛을 내는 식초, 레몬즙 같은 양념이나 베이킹소다, 해조류, 계란 흰자같은 알칼리성 재료를 이용해 단백질의 pH를 등전점과 가깝도록, 혹은 멀어지도록 조절할 수 있습니다.

단백질(육류, 두류 등) 제품을 생산하는 식품회사들은 원료의 등전점을 면밀히 검토합니다. 제품 품질 및 수율에 직결되는 요소이기 때문입니다. 콩물에서 두부를 만드는 경우, 우유에서 리코타 치즈를 만들어내는 경우와 같이 원료에서 최대한 단백질을 뽑아내야 하는 경우에는 등전점에 가깝도록 pH를 조절해

단백질의 등전점	
계란 albumin	4.6
육류 myosin	5.4
우유 casein	4.6
밀 glutenin	5.3
밀 gliadin	6.5

수율을 극대화합니다. 등전점에서는 우리 눈에 보이지 않던 단백질 분자들까지 서로 뭉치며 크기가 커지고 가라앉습니다. 반면 가공육 제품을 만들 때엔 등전점에서 멀어지도록 pH를 조절해 육제품이 촉촉하고 쫄깃한 식감을 갖게 합니다. 등전점에서는 육류 단백질이 단단히 뭉쳐 사이의 물을 뱉어내고 질겨지기 때문입니다. 자칫 육류를 등전점에 걸친 pH 레벨에서 조리하는 경우 육류의 식감이 질겨져 기호도가 떨어질 뿐 아니라 수율이 감소해 수익성도 저하됩니다. 등전점의 원리에 대한 지식은 단백질을 함유한 여러 요리와 소스에 활용할 수 있습니다. 고기는 등전점에서 가장 질겨지니 고기 요리를 할 땐 등전점을 피해야 하고, 계란 노른자는 등전점에서 가장 강하고 단단한 기포를 형성할 수 있으니 마요네즈의 pH는 계란의 등전점에 맞추면 유화 상태가 안정됩니다. 우유를 이용해 리코타 치즈를 만드는 경우 수율을 높이고자 한다면 역시 pH를 우유 단백질의 등전점에 맞추어 주어야 합니다.

촉촉하고 부드러운 육류요리를 위한 전처리

- 육류 10kg 기준 베이킹소다 70g, 설탕 30g 스크럽하여 30분 숙성,
  이후 흐르는 물에 헹구어 요리에 이용
- 닭강정용 계육(특히 닭가슴살), 보쌈·수육 등에 효과가 좋은 방법입니다
  (미추리까지 부드럽게 해주지는 못합니다 미추리는 가급적 잘라내어 제거합니다).
  막창이나 곱창 등에는 파인애플이나 미트텐더를 활용하는 편이 좋습니다.
- 육류를 받으면 헹구는 등 다른 전처리를 할 필요 없이 바로 적용하면 됩니다.

- 10분마다 뒤적여줍니다.
- 전처리 후에는 베이킹소다를 깨끗하게 헹구어줍니다.
  베이킹소다가 남아있으면 쓴 맛이 날 수 있습니다.

고기 연육계의 다크호스

고기를 부드럽게 해 주는 다양한 단백질 분해 효소들이 존재합니다. 그 중에서도 파인애플의 브로멜라인(브로멜린)은 요리를 모르는 일반인도 그 효과성을 인지할 정도로 강력한 연육제입니다. 파파야의 파파인 역시 강력한 단백질 분해 효소인데, 이들은 시스테인 프로테아제(Cysteine protease)라 불리는 효소로 모든 단백질에 작용하여 과도한 분해를 일으킵니다. 과도하게 분해된 육류는 외부가 녹아 뜯어져 나와 거슬리는 식감을 갖게 되는가 하면 탄성을 잃어 육질이 푸석해지기도 합니다. 반면 진균류(버섯)에 들어 있는 아스파틱 프로테아제(aspartic protease)는 단백질의 특정 부위에 한정적으로 작용하여 육류를 적절히 부드럽게 하고 쫄깃한 식감은 잃지 않게 합니다. 느타리버섯 가루에 연육 효과가 있다는 것이 흔히 알려져 있지만 쿰쿰한 부정취가 강해 막상 연육에 이용하기는 꺼려집니다. 느타리 가루 대신 건조 능이버섯 가루를 사용할 수 있습니다. 건조 능이버섯에서는 건조 포르치니 버섯과 흡사한 먹음직스럽고 스모키한 향이 납니다. 육류 무게의 2~3% 분량의 건조 능이 가루를 고기에 비벼 진공 포장한 후 냉장고에서 4~8시간 숙성시킵니다. 취향에 맞는 식감을 얻을 수 있는 숙성 시간을 선택합니다.

- 효소 역시 단백질이므로 고온에서는 변성되어 효능을 상실합니다. 고온 열처리를 거친 통조림 파인애플이나 구운 버섯은 연육 작용을 일으키지 않습니다. 통조림 파인애플즙에 담근 고기의 육질이 부드럽게 느껴졌다면 그것은 고기에 스며든 설탕이 수분을 붙잡았기 때문이지 연육된 것이 아닙니다.
- A급이나 B급보다 저렴한 C급 건조 능이버섯을 구입해 갈아서 연육에 사용합니다.
- 연육을 간단하게 하고자 한다면 ES식품원료에서 구할 수 있는 '미트텐더'를 활용합니다. 육류 100g 기준 0.5~1g 투입 후 고르게 주물러, 원하는 식감이 나올 때까지 1~4시간 숙성 후 사용합니다.

능이버섯 가루 마리네이드

재료

양조간장 100g, 황설탕 100g, 올리브 오일 50g, 능이버섯 가루 30g, 스리라차 16g,

와사비 10g, 마늘 가루 5g, 생강가루 3g

· **스리라차** 고추장, 타바스코, 동량의 간장으로 대체 가능
· **와사비** 디종 머스터드로 대체 가능
· **올리브 오일** 참기름, 포도씨유, 고추기름 등 다른 기름으로 대체 가능

조리법

① 마리네이드는 육류 무게의 20%를 사용해서 4~8시간 냉장 보관해서 연육합니다.

② 연육 후 꺼내어 키친타올로 마리네이드를 닦아 냅니다.

③ 소금으로 간하여 조리합니다.

주의 사항

마리네이드 사용량 20% 기준 홍두깨살처럼 지방이 없고 질긴 부위에는 6~8시간의

연육 시간이 필요합니다. 육질에 따라 숙성 시간을 조절합니다.

육류 무게의 10% 사용할 시 연육 시간을 12~16시간으로 늘리는 등 레스토랑의 업무

스케줄과 단가를 고려해 마리네이드의 사용량과 숙성 시간을 조절합니다.

응용

• 필요에 따라 마리네이드를 버리지 않고 활용합니다.

• 연육한 홍두깨살이나 갈비를 마리네이드째 냄비에 붓고 추가 양념장을 더해 조림

　요리를 하거나 갈비찜 등을 만듭니다.

기다림의 미학: 레스팅

조리과학 지식이 보편화되지 않았던 과거에는 스테이크를 갈색으로 시어링하여 크러스트를 만들어 주는 이유가 썰었을 때 육즙이 빠져나가지 못하게 하기 위함이라 알려져 있기도 했습니다. 하지만 구운 육류의 육즙은 크러스트가 아닌 레스팅에 의해 보존됩니다. 뜨겁게 가열된 단백질은 수분을 뱉어 내기 쉬운 구조를 갖는데 이를 식혀 주면 뱉어 냈던 수분을 도로 빨아들이게 됩니다. 스테이크뿐 아니라 한국에서 흔히 먹는 불고기나 갈비찜 같은 고기 요리 역시 적정 시간 레스팅하여 조금 식혀 주면 뱉어 내었던 육즙과 소스를 빨아들여 부드러워지고 촉촉해집니다. 열이 오른 팬에서 국물 있는 고기 요리를 적정 온도까지 식히는 데에는 시간이 너무 오래 걸립니다. 고기를 먼저 접시에 담아내어 조금 식힌 후 팬에 남은 국물을 고기 위에 부어 서비스하는 방식으로 한식 고기 요리에도 레스팅을 이용할 수 있습니다. 그래프에서 확인할 수 있듯이, 가열조리한 육류는 약 70℃의 온도에서 '꽉 짜여져' 무려 18%의 수분을 뱉는 구조가 되어버립니다. 이를 50여℃ 까지만 식혀 주어도(레스팅) 단 2% 가량의 수분을 뱉는 구조로 느슨하게 풀리는데, 이 현상을 깊게 이해하고 활용해야 합니다.

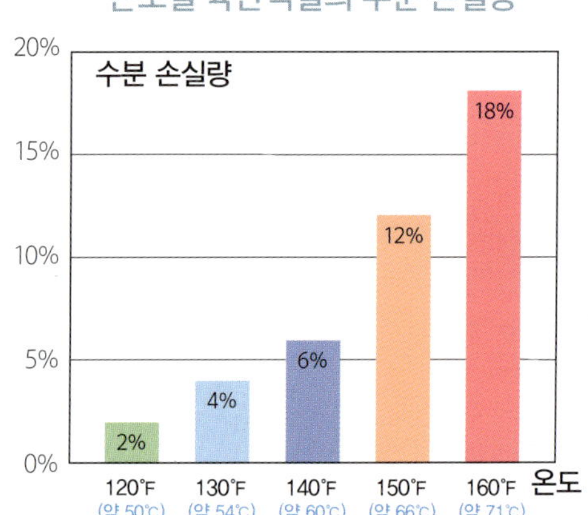

레스팅을 거쳐 느슨하게 풀린다고 해서 이미 짜내어 잃어버린 수분까지 돌아오는 것은 아닙니다(스테이크의 경우 고객이 썰 때 육즙이 접시로 쏟아져 나오지 않게 되고, 식감이 고르게 되는 정도의 효과). 그렇기에 우리는 육즙을 짜내어 내부에 공간이 생긴 고기에 도로 수분이나 기름 등을 돌려 넣어줄 방법을 궁리해야 합니다.

수육을 예로 들어보겠습니다. 조리가 끝나 막 건져 낸 뜨거운 수육은 육즙을 꽉 짜낸 구조로, 약 18%의 수분을 잃어버린 상태가 됩니다. 이는 물리적인 변화로, 이 수육을 약 50℃까지 식혀주면 도로 16~18%의 즙을(수분이든 기름이든) 빨아들입니다 ─ 고깃집에서 구운 삼겹살(육즙 잃음)을 참소스에 푹 담그면 고기가 빠르게 식는 동시에 (공간 생김) 참소스가 고기 내부로 빨려들어갑니다 ─ 조리한 수육을 온장고에 보관하는 경우 수육 삶은 물 한 국자와 함께 진공포장해두거나(이 상태로 냉동보관도 가능), 한 김 식힌 수육물에 수육을 통째로 담가 보관합니다. 수육을 썰어 접시에 담은 후 그 위에 수육 국물을 한 국자 둘러주는 등 수육이 식는 과정에서 수분을 도로 빨아들일 수 있음을 인식하고 조리에 임합니다. 이러한 레스팅의 원리에 착안해 얕은 국물에 담가 내어주는 '국물 수육'을 개발한 바도 있습니다. 식을수록 오히려 부드러워지는 수육 메뉴입니다.

스테이크 하우스를 포함해 로스구이 집에서도 이러한 원리에 착안해 '더 촉촉한 레스팅'을 해줄 수 있습니다. 데미글라스, 돈지, 우지 등을 이용해 일종의 쥬(jus)를 만들고, 구운 고기나 스테이크를 쥬에 담가 레스팅해주는 겁니다. 고기는 50여℃까지 식는 과정에서 주변의 수분이나 유분을 빨아당깁니다. 제가 근무했던 미슐랭 3스타 레스토랑에서도 완성된 스테이크 위에 쥬를 흥건하게 발라 촉촉하게 해준 바 있습니다. 고깃집에서는 다 구운 고기를 그릴 바깥쪽으로 빼서 고기가 말라버리게 하는 대신 육즙 소스가 담긴 접시위로 옮기도록 해, 식는 과정에서 고기가 육즙을 빨아당겨 고객이 촉촉한 로스구이를 먹을 수 있게끔 식경험을 설계할 수도 있습니다. 레스팅의 원리를 이해한 한 셰프님께서는 숯을 넣어 숯향을 낸 식용유에 갓 구운 스테이크를 담가 속성 레스팅을 하기도 합니다.

반항 요리 끝판왕: 리버스 마리네이드

레스팅의 원리를 이해하면 '리버스 마리네이드'를 시도할 수 있게 됩니다. 구운 고기를 도마 위에서 천천히 식히는 대신 마리네이드에 담가 주는 겁니다. 일반적인 레스팅의 기대 효과는 육즙의 손실을 줄이는 데에 그칩니다. 하지만 리버스 마리네이드는 손실된 수분을 보강하는 동시에 고기에 간을 배게 하며 레스팅에 걸리는 시간도 단축시킵니다. 고기가 너무 빠르게 식어 버리는 것을 원하지 않는다면 수비드 기계를 이용해 레스팅용 마리네이드의 온도를 50~60여℃ 정도로 유지하여 사용할 수도 있습니다. 더불어 마리네이드 대신 향미유를 이용할 수도 있습니다.

단백질의 염용(salting-in)과 염석(salting-out)

콩 단백질을 응고시켜 두부를 만드는 가공법은 단백질의 '염석' 효과를 이용하는 것입니다. 염석 상태가 되어 수분을 뱉어내고 덩어리로 침전되게끔 높은 농도의 염류를 첨가해주는 겁니다. 염류 첨가량이 고농도에 도달하여 염석 효과가 일어나기 전까

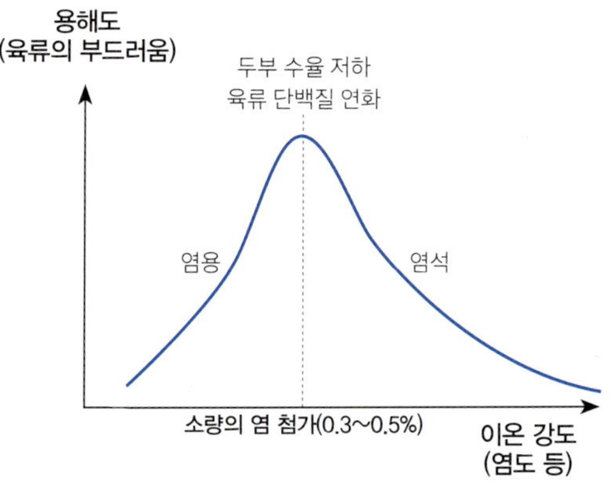

지는 '염용'이 발생하는데, 염용 상태에서는 염류에 잘 녹는 '염용성 단백질'(미오신, 액토미오신 등)이 추출되고 서로 3차원 구조를 이루어 육류나 어류의 단백질을 촉촉하고 쫄깃하게 합니다(그 자체가 적당한 고삼투압 구조가 되어 주변의 수분을 끌어당기며, 가열 시에도 수분을 놓아주지 않으려는 특성을 발휘합니다). 따라서 서비스 전 생선에 소량의 소금을 쳐 두면 이튿날 쫄깃하고 좋은 식감의 생선 요리를 만들어낼 수 있으며, 육류를 양념이나 브라인에 재워 두는 과정에 있어서도 염용이 양념육의 식감을 부드럽게 하고, 조리 과정에서 수분을 더 많이 붙잡고 있게끔 합니다. 한 유명 고깃집 프랜차이즈에서는 식품용 분무기에 레드와인을 담아 고기에 뿌려놓게끔 하는데(붉은 색상 유지, 잡내 커버), 이러한 용도의 레드와인에 0.3% 정도의 맛소금과 0.1~0.2% 정도의 핵산IG를 타서 사용하면 고기 풍미와 식감 모두 훨씬 좋아집니다.

· **염류** 나트륨, 칼슘, 마그네슘 등 여러 무기질을 의미함

• 육류를 브라인이나 양념에 재워두면 육류의 설탕 흡수에 의한 보수력 증가, 효소의 작용(연육), pH에 의한 영향(등전점 원리) 등에 따른 효과를 기대할 수 있습니다.

단백질의 염용

방법 구이용 생선 및 육류 기준 0.3~0.5% 염도, 생선은 30분~2시간, 육류는 6~12시간 냉장숙성

효과성 근섬유의 수분 유지력 증가, 보수력이 좋아지며 가열 조리시에도 촉촉함을 비교적 더 잘 유지

숙성 없이 간 잘 밴 볶음 요리 하는 법

① 재료 500g 기준 전분 20g 비비듯 무치기

② 기름 둘러 예열한 팬에 재료 넣고 볶기

③ 소스 넣어 볶기

효과 요리의 색이 먹음직스럽게 짙어 지며 윤기가 돎, 볶은 풍미가 배가됨, 재료에 간이 잘 배어듦, 채소가 들어가 국물이 많이 생기는 요리를 눅지게 만들어 먹음직스럽게 함(물이 많이 나오는 낙지볶음 등 해산물 볶음류에도 효과적).

육류 부위별 활용 요약

[닭]

- **일반 생닭** 28~35일 사육, 옅은 육향, 부드러운 식감, 튀김·구이용, **단가** 중
- **노계** 80~100주 사육(산란 후 폐계), 강한 육향, 질긴 육질, 육수용, **단가** 중·하
- **토종닭** 90~120일 사육, 진한 육향, 쫄깃한 육질, 백숙·삼계탕·닭곰탕(고급), **단가** 상

[돼지]

- **앞다리(전지)** 육향 진하고 쫄깃, 적당한 지방

  사업적 용도 돼지국밥, 제육볶음 등

  단가 중·하

  한마디 "삼겹살 절반 가격으로 그럭저럭 괜찮은 육향 확보"

- **뒷다리(후지)** 담백하고 질김, 지방 거의 없음

  사업적 용도 수육, 햄, 장조림 등

단가 하(앞다리 대비 절반 수준)

한마디 "육향, 식감 모두 떨어지지만 타 부위와 섞어 양 불리기에 적합"

· 족발도 뒷다리보다 앞다리를 써야 더 부드럽고 맛있음

• **목살** 고소함, 지방이 많고 연함

사업적 용도 구이, 제육, 수육 등

단가 중·상(후지 3배 수준)

한마디 "등심과 목심 사이 경계부인 가브리살 보쌈 맛집 존재"

• **삼겹살** 고소함, 지방층 두텁고 명확함, 기름짐

사업적 용도 구이, 수육 등

단가 중·상(목살보다 조금 비싼 수준)

한마디 "여름철, 비성수기에는 목살보다 저렴해짐, 참고"

• **등심** 육향 약하고 육질 부드러움, 담백함

사업적 용도 돈까스, 볶음

단가 중·하(후지보다 조금 비싼 정도)

한마디 "감칠맛이 잘 우러나오지 않아 육수, 국물 요리에는 부적합"

⬭ 소

부위별 육수 적합성(육향 기준) 양지 > 사태 > 목심 > 갈비 > 우둔 > 등심
부위별 구이 적합성(식감, 지방 기준) 등심 > 갈비 > 목심 > 양지 > 우둔 > 사태

전략 일반적으로 암소가 육즙과 마블링이 풍부해 부드럽고 풍미가 강해 선호되지만 숫소를 쓰나 암소를 쓰나 풍미에 별 차이가 없는 특정 부위가 있음. 이러한 부위를 선택해 메뉴를 구성하되 숫소를 이용하면 육류 원가를 15~20% 절감할 수 있음.

• **양지** 육향이 매우 진하고 감칠맛 성분 많음, 지방 양 적당함

사업적 용도 육수용

단가 중·상~상

한마디 "진하고 맛있는 육수를 위한 대표 부위"

• **사태** 육향 진하고 쫄깃함, 콜라겐·젤라틴 풍부함, 담백함

사업적 용도 대중식당 육수용(특히 진한 입촉감), 육개장·국밥·냉면 등,

양지와 함께 사용해 원가 부담 절감

단가 중·하(양지의 60% 정도)

한마디 "콜라겐, 젤라틴 함량 압도적으로 높아 곰탕·설렁탕에 필수인 부위"

- **우둔** 육향 약하고 담백함

  사업적 용도 불고기, 비빔밥, 육회 등

  단가 중(사태보다 조금 비싼 정도)

  한마디 "공급이 많고 육회용으로 수율 좋은 부위"

- **목심(척롤)** 육향이 진하고 쫄깃하며, 지방이 많아 고소함

  목심 보다는 부채살, 척아이롤, 꾸리살, 삼각살 등으로 나누어 판매

  사업적 용도 구이, 불고기, 찜, 국밥, 육개장 고기 등

  단가 중(사태와 비슷, 부위에 따라 조금 더 비싸거나 저렴함)

  한마디 "꽃목살은(육향·식감) 부드러운 구이, 부채살(육향·식감)은 쫄깃한 구이·불고기,

  꾸리살(육향)은 육수"

- **등심** 육향이 진하고 육즙이 많으며 지방 양은 적당함

  사업적 용도 스테이크, 고급 수육, 고급 탕류 고명 등

  단가 상

  한마디 "꽃등심>윗등심>아랫등심>등심외곽"

- **갈비** 단맛과 감칠맛이 강하며 지방이 풍부함

  사업적 용도 갈비탕, 구이 등

  단가 상(뼈 무게 제외, 실제 육량 대비 단가 매우 높음)

  한마디 "꽃갈비(늑간)>중갈비(6~8번)>뒷갈비(9~13번)>앞갈비(1~5번)>제비추리/안창살"

2 갓 수확한 채소가 맛있는 이유

육류는 썩기 직전에 맛있는데 채소는 왜 갓 수확한 것이 맛있을까요? 육류와는 달리 채소는 수확 후에도 살아 있기 때문입니다. 흙에서 바로 수확한 채소는 수분감이 풍부하고 단맛이 강하지만 저장 과정에서 에너지와 당을 소모하며 점차 맛이 없어집니다. 특히 저장 중에 싹이 돋는 파나 양파 같은 작물은 다른 채소보다 더 빠르게 당을 소모합니다. 옥수수나 완두콩은 수확 후 불과 수 시간~반나절만에 절반 이상의 당을 소모해 버리기도 합니다. 채소의 당 소모는 수확 후 24시간 동안 특히 빠르게 일어나며 온기와 빛은 채소의 당 소모를 가속화합니다. 저장 후 시간이 지난 채소를 이용해 요리를 할 때에는 기존 레시피에 설탕을 조금 더해 맛 밸런스의 불균형을 어느정도 막을 수 있습니다.

넷플릭스 프로그램에도 출연하며 '팜 투 테이블의 선구자'라 불리는, 미국의 댄 바버 셰프는 농장을 운영하며 갓 수확한 채소를 그의 레스토랑 〈Blue hill at stone barns〉에서 제공하고 있습니다. 레스토랑의 메뉴 중에는 베이비 채소에 소금간만 하여 내어 주는 요리가 있는데 고가의 미슐랭 스타 레스토랑과는 어울리지 않는 단순한 구성임에도 많은 방문객들에게서 '태어나 먹어 본 가장 맛있는 채소'라는 좋은 후기들을 이끌어 내고 있습니다. 댄 바버 셰프는 코넬대학교 연구진과 협업하여 맛이 좋은 채소 품종을 개발하고 개량하는 데에도 힘쓰고 있습니다. 인근의 농장들은 록펠러 재단의 후원을 받는 것으로 알려져 있습니다.

한편 저장 기간이 길어지면서 채소가 상처를 입으면 효소 반응이 일어나게 되는데 이에 의해 이취가 발생하기도 합니다. 셰프들의 맛집으로 알려져 있는 서울 '미로식당'의 박승재 셰프님은 요리에 사용할 채소를 주문과 함께 손질하기 시작합니다. 효소 반응에 의한 채소 신선도 저하를 최소화하고 고객에게 최상의 요리를 내어 주기 위한 노력입니다.

갓 수확한 채소를 사용하는 것보다 더 중요하게 신경 써야 하는 것이 바로 '제철'입니다. 가령 배추나 무는 늦가을부터 초봄 사이의 것이 조직이 단단하며 단맛과 고유의 향이 강해 여름 배추나 무보다 맛이 월등하게 좋습니다. 겨울 배추와 무를 이용해 개발한 레시피에 여름 배추와 무를 그대로 대입하면 요리의 맛이 아예 바뀌어 버립니다. 그 차이는 설탕을 더해 주는 정도로는 극복하기 어렵기 때문에 계절이 바뀌면 메뉴를 통째로 바꾸거나 채소 구성을 제철인 것으로 교체하는 등 섬세한 대처가 필요합니다. 겨울에는 강수량이 적고 기온이 낮아 채소 스스로 수분을 잃거나 얼어 버리지 않기 위해 당액을 많이 비축합니다(용질이 섞인 '결합수'는 잘 증발하지 않습니다). 여름철에 비교적 기온이 낮은 고랭지의 배추나 무가 다른 지역의 배추와 무보다 상대적으로 맛이 좋은 이유도 같은 맥락에 있습니다.

농산물 유통정보
(www.kamis.or.kr)

요리에 대한 고찰이 깊어질수록 육류→해산물→채소 순으로 식재료에 대한 관심이 깊어진다고 합니다. 많은 사람들이 조리법 정보는 쉽게 구해도 재료에 대한 자료는 어디서 접할 수 있는지 잘 알지 못합니다. KAMIS를 통해 품종 정보, 제철, 시세, 유통 과정, 보관법이나 손질법, 요리법 등 채소와 식품 트렌드에 대한 다양한 정보와 자료를 접할 수 있습니다.

◙ 보관은 이렇게

· 다듬지 않은 생것은 신문지에 싸서 냉장고에 보관하면 3~4일 정도 보관할 수 있음
· 시간이 지나면 딱딱해지고 맛이 떨어지기 때문에 바로 먹는 것이 좋으며, 장기간 보관 시에는 데친 후 밀봉하여 냉동실에 보관함

◙ 손질은 이렇게

· 두릅 밑동을 감싸고 있는 나무껍질을 잘라줌
· 밑부분을 돌려 깎으면서 한번 더 손질함
· 두릅에는 가시가 있는데 이 부분도 칼로 제거함
· 끓는 물에 소금 1큰술을 넣고 줄기 부분부터 넣어주며, 1분정도 데친 후 찬물에 헹궈 물기를 꼭 짬

◙ 활용은 이렇게

용도	활용메뉴
밥, 죽, 면	부추 양념장 두릅밥, 두릅초밥, 두릅 멍게비빔국수
국, 탕, 찌개	두릅 된장국, 전복 두릅탕, 두릅 된장찌개
숙채	두릅숙회
전, 튀김	두릅전, 두릅육전, 두릅장떡, 두릅튀김
김치, 장아찌	두릅김치, 두릅장아찌
기타	두릅주스, 두릅 차

소비자상식

번호	제목	첨부	작성일	조회수
2756	[aTFIS 식품시장 뉴스레터] 푸드테크	⬇	2022-08-26	1,711
2755	[aTFIS 식품시장 트렌드픽] 캠핑 식품	⬇	2022-08-11	1,644
2754	[aTFIS 식품시장 트렌드픽] 닭고기 식품	⬇	2022-08-11	1,259
2753	[aTFIS 식품시장 트렌드픽] 해외게임사업과 식품시장	⬇	2022-07-28	1,291
2752	[aTFIS 식품시장 뉴스레터] 편의점 식품	⬇	2022-07-21	1,823
2751	[aTFIS 식품산업 트렌드픽] 식품의 개인화(해외편)	⬇	2022-07-15	1,818
2750	[aTFIS 식품산업 트렌드픽] 식품의 개인화(국내편)	⬇	2022-07-01	1,527
2749	[aTFIS 식품시장 뉴스레터] 단백질 식품(체중관리용)	⬇	2022-06-23	1,368
2748	[aTFIS 식품산업 트렌드픽(해외편)] 글로벌 식품패키지	⬇	2022-06-16	1,365
2747	[aTFIS 식품산업 뉴스레터] 음료	⬇	2022-05-27	1,731
2746	[aTFIS 식품시장 뉴스레터] 커피	⬇	2022-05-20	1,255
2745	[aTFIS 식품산업 트렌드픽] 스낵과자	⬇	2022-05-20	1,068

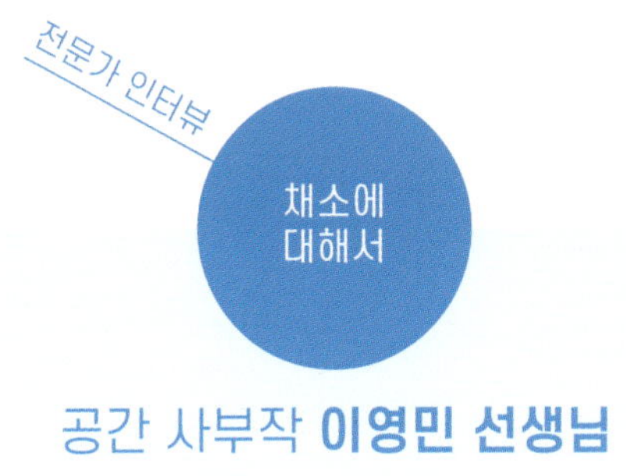

공간 사부작 **이영민 선생님**

Q. 공간 사부작에서 어떤 일을 하고 계신가요?

음식을 공부하는 부암댁 이영민입니다. 공간 사부작을 통해 잘 먹는다는 것은 무엇인지 고민하며 다양한 사람들과 식(食)에 대한 생각을 나누고 있습니다. 곰곰이 생각해 보면 식사를 통해 우리가 음미할 수 있는 것은 음식의 맛뿐만이 아닙니다. 매일 상 위에 오르는 밥은 쌀로 지은 것이며 쌀은 한때 벼였고 벼는 땅 속의 볍씨였습니다. 밥은 우리 몸에 들어와 에너지가 된 후 쓰임이 다하면 변과 물이 되어 땅으로 돌아갑니다. 눈 앞의 밥은 땅에서 나온 생명이 다시 땅으로 돌아가는 과정의 한 시점에 속합니다. 눈앞의 어떤 광경이나 상태가 아니라 그 장면과 연결되어 있는 과정 전반을 이해하고 음미하는 것이 진정 '잘 먹는 것'이라 생각하며 채식과 식문화에 대해 연구하고 있습니다.

Q. 갓 수확한 채소가 맛있다는 이야기에 얼마나 동의하시나요?

갓 수확한 채소는 그 생의 정점에 있어 싱싱하고 향미가 강렬해 맛이 좋습니다. 하지만 생의 정점에 있다고 해서 무조건 맛이 좋다고만 볼 수 없습니다. 개개인의 취향과 작물의 종류에 따라 기호도에는 개인차가 있을 수 있습니다. 봄에 우리는 주로 채소의 잎을 먹는데 잎은 갓 수확한 것이 맛이 좋습니다. 여름엔 주로 열매를 먹는데 채 익기 전 수확한 열매는 후숙하여 먹으면 더 맛이 좋습니다. 가을엔 잘 익은 열매나 뿌리를 먹게 되는데 가을에 수확한 고구마나 호박 같은 작물은 저장 중에 단맛이 상승하여 맛이 더 좋아지기도 합니다.

용도에 따라 장기간의 저장이 장점을 극대화하는 다른 작물들도 있습니다. 예를 들어 막 캐낸 양파나 생강, 마늘 같은 향신채는 싱그러울지언정 향미가 또렷하지 못한데 이들을 햇볕에 말리거나 묵혔다가 사용하면 훨씬 진한 풍미를 냅니다. 감자는 쫀득한 점질감자와 포슬한 분질감자로 대별되는데 경험상 점질감자나 분질감자나 수확 직후에는 포슬한 편입니다. 감자의 포슬한 식감을 싫어하는 사람들에겐 감자를 오래 저장했다 먹는 편이 선호에 더 맞을 테니 역시 갓 수확한 것이 무조건 맛이 좋다고만 이야기하기는 어렵습니다.

Q. 제철 채소와 한국의 '절기'에 대해 말씀해 주실 수 있나요?

계절이 1년을 봄, 여름, 가을, 겨울 4개로 나누는 것과는 달리 절기는 조금 더 섬세하게 1년을 24등분하는 개념입니다. 불과 보름새 무슨 변화가 있겠나 싶을 지 모르겠지만 땅과 하늘에서는 시시각각 변화가 일어납니다. 땅 위 한 자리에 머무르는 식물에게는 변화를 예민하게 받아들여 발 맞춰 성장하는 것이 생존 전략입니다. 채소의 '제철'이란 그러한 변화의 한 시점을 가리키며 흔히 어떤 채소가 인간에게 가장 맛이 좋게 느껴지는 때를 일컫습니다.

식물의 일생도 인간의 것과 비슷합니다. 인간도 태어나 성장하고 신체적 정점에 도달하여 무르익다 서서히 힘을 잃고 생을 마감하게 되듯 식물도 싹을 틔우고 자라 생의 정점에 도달하며 열매를 맺고 가을을 거쳐 겨울에는 무르익은 열매를 떨굽니다. 그 일련의 과정, 즉 '생애 주기'에 따라서 같은 식물이라도 잎이나 줄기, 꽃, 열매 등 맛이 좋은 부위가 달라집니다. 채소를 맛있게 먹기 위해서는 생애 주기 속에서 각 부위별 전성기를 찾아야 합니다.

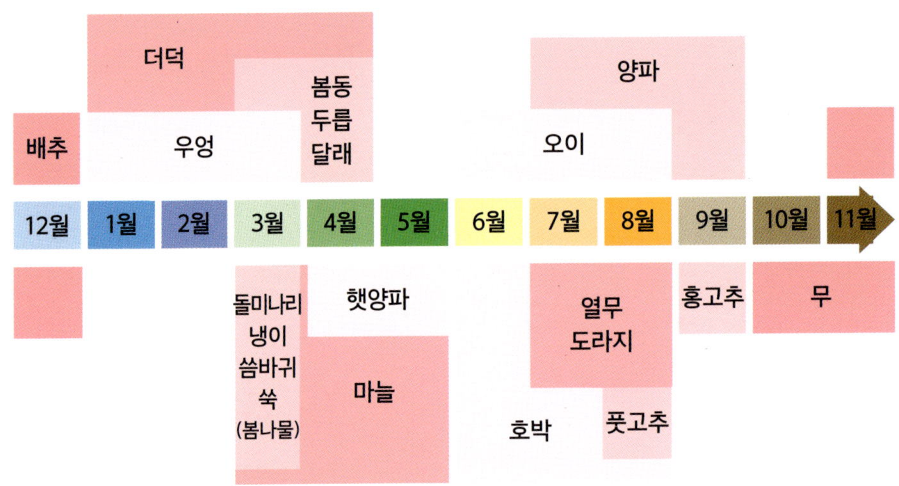

• 소비자 기호와 산지 기후에 따라 채소의 제철도 상이함

Q. 제철 채소에 대해 사람들이 알았으면 하는 점이 있을까요?

제철 채소가 맛이 좋은 건 합리적이고 당연한 순리입니다. 자라는 때가 있는 것을 사시사철 먹으려 그 외의 시기에 심으면 맛이 좋지 못합니다. 예를 들어 무와 배추는 가을, 겨울에 자라는 작물이니 여름에는 맛이 좋지 못하고 여름에 영양을 잎에 집중시키는 열무는 여름이 수확해 먹기에 적기입니다. 우리가 자연과 가까이 지냈다면 제철은 특별한 게 아니었을 겁니다. 산과 들에 나가면 펼쳐져 눈에 띄는 것들이 제철 그 자체이니까요. 한편 딸기의 본래 제철은 5~6월인데 그 시기에 수확하면 잘 물러진다는 이유로 겨울에 하우스 재배를 하는 행태가 일반적이게 되었습니다. 딸기의 제철이 겨울인 것으로 잘못 알고 있는 사람이 많아 안타깝습니다.

Q. 품종은 채소의 맛에 얼마나 큰 영향을 미치나요?

채소의 맛은 품종에 따라서도 달라집니다. 토마토의 경우 알맹이가 큰 플럼 계열 품종은 씨앗의 비중이 작아 수분이 적고 과육이 두꺼우며 신맛과 감칠맛이 강해 소스를 만드는 데 적합합니다. 방울토마토는 단맛이 강한 편이라 샐러드로 생식하기 좋습니다. 소스를 만들 때 두 계열의 토마토를 섞어 사용하면 두 품종의 장점을 조화롭게 이용할 수 있습니다. 감자 또한 점질과 분질로 대별되어 품종에 따라 식감 차이를 냅니다.

품종보다 땅과 날씨, 농부님의 '돌봄'이 농작물의 맛 특성을 가르는 더 큰 요인으로 작용하기도 합니다. 농부님의 돌봄이란 반드시 풍부한 영양과 물, 일조량을 의미하는 것은 아닙니다. 오히려 너무 좋은 환경에서 곱게 자란 채소는 맛이 좋지 않습니다. 억세고 거친 떼루아에서 수확한 포도로 만든 와인이 더 풍미가 좋은 것처럼 채소 역시 시의적절한 돌봄에 의해 좋은 향미를 갖게 됩니다. 적절한 시련과 양분이 교차되어야 하지 시련만 반복되거나 양분만 풍부해서는 안 됩니다.

· **떼루아** 토양, 기후 등의 환경 조건을 일컫는 말

기술만으로는 충분하지 않다는 것,
그 철학은 애플의 DNA에 내재해 있습니다.
가슴을 울리는 결과를 내는 것은
인문학과 결합된 과학기술이라고
우리는 믿습니다. ”

〈스티브 잡스〉, 월터 아이작슨

월터 아이작슨에 의하면 스티브 잡스는 다빈치를 롤모델로 삼았으며
그 둘의 천재성은 '예술과 과학'을 구별하지 않는 데 있다고 합니다.
수많은 명화를 남긴 다빈치는
광학, 해부학, 건축학 등의 과학 지식을 그림을 그리는 데 활용했고,
애플을 이끈 스티브 잡스 역시 살아 생전 예술의 가치를 높이 샀습니다.
저의 관점에서 요리는 예술에 인접해 있고 식품은 공학에 가깝습니다.
두 업계 간의 교류와 상호 수용이 필요합니다.

7장

개화(開化): 식품기술의 수용

"식품 지식은 풍미, 식감, 코스트 등
여러 측면에서 요리에 도움이 됩니다."

내 떡이 더 크게 보일 수는 없을까 식품과 요리

1 잘 섞는 게 경쟁력

　VUCA화되어 예측이 어려워진 현대에 수십 년 외길 수련은 자랑거리가 아니게 되었습니다. 우리는 다양한 분야에 관심을 갖고 천진한 아이처럼 세상을 바라보며 끊임없이 배워야 합니다. 디자인, 브랜딩, 조명과 인테리어, 심리학 등 요리사에게 득이 될 다양한 분야가 존재하며 식품도 그 중 한 부분에 속합니다. 외식업계와 식품업계는 먹을 수 있는 상품을 제공한다는 점 외에는 서로 다른 고유의 전문성을 갖습니다. 다만 외식업계에서 식품 기술을 받아들이면 얻을 수 있는 이점은 큰 반면 생산 방식 둥의 한계 때문에 식품업계가 요리사에게 얻을 수 있는 것은 많지 않습니다. 한

쪽 업계에서 얻을 이점이 더 크기 때문인지 두 업계 간의 교류는 거의 일어나지 않습니다. 요식업계에서 적극적으로 나서서 식품 지식과 기술에 대해 학습하고 받아들이려 노력하는 수밖에 없습니다. 식품 기술을 이용하면 기존의 조리법으로는 할 수 없던 많은 것들이 가능해집니다. 식품 지식은 풍미, 식감, 코스트 등 여러 측면에서 요리에 도움이 됩니다.

- 변동성(Volatility), 불확실성(Uncertainty), 복잡성(Complexity), 모호성(Ambiguity)의 약자로 미육군이 변화무쌍하여 예측이 불허한 현대사회를 가리켜 처음 사용한 용어입니다.

2 식품 소재의 요리 적용

책 전반에 걸쳐 소개하지 못한 식품 조미 소재에 대해 다룹니다. 식품 소재는 대체로 대량으로 B2B 거래되기 때문에 요리사가 쉽게 구해 사용할 수 없습니다. ES식품원료에서는 이례적으로 식품 소재를 소분하여 판매하고 있어 다양한 식품 원료를 구입해 사용해 볼 수 있습니다. 더불어 한국 식자재연구소 네이버 스마트스토어에서는 다양한 농축액, 향료 등의 식자재 구매가 가능합니다.

ES 식품원료
(www.esfood.kr)

한국
식자재연구소

세상에서 가장 맛있는 단일 조미료: HVP(Hydrolyzed Vegetable Protein)

MSG는 대표적인 아미노산계 감칠맛 성분으로 글루탐산이라는 한 종류의 아미노산 맛을 냅니다. 반면 HVP는 20여 종의 아미노산으로 이루어진 단백질을 통째로 분해하여 만드는 조미 소재입니다. HVP는 콩나물국의 시원한 감칠맛을 내는 아스파트산을 포함해 단맛과 쓴맛을 내는 다양한 아미노산 조성을 가져 풍미 전반이 다채롭고 복합적입니다. HVP는 식물의 단백질을 분해하여 만드는데 대표적인 것이 콩 HVP, 밀 HVP와 콘(옥수수) HVP입니다. 주로 B2B 소재로 유통되며 아미노산액, 간장분말 등의 이름으로 판매되고 있습니다. 샘표식품 영업부로부터 밀단백 추출물, 콘단백 추출물 등의 HVP 구입이 가능하며, HVP 같은 기초 조미료로 활용 가능한 '콩발효 맛내기 분말' 등을 구입할 수 있습니다.

· '간장분말'이 모두 HVP인 것은 아닙니다. 일반적인 간장 분말은 간장을 S.D(Spray-Dry) 처리하여 만듭니다.

인산염: 다짐육 요리를 쫄깃하고 탱글하게

인산염은 단백질의 구조를 견고하게 묶고 단백질의 수분을 보호(보습)합니다. 인산염을 소시지, 어묵 등 다짐육에 첨가해 조리하면 육질이 쫄깃해져 탱글한 식감을 갖게 되고 육즙이 보존되어 촉촉해집니다. 우리가 편의점 등에서 구입하는 핫바나 소시지, 어묵 같은 대부분의 어·육 가공품에 인산염이 첨가되고 있습니다. 인산염은 식품업계에서 가공육에 흔히 사용하는 첨가물입니다. 한 미슐랭 레스토랑에서는 소시지부터 빠떼, 테린까지 다진 고기나 생선이 들어가는 모든 요리에 인산염을 첨가합니다. 메타인산염, 피로인산염 등의 이름으로 판매되며 사용량은 다짐육 중량 대비 0.1~0.4%입니다. 폴리인산염은 더 복잡한 구조를 가진 인산염으로 단백질에 작용하는 힘이 다른 인산염에 비해 더 강합니다. 수비드 조리할 육류에 인산염을 첨가하면 더욱 촉촉하고 부드러운 결과물을 기대할 수 있습니다. 한식에 있어서는 떡갈비, 양식에 있어서는 함박 스테이크 등에 인산염 첨가가 가능하며, 로스구이 업장에서도 염지액에 인산염을 혼합해 병용이 가능합니다. 인산염이 스민 고기는 수분을 꽉 붙잡으려는 성질이 강해져 굽는 과정에서의 로스율도 적어집니다.

- **빠떼** 흔히 파이 반죽 등에 고기, 생선, 채소 등을 간 것을 채워 굽는 요리
- **테린** 고기 등을 으깨어 묵 형태로 굳힌 요리
- 인산염은 식품업계에서 육가공품의 보수력·식감 향상 외에도 여러 용도로 사용됩니다(지방의 산패 등 이화학적 변질을 유발하는 금속이온의 봉쇄, pH 완충 등).

다양한 농축액

주방에서는 뭉근하게 졸인 육수를 흔히 활용합니다. 다이닝에서는 쇠고기나 치킨 육수에 향신채를 넣고 중량 대비 1/3~1/5이 되도록 졸여 만든 쥬(jus)를 소스의 베이스로 사용하기도 하고 소라 등 해산물을 찌는 과정에서 나온 육수를 졸여 수프를 만들기도 합니다. 원물을 졸여 만든 농축액은 유통 기한이 길고 품질이 일정해 식품업계에서도 두루 사용합니다. 주방에서 일일이 만들기에 현실적 어려움이 있는 다양한 농축액들을 구입하여 요리에 활용해 볼 수 있습니다.

올레오레진 캡시컴

올레오레진이란 식물성 원료로부터 목적하는 성분을 추출하고 농축액을 뜻합니다. 요리에 공감각을 부여할 목적으로 청양고추나 케이엔 페퍼와 더불어 '올레오레진 캡시컴(캡사이신)'을 이용할 수 있습니다. 스코빌 지수 1,000,000SHU에 달하는 올레오레진 캡시컴이 존재합니다. 소스나 찌개 요리 등에 첨가하여 공감각 입체화에 의한 중독성을 부여합니다. ES식품원료 등의 식품소재 소분 사이트로부터 '올레이오레진 캡시컴(캡사이신)'을 구입해 요리에 매운 입촉감을 부여하는 데 활용할 수 있습니다. '캡사이신'이라 검색하면 수용성과 지용성 두 가지 타입을 발견할 수 있는데, 지용성은 입에 머무르는 시간이 길어 더 맵고, 수용성은 지용성 대비 덜 맵지만 '맵다'는 감각을 빠르게 전달하며 뒷맛이 깔끔하다는 장점을 갖습니다. 새콤한 핫소스류 등 뒷맛이 깔끔하되, 매콤함이 초입에 느껴지는 편이 좋은 딥핑 소스류에는 수용성 캡사이신이 좋고, 볶음 등의 가열요리에는 내열성이 좋은 지용성 캡사이신을 사용해야 합니다.

주방에서는 청우식품의 캡사이신 소스를 구입해 사용할 수도 있습니다(캡사이신 약 3.4% 및 몇 가지 단맛 성분을 함유한 일종의 매운 소스). 올레오레진 캡시컴은 식품에 0.1~0.2% 사용하는 등 극미량만 사용해야 하기 때문에 적용 및 희석이 어려우나, 청우식품의 캡사이신 소스는 소량의 캡사이신을 함유한 일종의 소스이기 때문에 맛을 봐 가며 요리에 첨가하기 용이합니다. 청우식품 소스에는 지용성 캡사이신이 사용되었을 것이기 때문에(대부분의 연구원들이 수용성과 지용성 캡사이신의 용도 차이를 구분하지 못하며 원가 대비 효율을 따져 지용성 캡사이신을 사용하고 있음) 수용성 캡사이신이 필요한 경우 ES식품원료에서 구입해 활용합니다.

3 식품 설비와 기술

식품 제조업의 각종 설비와 기술은 주방에서는 불가능한 많은 작업들을 가능하게 합니다. 공장들은 높은 MOQ를 요구하기 때문에 영세한 레스토랑이 그 설비와 기술을 이용하기에는 어려움이 따르지만 이들 기술의 존재를 인지하고 필요로 하는 요리사가 늘어 집단을 형성한다면 외식업체를 대상으로도 B2B 거래를 원하는 공장들이 생겨날 수 있을 것입니다. 더 다양한 기술들이 이용될 수 있는 미래 주방을 구상해야 합니다.

· **MOQ** Minimum Order Quantity, 최소 주문량을 의미합니다.

다양한 농축 기술

주방에서는 걸죽하고 진한 소스나 요리를 만들기 위해 흔히 가열해 졸이는 방법을 이용합니다. 그리고 먹거리에 가해진 열은 향미의 손상을 야기합니다. 비교적 안정된 아미노산 같은 맛 성분조차 장시간의 가열에 의해 파괴되며 향은 더욱 열에 취약합니다. 졸이기 과정에서 수분이 줄어들면 요리의 농도는 증가하게 되는데, 끓는점은 농도에 비례하여 상승하므로 더 진하게 졸이려 할수록 액체 속 성분들은 높은 열에서 더욱 빠르게 파괴됩니다.

주방에서 요리를 농축하는 데 달리 사용할 방법도 없지만 가열은 좋은 농축 방법이 아닙니다. 반면 식품업계에서는 열에 의한 손상을 최소화할 수 있는 다양한 농축 기술을 사용하고 있습니다.

감압 농축	농축관 내의 압력을 조절하여 끓는점을 적절히 낮추어 액체를 낮은 온도에서 끓여 농축하는 방법입니다. 감압 농축법을 이용하면 50℃에서 우유를 농축할 수 있습니다(산업계 농축 공정의 대부분이 감압 농축).

| 동결 농축 | 액체의 수분을 동결하여 제거하는 농축 방법입니다. 액체를 냉동시키면 순수한 물 부분부터 먼저 얼기 시작하는데 원심분리기나 체를 이용해 얼음 결정을 걸러내면 액체에서 물만 분리해내어 농축할 수 있습니다. |

· 농축될수록 얼음 결정 생성 온도가 계속해서 낮아지는 '빙점 강하'가 발생하며, 그 온도를 계산하기 상당히 까다로워 널리 상업화되지 못하였음. 원료의 향을 가장 생생하게 지켜낼 수 있는 농축법이나, 난이도가 높고 타 농축법에 비해 진한 농축이 불가하다는 한계(40brix 전후)를 가짐.

| 역삼투 (막분리) | 물만 통과할 수 있는 미세한 막을 중심으로 양편에 물과 액체를 넣고 액체 부분에 삼투압 이상의 압력을 가하면 액체에서 물이 빠져나가며 농축됩니다. 삼투 현상을 역으로 적용시킨 기술로 가열 없이 액체를 농축할 수 있습니다. |

다양한 건조 기술

일반적인 건조 과정에서는 먹거리의 비타민과 색소가 파괴되어 영양학적 가치가 저하됩니다. 또한 의도하지 않은 갈변 반응이 일어나고 지방의 산패에 의해 불쾌취가 발생할 수 있습니다.

| 분무 건조 SD (Spray-Dry) | 액상 상태의 식품을 미세한 입자로 건조실에 분무하여 열풍과 접촉시켜 수 초의 짧은 시간동안 건조하는 방법입니다. 건조 시간이 짧아 영양의 보존에 유리합니다. 분유, 즉석 커피 등의 식품을 만드는 데 사용합니다. |

| 동결 건조 FD (Freeze-Dry) | 냉동한 원료의 얼음을 승화시켜 건조 제품을 얻는 방법으로 영양과 향의 보존에 유리합니다. |

| 진공 농축 및 건조 | 밀폐실에 식품을 넣고 실내 압력을 진공으로 유지해 건조합니다. 진공 상태에서 과일즙은 30~40℃에서도 끓기 때문에 향의 손실을 최소화하면서 농축 및 건조 작업을 수행할 수 있습니다. |

초고압: 가열 없는 살균법

가열은 미생물을 사멸시켜 보관중인 재료나 소스, 요리의 맛이 변질되는 것을 막을 수 있는 가장 간단한 방법입니다. 소스, HMR 등 대부분의 식품이 가열 살균 과정을 거쳐 만들어지는데 그 과정에서 식품의 향이 저하되고 살균취 같은 이취를 갖게 되기도 합니다.

· 가열 살균 전 연구소에서 소량으로 만든 식품은 대개 공장에서 생산된 제품보다 훨씬 맛이 좋습니다.

초고압 살균은 플라스틱 백 등 유연한 포장재에 제품을 넣고 엄청난 고압을 이용해 미생물을 사멸시키는 방법으로 일련의 과정에 가열이 필요하지 않아 향미가 보존된 고품질의 식품을 만드는 데에 사용될 수 있습니다. 500MPa(수심 50,000m의 압력) 이상의 압력에서는 효소 작용이 억제되고 내열성 포자까지 사멸합니다. 초고압은 전분의 호화나 육류의 연육을 일으키기도 합니다. 출시 이래 꾸준히 인기를 끌고있는 풀무원 '아임리얼' 주스 시리즈가 초고압 살균을 적용한 제품이며, 가열하지 않아 향이 휘발하지 않기 때문에 별도로 향료를 첨가하지 않은 것으로 알려져 있습니다(저는 향료가 들어간 주스 맛을 더 선호합니다). 아직은 발전 단계에 있는 기술이라 자외선 조사, 콜드 체인(냉장유통)을 병행한 아임리얼이 겨우 2주의 소비기한을 갖는 상황이지만 초고압 살균 기술이 고도로 발전하면 가열에 의한 영양 파괴 없이도 식품을 살균·유통할 수 있어 식품의 영양학적 가치를 크게 높일 수 있을 것으로 기대합니다. 더불어 파, 양파 등 아삭한 식감이 살아있는 채소를 함께 넣은 파전 믹스를 개발하는 등 가열 살균으로는 구현할 수 없었던 '식감이 살아있는 식품' 개발 역시 가능해졌습니다.

초임계 추출

물에 차를 우려내거나 커피 가루에 물과 고압을 가해 에스프레소를 받는 것, 고추기름이나 파기름 등 향신 오일을 만드는 일 등이 모두 '추출'에 해당합니다. 요리에 있어서 추출은 대부분 열에 의존하므로 향과 맛의 소실이 불가피합니다. 한편 식품업계에서는 초임계 유체를 이용해 30℃ 범위에서 추출 작업을 수행할 수 있습니다. 초임계 유체는 상태가 매우 불안정하기 때문에 온도나 압력에 약간의 변화만 주어도 쉽게 향미 성분과 분리되어 나옵니다. 초임계 유체 추출을 이용하면 고농도 고품질의 추출 작업이 가능합니다.

> · **초임계 유체** 압력을 높여도 액화가 일어나지 않는 높은 온도, 온도를 올려도 기체가 형성되지 않을 정도의 강한 압력 조건에 놓여 그 상태가 액체인지 기체인지 구분할 수 없는 유체로, 이산화탄소 등을 이용해 만듭니다.

다양한 육류 염지법

식품 제조업에서는 원료가 창고나 설비에 들어차 있는 시간 역시 일종의 지출입니다. 식품 제조업에서는 다양한 방법을 이용해 육류의 염지 시간을 단축합니다.

염지액 주사법	염지액을 만들어 직접 고기 조직에 물리적으로 주입시키는 방법
변압 침투법	육류를 염지액과 함께 압력실에 넣고 교대로 압력을 낮추고 높이며 염지액의 육류 침투를 촉진하는 방법
가온 염지법	염지액의 온도를 50℃로 유지하여 염지 시간을 단축하는 방법
마사지&텀블링	육류와 염지액을 텀블러 등의 설비에 함께 넣고 교반하여 염지 시간을 단축하고 육류의 점착성을 향상시키는 방법

4 식품 공학의 요리 적용

식품 제조업에서 흔히 알려진 지식과 이론이 요리 과정 전반의 다양한 현상을 설명할 수 있습니다.

갈변 방지: 효소에 의한 갈변

식품업계에서는 갈변을 크게 비효소적 갈변과 효소적 갈변으로 구분합니다. 전자에는 효소의 관여 없이 발생하는 마이야르 반응이나 카라멜라이제이션 등이 해당됩니다. 효소적 갈변이란 주로 식물성 재료들이 효소에 의해 갈색으로 변하여 퀴퀴한 이취를 발생시키는 현상을 의미합니다. 효소의 작용 원리에 대해 이해하면 여러 식재료에 일률적으로 적용할 수 있는 갈변 방지법이 무엇인지 알 수 있습니다. 효소는 단백질로 구성된 촉매제로, 극소량만으로 화학 반응의 속도를 가속화합니다.

· 효소는 극소량만으로도 작용하기 때문에 자주 문제가 되지만 단백질은 결국 열에 의해 불활성화됩니다.

효소적 갈변 I : 연근, 우엉, 감자, 사과 등 페놀 및 폴리페놀 성분의 갈변

효소는 껍질을 깎은 과일과 채소의 색을 변하게 합니다. 채소나 과일의 갈변에 관여하는 효소는 폴리페놀 옥시다아제(pholyphenol oxidase)와 티로시나아제(tyrosinase)로, 이들 효소의 작용에는 산소가 필요하므로 껍질을 벗긴 과일과 채소는 물에 담가 두기만 해도 갈변이 크게 억제됩니다. 두 효소 모두 수용성으로 물에 잘 녹기 때문에 물 안에서는 기질(페놀 및 폴리페놀 성분)과 결합하기 어렵습니다. 따라서 물에 담그는 것은 단순히 산소만 차단하는 진공 포장보다도 효소적 갈변 방지에 더욱 효과적입니다. 껍질을 깎은 우엉이나 연근의 효소적 갈변을 억제하기 위해 식초물, 소금물 등을 사용하라는 솔루션이 알려져 있는데 이들 모두 근거 있는 방법이지만 물에만 담가두어도 갈변은 충분히 억제됩니다. 신경 써야 할 것은 채소나 과일의 맛 성분이 물로 빠져나오는 것 정도입니다. 맛 성분의 용출을 방지하기 위한 목적으로 소금물이나 설탕물을 사용하는 것은 합리적입니다. 건조 과일이나 곶감을 만들 때처럼 오랜 시간 고온 내지는 상온에서 과일을 방치해야 하는 경우에는 설탕과 비타민C(아스코르브산)를 탄 물에 과일을 담가 두는 것이 유의미합니다. 갈변 억제용 설탕물의 농도는 16%를 추천합니다. 과일의 brix는 7~14로 다양하지만(1brix = 100g 용액 기준으로 1g의 용질이 녹아있다는 뜻, 과일의 용질은 주로 당분이므로 1brix 과일은 100g에 1g 만큼의 설탕 단맛이 나는 과일인 것으로 이해하여도 타당함), 16% 농도의 설탕물에 담가 과일이 조금 더 달아지면 오히려 풍미는 더 좋아질 것입니다. 비타민C(아스코르브산)는 강력한 환원제(산화 방지제)로서, 설탕 용액에 0.2% 가량 첨가해 과일의 갈변 방지 효과를 크게 개선할 수 있습니다. 식품용 아스코르브산은 ES식품원료 등의 식품 소분 사이트에서 쉽게 구할 수 있습니다.

뿌리채소와 과일의 효소적 갈변 억제	가열은 최고의 솔루션
뿌리채소의 갈변 억제 + 맛 용출 방지	소금물에 담가 두기
과일의 갈변 억제 + 맛 용출 방지	설탕물 또는 비타민C 설탕물에 담가 두기

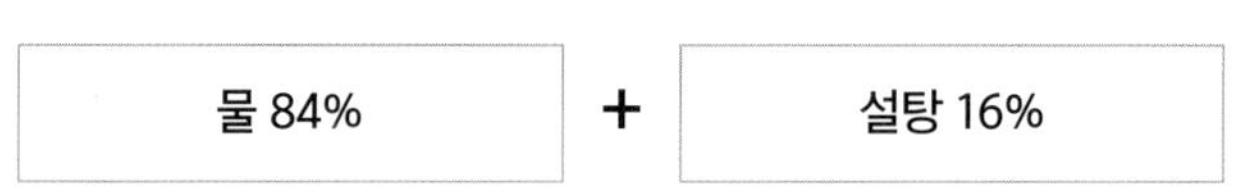

· 갈변은 성가신 반응이지만 너무 미워하지 않아도 좋습니다. 갈변이 잘 될수록 항산화성 등 이로운 효능을 갖는 폴리페놀의 함량 역시 높다는 것을 의미합니다.

효소적 갈변 Ⅱ : 녹색잎 채소의 갈변

녹색잎 채소의 갈변은 뿌리채소의 갈변보다 훨씬 통제하기 까다롭습니다. 녹색잎 채소는 클로로필이라는 초록색 색소를 갖는데 클로로필은 색소들 중 가장 민감하고 쉽게 변합니다. 클로로필의 밝은 녹색을 갈색으로 변화시키는 효소는 클로로필라아제(chlorophylase)인데 시금치처럼 식감과 맛으로 먹는 채소는 데쳐 이 효소를 불활성화시키면 효과적으로 갈변을 방지할 수 있습니다. 다만 바질처럼 향으로 먹는 허브를 오로지 색을 위해 데치는 것은 득보다 실이 큰 일입니다. 향은 가열에 취약하며, 20℃에 보관하던 바질을 100℃ 끓는 물에 담가버리면 바질은 큐텐값(온도 10도 상승시마다 분자 반응 속도는 2~3배씩 더 빨라짐)에 근거해 최소 256배 더 빠른 속도로 그 향긋함을 잃어버릴 것이기 때문입니다.

클로로필은 효소뿐 아니라 산에도 민감합니다. 녹색 채소는 썰어 두기만 해도 채소 자체가 가지고 있는 유기산에 의해 단면이 갈변됩니다. 허브를 갈아 만드는 페스토 같은 소스는 넓은 표면적의 허브 조직이 유기산에 그대로 노출되어 갈변에 더욱 취약하며 페스토에 첨가하는 레몬즙, 식초 등은 클로로필의 갈변을 촉진합니다. 게다가 산은 단백질이 아니기에 가열이 산에 의한 클로로필의 갈변을 막을 수도 없습니다. 차라리 가열하지 않고 향이라도 지켜 두는 편이 낫습니다. 페스토 같은 녹색 허브 소스는 2~3일을 주기로 필요할 때마다 새로이 만드는 것이 향과 색 모두를 즐기기 위한 최선의 방법입니다. 물론 선명한 녹색을 오래 유지하고 싶은 경우 천연색소를 사용해 색을 더해줄 수도 있습니다. ES식품원료에서 '그린칼라'라는 이름의 천연 녹색 색소를 구매해 페스토에 사용할 수 있습니다. 사용량은 0.1%부터 시작해 원하는 색이 나올 때까지 첨가량을 늘려가면 됩니다. 식품공전상 소스에는 최대 2% 미만 사용할 수 있습니다(주방 요리에 식품 첨가물을 사용하는 경우 그 기준은 식품 관련법을 따릅니다, 물론 합법입니다).

펙틴(Pectin)에 대하여: 잼, 젤리부터 감자 요리, 김치까지

과일잼을 꾸덕한 젤리처럼 만들어 주는 데에 핵심적인 역할을 하는 펙틴은 당이 여러 개 결합하여 만들어진 고분자의 탄수화물입니다. 펙틴은 과실과 채소의 세포막에서 셀룰로오스(cellulose)와 함께 과일과 식물 세포의 형태를 견고하고 단단하게 유지하는 역할을 합니다. 쉽게 물러지기로 유명한 오이지를 오래도록 아작하게 먹을 수 있는 방법, 부드러운 감자 퓌레나 포슬한 해쉬브라운에 담긴 식감의 비밀이 바로 펙틴 컨트롤에 달려 있습니다.

펙틴의 젤리화

펙틴은 적절한 농도의 당, 산과 함께 있을 때 젤리화됩니다. 펙틴은 매우 수화되기 쉬워 물을 잘 빨아들이는데 펙틴이 물을 빨아들이는 만큼 단단한 잼은 형성되기 어렵습니다. 설탕은 펙틴이 빨아들여야 할 물을 붙잡아주어 펙틴이 단단한 겔을 잘 형성하도록 합니다. 산 역시 펙틴의 젤리화를 촉진합니다. 산의 수소 원자가(H^+), 펙틴 분자가 서로를 밀어 내는 전기적 반발력(−)을 중화해 굳는 것을 돕기 때문입니다. 과일의 당도는 대부분 12% 전후이므로 잼을 만들 땐 일반적으로 과일 무게 절반에 해당하는 설탕을 더 넣어 줍니다. 당으로는 설탕이나 포도당을 사용할 수 있지만 20℃의 물에 설탕은 최대 67.8% 녹을 수 있고 포도당은 50% 정도밖에 녹지 못하므로 포도당으로만 만든 잼에서는 아작한 결정이 씹히게 될 수 있으니 주의합니다. 펙틴은 3.0의 pH에서 가장 단단한 젤리를 형성하지만 잼의 맛을 고려하면 3.2~3.5 정도가 되게끔 하는 것이 좋습니다(젤리화를 위해서는 pH 3.5 이하가 되어야 합니다). pH가 2.8 이하가 되면 저장 중 펙틴이 변하여 잼이 탄성을 잃고 수분이 새어 나올 수 있습니다.

· **식초의 pH** 3.0~3.5 / 레몬즙의 pH: 2.2
· 펙틴이 형성한 젤리는 가열해도 다시 녹지 않습니다.

당
62~65%

펙틴(Pectin)의
젤리화 삼박자

pH
3.0

펙틴
1.0~1.5%

펙틴은 프로토펙틴, 펙틴, 펙틴산 이렇게 3가지 형태로 존재하는데 그중 펙틴만이 젤리화에 관여합니다. 익지 않은 과일의 펙틴은 주로 프로토펙틴 형태로 존재하며 과일이 익어 가면서 효소 작용에 의해 순서대로 펙틴, 펙틴산으로 변화합니다. 이 변화 과정은 가열에 의해서도 일어나는데 조리 과정에서는 가열에 의해 펙틴이 될 수 있는 프로토펙틴 역시 젤리화에 관여합니다. 따라서 주방에서 잼을 만들 때에는 너무 익지 않은 과일을 고르는 것이 중요합니다. 펙틴산은 더 이상 젤리화에 관여하지 못하므로 푹 익어 펙틴과 펙틴산을 많이 함유한 과숙 과일은 잼을 만들기에 적합하지 않습니다. 다만 정제 펙틴을 따로 첨가해 주면 펙틴이 부족한 과일로도 잼을 만들 수 있으니 잘 익어 향이 풍부한 과일에 정제 펙틴을 별도로 첨가하여 잼을 만드는 것도 좋은 방법이 될 수 있습니다.

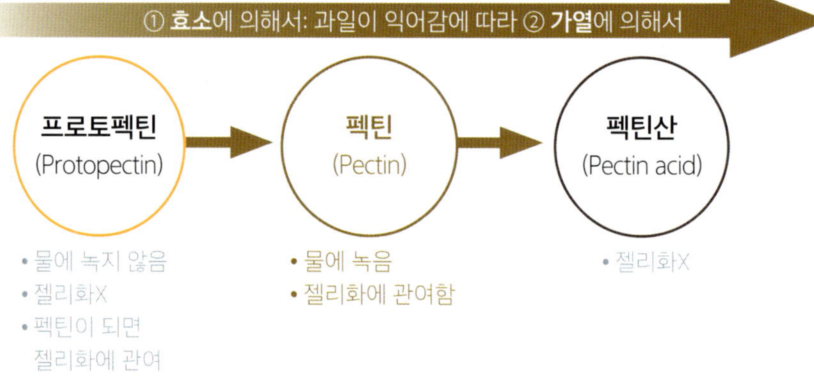

- **덜 익은 과일로 잼 만들기** 과일 100% 기준 설탕 50%, 펙틴(HM) 0.4~0.5%, 레몬즙 1.5~2% 사용
- **하이 메톡실 펙틴(HM펙틴)과 로우 메톡실 펙틴(LM)** 하이 메톡실 펙틴은 당과 산이 있는 조건에서 젤리화합니다. 반면 로우 메톡실 펙틴은 당과 산 없이도 칼슘이온(0.05~0.1%)의 존재 하에 젤리화합니다. 하여 로우메톡실 펙틴은 칼슘과 함께 저당 잼을 만들 때 이용하기도 합니다. HM 펙틴 젤은 부드럽게 스프레딩이 되는 질감을 만들어내며, LM 펙틴은 탱글하고 탄성이 있는 질감을 만들어 냅니다. 일반적인 과일잼을 만드는 데에는 HM 펙틴을 사용함이 적절합니다. ES식품원료 같은 식품 소재 소분 사이트에서 HM 펙틴을 구매할 수 있습니다.

펙틴, 단단해지기: 칼슘과의 결합

칼슘 이온은 펙틴과 결합하여 단단한 겔을 형성합니다. 오이김치 등 쉽게 물러지는 김치를 담글 때 칼슘 제재를 첨가하면 칼슘이 펙틴질과 결합하여 오이가 물러지는 현상을 지연시킬 수 있습니다. 메이저 김치 회사들이 만드는 오이김치에도 칼슘 제재가 들어갑니다. 같은 맥락에서 김치에는 칼슘 함량이 높은 멸치를 액젓이 아닌 육젓 형태로 사용하는 것이 아작한 식감을 얻는 데에 도움이 됩니다(단단한 오이김치를 오래 즐길 수 있는 가장 효과적인 방법은 애초에 작고 단단한 오이를 고르는 것입니다).

한편 감자는 펙틴과 칼슘의 함량이 모두 높아 독특한 특성을 갖습니다. 감자를 썰면 단면에서 흘러나온 칼슘이 펙틴질과 결합하여 단단한 젤리층을 형성합니다. 이 때문에 통째로(내지는 큼직하게 썰어) 삶은 감자로는 부드러운 감자 퓌레를 만들 수 있지만 갈아 버린 생감자로는 뭉근한 가열로도 실크처럼 부드러운 감자 퓌레를 만들 수 없습니다. 생감자를 갈면 포슬한 젤리 입자가 생기며 이 입자는 가열해도 부드럽게 녹지 않습니다. 한편 해쉬브라운이나 감자전처럼 입체적이고 거친 식감이 오히려 매력으로 작용하는 요리를 하는 데에는 이 현상이 긍정적으로 작용할 수도 있습니다.

쫄깃함: 밀가루의 글루텐 형성

밀가루의 쓰임은 요긴하기 때문에 제과나 제빵에 관련된 업에 종사하지 않더라도 밀가루의 요리적 특성에 대한 이해를 갖추어 두면 차별성 있는 메뉴를 개발하는 데에 도움이 될 수 있습니다.

밀가루를 특별하게 하는 것

밀가루는 쌀가루 등 다른 전분 가루와는 달리 높은 함량의 단백질을 갖습니다. 밀가루의 단백질은 전분에 비해 물을 끌어당기는 힘이 훨씬 강하며 강한 점성 및 점착성, 그리고 탄성을 가지기 때문에 다른 전분 가루를 이용할 때보다 밀가루를 사용하여 면이나 빵을 만들기 수월합니다. 밀의 단백질을 분해하면 아미노산액 같은 감칠맛 소재를 얻을 수 있으므로 식품업계에서는 밀 글루텐을 분해해 HVP같은 감칠맛 소재를 만들기도 합니다.

글루텐 함량에 따른 밀가루의 종류

글루텐 함량에 따른 밀가루의 분류

강력분	중력분	박력분
건부량 13% 이상 습부량 40% 이상 **빵, 파스타면**	건부량 10~13% 습부량 35% 내외 **일반적인 면 요리**	건부량 10% 이하 습부량 30% 이하 **튀김요리 및 제과용**

밀가루 단백질인 글루텐의 함량은 밀가루 품질을 결정짓는 가장 중요한 요소입니다. 강력분, 중력분, 박력분 같은 분류법도 글루텐의 함량에 의해 결정됩니다. 글루텐은 수분을 강하게 붙잡아 두는 특성을 가지며 탄성 및 점착성이 강합니다. 밀가루는 글루텐 함량이 높은 순서대로 강력분, 중력분, 박력분으로 구분됩니다.

> **· 밀가루의 단백질 함량을 측정하는 방법** 밀가루 반죽을 물에 담가 녹말 등 수용성 성분을 녹이고 남은 단백질 덩어리의 무게를 측정합니다. 수분을 함유한 단백질 양을 측정한 것을 습부량, 수분을 제거하여 측정한 단백질의 양은 건부량이라 합니다.

반죽이 끈적하고 단단하여 가스를 잘 붙잡아 둘 수 있어야 빵 역시 부풀어 올라 푹신한 식감을 가질 수 있으므로 제빵에는 글루텐 함량이 높은 강력분을 사용합니다. 반면 질기지 않고 바삭하게 부수어져야 하는 제과나 튀김에는 글루텐 함량이 낮은 박력분을 사용합니다.

밀가루의 글루텐 형성

밀가루 반죽은 끈적하고 탄력이 있지만 밀가루 자체는 아무리 손으로 비벼도 끈적해지지 않고 포슬한 상태를 유지합니다. 이는 밀가루에 각각 따로 존재하는 글리아딘과 글루테닌이 물을 만나야만 서로 결합하여 글루텐이 될 수 있기 때문입니다.

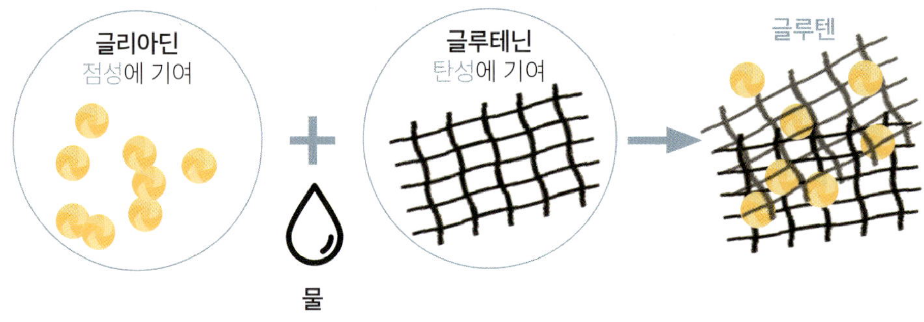

글리아딘은 단백질에 당이 붙어 있는 당단백질로 반죽의 점성에 기여합니다(물엿이나 설탕을 많이 넣은 소스의 끈적임을 상기하면 쉽게 이해됩니다). 한편 글루테닌은 불규칙한

사다리 모양을 이루고 있으며 다리 사이의 공간은 스펀지처럼 작용해 반죽의 탄성에 기여합니다. 밀가루에 물을 넣고 반죽하면 단백질의 입자가 길게 늘어났다가 다시 연결되길 반복하면서 3차원의 그물 구조가 되기 시작하는데 이 과정을 글루텐의 형성이라 합니다. 반죽 시간이 불충분하면 글루텐이 제대로 형성되지 않아 좋은 반죽이 되지 못하며, 너무 오랜 시간 반죽을 해도 그물의 형태가 끊어져 점탄성이 약한 반죽이 됩니다. 의도하는 식감에 부합하는 반죽 시간과 온도를 찾는 데엔 무수한 실험이 필요합니다.

· 글루텐을 잘 형성시키기 위해서는 반죽을 늘어뜨렸다가 다시 뭉치는 작업을 반복하는 것만으로는 부족합니다. 반죽을 벽에 때리는 등 글루텐을 서로 밀착시켜 주기 위한 작업이 추가로 필요합니다.

제빵에서 설탕이 하는 역할

① (효모 발효의 경우) 영양원으로서 효모의 번식을 도와 이산화탄소 발생량을 늘려 빵이 더욱 잘 부풀 수 있게 합니다.

② 효모의 영양원으로 사용되고 남은 설탕이 빵의 맛을 달게 하여 빵의 좋은 향을 증폭시킵니다.

③ 마이야르 반응의 재료가 되어 구운 빵의 색과 향을 더욱 먹음직스럽게 합니다.

④ 반죽의 점탄성을 더욱 강하게 합니다.

· **점탄성** 점성과 탄성
점성 끈적임, 눅진함 / **탄성** 외부의 힘을 받은 반죽이 원래 모양으로 돌아가려는 힘

제빵에서 소금이 하는 역할

① 설탕의 단맛과 함께 빵의 풍미를 좋게 합니다.

② 글루텐이 더 많은 물을 흡수하게 만들어 빵의 노화를 방지합니다.

③ 숙성 과정에서 빵을 시게 만드는 유해균 생육을 억제합니다.

④ 밀가루의 글루텐에 작용하여 탄력성을 더 크게 합니다.

응용

흔히 쌀가루가 밀가루보다 좋은 풍미를 갖습니다. 각 밀가루의 글루텐 함량에 대한 이

해를 바탕으로 강력분에 쌀가루나 향미가 좋은 전분 가루를 혼합하여 제면에 사용하는 등 다양한 밀가루 응용 요리를 할 수 있습니다. 혹은 쌀가루나 전분 가루에 활성 글루텐을 섞어 면 요리나 빵 요리를 해낼 수도 있습니다.

· **활성 글루텐** 밀 글루텐을 정제한 것으로 흔히 옥수수빵, 쌀빵, 보리빵 등에 사용되어 쫄깃하고 푹신한 식감을 냅니다. 원래 글루텐이 없거나 부족해 빵을 만들 수 없던 다른 전분류에 글루텐을 섞어 빵이 될 수 있는 조건을 마련해줍니다. 옥수수 빵이나 쌀 빵 등이 이에 해당합니다. 밀보다 풍미가 좋은 전분은 밀 외에도 많이 존재합니다. 밀가루를 넣지 않는 빵을 만들 때에는 반죽에 12% 정도의 글루텐을 첨가해줍니다.

팽창제: 베이킹파우더의 작용 원리

응용

• 제빵뿐 아니라 튀김, 부침개, 수제비, 떡볶이, 칼국수 등 밀가루 요리에 베이킹 파우더 사용, 튀김 내에 습기가 빠져나갈 수 있는 구멍을 만들어내어 더 바삭한 튀김옷을 만들기 위해 튀김 반죽에도 첨가(같은 목적으로 맥주 첨가도 가능)

· 베이킹소다 vs 베이킹파우더

베이킹소다 스스로는 부푸는 힘이 약하며 산과 만나야 반응이 빨라짐. 알칼리 성분으로, 육류의 등전점을 올려 부드럽게 하기 위해 수육, 탕수육, 치킨, 닭강정 등에 적용할 수 있음(단백질의 등전점 편 참고).

베이킹파우더 베이킹소다에 미리 산 성분과 전분 등을 섞어둔 것으로, 물에 닿기만 하면 급속하게 이산화탄소 가스를 발생시키도록 설계한 소재. 발효하지 않고 즉각적으로 기포를 만들어내는 제빵에 주로 이용됨.

베이킹 소다: 반죽이 부푸는 이유

① $NaHCO_3 + H_2O \rightarrow Na+(aq) + OH-(aq) + H_2CO_3(aq)$

베이킹 소다　　물　　나트륨　　수산화 이온　　탄산
　　　　　　　　　　　(물에 녹은)　(물에 녹은)　(물에 녹은)

② $H_2CO_3 \rightarrow H_2O + CO_2$

탄산　　물　　이산화탄소　반죽 속에서 가스가 차오르며 부풀게 됨
　　　　　　　　(가스)

더 바삭한 튀김, 푹신 바삭한 부침개, 푹신 쫄깃한 수제비 등

냉동의 이모저모

냉동은 일정한 공간이나 물체의 온도를 주위 온도보다 낮추는 조작으로 식품 제조업에서는 냉동 기술만을 전문적으로 다루는 냉동 공학이 존재합니다. 식품이나 요리에 있어서 큐텐값은 2~3으로 온도 10도 상승시마다 분자 반응속도는 2~3배 빨라지는데, 반대로 온도가 10℃ 하강할 때에는 반응속도가 2~3배씩 느려집니다. 여기서 말하는 '반응속도'라는 것은, 갈색화 반응, 효소 반응, 미생물의 증식, 산패, 단백질의 변성 등 모든 식품 반응을 의미합니다. 이에 따라 −20℃의 냉동고에 보관되는 식재료는 30℃의 실외에 방치된 것에 비해 최소 32배 느리게 변질됩니다.

요리 냉각(Chilling): 얼음물 VS 찬물

완성된 요리를 냉각시킬 때 얼음물을 사용하는 것과 찬물을 사용하는 것 사이에는 큰 차이가 있습니다. 얼음의 열 전도도는 물의 4배이며 비열은 물의 절반입니다. 흔히 미슐랭 레스토랑에서는 갓 만든 스톡이나 소스를 보관하기 위해 차게 식힐 때 반드시 얼음물을 이용합니다. 얼음이 다 녹도록 방치하거나 찬물을 사용하면 호되게 혼이 납니다. 90℃의 요리는 10℃ 내외로 식힌 요리보다 향기 성분을 최소 256배 빠르게 잃어버립니다. 40℃의 요리는 10℃로 식힌 요리보다 최소 8배 빠르게 변질됩니다.

· **열 전도도** 열을 전달하는 속도
· **비열** 물질 1g의 온도가 1℃ 상승하는 데에 필요한 열

빙결점과 공정점

빙결점은 대상이 얼기 시작하는 온도를 의미합니다. 순수한 물의 빙결점은 0℃이나 여러 맛 성분이 섞여 있는 스톡, 소스 등 요리의 빙결점은 그보다 낮습니다. 반면 공정점은 대상이 완전히 동결된 온도를 의미합니다. 흔히 요리를 냉동시키면 빙결점에서 순수한 물이 먼저 얼며 얼음으로 석출됩니다. 그 때문에 남은 용액은 완전히 얼기 전까지 끊임없이 농축되며 더 강한 삼투압을 갖게 되므로 용액이 완전히 얼기 전

까지 세포는 점점 더 강한 손상을 입게 됩니다. 빙결점과 공정점 사이의 시간을 최소화한 급속 냉동품은 최소한의 피해만 입지만 어정쩡한 온도에서 천천히 동결한 완속 냉동품은 해동 시 큰 품질 변화를 맞이합니다(업소용 냉동고에서 냉동하는 것은 모두 완속 냉동에 해당합니다). 식재료를 냉각하는 속도가 빠를수록 많은 수의 빙결정 핵이 생성되며 그 핵이 성장할 여유가 없어 작은 빙결정이 세포 내·외부에 생겨납니다. 냉각 속도가 느리면 적은 수의 빙결정 핵이 주로 세포 외부에 생성되는데 그 크기가 크고 날카로워 식품의 조직을 파괴합니다. 게다가 세포 외부에서 물이 얼어버리는 만큼 줄어든 물에 소금과 같은 용질은 처음 양 그대로 녹아 있으므로 고농도의 삼투압이 작용해 세포 내의 물을 세포 외로 빼내어 버립니다. 나아가 급속 동결이나 그에 가까운 방법으로 동결한 식품이라도 평균 품온 −18℃ 이하가 되도록 보관해야 품질을 유지할 수 있습니다. 오래 보관할 동결품이라면 온도의 변화가 적은 냉동고를 따로 마련해 그곳에 보관하는 것이 좋습니다. −20℃ 이하의 온도에서도 '온도의 변화'가 동결품 내부에 열을 발생시킬 수 있습니다. −20℃ 이하의 냉동창고에 보관된 아이스크림의 중앙부가 창고 온도의 변화에 의해 녹아 푹 꺼지는 일이 발생한 바 있습니다.

최대 빙결정 생성대: 완속 냉동이 요리에 입히는 타격

최대 빙결정 생성대는 크기가 큰 빙결정이 생성되는 구간, −1℃에서 −5℃ 사이의 온도대를 의미합니다. 크기가 큰 빙결정은 동·식물 세포에 손상을 일으킵니다. 이 구간대에서는 단백질의 동결 변성이 최대로 이루어지며 전분이 가장 신속하게 노화됩니다. 냉동 육류나 냉동 식품에 대한 이미지가 좋지 않은 이유는, 소비자라면 누구나 가정에서 완속으로 냉동한 먹거리의 맛이 떨어지는 것을 경험한 적이 있기 때문입니다.

> · **단백질의 동결 변성** 단백질은 변성될 때 수분을 잃습니다. 냉동 역시 단백질의 변성을 일으킵니다. 다만 가열에 의한 단백질의 응고(변성)는 되돌릴 수 없는 비가역적인 반응인 반면 냉동에 의한 단백질의 응고는 되돌릴 수 있는 가역적 변성입니다. 하지만 냉동 과정에서 최대 빙결정 생성대에 오랜 시간 방치된 육류는 단백질에 손상을 입어 수분을 다시 흡수하는 힘을 잃고 해동시 많은 육즙을 잃어버립니다.

IQF(Individual Quick Freezing)

IQF는 최대 빙결정 생성대를 15~30분 내로 통과하는 급속 동결보다도 10배 빠른 속도로 식품을 동결하는 기술입니다. IQF 기술이 적용된 냉동품에서는 원물과 다를 바 없는 품질을 기대해도 좋습니다. 이 기술은 굴이나 조개, 닭고기 등 다양한 식재료에 적용되고 있습니다. 온라인 쇼핑몰에서 구하고자 하는 원료에 'IQF'를 붙여 검색하면 수많은 IQF 냉동 재료들을 찾을 수 있습니다. 제철이 아닌 때에 제철에 IQF 처리된 재료를 요리해 내어놓는 것이 그 자체로 의외성이 될 수 있습니다.

물의 삼중점

삼중점이란 물, 얼음, 수증기가 공존하는 지점을 뜻합니다(온도 0.0098℃, 압력 4.578 mmHg). 물의 삼중점은 재료의 수분을 승화해서 제거하는 동결 건조의 원리입니다.

냉동 화상(Freezer burn)

냉동 화상은 냉동 저장 중 수분이 승화하여 육류의 표면에 스펀지같은 구멍이 생기고 그 사이로 산소가 드나들어 갈변과 산패가 일어나는 현상입니다. 냉동 화상은 육류의 식감을 푸석하게 하고 불쾌취를 냅니다. 진공 포장하지 않고 위생 비닐에 싸 보관한 육류에서는 냉동 화상이 흔하게 발생합니다. 냉동 보관할 재료는 반드시 진공 포장하여 산소 접촉을 차단해야 합니다. 위생 비닐에는 눈에 보이지 않는 미세한 구멍이 촘촘히 나 있습니다. 위생 비닐은 산소나 잡내, 수분의 손실을 완벽히 차단하지 못합니다.

이상적인 해동

해동 온도는 가능한 낮아야 하며 재료의 향미 성분이 용출되지 않도록, 그리고 건조되거나 산화되지 않도록 포장을 뜯지 않고 해동합니다. 해동 후 일정 기간 보관해야 하는 경우 냉장실에서 해동하며 채소를 제외하고는 5~7℃에서 완만하게 해동해야 세포나 조직의 손상이 방지되고 해동 시 육즙이 재흡수되어 풍미 유지에 유리합니다. 시판되는 냉동 채소는 냉동 전에 한 번 데친 것이므로 급속 해동하거나 바로 조리에 이용해도 괜찮습니다.

5 기성품에 의존하는 가게를 이기는 방법

소스나 육수 농축액, 심지어는 통째 데워서 내어놓기만 하면 되는 삼계탕 등 외식업에 사용할 수 있는 많은 기성품이 존재합니다. 요식업 자영업자를 컨설팅해 주는 몇몇 장사 전문가들이 종종 하는 이야기 중 하나가 '기성품이 잘 나오는데 왜 직접 만드느냐'입니다. 이 책을 쓰고 있는 본인도 지금은 그 '잘 나온다는 기성품'을 만드는 입장에 있지만 요리에 정성을 들이는 사람들이 바보 취급당하는 것은 가슴이 아픈 일입니다. 요리와 기타 요소는 양립해야 하는 것일 뿐 정성이 경시되어서는 안 된다 생각합니다. 요리를 위해 고민하는 일은 가치 있고 아름다운 것입니다. 나아가 전략적으로 정성의 방향을 기성품이 구현하기 어려운 영역에 집중한다면 요리에 들이는 노력과 고민의 가치를 극대화할 수 있습니다.

제철 채소와 신선한 채소 이용하기

마트 매대의 제품에서는 '국산'이나 '우리 농작물'같은 캐치프레이즈는 흔히 보여도 '제철 채소로 만든'같은 홍보 문구는 찾아볼 수 없습니다. 식품에는 제철 채소를 이용하기 어렵습니다. 제철 채소에 대한 이해를 극대화하고 잘 활용하는 것이 기성품에 의존하는 가게들을 이길 경쟁력이 될 수 있습니다. 단가 측면의 현실성 탓에 식품에는 대부분 수입산 채소를 사용하며 설령 제철 국산 재료를 이용한 제품으로 히트를 치터라도 철이 지나 재료를 수급할 수 없게 되면 더 이상의 생산·판매가 불가능해집니다. 따라서 식품 회사들은 제철을 내세운 제품을 좀처럼 출시하지 못합니다.

특정 철에 맛있어지거나 정해진 시기에만 구할 수 있는 식재료, 다양한 품종의 재료들에 대해 공부하고 계절별로 달라지는 채소의 맛에 집중해 보세요. 더 나아가 다양한 품종의 농작물에 관심을 가져 보세요. 슬로우푸드에서 운영하는 맛의 방주에 등재된 식재료들에도 관심을 갖고 농부시장 마르쉐에도 구경을 나가 보세요. 소량 생산되는 다품종의 식재료를 사용하는 것은 일정한 수급과 품질 유지를 중시하는 프랜차이즈 업체를 이길 무기가 되기도 합니다. 채소는 수확 후 생명을 유지하기 위해 급격히 당을 소모합니다. 맛있는 채소에 있어서 품종이나 토질, 기후보다 중요한 것은 신선함 그 자체입니다. 요리에 사용할 채소를 그때그때 주문하여 관리하고 사용하는 것역시 기성품에 의존하는 가게들과의 경쟁에서 우위를 점할 방법입니다.

- **캐치프레이즈** 눈길을 사로잡는 홍보 문구
- **맛의 방주** 슬로우푸드라는 기관에서 소멸할 위기에 처해 있는 다양한 전통 식재료들을 맛의 방주에 등재하여 알리고 있습니다.
- **농부시장 마르쉐** 철학과 애정을 갖고 독특한 농산물을 생산하는 생산자들과 소비자가 이어지는 소통의 장입니다. 서울시 일대에서 주기적으로 마르쉐 행사가 열립니다.

특정 재료와 양념 이용하기

참기름, 들기름, 깨

깨와 깨 가공품은 식품 생산에 사용하기 어렵습니다. 깨는 풍부한 불포화 지방산을 함유하는데 불포화 지방산은 쉽게 산패하여 퀴퀴한 이취와 묵은내를 냅니다. 따라서 상급품의 깨나 깨에서 짠 기름을 공수해 요리에 사용하는 것 역시 기성품에만 의존하는 가게들을 이길 경쟁력이 될 수 있습니다. 직접 짠 참기름을 내놓아 인기를 끄는 가게도 존재합니다. 특히 들기름은 반드시 시장에서 직접 짠 것을 구해 한 번쯤 맛을 보시기를 권합니다. 대형 마트 매대에 놓여진 어떤 들기름도 시장에서 짜낸 들기름의 풍미를 내지 못합니다.

상큼하고 가벼운 향을 가진 허브와 재료들

바질과 같이 상큼한 향을 가진 허브나 재료 역시 식품화하기 어렵습니다. 가열 살균을 거쳐 가벼운 향조를 상당 부분 잃어버리기 때문입니다. 가령 바질 페스토를 식품화 하려면 대량으로 유통되는 냉동 바질을 사용해야 합니다. 색소를 이용하면 선명한 색은 구현할 수 있지만 향은 직접 만든 것보다 나을 수 없습니다. 직접 만든 바질 페스토에는 기성품으로 이길 수 없는 가치가 있는 겁니다. 직접 짜 상큼한 향이 살아 있는 레몬즙 역시 제품화된 레몬즙보다 그 향미가 월등하게 좋습니다. 레몬이나 라임의 활용을 극대화하는 것 역시 경쟁력이 됩니다. 육회 소스나 각종 무침류 등 한식에도 레몬과 라임이 잘 어울립니다. 구연산은 감칠맛을 증폭시키기도 합니다. 반면 타임이나 로즈마리, 파슬리같이 말려도 어느 정도 향을 유지하는 무거운 향조를 가진 허브는 식품 회사에서도 충분히 활용할 수 있습니다.

· **무거운 향을 가진 재료** 카라멜, 초콜릿, 커피, 바닐라 빈 등
· **상큼하고 가벼운 향을 가진 허브와 재료** 깻잎, 참나물, 봄나물, 달래, 냉이 등 특정 나물류, 다양한 식초(진강향초, 와인 식초, 흑초), 술, 과일, 파래 등

김

김 역시 식품을 개발하는 데 사용하면 쉽게 묵은내를 냅니다. 김 가루, 김 부각, 김 퓌레 등 다양한 형태로 김 요리를 개발해 사용해 보세요.

청양고추, 쪽파, 달래

갓 썬 청양고추나 쪽파, 달래 같은 매운 채소의 칼칼한 향 역시 식품화하기 어려

운 요소입니다. 가열 살균을 거쳐 변질되거나 소실되기 때문입니다. 수많은 뛰어난 향료 회사들에 청양고추 향료를 요청해 십수 가지의 청양고추 향료를 받아 테스트해 봤지만 그 어떤 것도 갓 썬 청양고추의 향을 구현해 내지 못했습니다. 식품 중에서는 유일하게 연두 청양초가 갓 썰은 청양고추의 향미를 잘 담고 있습니다.

더덕, 연근 등 뿌리채소 요리

더덕이나 연근과 같은 뿌리채소는 손질이 까다로워 대량 생산에 사용하기 어렵고 흙을 많이 포함하여 미생물 관리가 곤란해 역시 제품화가 어렵습니다.

덴뿌라

일식에서 흔히 반죽을 흩뿌려 튀겨 바삭하게 만든 튀김옷을 우동이나 덮밥 요리에 곁들여 주는데 덴뿌라 역시 기름의 산패취 때문에 제품화하기 어렵습니다.

브로콜리, 양파, 파프리카, 오크라, 그린빈, 샐러드 채소

풍미뿐 아니라 채소의 다양한 식감 역시 기성품에서는 구현하기 어려운 요소입니다. 건더기 채소가 사용된 HMR 제품은 가열 살균을 거쳐 형체가 없어지거나 지나치게 물러집니다. 반면 당근과 감자, 워터체스트넛 같은 채소들은 가열 살균을 거쳐도 비교적 형태를 잘 유지하는 편입니다. 적절한 열을 가했을 때, 혹은 생 채소일 때 매력적인 식감을 내는 재료들을 발굴하고 요리 숙련도를 키우는 일 역시 기성품에 의존하는 가게들에 대항하는 경쟁력이 될 수 있습니다.

특정한 조리법 이용하기

불맛, 직화 조리

기성품에는 자연스러운 불맛과 불향을 부여하기 어렵습니다. 불맛을 잘 내는 다양한 요리 노하우를 익히는 것 역시 무기가 될 수 있습니다. 특히 불고기 등 육류를 공장에서 대량으로 조리하면 침출수가 많이 발생해 고기가 볶아지는 대신 삶아지므로 공장에서 조리법으로 불맛을 구현하는 것은 불가능에 가깝습니다. 때문에 식품업계에서는 제품에 불맛을 부여할 때 향료나 향미유를 이용합니다. 자연스러운 불맛 향료를 구현할 수 있는 향료 회사가 적어서 기성품의 불맛 완성도는 높지 않습니다. 공장에 따라 쳇바퀴처럼 굴릴 수 있는 체 망에 고기를 넣고 조리하는 시설을 갖춘 곳도 있는데 이 공정은 육류의 특정 부분을 지나치게 태워 탄화물을 발생시킬 위험이 있습니다. 식품기업들은 위해요소 검출에 의한 각종 제재를 두려워하므로 이러한 공정은 잘 활용되지 않습니다. 직화 요리를 능숙하게 해내는 우드파이어 레스토랑의 경쟁력도 이러한 지점에 있습니다.

· **향료회사로부터 불향을 받아 쓰고자 하는 경우의 노하우** 불향에는 숯불향, 그릴향, 스모크향 등 종류가 많은데 특정 고기에 특정 불향이 잘 어울립니다. 불향 향료를 자연스럽게 적용하려면 페어링에 신경을 써야 합니다. 가령 한국에서 닭은 훈연해 먹는 일이 잘 없기 때문에 닭에는 스모크향이 잘 어울리지 않습니다. 반면 돼지고기는 숯불에도 구워먹고 베이컨으로도 먹기 때문에 돼지고기에는 숯불향도, 스모크향도 잘 어울립니다. 한편 고기에 잘 어울리는 불향을 찾았더라도, 동물성 재료의 이름이 붙은 불향을 쓰면 더 자연스러운 구현이 가능합니다. 가령 '숯불돼지향', '숯불비프향'과 같이 동물성 재료의 이름이 붙은 향료가 요리에도 찰떡같이 잘 어우러집니다. 다만 한국인은 쇠고기 향을 가장 좋아한다는 사실을 기억해야 하겠습니다. 돼지고기 요리라고 해서 반드시 '숯불돼지향'을 사용한다기 보다는 의도적으로 '숯불비프향'을 사용해 돼지고기 요리의 풍미를 풍부하게 하고 기호도를 끌어올리는 방향으로 메뉴를 설계할 수도 있습니다.

대비되는 자극이 주는 즐거움 이용하기

샐러드 드레싱에 넣을 소금의 일부를 따로 빼 두었다가 완성된 샐러드 위에 흩뿌려 주거나 프렌치 토스트에 설탕을 솔솔 뿌려 주는 등 단순한 짠맛이 아니라 '짭쪼름함', 달큰함 대신 '단짠함' 등 요리에 부여하는 대비 자극 역시 기성품으로는 구현하기 어렵습니다.

그럼에도 활용 가치가 높은 기성품은?

케챱과 마요네즈는 특정 회사에서 워낙 저렴하고 맛있게 만들어 내기 때문에 주방에서 직접 만드는 대신 기성품을 구입하여 사용하기를 추천합니다. 허브나 스파이스, 감칠맛 소재 등을 가미·가향하여 케챱, 마요네즈를 이용한 파생 소스를 개발해 사용해도 좋습니다.

그 외에도 감칠맛 소재, 육수 농축액, 데리야끼 등 살균에 의한 타격을 적게 입는 무거운 향조의 소스류(추가 조미해서 사용), 토마토 소스, 냉동 과일 퓌레, 된장, 고추장, 청국장 등 장류도 활용 가치가 높습니다. 특히 간장 계통 고기요리에는 배 퓌레가 매우 잘 어울리는데, 생 배는 계절마다 단맛이나 신맛이 달라져 요리에 사용하는 경우 품질 관리가 어렵습니다. 한편 가공 및 품질관리가 되어 나오는 '뉴뜨레 냉동 배 퓌레'를 이용하면 요리의 품질을 유지하는 데 도움이 됩니다. 완성 제품의 brix나 산도 등이 일정하게끔 관리되기 때문입니다.

· **무거운 향조의 예** 카라멜, 마이야르 풍미 나는 것, 대체로 색이 짙고 점성이 강한 소스류

오늘 날 거장으로 남은 다빈치도
서른이 넘도록 화가로서 이름을 떨치지 못했다고 합니다.
여러분의 요리와 꿈은 어떤 미래를 향하고 있나요?
늦었다는 생각에 풀죽어 있지는 않나요?

마치며

간격 좁히기

기술과 마음 사이

"정신적 웰빙이 필요한 시대입니다."

누울 자리 봐 가며 톱 뻗어야

1 그놈의 음모론

현대인은 안전한 사회에서 유례없이 긴 수명을 누리고 있는데도 너무 많은 걱정거리와 불안감을 안고 살아갑니다. 누구나 하루 2끼는 먹는 인간에게 식품에 대한 불안은 중대한 걱정거리입니다. 하지만 식품에 대한 대부분의 걱정이 불필요한 것들입니다. 많은 식품 회사들이 식품 첨가물이 얼마나 안전하게 사용되고 있는지 잘 알면서도 소비자의 눈치를 보며 첨가물을 표기 사항에서 숨기려 애씁니다. 심하게는 첨가물이 들어 있지 않음을 자랑스레 여기고 홍보에 활용하기도 합니다. 이는 진정 소비자를 위한 일이 아닙니다. 안전한 것에 대해서는 안전하니 믿어도 된다 안심시켜주는 일도 전문가의 역할 중 하나입니다. 전문가라면 소비자가 잘 모르는 부분에 대해서는 마땅히 가르쳐 주어야 할 때도 있는 법입니다.

많은 식품 회사들이 서로의 안전한 먹거리를 헐뜯으며 웰빙 전쟁을 지속하고 있는 요즈음 오히려 주목해야 할 가치는 정신 건강과 정신적 웰빙에 있습니다. 현대인의 건강을 진정 위협하는 것은 식품이나 첨가물이 아니라 실체 없는 걱정과 불안입니다. 음모론을 굴려 조회수를 올리고 이득을 보는 대상이 누구인지 곰곰이 생각해 볼 필요가 있습니다. 적어도 대중은 아닐 것입니다. 거짓 건강 정보를 나르는 이들에게 더 이상 식(食)에 대한 대중의 행복과 즐거움이 빼앗겨서는 안되며 먹거리 업계는 꾸준히 새로운 맛과 식문화를 소개하여 대중이 느낄 행복의 빈도를 늘려 나가야 합니다.

식품기업들은 지금처럼 유례없이 안전한 먹거리를 만들기 위해 노력하는 한편 더 이상의 실체 없는 불안과 호도는 근절하는 데 노력을 기울여야 합니다. 그렇지 않으면 한국의 식품은 아무런 의미 없이 점점 더 맛

이 없어질 것이며 세계 시장에서의 경쟁력도 잃어 갈 것입니다. 'MSG를 첨가하지 않았다', '설탕 대신 꿀을 썼다' 따위는 자랑이 아닙니다. MSG를 구성하는 글루탐산은 뇌에서 신경 전달을 하고 면역세포의 영양이 되는 등 몸에 가장 필요한 아미노산입니다. 한국에서 최초로 MSG를 개발하고 보급한 창업주는 한국 남자의 평균 수명인 80세를 16년이나 뛰어넘은 96세에 별세하였습니다.

설탕은 혈당을 올리는 속도가 쌀밥과 다를 바 없으며 꿀(전화당)에 함유된 포도당은 오히려 설탕보다 빠르게 혈당을 올립니다(꿀이 해롭다는 뜻은 아닙니다). 설탕 대신 꿀을 써 더 향긋할지 언정 더 건강하다 이야기하는 것은 아이러니입니다. 먹거리에 있어서 건강 유지에 필요한 것은 그저 골고루 적당히 먹고 적절히 운동하는 것입니다. 인간이 지구에 등장한 이래 문명 생활을 한 기간은 365일로 치면 겨우 2시간에 불과합니다. 그 외의 기간 동안 인간에게 먹을 것은 항상 부족했기에 인간의 욕망은 필요량보다 20~30% 더 먹도록 세팅되어 있습니다. 음식에 의한 질병은 대부분 너무 많이 먹어 늘어난 체중에 의한 것이지 특정 성분을 먹어 생기는 것이 아닙니다. 조절해야 할 것은 많이 먹고자 하는 욕망이며 행해야 할 것은 운동일 뿐 먹거리를 본질적으로 맛없게 다운그레이드시켜서는 안 됩니다.

매대에 깔리는 먹거리들은 아주 엄격한 식품 관련법의 관리를 받고 있으며 평생 매일 먹어도 안전한 양의 첨가물만을 포함(ADI)하도록 설계됩니다. 엄격한 법과 검사 아래에 있지 않은 자연의 나물, 풀, 채소 등이 오히려 정체 모를 독을 가졌을 가능성이 큽니다. 자연은 스스로를 위해 살아가지 인간을 위해 존재하지 않습니다. 채소는 자신을 지키기 위한 독을 함유하고 있습니다. 과도한 채소 생식은 해독을 담당하는 간에 무리를 줘 간경화나 간암을 일으킬 수 있습니다(채소 생식이 무조건 해롭다는 이야기가 아닙니다). 가령 생체 독성이 커 사용 대상 식품과 첨가량이 엄격히 규제되고 있는 보존료 성분이 식물성 원료에 천연적으로 함유되어 있거나 발효 과정 중 미생물에 의해 자연적으로 생성되기도 합니다. 대표적 보존료인 안식향산은 계피, 딸기, 자두 등 흔히 소비되는 다양한 식재료에 존재하며 그 밖에도 식물계에 천연적으로 널리 분포

하고 있습니다(이들을 먹어서는 안된다는 뜻이 아닙니다!!). 어떤 식재료도 정성적으로 무
조건 해롭거나 이로운 것은 없습니다. 중요한 것은 골고루 즐겨먹되 그저 적당량 먹는
것입니다.

식품 첨가물의 사용량 설정

식품 첨가물의 안전성이 어떤 과정을 통해 입증되는지 알게 된 지인들이 크게 안심
하며 기뻐하는 것을 본 적이 있습니다. 안전한 것에 대한 쓸데없는 불안이 해소되며
비로소 다양하게 먹고 즐길 수 있음에 행복을 느끼게 된 겁니다. 이제 그들은 먹거리
에 대한 넓어진 선택지를 온전히 즐기며 하루 2번 이상 전에 없던 온전한 행복을 누리
고 있습니다.

첨가물에 대한 독성 시험

첨가물의 독성을 확인하기 위한 시험은 크게 일반 독성 시험과 특수 독성 시험으
로 대별됩니다. 일반 독성 시험은 다시 급성 독성 시험과 만성 독성 시험으로 나뉘는
데 급성 독성 시험을 통해서는 한 번에 얼마나 많은 양을 투여해야 실험동물이 사망
하는지 확인하며, 만성 독성 시험을 통해서는 해당 물질의 장기간 섭취가 동물의 사
망률에 영향을 미치는지 확인합니다. 만성 독성 시험은 동물에 따라 적게는 6개월에
서 1년 이상, 나아가 일생에 걸쳐 이어지기도 합니다. 이러한 독성 시험은 적어도 두
종 이상의 동물을 통해 진행되어야 하는데 각 투여량마다 20~50마리의 암컷과 수컷
을 대상으로 시험합니다. 1g, 2g, 3g, 4g… 등 각 용량마다 20~50마리의 동물에 대
해 건강상의 문제가 생기는지 세밀하게 확인하는 것입니다. 일반 독성 시험과 별개
로 이루어지는 특수 독성 시험에는 발암성을 확인하는 발암성 시험과 생식력에 영향
을 미치는지 확인하는 최기형성시험, 유전자의 변이를 유발하는지 확인하는 변이원
성시험, 그리고 자손에 영향을 미치는지(기형아) 확인하는 후세대 생식독성시험이 포

함됩니다. 다방면에서 식품 첨가물의 안전성이 최종적으로 확인되기까지 어마어마하게 오랜 시간과 비용이 소모됩니다.

섭취 허용량 결정: MNEL과 ADI

위 모든 시험을 거쳐 동물에게 일생 동안 투여하여도 아무런 독성이 나타나지 않는 최대 섭취량을 산출하는데 이를 MNEL(Maximum No Effect Level) 또는 NOAEL(No Observed Adverse Effect Level)이라 합니다. 동물 실험 결과 블록 100~1,000개치의 섭취가 안전하다면(MNEL) 사람에게는 블록 1개 이하의 양만큼 최대 섭취가 허용됩니다. 이 수치를 ADI(Acceptable Daily Intake)라 부르며 여러 식사와 식품을 통한 중첩 섭취량까지 고려해, 통상 ADI보다도 낮은 사용 기준이 법으로 제정되고 엄격히 관리됩니다. 어떤 먹거리가 '안전하다'고 결정짓고 이야기하는 데에는 위와 같이 오랜 시간과 노력이 드나, 안전한 먹거리 더러 위험하다 호도하는 데엔 아무런 근거도, 노력도, 긴 시간도 필요하지 않으니 그저 어이없고 안타까울 따름입니다. 심지어는 MSG나 설탕, 대부분의 합성 향료 등 많은 첨가물들의 사용량에는 제한 기준이 없습니다. 건강상 위해성이 없어 걱정하는 것이 느닷없고 신기할 정도로 안전하다는 의미입니다. 요리사의 입장에서는 불필요한 자부심은 걷어 내고 어떻게 현존하는 기술을 적극적으로 익히고 활용하여 맛있고 다양한 것들을 많이 탄생시킬 수 있을지 궁리해야 합니다.

2 다시 한 번 정신적 웰빙

먹거리 전반은 늘 이롭기도 하고 해롭기도 합니다. 대부분의 먹거리에는 발암성과 항암성이 공존합니다. 그 균형 자체를 고루 먹고 살기에 우리는 건강을 유지할 수 있습니다. 1등급 발암 물질이라는 직화 구이 고기에는 항암성이 있다는 갈색 색소 성분 멜라노이딘이 존재합니다. IARC에 의해 발암 등급 2B로 분류되어 있는 김치와 커피 역시 항암성을 함께 갖습니다. 건강한 먹거리 그 자체일 것 같은 '자연'의 생채소는 간암을 일으킬 수 있는 독을 갖습니다. 불안은 덜고 그저 골고루 적당량 먹으며 행복감을 온전히 느끼는 것, 나아가 적절한 운동을 겸하는 것이 건강한 삶을 누리기 위한 진짜 방법입니다. 식품 가공의 의의는 저장성과 기호성 개선, 그리고 재현성에 있습니다. 식품 기술의 힘을 빌어 누가 요리해도 일정한 맛을 내는 레시피를 구축하는 일은 대량 생산과 외식브랜드 프랜차이즈화에 있어서 필수적입니다. 또한 수많은 요리

현상을 설명하고 응용하여 새로운 요리를 탄생시키는 데 있어서는 식품 이론이 필요합니다. 원리 모를 레시피의 재료 구성만 조금씩 변형하는 형태의 응용 능력은 사상누각에 불과합니다. K-FOOD의 위상이 높아지고 있는 요즈음 우리 나라의 외식업계에서도 원리에 대한 이해를 기반으로 요리 품질을 개선 및 유지할 수 있는 시스템을 구축하여 세계 각국의 수요에 부응해야 합니다.

세계의 한식화

요리사들이 저마다의 미의식(美意識)에 따라 비전을 설정하고 실현해 나가야 정신적 웰빙의 시대가 도래할 수 있다 생각합니다. 즐길 수 있는 먹거리가 다양해지는 것이 대중의 정신 건강에 기여한다 믿는 저의 비전은 세계의 한식화입니다. 철없는 한식 세계화의 꿈을 품고 해외에서 근무하면서 다양한 국가의 먹거리를 놀이처럼 즐기는 다인종의 외국인들을 보게 되었고, 어느 순간부터 한식을 세계에 알릴 것이 아니라 한국인들부터 이렇게 다양한 맛을 즐길 수 있게 해야 하겠다는 마음을 갖게 되었습니다. 세계적으로 유명한 음식들은 육로를 통해 다른 국가의 식문화를 자연스럽게 받아들인 나라의 요리인 경우가 많습니다. 가령 태국 음식은 인도, 중국, 라오스, 베트남 등 인접한 국가들의 영향을 받아 세계에서 가장 맛있는 요리로 꼽히고 있습니다. 지인 중 태국 왕실 출신의 한 셰프도 태국 음식이 다른 나라의 식문화를 받아들여 발전했다는 사실을 부인하지 않습니다. 오히려 그는 스승으로부터 태국 음식이 세계화될 수 있도록 각 나라의 정서에 맞게 변형되어야 한다고 배웠다 합니다. 늘 한식을 제 입맛대로 재해석하며 새롭게 풀어내다 혼쭐이 나던 것이 일상이던 저로서는 깜짝 놀랄 이야기였습니다. 전쟁을 겪은 한국은 분단 이래 육로가 차단되어 타국의 식문화를 자연히 받아들일 기회를 갖지 못했습니다. 그나마 짜장면이라는 중국풍 한식이 서해를 통해 유입된 화교에 의해 탄생했습니다. 현대에 들어 많은 한국인들이 해외에서 경험을 쌓으며 끊임없이 새로운 맛과 식경험에 도전하고 즐기기 시작했습니다. 우리나라에는 전통 한식을 꿋꿋하게 지켜 나가는 전문가도 필요하지만 세계의 식문화를 받아들여 한식을 자유롭게 재해석하고 발전시킬 셰프도 필요합니다.

상류층은 이상적인 미래를 그린다

『철학은 어떻게 삶의 무기가 되는가』, 『뉴타입의 시대』의 저자 야마구치 슈에 따르면 상류층은 미래를 예측하려 하지 않는다 합니다. 대신 미래가 마땅히 어떻게 되어야 하는가에 대해 논한다 합니다. 그는 '트렌드를 쫓는 일은 범인(凡人)의 일'이라며 범인이 하는 일을 똑같이 따라 하면서 성공하겠다는 마음을 먹는 것은 정상적 사고가 아니라 꼬집습니다. VUCA화되어 변화무쌍한 시대에는 지극히 개인화된 개성과 철학이 우리를 더 나은 미래로 이끌어 줄 수 있습니다. 독자님이 그리고자 하는 미래의 식문화는 어떤 모습인가요? 자신만의 트렌드를 창조하여 성공을 이룬 독자님의 영웅담을 기다리겠습니다.

참고 문헌

『맛의 원리』 최낙언 저, 예문당

『향의 언어』 최낙언 저, 예문당

『음식과 요리』 헤럴드 멕기 저, 이데아

『식품기술사』 배종일, 김동술, 임대원, 정경훈, 안장혁, 최창호, 강산호, 윤상진 저, 석학당

맛의 기술 REMASTERED

지은이 권혁만

초판 1쇄 발행일 2023년 8월 1일
초판 3쇄 발행일 2024년 12월 1일
개정판 1쇄 발행일 2026년 2월 23일

발행인 오종필
책임 편집 위크래프트
디자인 김경희
발행처 제이알매니지먼트
주소 경기도 부천시 원미구 길주로17, 803호(상동, 웹툰융합센터)

ⓒ권혁만, 2026
ISBN 979-11-94274-35-3 13590